降低国产白肋烟、马里兰烟中烟草特有 N–亚硝胺的种植与贮藏技术

周　骏　杨春雷　史宏志　白若石　主编

U0333421

科学技术文献出版社

SCIENTIFIC AND TECHNICAL DOCUMENTATION PRESS

·北京·

图书在版编目（CIP）数据

降低国产白肋烟、马里兰烟中烟草特有N-亚硝胺的种植与贮藏技术 / 周骏等主编. —北京：科学技术文献出版社，2017.3

ISBN 978-7-5189-2515-5

Ⅰ.①降… Ⅱ.①周… Ⅲ.①烟草—栽培技术 ②烟叶贮存 Ⅳ.① S572 ② TS44

中国版本图书馆 CIP 数据核字（2017）第 059256 号

降低国产白肋烟、马里兰烟中烟草特有N-亚硝胺的种植与贮藏技术

策划编辑：张　丹　责任编辑：张　丹　王瑞瑞　责任校对：文　浩　责任出版：张志平

出　版　者	科学技术文献出版社
地　　　址	北京市复兴路15号　　邮编　100038
编　务　部	(010) 58882938，58882087（传真）
发　行　部	(010) 58882868，58882874（传真）
邮　购　部	(010) 58882873
官 方 网 址	www.stdp.com.cn
发　行　者	科学技术文献出版社发行　全国各地新华书店经销
印　刷　者	北京地大彩印有限公司
版　　　次	2017 年 3 月第 1 版　2017 年 3 月第 1 次印刷
开　　　本	889×1194　1/16
字　　　数	484千
印　　　张	18.25
书　　　号	ISBN 978-7-5189-2515-5
定　　　价	128.00元

主编简介

　　周骏，男，山东省济南人，博士，研究员，现任上海烟草集团有限责任公司首席研究员、技术研发中心副主任，中国科协决策咨询专家，中国烟草学会常务理事，国家烟草专卖局烟草化学学科带头人，国家烟草专卖局减害降焦重大专项首席专家，国家烟草专卖局研究系列高级职称评审委员会委员，中国分析仪器学会和质谱学会会员。多年来一直从事烟草化学和卷烟减害降焦技术研究，多次在国际烟草科学合作研究中心（CORESTA）大会和烟草科学家研究大会（TSRC）上做学术报告，在国内外学术期刊上发表过60多篇论文，先后主持和参与了多项省部级重大专项和重点科研项目研究工作，获得国家科技进步奖二等奖1项，省部级科技进步奖特等奖1项、二等奖3项、三等奖2项，科技创新工作先进集体一等奖2项，主编出版烟草专著2部。

　　杨春雷，男，湖北恩施人，研究员，硕士生导师，全国烟草系统劳动模范。现任湖北省烟草科学研究院副院长，国家烟草专卖局农艺系列、研究系列高级职称评审委员会委员。从事烟草栽培、调制、减害研究工作30年，在国际烟草科学合作研究中心（CORESTA）大会及国内外学术期刊上宣读、发表论文30余篇，先后主持和参与了多项国家级重大专项和重点科研项目研究工作，获得省部级科技进步奖二等奖2项、三等奖4项，主持参与制定4个烟草行业标准，主持引育白肋烟新品种1个，主持获得授权专利10余项，主编出版烟草专著2部。

史宏志，男，河南人，博士，河南农业大学教授，博士生导师，国家烟草栽培生理生化研究基地副主任，烟草行业烟草栽培重点实验室主任。主要从事烟草栽培生理科研和教学工作，研究领域包括特色优质烤烟生产理论与技术、烟草生物碱、烟草香味学、烟草农业减害、白肋烟栽培理论与技术等。先后主持承担国家烟草专卖局、四川省烟草公司、云南省烟草公司、河南省烟草公司、上海烟草集团北京卷烟厂、河南中烟工业有限责任公司等多项科技项目；出版专著 6 部；获得省部级科技进步奖 6 项，获得国家发明专利 10 项，主持起草烟草行业标准 1 项；在国际会议上宣读论文 30 余篇，在《Journal of Agricultural & Food Chemistry》等 SCI 杂志及国内期刊发表论文 200 余篇。

白若石，男，北京人，硕士，高级工程师，现在上海烟草集团有限责任公司技术中心北京工作站负责基础研究工作，北京烟草学会工业委员会委员。多年来一直从事烟草分析及卷烟减害降焦技术研究。先后参与了多项省部级重大专项和重点科研项目的研究工作，获得省部级科技进步奖一等奖 1 项、二等奖 1 项、三等奖 2 项，获得厅局级科技进步奖三等奖 2 项。参与编制发布行业标准 5 项，参与撰写发表论文近 20 篇。其中，SCI 收录论文 5 篇、中文核心期刊收录论文 9 篇；并有多篇论文被评为中国烟草学会及北京市烟草学会优秀论文。

编写人员名单

主　编　　　　周　骏　　　上海烟草集团有限责任公司
　　　　　　　杨春雷　　　湖北省烟草科学研究院
　　　　　　　史宏志　　　河南农业大学
　　　　　　　白若石　　　上海烟草集团有限责任公司
副主编　　　　杨锦鹏　　　湖北省烟草科学研究院
　　　　　　　杨惠娟　　　河南农业大学
　　　　　　　马雁军　　　上海烟草集团有限责任公司
　　　　　　　刘兴余　　　上海烟草集团有限责任公司
　　　　　　　张　杰　　　上海烟草集团有限责任公司
　　　　　　　王　俊　　　河南农业大学
　　　　　　　徐同广　　　上海烟草集团有限责任公司
　　　　　　　杨振东　　　上海烟草集团有限责任公司
　　　　　　　闫洪洋　　　中国烟草总公司职工进修学院
编　委　　　　周　骏　　　上海烟草集团有限责任公司
　　　　　　　杨春雷　　　湖北省烟草科学研究院
　　　　　　　史宏志　　　河南农业大学
　　　　　　　白若石　　　上海烟草集团有限责任公司
　　　　　　　杨锦鹏　　　湖北省烟草科学研究院
　　　　　　　杨惠娟　　　河南农业大学
　　　　　　　马雁军　　　上海烟草集团有限责任公司
　　　　　　　刘兴余　　　上海烟草集团有限责任公司
　　　　　　　张　杰　　　上海烟草集团有限责任公司
　　　　　　　王　俊　　　河南农业大学
　　　　　　　徐同广　　　上海烟草集团有限责任公司
　　　　　　　杨振东　　　上海烟草集团有限责任公司
　　　　　　　闫洪洋　　　中国烟草总公司职工进修学院
　　　　　　　余　君　　　湖北省烟草科学研究院
　　　　　　　李宗平　　　湖北省烟草科学研究院
　　　　　　　严莉红　　　上海烟草集团有限责任公司
　　　　　　　张　晨　　　上海烟草集团有限责任公司
　　　　　　　郑晓曼　　　上海烟草集团有限责任公司

前　言

烟草作为农业经济作物，在我国国民经济生产中占有重要份额，不可或缺。然而反吸烟呼声高涨，吸烟与健康问题日益受到重视，降低烟草及烟草制品中有害物质迫在眉睫，如何降低卷烟的危害性已成为当今烟草科研方向，其中，降低烟草特有 N-亚硝胺（TSNAs, Tobacco Specific N-nitrosamines）含量一直是国际上近 20 年来研究的热点。TSNAs 是烟草特有的 N-亚硝基类化合物，其主要有 4 种：4-(N-甲基-亚硝胺)-1-(3-吡啶基)-1-丁酮 [NNK, 4-(N-methyl-N-nitrosamino)-1-(3-pyridyl)-1-butanone]、N-亚硝基去甲基烟碱（NNN, N'-Nitrosonornicotine）、N-亚硝基新烟碱（NAT, N'-Nitrosoanatabine）和 N-亚硝基假木贼碱（NAB, N'-Nitrosoanabasine）。TSNAs 是烟叶及卷烟烟气中均存在的一类致癌性物质。烟叶中 TSNAs 在绿叶中的含量非常少甚至没有，其形成通常被认为主要发生在调制和贮藏阶段。

我国种植和使用白肋烟、马里兰烟已有几十年的历史，由于白肋烟、马里兰烟中的 TSNAs 含量高于烤烟中的数百倍甚至上千倍，导致混合型卷烟烟气中 TSNAs 含量远远高于烤烟型卷烟。这对于我国混合型卷烟品牌的发展及烤烟型卷烟的减害降焦工作十分不利。本书以国产白肋烟、马里兰烟为研究对象，针对最易形成 TSNAs 的烟草种植与贮藏阶段，从生化调控、栽培调制、品种改良、烟叶贮藏期间 TSNAs 的形成机制及抑制手段等方面开展研究，提出了可有效降低国产白肋烟、马里兰烟中 TSNAs 含量的关键综合技术，为从事卷烟减害技术研究的科技人员提供参考。

本书共分六章：第一章综述了烟草特有 N-亚硝胺的生成、代谢及危害性；第二章简述了国内烟叶基本种植技术及贮藏保管方法；第三章讲述了国产白肋烟、马里兰烟资源现状，涉及烟叶外观质量特点、烟叶物理化学成分及烟叶中 TSNAs 分布情况等方面；第四章讲述了烟碱转化株的鉴别技术与标准、烟碱转化率与生物碱含量之间的关系及白肋烟烟碱转化改良技术的示范应用；第五章讲述了从生化调控、栽培调制、品种改良等方面形成的可有效降低种植过程中国产白肋烟、马里兰烟中 TSNAs 含量的关键技术；第六章通过对贮藏过程中烟叶中 TSNAs 形成机制的探讨，明确了烟叶贮藏阶段 TSNAs 的形成主要与硝酸盐和亚硝酸盐生成氮氧化物有关，提出了利用温度控制、真空包装、维生素 C 溶液、活性炭、纳米材料等抑制白肋烟贮藏过程中 TSNAs 生成的关键技术。

本书较多篇幅介绍了国产白肋烟、马里兰烟资源现状及如何在烟草种植和贮藏过程中降低 TSNAs 的技术方法，这些内容均来自于编者们近 10 年来的最新科研成果，是众多科研项目工作的总结与提炼。

本书主要编写人员分工如下：第一章，周骏、刘兴余、张杰、严莉红和白若石；第二章，周骏、马雁军、杨锦鹏、余君、李宗平、闫洪洋和白若石；第三章，杨春雷、杨锦鹏、马雁军、余君、李宗平和闫洪洋；第四章，史宏志、杨惠娟和白若石；第五章，杨春雷、周骏、杨锦鹏、余君、李宗平、张杰、杨振东和白若石；第六章，史宏志、周骏、王俊、杨惠娟、徐同广、张杰、杨振东、张晨、郑晓曼和白若石。

在本书出版之际，真诚感谢所有给予了帮助的老师和科研技术人员。本书在出版过程中，得到了科学技术文献出版社张丹编辑的大力帮助，特此表示诚挚感谢！

编者们本着科学认真的态度编写了本书，但由于本书涉及领域广、内容多、专业性强，加之编者们学术水平有限，书中难免存在一些疏忽与错误，有待于我们今后进一步改进和完善。恳请同行专家、学者及广大读者对本书的错误予以指正。

周　骏　杨春雷　史宏志　白若石

2017 年 3 月 7 日于北京

目　录

第一章

烟草特有 *N*-亚硝胺（TSNAs）

第一节　TSNAs 的生成

一、*N*-亚硝胺概述

（一）*N*-亚硝胺

N-亚硝胺是一类广泛存在于环境、食品和药物中的致癌物质，其一般结构为 $R_2（R_1）N—N=O$。当 R_1 等于 R_2 时，称为对称性亚硝胺，如 *N*-亚硝基二甲胺（*N*-Nitrosodimethylamine，NDMA）和 *N*-亚硝基二乙胺（*N*-Nitrosodiethylamine，NDEA）；当 R_1 不等于 R_2 时，称为非对称性亚硝胺，如 *N*-亚硝基甲乙胺（*N*-Nitrosomethylethylamine，NMEA）和 *N*-亚硝基甲苄胺（*N*-Nitrosomethylbenzylamine，NMBzA）等。亚硝胺由于分子量不同，可以表现为蒸气压大小不同，能够被水蒸气蒸馏出来并不经衍生化直接由气相色谱测定的称为挥发性亚硝胺，否则称为非挥发性亚硝胺。亚硝胺在紫外光照射下可发生光解反应。在通常条件下，不易水解、氧化和转为亚甲基等，化学性质相对稳定，需要在机体发生代谢时才具有致癌能力。

人类对 *N*-亚硝胺的认识已经有了近百年的历史。Freund 于 1937 年首次报道了 2 例职业接触 *N*-亚硝基二甲胺（NDMA）中毒案例，患者表现为中毒性肝炎和腹水，其后以 NDMA 给小鼠和小狗染毒也出现肝脏退化性坏死。随后，Bames 和 Magee 分别于 1954 年和 1956 年发现在实验动物体内，NDMA 不仅是肝脏的剧毒物质，也是强致癌物，可以引起肝脏肿瘤。自此之后，人们坚定了 200 多种 *N*-亚硝铵的致癌性。1960 年，Rodgman 指出卷烟烟气中很有可能含有 *N*-亚硝胺，引起了各国研究人员的广泛关注。4 年后，Serfontein 和 Neurath 等率先从卷烟烟气中鉴定出 *N*-亚硝胺。根据 1991 年 Hoffmann 等的报告，烟草中的 *N*-亚硝胺主要有 3 种类型，包括挥发性 *N*-亚硝胺（Volatile *N*-nitrosamines，VNA）、非挥发性的 *N*-亚硝胺和烟草特有的 *N*-亚硝胺（TSNAs），它们主要是烟叶在调制、发酵和陈化期间及烟草燃烧时形成的，其含量与烟叶中硝酸盐、生物碱、蛋白质、氨基酸的含量及工艺技术条件有关。

（二）挥发性 *N*-亚硝胺

挥发性 *N*-亚硝胺是简单的二烷基和低分子质量的含氮杂环化合物亚硝化形成的。1964 年，Serfontein 等首次在南非卷烟烟气中鉴定出 *N*-亚硝基哌啶（*N*-Nitrosopiperidine，NPIP）。随后，Neurath 等在卷烟烟气中鉴定出 *N*- 二甲基亚硝胺（*N*-Nitrosodimethylamine，NDMA）和 *N*-亚硝基吡咯烷（*N*-Nitrosopyrrolidin，

NPYR）。到目前为止，在烟草和烟气中已发现的挥发性 *N*-亚硝胺共有 15 种，如 NDMA、NPIP、NPYR、*N*-亚硝基甲基乙基胺（NEMA）、*N*-亚硝基二乙基胺（NDEA）、*N*-亚硝基二丙基胺（NDPA）、*N*-亚硝基二丁基胺（NDBA）、*N*-甲乙基亚硝胺（NEMA）、*N*-亚硝基吗啉（NMOR）等。人们普遍认为，卷烟烟气中的挥发性 *N*-亚硝胺会对人体健康产生不利影响，特别会引起吸烟者呼吸道内肿瘤的产生。Hoffmann 和 Hecht 所列出的 43 种烟草和烟气中致癌性化合物中包含了其中 5 种挥发性 *N*-亚硝胺：NDMA、NDEA、NEMA、NPYR 和 NMOR。有明显的证据表明挥发性 *N*-亚硝胺可以显著地被醋酸纤维滤嘴过滤掉。

（三）非挥发性 *N*-亚硝胺

非挥发性 *N*-亚硝胺是由氨基酸及其衍生物亚硝基化产生的，主要包括 *N*-亚硝基脯氨酸（NPRO）和 *N*-亚硝基二乙醇胺（NDELA）。在实验动物的生物实验中，NPRO 是唯一一种生物活性实验结果为阴性的在烟草或烟气中存在的 *N*-亚硝胺化合物。1977 年，Schmeltz 等在烟草中分离并鉴定出 NDELA。有研究表明 NDELA 对动物的肝脏、肾脏和呼吸道都有致癌作用。烟草中的 NDELA 主要来源于烟草抑芽剂马来酰肼的二乙醇胺盐。从 20 世纪 80 年代初开始，马来酰肼的二乙醇胺盐已经在烟草中禁用，因此 NDELA 已经不再是烟草和烟气中的重要致癌成分。

（四）烟草特有 *N*-亚硝胺

烟草特有 *N*-亚硝胺（Tobacco Specific *N*-nitrosamines，TSNAs）是烟草特有的 *N*-亚硝基类化合物，其研究最早始于 20 世纪 60 年代初，其从分子化水平上看，是烟草生物碱和亚硝基反应生成的复合物。目前已鉴定出的 TSNAs 主要有 8 种，分别为 4-（甲基亚硝胺基）-1-（3-吡啶基）-1-丁酮 [NNK，4-（*N*-methyl-*N*-nitrosamino）-1-（3-pyridyl）-1-butanone]、*N*-亚硝基去甲烟碱（NNN，*N*′-Nitrosonornicotine）、*N*-亚硝基新烟碱（NAT，*N*′-Nitrosoanatabine）、*N*-亚硝基假木贼碱（NAB，*N*′-Nitrosoanabasine）、4-（甲基亚硝胺基）-1-（3-吡啶基）-1-丁醇 [NNAL，4-（Methylnitrosamino）-1-（3-pyridyl）-1-butanol]、4-（甲基亚硝胺基）-4-（3-吡啶基）-1-丁醇 [iso-NNAL，4-（methylnitrosamino）-4-（3-pyridyl）-1-butanol]、4-（甲基亚硝胺基）-4-（3-吡啶基）-1-丁酸 [iso-NNAC，4-（methylnitrosamino）-4-（3-pyridyl）butyric acid]、4-（甲基亚硝胺基）-4-（3-吡啶基）-1-丁醛 [NNA，4-（methyl-nitrosamino）-4-（3-pyridyl）-butanal]。这些化合物结构如图 1-1 所示。其中，NNK、NNN、NAT 和 NAB 是烟草和烟气中主要的烟草特有亚硝胺，研究最为深入。1973 年，Klus 等在由高降烟碱含量烟草制成的卷烟烟气中发现了 NNN。同年，Rathkamp 等在无滤嘴混合型卷烟中发现了 NAT。1977 年，Hecht 等在卷烟烟气中发现了 NNK 和 NNA。Hecht 等的研究表明 NNN 的含量与烟草中硝酸盐的含量成正比，且烤烟烟叶中 TSNAs 的含量最低。1987 年，Brunnemann 等在鼻烟和卷烟烟丝中鉴定出一种新的 TSNAs（iso-NNAL），但卷烟烟气未发现该物质的存在。两年后，Djordjevic 等在烟草和烟气中发现了 iso-NNAC。胺类化合物和亚硝酸盐或氮氧化合物起反应形成 *N*-亚硝胺已被人们证实。烟草中含有大量的胺类化合物，包括氨基酸、蛋白质、生物碱等，其中，烟碱是烟草中最重要的生物碱，其含量在 0.2%（某些雪茄烟）～ 4.5%（某些白肋烟）。另外，比较重要的但含量较少的是降烟碱、新烟草碱和假木贼碱。烟草中还含有高达 0.5% 的硝酸盐和痕量亚硝酸盐，因此，在烟草中具有潜在的亚硝胺形成前体。目前普遍认为，NNK 来源于烟碱，NNN 来源于烟碱和降烟碱，NAT 来源于新烟草碱，NAB 来源于假木贼碱。TSNAs 在绿叶中的含量非常少，而 TSNAs 的形成通常被认为是在采收后的调制、储存及加工过程中产生。

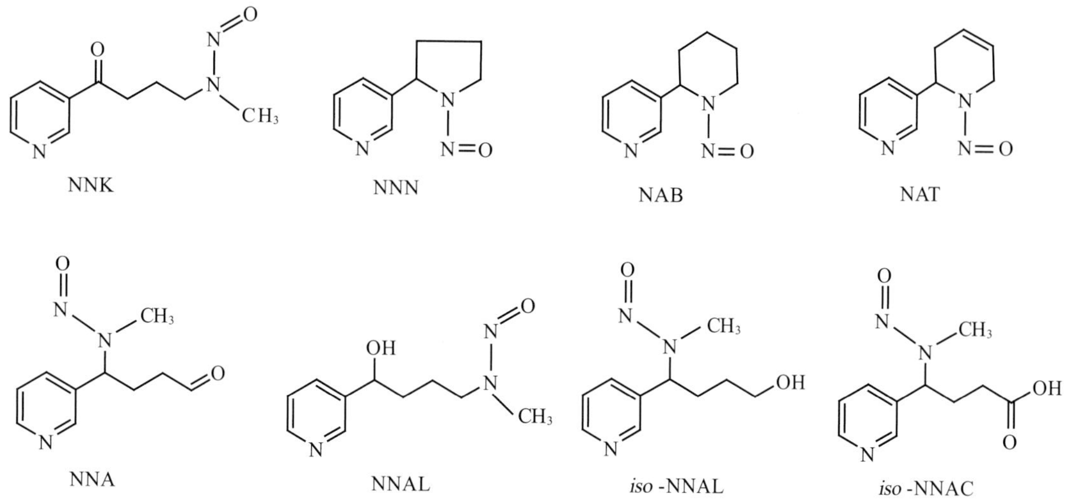

图 1-1　TSNAs 的结构式

二、TSNAs 的形成机制

目前，烟草 / 烟气中能够检测到的 TSNAs 主要有 NNK、NNN、NAT、NAB、NNA、*iso*-NNAC、NNAL 和 *iso*-NNAL（表 1-1），上述化合物大部分具有致突变性，其中，NNK、NNN、NAT、NAB、NNA 和 NNAL 是典型的致癌物。一般而言，烟草 / 烟气中的 TSNAs 主要是指 NNK、NNN、NAT 和 NAB，这 4 种化合物是目前研究的重点。

表 1-1　烟草 / 烟气中的 TSNAs

TSNAs	缩写	CAS	致突变性
4-（*N*-Methyl-*N*-nitrosamino）-1-（3-pyridyl）-1-butanone	NNK	64091-91-4	+
N'-Nitrosonornicotine	NNN	16543-55-8	+
N'-Nitrosoanabasine	NAT	71267-22-6	+
N'-Nitrosoanatabine	NAB	37620-20-5	+
4-（*N*-Methyl-*N*-nitrosamino）-4-（3-pyridyl）-1-butanal	NNA	64091-90-3	+
4-（methylnitrosamino）-4-（3-pyridyl）-1-butyric acid	*iso*-NNAC	123743-84-0	
4-（*N*-Methyl-*N*-nitrosamino）-1-（3-pyridyl）-1-butanal	NNAL	59578-66-4	+
4-（*N*-Methylnitrosamino）-4-（3-pyridinyl）-1-butanol	*iso*-NNAL		

烟草中的 TSNAs 含量一般在 0.001 ～ 100 mg/kg，其中，NAB 的含量最少，约为 NAT 含量的 10%。晾晒烟、烤烟和卷烟烟气中的 TSNAs 含量及形成机制各不相同。

（一）晾晒烟中 TSNAs 的形成机制

TSNAs 的合成前体物是生物碱和亚硝酸盐，TSNAs 是仲胺类生物碱和亚硝酸盐反应生成的，在适宜的反应条件下，每生成 1 分子 TSNAs 需要 1 分子生物碱和 2 分子亚硝酸盐。

N-亚硝胺是由胺类化合物在酸性条件下与源自亚硝酸盐的亚硝化试剂（如 NO、N_2O_3 和 N_2O_4）反应而生成的，如果该胺类是仲胺的话，氮原子上的—H 被—NO 取代的速度就比较快速，而且反应产率很

高，而对于叔胺来说，这一反应进行的速度就非常慢。

烟叶中存在丰富的氨基化合物，包括氨基酸、蛋白质和生物碱。其中，最主要的生物碱烟碱为叔胺，其他较为重要的生物碱（降烟碱、新烟碱和假木贼碱）为仲胺。同时烟草中又含有超过 5% 以上的硝酸盐和痕量的亚硝酸盐，这就为烟草中亚硝胺的生成提供了必要的条件。降烟碱、新烟碱和假木贼碱可以分别被亚硝化为相应的 *N*-亚硝胺（*N*-亚硝基降烟碱、*N*-亚硝基新烟碱和 *N*-亚硝基假木贼碱）。烟碱在水溶液条件下可以亚硝化生成 4-（甲基亚硝胺基）-1-（3- 吡啶基）-1- 丁酮、4-（甲基亚硝胺基）-4-（3-吡啶基）-1- 丁醛和 *N*-亚硝基降烟碱。图 1-2 是烟叶中 4 种主要 TSNAs 的形成途径（简略图）。

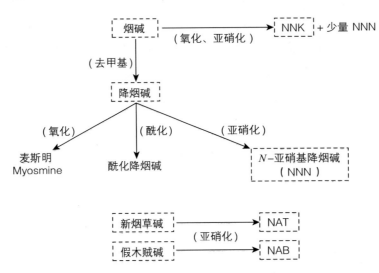

图 1-2　烟叶中 4 种主要 TSNAs 的形成途径（简略图）

烟草中的 TSNAs 并不是本来就存在于烟叶中的，在新鲜烟叶中 TSNAs 的含量很低，甚至无法检出。绝大多数的 TSNAs 都是在烟草的调制、陈化及燃吸过程中产生的。从目前的研究可知，TSNAs 的形成主要有两条途径，一是烟草中的生物碱直接发生亚硝化反应形成的，二是通过亚硝酸盐或氮氧化物（NO_x）与生物碱的反应形成的，而其中的亚硝酸盐是烟叶中的硝酸盐被微生物还原所得。晾晒烟 TSNAs 含量一般在调制的第 2 周开始上升，其快速增高时期约在烟叶的变黄末期，此时叶片约有 98% 的叶绿素降解，叶片颜色开始由黄变棕。目前普遍认为，微生物在烟叶中 TSNAs 的形成过程中起到了非常重要的调节作用（图 1-3）。因此，凡是在新鲜烟叶后续处理中对以上几种相关前体物含量有影响的条件都会导致最终 TSNAs 的含量发生变化。

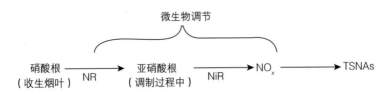

图 1-3　微生物在烟叶中 TSNAs 形成过程中的作用

烟草中的亚硝酸盐对于 *N*-亚硝胺的形成有着重要的影响，它主要来源于硝酸盐的还原。在生长中的烟草里，该反应是在硝酸盐还原酶的催化下在烟草细胞液中进行的，反应所生成的亚硝酸盐在细胞内并不积累，迅速转移到叶绿体或原质体中，然后在植物亚硝酸盐还原酶的作用下，还原为氨，这就是同化作用。另一种硝酸盐还原的过程是异化过程，是由一些蛋白酶和细菌在缺氧的条件下进行的。在这一条件下，硝酸盐代替氧气被还原，该反应在亚硝酸盐阶段就停止了。而另外的一些细菌和蛋白酶可以继续将其还原为氮气或一氧化氮。

植物亚硝酸盐还原酶对于湿度是很敏感的，因此在烟叶收割时，它的活性很高，但在随后的 5 天之内迅速降低，而同时生物蛋白酶和细菌的活性却逐渐增加。这也导致同化和异化还原作用所占比例随之发生了变化。

在烟草中 *N*-亚硝胺的形成过程中有以下几个重要的影响因素：烟草品种、收获时的成熟度、调制条件和微生物活性。在晾晒烟叶调制过程中后期，烟叶由黄色变至褐色时开始有 TSNAs 产生。这一阶段主要是由于烟叶细胞脱水后，细胞结构被破坏。胞内化合物流出导致 TSNAs 的前体物开始有机会互相接触。同时，微生物在这一阶段获得丰富的营养物质，活性极大提高。部分微生物会诱导生物碱的亚硝化反应及将硝酸盐转化为亚硝酸盐从而进一步转化为 TSNAs，TSNAs 和亚硝酸盐浓度开始同步提高。有文献报道，提高白肋烟贮藏温度可以极大地提高 TSNAs 的转化率，同时贮藏的湿度也对 TSNAs 有很大影响。由于生物碱的亚硝化反应是一个氧化反应，因此氧化剂的加入也会加快 TSNAs 的形成。另外，硝态氮肥的添加也会导致 TSNAs 含量的明显提高。

20 世纪 80 年代进行的几项研究对这几个方面进行了深入的探讨。Andersen 等在研究中发现在高温高湿条件（32℃，83%RH）下调制的烟叶叶片中亚硝酸盐的含量显著高于在普通环境下调制的烟叶叶片，过熟烟叶中亚硝酸盐的含量最高。烟叶中 TSNAs 的含量与亚硝酸盐的含量有着明显的相关性。亚硝酸盐和 TSNAs 的累积在调制进行后的第 3 周达到最高峰。Almqvist 等研究了黑色烟草调制过程，对于完整烟叶和除梗烟叶进行了对比。结果发现叶片中亚硝酸盐的含量都很低，叶脉中亚硝酸盐含量在第 3 周开始增加，完整烟叶为 700 μg/g，除梗烟叶为 80 μg/g。整个调制过程中，TSNAs 在叶片中的含量都很低（0.1 ~ 0.4 μg/g），叶脉中 TSNAs 的含量稍高，在调制的第 3 周其范围为 0.3 ~ 2.7 μg/g，其最高含量（2.7 μg/g）与亚硝酸盐的最高含量（700 μg/g）是对应的。

（二）烤烟中 TSNAs 的形成机制

对于烤烟中 TSNAs 的形成，明火调制所产生的燃烧副产物（即氮氧化物）对烟叶烤制中 TSNAs 的形成起重要作用，与明火调制相比，微生物在烤烟中 TSNAs 的形成中所起的作用可以忽略不计。

烤烟烟叶的 TSNAs 含量比晾晒烟叶小约两个数量级，这是多种因素共同导致的。从基因角度来说，烤烟烟叶的生物碱和硝酸盐含量都小于晾晒烟。这种物质基础使得 TSNAs 的含量上限受到限制。另外，在明火烤制过程中，燃烧产生的副产物 NO_x 会促进 TSNAs 的形成。但是在这一过程中微生物则不会产生任何作用。有研究显示，NO_x 途径产生 TSNAs 的效率明显小于微生物的作用。用同样的烤烟烟叶原料对比明火烤制和晾制这两种调制方法，最终晾制后的烤烟烟叶中 TSNAs 含量是烤制的 2.5 倍。因此明火烤制的调制过程极大地影响了 TSNAs 的含量。

David M. Peele 等采用不同烤房对弗吉尼亚烟的中上部叶（品种 K326）进行了研究。实验结果证实，在没有液态丙烷气燃烧的亚硝化剂的电烤房中烟叶中 TSNAs 含量较低，而在商业直接熏制烤房中烟叶中 TSNAs 含量显著的高。向烤房中加入 NO_x 的实验也证实了氮氧化物对 TSNAs 生成的作用。实验结果表明，加入 1.8 kg NO_x 的处理致使 TSNAs 的含量大幅高于用 0.45 kg NO_x 的处理，在加入 NO_x 处理的 24 h 期间，TSNAs 的含量快速增加，在此之后，虽然增加的量较慢，但是整个调制期间都在增加。这也表明烟叶吸收和吸附的 NO_x 能继续与天然生物碱发生反应形成 TSNAs。

这些结果证明，直接熏制调制所提供的副产品（如氮氧化物）明显有助于烟草调制期间 TSNAs 的形成。直接熏制调制是烤烟中形成 TSNAs 的主要来源，使用热交换调制，能显著降低烤烟中的 TSNAs 含量，而烤烟品质和烟气特性完全不变。

三、TSNAs 的不同生成阶段

TSNAs 主要生成于烟草采后加工环节，在烟叶（绿叶）生长期未检测到 TSNAs，仅在烟叶生长的衰退期出现少量 TSNAs。这是由于细胞内物质被细胞膜有效隔离，尽管叶内含有丰富的 TSNAs 前体物，但它们不能碰撞而发生反应，难以生成 TSNAs。烟叶采后需要经过调制、分级、复烤、醇化（或人工发酵）等一系列初加工，每个环节加工条件不同，造成 TSNAs 生成量不同。例如，在调制阶段，不同的调制方式对烟叶中 TSNAs 的生成影响较大；在醇化阶段，烟叶中 TSNAs 的生成量受贮藏条件的影响。

（一）调制期 TSNAs 的生成

烟叶采后需经调制才能进入下一阶段的加工，烟叶调制是一个生理生化过程，采后的烟叶具有生理活性，由于其脱离了母体，水分和养分来源被断绝，但呼吸作用仍在进行，以自身的养分为呼吸基质，维持其生命机能。在这个过程中，水分逐渐流失，细胞膜破裂，细胞室坍塌，原有的细胞器、内质网和细胞骨架被破坏，维持烟叶正常生理特征的内含物（酶、无机盐等）混合，产生了大量无序的生化反应，一些物质被分解和消耗，部分新的物质生成，这个生理生化反应过程称为饥饿代谢，并一直延续到细胞脱水干燥为止。

烤烟调制期一般分为变黄、定色和干筋，白肋烟变黄期前有一段时间称为凋萎，凋萎期是从收获后开始脱水起，一般持续 10 ～ 12 天。变黄期一般持续 12 ～ 14 天，烟叶化学成分变化很大，由于复杂的化学反应及可溶性组分在叶肉和叶茎之间重新分配，使烟叶失去干重的 15% ～ 20%。此期是最为重要的时期，也是烟叶真正的调制期，相对湿度控制在 65% ～ 70%，若湿度太低，将导致烟叶干燥太快，过早杀死细胞，中断化学反应，尤其是不能使淀粉分解，淀粉的存在会影响烟叶吃味，使叶片颜色固定在绿色或黄色阶段，湿度过高，烟叶干燥减慢，导致烟叶变黑、变薄、发霉。变黄阶段完成后，部分烟叶开始失去活力转变为均匀一致的褐色或棕色，此时烟叶的最终颜色已成定局，这一阶段成为定色期。当叶片已转为较好的白肋烟颜色时，便可加强通风，使之进入干筋期，此时湿度应降低，并保持至叶片和茎秆完全干燥为止。

一般认为，TSNAs 在烟叶采后调制阶段大量生成，但不同调制方式（烘烤和晾晒）对 TSNAs 影响较大，由于烘烤调制温度较高、时间短，生成的 TSNAs 一般低于晾晒方式。李宗平以白肋烟（B37LC）为实验对象，研究了不同调制方式对烟叶中 TSNAs 的影响，如表 1-2 所示，烤制产生的单一亚硝胺和总 TSNAs 均低于晾制和晒制。

表 1-2　不同调制方式对烟叶中 TSNAs 的影响

单位：$\mu g \cdot g^{-1}$

调制方式	NNN	NNK	NAT	NAB	总 TSNAs
烤制	1.08	0.04	0.63	0.03	1.78
晾制	1.23	0.04	0.72	0.03	2.02
晒制	1.17	0.04	0.71	0.03	1.95

另外，研究表明，烤烟调制过程中，使用明火调制方式比热交换方式产生更多的 TSNAs。表 1-3 总结了使用不同加热器的烤房中经烤制后烟叶中 TSNAs 含量，抽样数据表明装备热交换型的烤房中烟叶 TSNAs 含量低于明火烤房。在明火烤制环境中，可燃性气体（液态丙烷气）燃烧产生了 NO_x 气体，会导致生物碱的亚硝化，生成了较多的 TSNAs 化合物。为了验证氮氧化物对 TSNAs 生成的影响，研究人员通过在烤房中人为补充 NO_x 气体，如表 1-4 所示，明火烤制明显增加了 TSNAs 含量（0.95 μg/g → 4.66 μg/g），

而且在两种不同加热方式的烤房中，人为补充的 NO_x 会导致烟叶中 TSNAs 含量急剧升高，其中，在电加热烤房中注入 NO_x 气体，导致烟叶中 TSNAs 含量由 0.95 μg/g 增加至 174.0 μg/g。1999 — 2000 年，美国雷诺烟草公司对采用不同加热方式的商业烤房进行烟叶采样，发现热交换方式与明火加热方式差别很大，热交换烤房调制的烟叶中 NNN、NAT、NNK 和总 TSNAs 量远低于明火方式（表 1–5）。

表 1–3　不同商业烤房中抽样样品中 TSNAs 含量

燃料	加热方式	样品个数	TSNAs 含量 / (μg · g⁻¹)
木材	烟道	6	0.25
柴油	热交换	27	0.66
液态丙烷气	热交换	23	低于检出限
液态丙烷气	明火	1	5.90
液态丙烷气	明火	43	11.1

表 1–4　外源 NO_x 对烟叶中 TSNAs 含量的影响

烤房种类	NO_x 施加量 / kg	TSNAs 含量 / (μg · g⁻¹)
电加热（对照）	0	0.95
电加热	1.8	174.00
液态丙烷气明火（对照）	0	4.66
液态丙烷气明火	1.8	107.30

表 1–5　美国商业烤房采用不同加热方式调制的烟叶中 TSNAs 含量

年份	TSNAs	热交换 / (μg · g⁻¹)	明火 / (μg · g⁻¹)	降低率
1999	NNN	0.19	1.74	89%
	NAT	0.32	2.38	87%
	NNK	0.21	2.82	93%
	总 TSNAs	0.72	6.94	90%
2000	NNN	0.08	1.16	93%
	NAT	0.13	1.64	92%
	NNK	0.09	1.95	95%
	总 TSNAs	0.30	4.75	94%

在烟叶不同调制阶段，TSNAs 的生成量不同。在烟叶变黄期，TSNAs 的生成量并不多，变黄末期，TSNAs 开始生成，至定色期和干筋期，TSNAs 大量生成，至调制结束时，TSNAs 达到最大量，如表 1–6 所示。在变黄期结束时，TSNAs 含量比采收时略高，但调制结束时，TSNAs 含量增加很大，表明定色期和干筋期是 TSNAs 形成的重要阶段。史宏志等以白肋烟鄂烟 1 号为调制对象，置于常规"89"式标准晾房自然调制，结果如图 1–4 所示。白肋烟在晾制过程中其 TSNAs 累积量是先逐步增加，然后又迅速下降的，其变化曲线呈不规则的抛物线形，从第 3 周（21 天）起，开始迅速累积，在晾制时间达到第 6 周（42 天）时达到最大值，第 7 周后 TSNAs 含量开始回落，在晾制结束前会趋于稳定，而且上部叶和中部叶的变化规律相似，总体调制后烟叶中 TSNAs 含量比调制前增加数倍。瑞典火柴公司研究人员将白肋烟烟碱高转化株 BB16NN 置于不同晾房中，以热交换方式调制，发现叶片和烟梗中 TSNAs 生成量的显著变化均

为从变黄期结束时开始，并呈逐渐升高趋势，从定色期结束时至调制期结束时，TSNAs 的生成量最大（图 1–5）。因此，有研究将正常定色后的白肋烟叶直接移至高温环境（50 ℃）快速干燥，发现 TSNAs 生成量低于正常干筋期。也有研究将变黄期完成后的白肋烟叶经高温（70 ℃）干燥，发现 TSNAs 生成量远低于正常调制烟叶。但也有研究认为，在白肋烟正常晾制过程中，将后期的干筋期晾制环境置换为烤烟干筋期的烤制环境（68 ℃），会导致 TSNAs 含量的升高。另外，帝国烟草公司研究人员对烤烟进行了调制研究，发现烤制温度与 TSNAs 含量的生成量呈正相关，高温烤制（＞60 ℃）会导致更多的 TSNAs 生成。因此，虽然调制温度会影响烟叶中 TSNAs 的生成，但会因调制方式及变温点的不同而略有差异。

表 1–6 调制前后 TSNAs 的变化

单位：µg·g⁻¹

	NNN	NAT	NNK	总 TSNAs
采收时	0.26	0.79	0.28	1.33
变黄期结束时	0.28	1.06	0.13	1.47
调制后	1.56	6.67	1.81	10.04

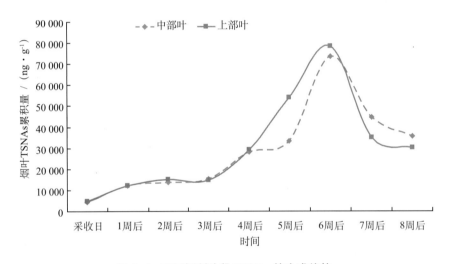

图 1–4 不同调制阶段 TSNAs 的生成趋势

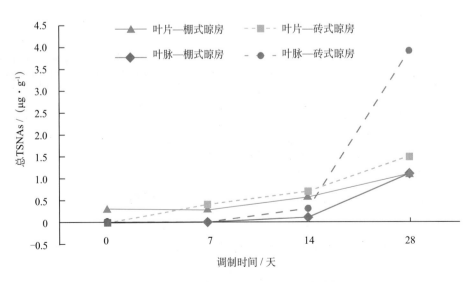

图 1–5 不同调制阶段 TSNAs 的生成趋势

　　普遍认为，高温和高湿环境会导致调制期间烟叶中 TSNAs 的大量生成，反之，则会生成较少的 TSNAs。有研究在恒湿柜中调制白肋烟，设置不同湿度（83%RH、90%RH），发现 90% 的相对湿度会导致叶片和叶脉中 TSNAs 的大量生成。在环境控制房内进行白肋烟调制实验也表明，32 ℃ /83%RH 调制环境生成的 TSNAs 是对照组（24 ℃ /70%RH）的几百倍。Lion K 等对 2010 — 2014 年美国白肋烟种植区进行了抽查，发现同一年份，不同产区的白肋烟 TSNAs 含量波动范围为 2.5 ～ 18.3 μg/g，而不同年份，同一产区，由于不同年份气候不同，烟叶中 TSNAs 含量差别较大，且与该产区气候湿度呈显著正相关。

　　选择不同年份和不同地区的晾房，瑞典火柴公司和阿塔迪斯 – 帝国烟草科研人员共同进行了调制环境对 TSNAs 影响的研究。2000 — 2001 年，在美国肯塔基州普林斯顿地区某传统晾房内，烟叶调制期间平均湿度为 78% ～ 85%，平均温度为 22 ～ 25℃（图 1–6），烟叶中 TSNAs 含量为 5 ～ 11 μg/g。而在 1998 — 1999 年同一晾房内的平均湿度为 65% ～ 73%，平均温度为 25 ℃左右，调制后烟叶中 TSNAs 含量仅为 1.1 ～ 2.8 μg/g。2001 年，菲律宾某地晾房 2 平均湿度为 69% ～ 72%，平均温度为 28 ～ 30 ℃（图 1–7），该环境条件下调制后烟叶中 TSNAs 含量为 0.2 ～ 0.8 μg/g。2001 年，美国肯塔基州欧文斯伯勒地区，两个传统晾房内调制的烟叶经过高湿的变黄期、湿度快速下降期（关键期）和定色期后（图 1–8），烟叶中 TSNAs 含量仅为 1.2 ～ 1.7 μg/g。在意大利某地区的两个传统晾房内，调制条件相似，经过关键期调制后的烟叶中 TSNAs 含量低至 0.1 μg/g（表 1–7）。

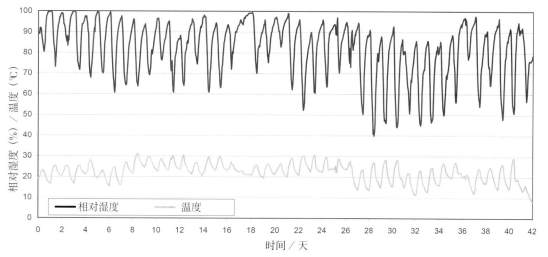

图 1–6　美国肯塔基州普林斯顿地区 2000—2001 年传统晾房调制期间的温湿度

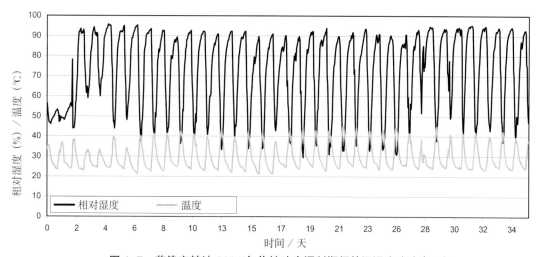

图 1–7　菲律宾某地 2001 年传统晾房调制期间的温湿度（晾房 2）

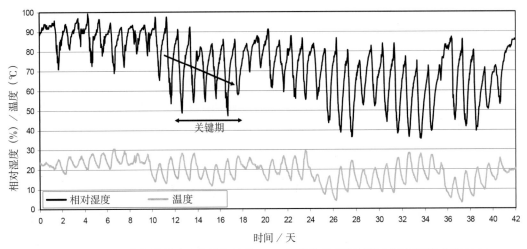

图 1-8 美国肯塔基州欧文斯伯勒地区 2001 年传统晾房调制期间的温湿度（晾房 1）

表 1-7 不同地区传统晾房调制后烟叶中 TSNAs 和亚硝酸盐含量

地点	挂层／晾房	平均湿度／%	平均温度／℃	TSNAs／（μg·g⁻¹）ᵃ	亚硝酸盐／（μg·g⁻¹）ᵃ
普林斯顿（2000 年）	挂层 1	85	24	6.0	16
	挂层 4	78	25	5.0	11
普林斯顿（2001 年）	挂层 1	85	22	9.6	78
	挂层 2	83	22	7.0	60
	挂层 3	80	23	6.2	17
	挂层 4	79	23	11.0	67
普林斯顿（1998 年）	挂层 2	约 73	约 25	1.3	1
	挂层 4	约 69	约 25	1.4	1
	挂层 6	约 65	约 25	1.1	1
普林斯顿（1999 年）	挂层 2	71	24	2.6	3
	挂层 4	67	25	2.8	3
菲律宾（2001 年）	晾房 1	69	28	0.2	ND ᵇ
	晾房 2	72	30	0.8	ND ᵇ
欧文斯伯勒（2001 年）	晾房 1	87/72/70 ᶜ	23/19/18 ᶜ	1.2	2
	晾房 2	84/75/84 ᶜ	24/25/22 ᶜ	1.7	3
意大利（2001 年）	晾房 1	76/72/78 ᶜ	18/19/19 ᶜ	1.1	3
	晾房 2	77/59/77 ᵈ	21/20/16 ᵈ	0.1	3
法国（2001 年）	晾房 1	77/79/84 ᵈ	16/13/16 ᵈ	0.1	5

注：a 表示烟叶干重；b 表示未检出；c 表示（1～12 天）/（12～18 天）/（18～45 天）；d 表示（1～16）天/（16～20）天/（20～45）天。

上述研究人员为了验证自然晾制晾房中关键期的作用，通过人工手段，在变黄和定色之间人为制造"调制关键期"，发现调制关键期（2～3 天）对 TSNAs 的生成影响较大，通过降低关键期的湿度，可以降低调制期烟叶中 TSNAs 的生成。如表 1-8 所示，在欧文斯伯勒地区晾房 1～3 内的烟叶，经过关键期调制后烟叶中 TSNAs 含量均低于 2.7 μg/g，若关键期内湿度始终保持 60%，TSNAs 含量会低至 0.7 μg/g。

在里兹维尔地区的人工控制实验（图 1-9）也表明，2 天的调制关键期内，如果湿度由 70% 左右快速下降至 35%，调制完成后的烟叶中 TSNAs 含量会降至 1.0 μg/g 左右。

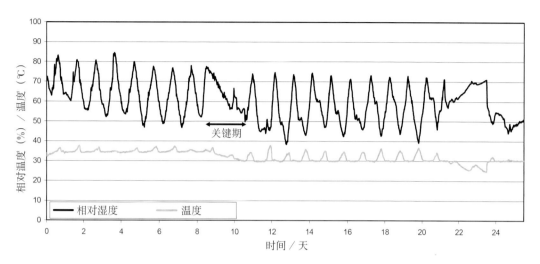

图 1-9　美国北卡罗来纳州里兹维尔地区 2001 年晾房调制期间的温湿度（人为控制调制关键期，晾房 1）

表 1-8　人为控制晾房调制后烟叶中 TSNAs 和亚硝酸盐含量

地点	晾房	平均湿度 / %			平均温度 /℃	TSNAs/ (μg · g⁻¹)ᶜ	亚硝酸盐 / (μg · g⁻¹)ᶜ
		变黄期	关键期ᵃ	定色期ᵇ			
迷你晾房							
欧文斯伯勒（2000 年）	晾房 1	90	90 → 65	68	29	2.3	4
	晾房 2	87	85 → 61	68	29	2.7	5
	晾房 3	87	85 → 55	68	29	2.0	4
欧文斯伯勒（2001 年）	晾房 1 ～ 3	75	60	62	31	0.7	2
大型晾房							
里兹维尔（2001 年）	晾房 1	69	70 → 35	47	30	1.0	8
里兹维尔（2001 年）	晾房 1（调制 1）	65	80 → 50	57	33	1.3	2
	晾房 2（调制 1）	63	78 → 50	58	32	1.4	2

注：a 表示湿度绝对值；b 表示湿度循环平均值；c 表示烟叶干重。

　　法国某地 2001 年晾房调制环境的平均湿度约为 80%，温度约为 16 ℃（图 1-10），且调制关键期的湿度达到 79%，但调制后烟叶中 TSNAs 含量仅为 0.1 μg/g（表 1-7），表明尽管关键期湿度较高，但低温生成的 TSNAs 会低于高温调制环境，低温调制的烟叶品质往往难以满足卷烟原料的质量要求。肯塔基大学的研究也表明，低温环境调制和贮存的烟叶虽然等级较低，但 TSNAs 含量变化不大，始终处于较低水平。

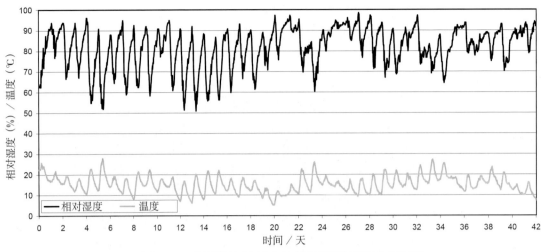

图 1-10　法国某地 2001 年传统晾房调制期间的温湿度

（二）贮存阶段 TSNAs 的变化

烟叶是一种高经济价值的农产品，合理的贮存烟叶是改善烟叶内在与外在质量、稳定卷烟产品质量和解决烟叶供需矛盾的必然要求。一般而言，烟叶贮存分为以下两个阶段：①调制后阶段。调制好的烟叶分级、扎把，短期堆贮后交售给收购站，收购站将烟叶按等级堆贮在站内仓库，打成烟包（初烤烟）逐批发往复烤厂，农户及收购站的贮存时间较短。烟包运输至复烤厂后，一般需贮入仓库等待复烤，烟叶经复烤加工后重新包装，再贮入仓库，复烤厂贮存的烟叶包括初烤烟（水分 16%～18%）和复烤烟（水分 11%～13%），贮存时间长短不一。②醇化阶段。复烤后的烟叶运输至卷烟厂烟叶仓库或贮备库后，一般要贮存 1～2 年，甚至更长时间，该阶段称为烟叶的醇化阶段。

1. 调制后阶段

尽管烟叶中 TSNAs 主要生成于调制阶段，但在调制后不稳定亚硝化产物仍然存在，TSNAs 的累积也在发生着变化，且不同的处理方式均会影响 TSNAs 的生成。研究人员以白肋烟为研究对象，对正常调制后的烟叶进行了不同处理：A——留茎，悬挂于晾房中；B——去茎、捆扎，堆垛于晾房中；C——去茎，堆垛于晾房中；D——去茎、捆扎和去把头，堆垛于晾房中；E——去茎、捆扎和去把头，置于恒温恒湿箱中（不同温度）；F——去茎，立即打叶复烤。其中，A～E 组于各自环境中贮存 3 个月后进行打叶复烤，F 组打叶复烤后装箱，于室温环境贮存 3 个月，结果如表 1-9 所示。新调制的烟叶经 3 个月贮存后，TSNAs 均有不同程度的升高，特别是调制后的烟株，继续于晾房中整株悬挂贮存，烟叶和烟梗中 TSNAs 增加量最多。另外，由表 1-9 中的 F 组数据可以看出，调制后烟叶应尽快打叶复烤，以降低 TSNAs 的累积。

表 1-9　不同处理对调制后阶段烟叶中 TSNAs 的影响

单位：μg・g⁻¹

品种	处理组	A		B		C		F	
		叶片	烟梗	叶片	烟梗	叶片	烟梗	叶片	烟梗
白肋低转化株 ITB 501	贮存前	0.5	1.2	0.5	1.2	0.5	1.2	0.8	0.8
	贮存后	2.0	4.6	0.8	2.0	0.6	2.3	0.8	1.8
白肋高转化株 BYBC	贮存前	5.2	13.9	5.2	13.9	5.2	13.9	2.9	13.4
	贮存后	6.3	12.1	4.5	13.2	5.2	15.0	3.6	9.6

以白肋烟低转化株（ITB 573）调制后的烟叶为贮存对象（D 组），发现去除烟叶把头（图 1–11），对贮存后 TSNAs 的含量存在影响，留有把头会显著增加贮存后 TSNAs 的含量（图 1–12）。

图 1–11　去除烟叶把头示意

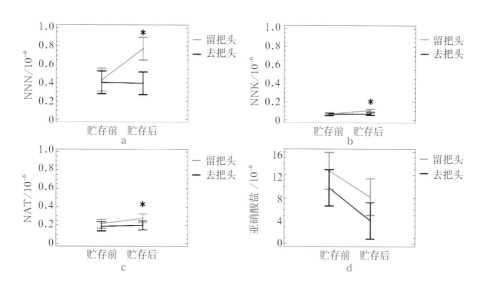

图 1–12　去除把头对调制后阶段烟叶中 TSNAs 含量的影响

另外，贮存温度也影响烟叶 TSNAs 的累积。研究人员以白肋烟 ITB 573 和深色晾烟 Malawi 为研究对象，进行调制后阶段的 3 个月恒温恒湿环境贮存（E 组），发现随着贮存温度的升高，叶片和烟梗中 TSNAs 含量逐渐升高，且对烟梗的影响更大（图 1–13）。

烟叶中 TSNAs 含量在调制后的贮存期间内会发生变化，烟叶处理方式、贮存时间、贮存温度等因素均会影响 TSNAs 的生成。因此，应尽量缩短调制后烟叶的贮存时间，烟叶调制后尽快进行打叶复烤，如不能尽快打叶复烤，应将烟叶尽快从挂杆上取下，及时去茎、捆扎和去除把头，并尽量堆垛于低温（＜20 ℃）环境中。

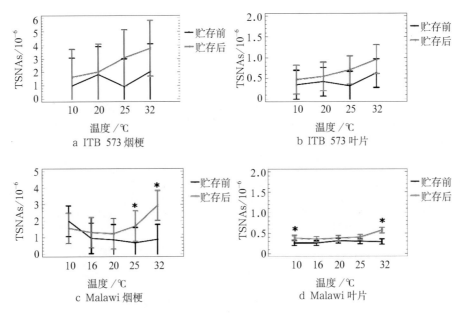

图 1-13　贮存温度对调制后阶段烟叶中 TSNAs 含量的影响

2. 醇化阶段

烟叶醇化（或发酵）主要是为了克服新烟的不良品质，改善和提高烟叶的内在质量和外观质量，使它适合于卷烟产品质量的需要。烟叶经打叶复烤后，运输至卷烟厂进行醇化，既可以进一步提高烟叶的品质，又能调控卷烟厂对烟叶原料的需求。醇化阶段时间较长，烟叶品质受醇化期的温湿度、氧气量等因素影响，因此，烟叶醇化阶段烟叶中 TSNAs 含量的变化受到研究人员的关注。

河南农业大学史宏志等对调制后的烟叶进行了 1 年的实验室贮存实验，发现贮存时间对醇化阶段的 TSNAs 累积影响较大，如图 1-14 所示。白肋烟和晒烟中的 NNN 含量总体呈不断增加趋势，但晒烟在 1 年的贮存期中每 4 个月的增加量均未达到显著水平，白肋烟在 2011 年 12 月中旬至 2012 年 4 月中旬增加量很少，未达到显著水平，2012 年 4 月中旬至 8 月中旬、8 月中旬至 12 月中旬 NNN 含量的增加量均达到显著水平，白肋烟 NNN 含量在贮存期间的增加幅度远大于晒烟，这与所用的白肋烟烟碱转化率较高有关，烟碱转化导致降烟碱含量升高，更有利于 NNN 的形成。白肋烟和晒烟中的 NAT 含量随贮存时间均不断增加，同样表现为增加幅度先小后大再减小的趋势，在 2012 年 4 月中旬至 8 月中旬增加量最大且均达到了显著水平，分别增加 116.8% 和 135.6%。此外，白肋烟中的 NAT 含量始终高于晒烟中的 NAT 含量。白肋烟和晒烟中的 NNK 含量均呈不断增加趋势，且在 2012 年 4 月中旬至 8 月中旬增加达到显著水平，这个时期也正是温度较高的时期。对 NAB 而言，白肋烟在 1 年的贮存期中每 4 个月的增加量均达到了显著水平，以 4 月中旬到 8 月中旬的高温季节增加最为显著，晒烟中的 NAB 含量在 2011 年 12 月至 2012 年 4 月缓慢增加未达到显著水平，在 2012 年 4 月中旬至 8 月中旬、8 月中旬至 12 月中旬的增加达到了显著水平，且在 12 月中旬时白肋烟和晒烟中的 NAB 含量较接近。白肋烟和晒烟中总 TSNAs 在 2011 年 12 月中旬至 2012 年 4 月中旬缓慢增加，增加量均未达到显著水平，在 2012 年 4 月中旬至 8 月中旬迅速增加，增加量均达到显著水平，之后增速减缓，在贮存期间，白肋烟的 TSNAs 总量始终高于晒烟中的 TSNAs 总量，这一差异可能主要是 NNN 含量差异较大引起的。

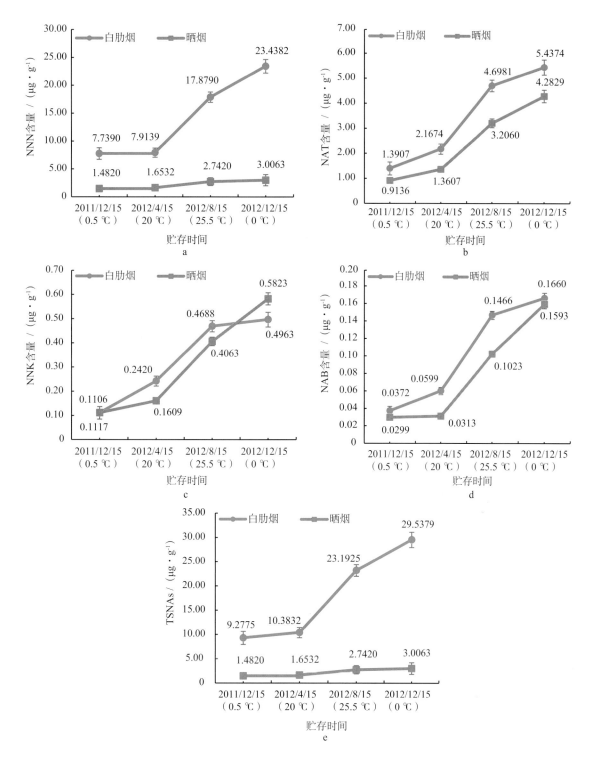

图 1-14　不同醇化时间对烟叶中 4 种 TSNAs 和总 TSNAs 含量的影响

（三）卷烟烟气中 TSNAs 的生成

烟碱、降烟碱、假木贼碱、新烟草碱是烟草和烟气中烟草特有亚硝胺的前体物。烟碱和降烟碱都被认为是 NNN 的前体物质。既然 *N*-亚硝胺类物质（包括 *N*-亚硝胺和烟草特有亚硝胺）存在于烟草之中，很明显，卷烟主流烟气中 *N*-亚硝胺的一部分是从烟草直接转移到烟气中，其余部分是在吸烟过程中形成和输送的。这一部分 TSNAs 在总 TSNAs 所占比例的报道存在相当大的差异，有文献认为，对 NNK 而言，从烟草转移到烟气中的量占烟草中总量的 6.9% ～ 11.0%，这约为主流烟气中 NNK 的 30%。同样，主流烟气中 NNN 总量的 40% 来自烟草的转移。根据 Hoffmann 及其同事的研究，主流烟气中这两种烟草特有亚硝胺的其余部分在吸烟过程中产生。主流烟气中烟草特有亚硝胺与挥发性 *N*-亚硝胺一样，其含量与烟草中的硝酸盐的量成比例。然而热解产生 NNN 和 NNK 的假设遭到 Fischer 等的挑战，他们报道说主流烟气中这两种物质完全是从烟支中转移过去的。一位经常与 Hoffmann 和 Heche 合作发表有关烟草特有亚硝胺的文章的作者 Castonguay 评论认为，在卷烟燃吸期间 NNK 是从烟草转移到烟气中的。Renaud 等与 Fisher 等的意见一致。Moldoveanu 等研究了 *C*-烟碱对卷烟主流烟气冷凝物中 ^{13}C-NNN 和 ^{3}C-NNK 含量的贡献，断定 NNN 和 NNK 是在吸烟过程中产生的，与 Fisher 等、Renaud 等和 Castonguay 的意见相左。但是，人们研究了烟草中硝酸盐对主流烟气中烟草特有亚硝胺含量影响的数据后，热解生成说的前景变得越发不妙。主流烟气中烟草特有亚硝胺的含量分析结果显示烟草中加入硝酸盐后，NNN 和 NAT 增加了，而 NNK 却没有。2003 年，Sandrine 等对原型卷烟烟丝和主流烟气中 TSNAs 的关系进行了研究，该原型卷烟处理配方不同，其他参数完全相同。结果发现烤烟和混合型卷烟烟丝中 TSNAs 的含量和卷烟主流烟气中 TSNAs 的输送量有着明显的相关性。实验结果如表 1-10 所示。

表 1-10　TSNAs 从卷烟烟丝向卷烟烟气的转移率

亚硝胺	烤烟		白肋烟	
	转移率	r^2	转移率	r^2
NNN	0.10	0.996	0.23	0.987
NAT	0.09	0.997	0.27	0.967
NAB	0.18	0.841	1.73	0.841
NNK	0.10	0.993	0.37	0.974

结果表明，卷烟主流烟气中 TSNAs 的输送量一部分来自卷烟烟丝中的直接转移，不同类型的烟丝中 TSNAs 转移率基本是一致的，白肋烟中 TSNAs 转移率（约 20%）显著高于烤烟的转移率（约 10%），白肋烟中 TSNAs 前体物的含量也显著高于烤烟。说明在卷烟燃烧过程中，配方烟草直接的反应及 TSNAs 的热合成所起的作用很显著。

四、不同类型烟叶中 TSNAs 的含量

如表 1-11 所示，不同类型烟草，烟叶中 TSNAs 含量也不同。有研究对中国主要烟叶类型中 TSNAs 含量进行排序：白肋烟＞沙姆逊香料烟＞烤烟＞巴斯马香料烟，在白肋烟和香料烟中，NNN 和 NAT 为主要的 TSNAs，约占总 TSNAs 的 96%。不同品种烟草，烟叶中 TSNAs 含量不同。另外，同一品系，经过改良的品种、转基因品种与原有品种比较，TSNAs 含量差别很大。近年来从美国引进了白肋烟传统品种 TN90 和改良品种 TN90LC，后者由于烟碱转化率低，烟叶中含有较少的去甲基烟碱，因此，烟叶中 NNN 含量低于前者。而转基因品种 TN90ULC 由于细胞色素氧合酶 CYP82E 的沉默，烟碱转化率仅为 0.7%，TSNAs 含量可低至 0.5 μg/g。烟叶部位不同，TSNAs 含量也不同（图 1-15），但不同品种及调制方式不同，不同部位烟叶中 TSNAs 含量差别较大。

表 1–11　不同品种、不同类型烟草中 TSNAs 的含量

单位：µg·g⁻¹

类型	品种（品系）	NNN	NNK	NAT	NAB	总 TSNAs
白肋	B37LC	1.23	0.04	0.72	0.03	2.02
	B37HC	1.57	0.05	0.84	0.04	2.50
烤烟	云烟 87	0.35	0.03	0.19	0.03	0.60
	K326	0.35	0.03	0.18	0.04	0.60
马里兰烟	Md609LC	1.12	0.02	0.27	0.02	1.44
	Md609HC	15.17	0.03	0.36	0.02	15.59
晒黄烟	深色公会晒烟	0.58	0.04	0.34	0.02	0.98
	浅色公会晒烟	0.51	0.04	0.35	0.03	0.92

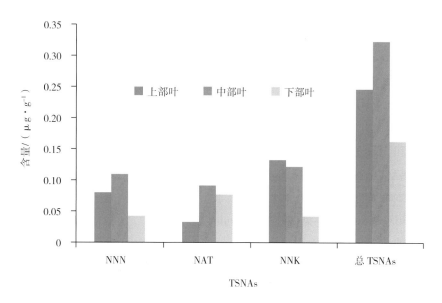

图 1–15　不同部位烟叶中 TSNAs 的含量

第二节　TSNAs 的代谢

1956 年，研究人员证实了 NDMA 会导致大鼠发生肝脏肿瘤后，人们便逐渐发现了多达 200 多种致癌性 *N*–亚硝胺化合物。在目前鉴定出的 8 种 TSNAs 中，NNK、NNN 和 NNAL 对人类的致癌性证据充分，被 IARC 列为 1 类致癌物。另外两种化合物 NAT 和 NAB 由于弱致癌性，被 IARC 列为 3 类致癌物，而 *iso*-NNAL 和 *iso*-NNAC 致癌性证据缺乏或仅有弱致癌性。啮齿动物和灵长类动物的体内和体外实验研究表明，NNK 和 NNN 在代谢中会产生亲电中间体，能与 DNA 和血红蛋白形成共价络合物，并滞留于啮齿动物的特定组织，如肺、肝、鼻黏膜和食道等，这些靶器官同时也是容易被 TSNAs 诱导致癌的目标组织。NNK 和 NNN 在动物体内的代谢和致癌性受各种饮食成分的强烈影响。研究表明，饮食成分可有效抑制 NNK 和 NNN 的活性，但饮食中脂肪的增加能提高 NNK 的致癌性，烟草提取物、烟气、烟碱

及其主要的代谢物（可替宁）会抑制 TSNAs 在生物系统和啮齿动物模型中活性的发挥。TSNAs 代谢过程中可产生活性较强的中间产物，这些产物会与 DNA 的碱基对进行加合反应，形成 DNA 加合物，导致基因突变，最终可能引起癌变。因此，TSNAs 只有被代谢激活时，才会产生致癌作用。目前，虽然人体与动物体内代谢有所不同，但资料表明啮齿动物模型中观察到的大多数代谢途径也存在于人体中，关于 NNK、NNAL 和 NNN 在动物和人体内的代谢、加合物形成及脱毒效应已比较明确，而且流行病学研究结果也证实吸烟人群中癌症的发生与这些化合物的摄入、吸收、代谢和 DNA 加合物的形成等生物学作用密切相关。

一、NNK 代谢

（一）NNK 代谢途径

根据已有的报道，总结 NNK 的代谢途径如图 1-16 所示，NNK 的代谢主要包括 5 种反应：羰基还原反应、α- 羟基化反应、吡啶氧化反应、脱胺反应和 ADP 加合反应。NNAL 的代谢途径与 NNK 相似，经过 α-羟基化反应、吡啶氧化反应、葡萄糖醛酸化反应及 ADP 加合反应。本书以 NNK 为例介绍代谢反应途径。

1. 羰基还原反应（化合物 7 →化合物 8）

如图 1-16 所示，羰基还原反应是指 NNK（7）的羰基被还原为羟基生成 NNAL（8）的过程。此反应于 1980 年首次被提出，于 1997 年被确证。NNK 在不同代谢模型，包括亚细胞组分、细胞培养、组织培养和大鼠、仓鼠、小鼠、兔、猴、猪和人离体灌注组织中呈现出较大的立体选择性。在啮齿动物和人的肝脏组织、人肺组织和大鼠肠组织中，NNK 主要代谢生成 NNAL。以大鼠血液为研究对象，动物体内药代动力学实验证实 NNAL 是 NNK 在体内的主要代谢产物，体内 NNAL 的半衰期为 298 min，NNK 的半衰期为 25 min。在兔子体内进行 NNK 的一次性给药实验，检测血液中代谢产物，发现生成 NNAL 最多，其中，NNAL 半衰期为 86.6 min，NNK 半衰期为 16.7 min。

有研究认为在 NNK 代谢成 NNAL 时，P450 酶参与很少。NNK 的羰基还原反应更多的是由 11β- 羟基类固醇脱氢酶、醛酮还原酶和羰基还原酶等催化完成。11β- 羟基类固醇脱氢酶是一种微粒体酶，主要作用是将活泼的 11- 羟基糖皮质激素转化为不活泼的 11- 羰基糖皮质激素。NNAL 的代谢转化形式与 NNK 相似，NNAL 会进一步被代谢，进入 α-羟基化反应途径。在吸烟者体内，NNAL 是 NNK 的主要代谢产物之一。由于 NNAL 和 NNK 具有相似的致癌性，因此 NNK 生成 NNAL 并非是减毒代谢。NNAL 有两种对映体（*S*）-NNAL 和（*R*）-NNAL，其中，（*S*）-NNAL 的致癌性更强，生成量更高。目前，羰基还原反应被广泛研究并被认为是 NNK 代谢转化的一种重要形式。NNK 的羰基还原反应是可逆的，在一定条件下，羰基还原反应可以发生部分逆转，NNAL 可部分氧化为 NNK（NNK ⇌ NNAL）。

2. α-羟基化反应（化合物 7 →化合物 11/12）

在细胞色素 P450 催化下，NNK 发生的 α-羟基化反应是 NNK 致癌的重要代谢途径之一。由于 NNK 是非对称亚硝胺，所以 NNK 的 α-羟基化反应有两条途径，即 α-亚甲基羟基化反应途径和 α- 甲基羟基化反应途径。研究人员对体内 NNK 的 α-羟基化反应进行了研究，发现 4-oxo-4-（3-pyridyl）butanoic acid（OPBA）（24）是啮齿动物和灵长类动物尿液中的主要代谢产物，而且在血液中也能检测到。研究人员对大鼠进行高剂量 NNK 静脉注射，通过高分辨质谱，定量检测到了 NNK 和 NNAL 的 α- 羟基化反应的终产物 4-hydroxy-1-（3-pyridyl）-1-butanone（HPB）（23）、OPBA（24）和 1-（3-pyridyl）-1，4-butanediol（PBD）（26）。同 NNK 相似，NNAL 在代谢反应中也存在上述两条途径（化合物 8 →化合物 25，化合物 8 →化合物 26/27）。

NNK 的 α-亚甲基羟基化反应通常发生在体外反应中，如图 1-16 所示。NNK（7）的亚甲基经过羟基化

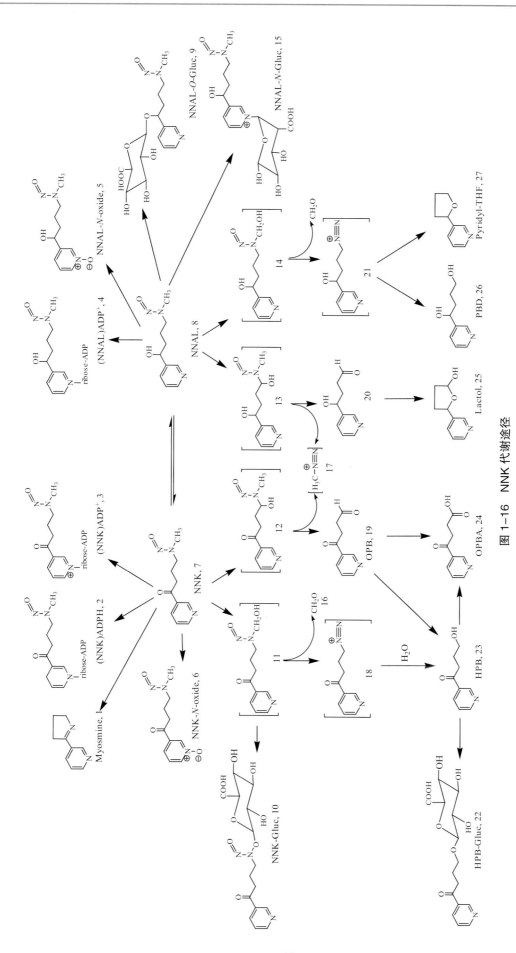

图 1-16　NNK 代谢途径

反应生成中间体 α-羟基化亚硝胺（12），中间体（12）不稳定又可自发分解成甲基重氮化物 CH_3N_2（17）和醛酮 4-oxo-4-（3-pyridyl）butanal（OPB）（19），其中，甲基重氮化合物是一种活性极强的烷基化试剂，能够与 DNA 碱基结合，生成 7-甲基鸟嘌呤（7-mG）、O^6-甲基鸟嘌呤（O^6-mG）和 O^4-甲基胸腺嘧啶（O^4-mT），从而可能进一步引起 DNA 突变。在 α-亚甲基羟基化反应途径中，醛酮可进一步代谢为酮酸 OPBA（24）。研究发现鼻黏膜组织中发生了 NNK 的 α-亚甲基羟基化代谢反应。另外，该反应易受 P450 抑制剂的抑制，如在 NNK 给药过程中，发现 α-亚甲基羟基化途径受抑制，可能与该反应属于产物抑制反应有关。

α-甲基羟基化反应途径多见于体内实验，NNK 甲基羟基化后，产生中间产物 α-羟基化亚硝胺（11），化合物（11）自发分解成吡啶羰基丁基重氮离子 4-oxo-4-（3-pyridyl）-1-butanediazonium ion（18）和甲醛（16），化合物（18）在水存在条件下可进一步生成 HPB（23）。吡啶羰基丁基重氮离子（18）能够与 DNA 碱基结合，在鸟嘌呤的 7 位和 O^6 位形成吡啶-O-丁基加合物，与胸腺嘧啶和胞嘧啶的 O^2 结合，生成吡啶-O-丁基加合物，这些加合物的生成，会导致基因突变，最终可能引起癌变。在此过程中 α-羟基化亚硝胺（11）和 HPB（23）还可发生葡萄糖苷酸化反应生成糖苷化合物 α-甲基羟基化 NNK-Gluc（10）和 HPB-Gluc（22）。

在不同体外实验中，α-甲基羟基化反应程度不同。在鼻黏膜微粒体培养试验中，α-甲基羟基化反应是 NNK 的主要反应，甚至在啮齿动物的肺组织代谢实验中，NNK 的 α-甲基羟基化反应超过了 α-亚甲基羟基化反应，也正是由于肺组织对 NNK 的 α-羟基化反应活性较高，使大鼠肺部对 NNK 具有较强的致癌敏感性。体内 NNK 代谢与体外不同，张建勋及其同事以兔子为受试对象，静脉注射 0.48 mg/kg 剂量的 NNK，血液中检测到了 PBD 和 4-oxo-4-（3-pyridyl）butanoic acid（Hydroxy acid）。P450 酶参与的反应中检测不到 NNK 代谢产物 PBD 和 Hydroxy acid，而体内肝组织存在大量的还原酶，如 11β-羟基类固醇脱氢酶、醛酮还原酶和羰基还原酶，这些酶是否参与了 HPB → PBD 和 OPBA → Hydroxy acid 的反应，需要进一步验证。

另外，刘兴余等分别以 OPB、OPBA 和 HPB 为反应底物，施加重组化的纯酶 CYP2A13 反应体系，仅发现产物 OPB 被重组酶降解，且伴随 HPB 的生成。随着时间延长，OPB 逐渐下降，HPB 逐渐升高。10 min 的反应时间，OPB 下降了 69.5%，HPB 由零值增加到了 3.09 μmol/L，如图 1-17 所示。另外，从图 1-18 中也可以看出，随着底物 NNK 浓度的增加，OPB/HPB 值下降，HPB/OPBA 值增加，表明 HPB 的生成不完全依赖于 OPB 的转化，还存在另外一个从 NNK 到 HPB 的生成途径，这与前人的研究结论一致：NNK 经 α-甲基羟基化反应途径生成 HPB。不施加重组酶体系，3 种产物纯品水溶液在 37 ℃加热条件下的实验结果可以证实产物 OPB 在温和条件下可以氧化成 OPBA，如图 1-19 所示。该反应为非酶氧化还原反应，10 min 时，OPB 标准水溶液由初始浓度 11.9 μmol/L 降低到了 6.9 μmol/L，而 OPBA 由零值增加到了 5.0 μmol/L；24 h 后，OPB 下降到 1.28 μmol/L，OPBA 增加到了 11.6 μmol/L。结合酶促反应和非酶反应两种实验结果，可以发现，在 OPB 酶促反应中，既存在酶促作用将 OPB 转化为 HPB（OPB → HPB），也存在 OPB 的非酶氧化反应（OPB → OPBA），而且，非酶氧化优先于酶促反应。但在 NNK 与重组酶进行反应时，HPB 的生成量高于 OPBA，说明重组酶与 NNK 及其代谢产物共存时，会优先选择 NNK 进行催化反应，同时生成 HPB 和 OPB，而生成的 OPB 可在重组酶和空气氧化作用下，进一步生成 HPB 和 OPBA。刘兴余等从产物角度证实了 NNK 的两种 α-羟基化反应途径存在交叉反应，这也反映了 NNK 代谢反应的复杂性。

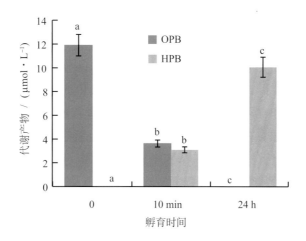

注：不同字母代表显著性差异，$p < 0.05$。

图 1-17　重组酶催化 OPB 向 HPB 转化

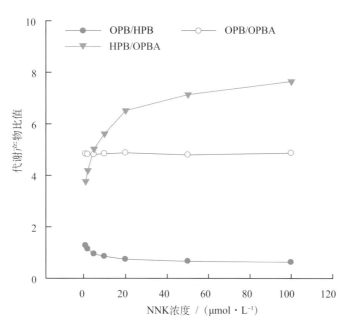

图 1-18　不同产物生成量的比值

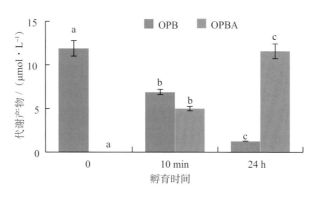

注：不同字母代表显著性差异，$p < 0.05$。

图 1-19　无酶体系 OPB 被氧化为 OPBA

3. 吡啶氧化反应（化合物 7 →化合物 6）

吡啶 –*N*– 氧化反应只在体外实验中被发现，根据实验动物种类和组织的不同，NNK 产生 *N*– 氧化产物也不同。NNK 在大鼠和小鼠肺微粒体中，主要代谢生成 4–（methylnitrosamino）–1–（3–pyridyl–*N*–oxide）–1–butanone（NNK–*N*–oxide）（6），而在未经预处理的大鼠肝微粒体、小鼠肝微粒体和大鼠鼻黏膜微粒体中则仅为次要反应或不能被检测到。吡啶 –*N*– 氧化反应依赖细胞色素 P450 的催化。在动物组织体外实验中，CYP450 2B1 主要催化 NNK 形成 NNK–*N*–oxide 的活性。在人肝组织微粒体中存在 NNK 的吡啶 –*N*– 氧化反应，但未在人肺组织微粒体体外反应中发现该代谢反应。

4. 脱胺反应（化合物 7 →化合物 1）

NNK 的反硝化反应首先反应生成一分子亚胺，然后亚胺将被水解为酮醛或麦斯明（Myosmine，1）。虽然此反应的反应机制尚未十分明确，但已有 NNK 在大鼠肝微粒体的作用下生成亚硝酸盐的研究报道。

5. ADP 加合反应（化合物 7 →化合物 2/3）

仅在体外实验中发现 NNK 代谢生成 ADP 加合物。例如，在大鼠胰腺和肝微粒体作用下，NNK 代谢生成了 NNK（ADP）$^+$（3）。此类加合物由烟酰胺腺嘌呤二核苷酸水解酶催化生成，此酶还可以催化其他化合物如尼古丁、可替宁和 3– 乙酰吡啶等发生反应。生理状态下，上述催化酶的作用机制不甚明了。另外，ADP 加合物的致癌性并不明确。

（二）参与 NNK 体外代谢的微粒体

代谢体系不同，NNK 代谢途径则不同；体内和体外反应环境不同，NNK 代谢途径亦不同。导致 NNK 发生不同代谢反应的原因与参与代谢的主要酶有关，而且不同来源的酶及酶的种类均会影响上述反应速率及反应类型。目前，NNK 的体外代谢已经进行了大量的研究，数据资料较多，本书参考 Jalas 等的文献，对已公开报道的不同体外代谢实验体系进行了汇总（表 1–12），着重论述不同种属来源的微粒体，并对采用的反应条件和酶促动力学参数进行了描述，希望能够为 P450 酶在体内环境中发挥催化作用提供参考。不同种属和不同组织来源的微粒体导致 NNK 代谢发应酶促动力学参数 K_m 和 V_{max} 存在较大差别。由于人类摄入 NNK 后，体内浓度分布很低（nM 级），而已有研究中采用 NNK 反应浓度均为 µM 级，通过以往研究中的 K_m 值进行排序，可以筛选出对 NNK 代谢效率最高的微粒体。高效的微粒体意味着 NNK 对该微粒体来源的组织具有较强的代谢特异性，可解释该器官对 NNK 的致癌敏感性，从而为 NNK 致癌性的体内研究提供证据。

人肝脏微粒体代谢 NNK 后，产物中检测到 NNAL、HPB、OPB、NNK–*N*–oxide 和 NNAL–*N*–oxide。其中，NNAL 是主要的代谢产物，HPB 也在产物中大量存在，且生成 HPB 的 K_m 值较高（> 300 µmol/L）。人肺组织微粒体催化 NNK，生成 OPB、OPBA、NNAL 和 NNK–*N*–oxide，产物中占比最多的为 NNAL。也有研究采用人肺组织微粒体，发现 OPB、OPBA、HPB 和 NNAL 是 NNK 的代谢产物。体内研究证实人肺组织是 NNK 的靶器官，但体外微粒体试验却发现肺组织对 NNK 的代谢效率远低于肝组织。在下面比较 P450 酶时，可以观察到肺组织的 NNK 特异性酶含量远低于肝组织（CYP2A13 除外），到底是肺组织中何种因素更多地导致 NNK 在肺组织中产生致突变因子，需要进一步研究。另外，需要引起我们注意的是，在所有关于人组织相关研究中，采用的微粒体样本均来自非健康人员（病患或因病患死亡人员），此类种来源的微粒体易受捐赠人的病况及是否吸烟的影响，进而对 NNK 的亲和性产生影响。因此，尽管体外研究证实肺组织对 NNK 代谢效率较低，但不能完全代表健康人群体内的真实结果。

研究人员采用赤猴肺和肝组织微粒体对 NNK 的代谢进行了研究，发现生成 HPB 速度最快，其次是 NNAL–*N*–oxide、NNAL 和 OPB。与人肺组织微粒体相比，赤猴肺组织微粒体催化 NNK 生成 OPB、HPB 和 NNK–*N*–oxide 的 K_m 值比人源微粒体高 100 倍，而生成 NNAL 的 K_m 值却低于后者。赤猴肝组织与上述肺组织结果相似，大部分产物的 K_m 值高于人源的微粒体。

采用大鼠肺、肝脏和鼻黏膜组织的微粒体，NNK 代谢后，发现 NNK–N–oxide 是主要的产物，其次是 HPB、NNAL 和 OPB。对于生成 OPB 和 HPB 的 K_m 值，大鼠肝微粒体高于人和赤猴肝微粒体，与赤猴肺微粒体比较，两种不同种属来源的肺组织微粒体代谢 NNK 的产物类型相似，特别是酶促动力学参数 K_m 和 V_{max} 值较为接近。与其他组织相比，大鼠鼻黏膜组织微粒体对 NNK 具有较高的代谢效率，生成 OPB 的 K_m 值比肺组织低 3 倍。另外，高 V_{max} 值也反映了鼻黏膜组织代谢效率高于肺组织和肝组织。另外，化学药剂诱导大鼠后，肝微粒体催化生成的代谢产物与未受诱导的大鼠肝微粒体不同。雌性小鼠微粒体多来源于 A/J 品种，肺和肝组织微粒体均有研究，其中，肺组织微粒体催化 NNK 生成了 OPB、HPB 和 NNK–N–oxide，与大鼠微粒体相似，NNK–N–oxide 在 3 种产物中占比最大。在小鼠 A/J 肝微粒体酶促试验中，同样检测到 OPB、HPB 和 NNK–N–oxide 3 种产物。对比 3 种产物的 K_m 值，小鼠肺和肝组织结果接近，但对于生成 OPB 和 HPB 的 V_{max} 值，肝组织高于肺组织。

表 1-12　微粒体参与 NNK 体外酶促代谢反应动力学参数和反应条件

种属 / 组织	代谢产物	动力学参数			实验条件
		V_{max} [a]	K_m /（μmol·L⁻¹）	V_{max}/K_m [b]	
人 / 肺	OPB	4.6	653.0	7.0×10^{-3}	7 ～ 200 μmol/L NNK，1.9 mg/mL 微粒体蛋白浓度，反应 60 min
	OPBA	2.9	526.0	5.5×10^{-3}	
	NNK–N–oxide	7.7	531.0	1.5×10^{-2}	
	NNAL	335.0	573.0	0.58	
人 / 肝	HPB	未报道	400.0		0.75 mg/mL 微粒体蛋白浓度，反应 60 min
	OPB	60.0	367.0	0.16	5 ～ 2000 μmol/L NNK，0.75 mg/mL 微粒体蛋白浓度，反应 30 min
	HPB	500.0	1200.0	0.42	
	NNAL–N–oxide	19.0	53.0	0.36	
	NNAL	282.0	56.0	5.04	
人 / 子宫颈	OPBA	650.0	7075.0	9.2×10^{-2}	5 ～ 6000 μmol/L NNK，0.31 mg/mL 微粒体蛋白浓度，反应 60 min
	NNAL	1395.0	739.0	1.89	
赤猴 / 肺	OPB	5.3	10.3	0.51	1 ～ 20 μmol/L NNK，0.5 mg/mL 微粒体蛋白浓度，反应 30 min
	HPB	19.1	4.9	3.90	
	NNAL–N–oxide	11.0	5.4	2.04	
	NNAL	479.0	902.0	0.53	
赤猴 / 肝	OPB	37.7	8.2	4.60	1 ～ 50 μmol/L NNK，0.25 mg/mL 微粒体蛋白浓度，反应 20 min
	HPB	37.4	8.1	4.62	
	NNAL	3470.0	474.0	7.32	
雄性 SD 大鼠 / 肺	OPB	11.7	28.9	0.40	1 ～ 50 μmol/L NNK，0.25 mg/mL 微粒体蛋白浓度，反应 30 min
	HPB	14.6	7.0	2.09	
	NNAL–N–oxide	35.1	10.4	3.38	
	NNAL	195.0	178.0	1.10	
雄性 F344 大鼠 / 肝	CH_2O	1478.0	5.0	295.60	12.5 ～ 4000 μmol/L NNK，0.55 mg/mL 微粒体蛋白浓度

种属/组织	代谢产物	动力学参数			实验条件
		V_{max} a	K_m/（μmol·L^{-1}）	V_{max}/K_m b	
雄性 SD 大鼠/肝	OPB	153.0	234.0	0.65	5～200 μmol/L NNK，0.75 mg/mL 微粒体蛋白浓度，反应 5 min，正常大鼠肝微粒体
	HPB	156.0	211.0	0.74	
	OPB	381.0	149.0	2.56	5～200 μmol/L NNK，0.75 mg/mL 微粒体蛋白浓度，反应 5 min，3-甲基胆蒽诱导大鼠
	HPB	270.0	246.0	1.10	
	OPB	329.0	119.0	2.76	5～200 μmol/L NNK，0.75 mg/mL 微粒体蛋白浓度，反应 5 min，苯巴比妥诱导大鼠
	HPB	358.0	177.0	2.02	
	NNK–*N*–oxide	140.0	57.0	2.46	
	OPB	550.0	133.0	4.14	5～200 μmol/L NNK，0.75 mg/mL 微粒体蛋白浓度，反应 5 min，16α–氰基孕烯醇酮诱导大鼠
	HPB	247.0	187.0	1.32	
	NNK–*N*–oxide	167.0	103.0	1.62	
雄性 SD 大鼠/鼻黏膜	OPB	2833.0	9.6	295.10	1～100 μmol/L NNK，0.013 mg/mL 微粒体蛋白浓度，反应 10 min
	HPB	3275.0	10.1	324.30	
雌性 A/J 小鼠/肺	CH$_2$O	57.2	5.6	10.20	1～20 μmol/L NNK，0.25 mg/mL 微粒体蛋白浓度，反应 30 min
	HPB	56.0	5.6	10.00	
	OPBA	4.2	9.2	0.46	
	NNK–*N*–oxide	54.2	4.7	11.50	
	NNAL	1322.0	2541.0	0.52	
	OPB	58.9	23.7	2.49	0.5～100.0 μmol/L NNK，0.25 mg/mL 微粒体蛋白浓度，反应 30 min
	HPB	32.5	3.6	9.03	
	OPB	34.0	4.9	6.94	1～10 μmol/L NNK，0.25 mg/mL 微粒体蛋白浓度，反应 30 min
	HPB	38.1	2.6	14.70	
	NNK–*N*–oxide	60.0	1.8	33.30	
	OPB	31.8	5.0	6.36	1～10 μmol/L NNK，0.25 mg/mL 微粒体蛋白浓度，反应 30 min，饮食中含 1 μmol/g 的 PEITC 诱导小鼠
	HPB	35.1	2.9	12.10	
	NNK–*N*–oxide	51.0	1.8	28.30	
	OPB	25.7	4.7	5.47	1～10 μmol/L NNK，0.25 mg/mL 微粒体蛋白浓度，反应 30 min，饮食中含 3 μmol/g 的 PEITC 诱导小鼠
	HPB	23.0	2.4	9.58	
	NNK–*N*–oxide	36.7	1.6	22.90	
	OPB	84.7	4.5	18.80	0.25～20.00 μmol/L NNK，0.25 mg/mL 微粒体蛋白浓度，反应 30 min
	HPB	62.8	1.9	33.10	
	NNK–*N*–oxide	83.3	2.0	41.70	

续表

种属/组织	代谢产物	动力学参数			实验条件
		V_{max} [a]	$K_m/(\mu mol \cdot L^{-1})$	V_{max}/K_m [b]	
雌性 A/J 小鼠/肺	OPB	89.2	24.0	3.72	0.25～20.00 μmol/L NNK，0.25 mg/mL 微粒体蛋白浓度（含 400 nmol/L PEITC），反应 30 min
	HPB	60.4	14.9	4.05	
	NNK-N-oxide	85.8	17.9	4.79	
	OPB	71.0	4.8	14.80	0.25～50.00 μmol/L NNK，0.25 mg/mL 微粒体蛋白浓度，反应 15 min
	HPB	93.0	3.0	31.00	
	NNK-N-oxide	109.0	2.1	51.90	
雌性 A/J 小鼠/肝	OPB	245.0	24.0	10.20	0.5～100.0 μmol/L NNK，0.25 mg/mL 微粒体蛋白浓度，反应 15min
	HPB	100.0	18.0	5.56	
	OPB	213.0	23.0	9.26	0.5～100.0 μmol/L NNK，0.25 mg/mL 微粒体蛋白浓度，反应液中含 2.5μmol/L 4-HPO，反应 15 min
	HPB	77.0	17.0	4.53	
雌性 A/J 小鼠/肝	OPB	210.0	24.0	8.75	0.5～100.0 μmol/L NNK，0.25 mg/mL 微粒体蛋白浓度，反应液中含 5 μmol/L 4-HPO，反应 15 min
	HPB	69.0	17.0	4.06	
	OPB	170.0	22.0	7.73	0.5～100.0 μmol/L NNK，0.25 mg/mL 微粒体蛋白浓度，反应液中含 10 μmol/L 4-HPO，反应 15 min
	HPB	71.0	18.0	3.94	
	OPB	78.0	22.0	3.55	0.5～100.0 μmol/L NNK，0.25 mg/mL 微粒体蛋白浓度，反应液中含 20 μmol/L 4-HPO，反应 15 min
	HPB	44.0	18.0	2.44	
	OPB	173.0	19.1	9.06	1～100 μmol/L NNK，0.25 mg/mL 微粒体蛋白浓度，反应 10 min
	HPB	239.0	73.8	3.24	
	OPB	132.0	5.5	24.00	1～10 μmol/L NNK，0.5 mg/mL 微粒体蛋白浓度，反应 10 min
	HPB	60.4	5.1	11.80	
	NNK-N-oxide	8.0	8.8	0.91	
	OPB	77.0	5.4	14.30	1～10 μmol/L NNK，0.5 mg/mL 微粒体蛋白浓度，反应 10 min，饮食中含 3 μmol/g 的 PEITC 诱导小鼠
	HPB	39.3	5.3	7.42	
	NNK-N-oxide	5.6	9.1	0.62	

注：a 表示单位为 pmol min^{-1} mg^{-1}；b 表示单位为 pmol mg^{-1} min^{-1}（μmol/L）$^{-1}$。

（三）参与 NNK 代谢的 P450 酶

目前，代谢 NNK 的人来源 P450 酶有 CYP1A1、CYP1A2、CYP2A6、CYP2A13、CYP2B6、CYP2D6、CYP2E1 和 CYP3A4，Jalas 等汇总了体外代谢系统中不同 P450 酶代谢 NNK 的相关资料，如表 1-13 所示，可以看出不同种属来源的 P450 酶代谢 NNK 效率及其代谢产物均有所不同。同一种属来源的同种 P450 酶，组织器官分布不同，NNK 代谢效率及其产物也不相同。另外，不同酶导致 NNK 代谢途径不同，因此，体内分布不同的 P450 酶，会导致体内产生不同的 α-羟基化反应。有些 P450 酶在不同器官组织中分布不同，例如，人 CYP2A13 对 NNK 具有较强的代谢能力，但在肝脏中未检测到或表达量很低，它更多地分布于肺和鼻黏膜中。本部分仅论述人来源 P450 酶参与的 NNK 代谢，啮齿动物及哺乳动物来源的 P450 酶在此不做过多讨论。

CYP1A1 可以在许多组织中被诱导表达，如肺和肝组织。CYP1A1 代谢 NNK，产物中检测到 OPB 和 HPB。其中，生成 OPB 的 K_m 值是 HPB 的 4 倍左右，同样前者 V_{max} 值也是后者的 4 倍左右，因此，两种产物的 V_{max}/K_m 值接近。CYP1A2 在肝组织中表达，除了 CYP3A4，该酶在肝脏中分布最多。在肺组织中，CYP1A2 只有被诱导才会表达。Smith 等通过 Hep G2 细胞来源的 CYP1A2，发现 CYP1A2 是代谢 NNK 最为有效的 I 相代谢酶，但 OPB 生成量极低，生成 HPB 的 K_m 值约为 350 μmol/L。虽然在产物中能检测到代谢产物 OPB 和 HPB，但 CYP1A2 更易于催化 NNK 经 α-甲基羟基化反应途径生成 HPB，且生成 HPB 的效率远高于 OPB。

CYP2A6 在肝组织中分布较为丰富，但一般低于 CYP3A4。在肺组织中低于肝组织中的分布，而且在肺组织中不易被诱导表达。Patten 等分别从病毒转染的 Sf9 细胞、稳定表达的 CHO 细胞和 B 淋巴母细胞中获得 CYP2A6 和 CYP3A4，进行 NNK 体外代谢实验，发现 P450 2A6 和 CYP3A4 对 NNK 代谢的两条 α-羟基化反应途径均有激活。研究人员发现 CYP2A6 代谢 NNK 时，在细胞色素 b_5 存在时，NNK 更易生成 OPB，反之，更易生成 HPB。细胞色素 b_5 对 CYP2A6 代谢 NNK 的影响需要进一步探讨。

CYP2A13 是一种肝外酶，主要分布于肺和鼻腔组织中。在肺组织中，CYP2A13 是代谢 NNK 的高效酶，最近的体内和体外实验体系均证实，在所有 P450 酶中，CYP2A13 是 NNK 代谢反应中活性最高的一种酶。体外实验体系也证明了 CYP2A13 不但是催化 NNK 代谢反应的高效酶，同时也是 NNN 代谢反应的高效酶。与其他人来源 P450 酶比较，CYP2A13 代谢 NNK 的 K_m 值最低（2.8 ~ 13.1 μmol/L），V_{max}/K_m 值最高 [0.092 ~ 3.83 pmol mg^{-1} min^{-1}（μmol/L）$^{-1}$]，说明 CYP2A13 对 NNK 具有最高的亲和力。刘兴余等以纯化重组酶 CYP2A13 进行体外 NNK 代谢实验，产物中仅检测到 HPB、OPB 和 OPBA，且 3 种产物的 K_m 值排序为 OPB > OPBA > HPB，V_{max}/K_m 排序为 OPB > HPB > OPBA，证实了体外反应体系中，CYP2A13 更容易催化 NNK 生成 OPB。

CYP2B6 在人肺和肝组织中表达较低，在催化外源性化合物（如药物）中发挥了重要作用，CYP2B6 能够降解烟碱，形成 5′-氧化烟碱。在前面微粒体研究中，以 CYP2B6 抗体进行拮抗 P450 酶活性，发现微粒体降解 NNK 能力下降，说明了 CYP2B6 对 NNK 具有一定的催化能力。CYP2B6 催化 NNK 反应主要以 α-甲基羟基化途径为主，产物 HPB 是 OPB 的 10 倍。CYP2B6 催化 NNK 的 K_m 值较低（30 μmol/L），说明 CYP2B6 在众多 P450 酶家族中对 NNK 的代谢同样起到了重要作用。

针对肝组织内分布的 CYP2D6 酶、CYP2E1 酶和 CYP3A4 酶，研究人员认为这些 P450 酶对 NNK 有一定的代谢能力。Penman 等将 CYP2D6 稳定表达于不同的人细胞系中，发现不同细胞对 NNK 具有选择性的代谢特征。Smith 等以 12 个 P450 酶为研究对象，以 HPB 为检测指标时，发现 CYP1A2 催化 NNK 生成 HPB 最多，而 CYP2A6、CYP2B7、CYP2E1、CYP2F1 和 CYP3A5 仅代谢产生了较少的 HPB。Jalas 等以前人研究结果为基础，对人来源 P450 酶体外代谢 NNK 能力进行了由大到小的排序：CYP2A13 > CYP2B6 > CYP2A6 > CYP1A2 ≈ CYP1A1 > CYP2D6 ≈ CYP2E1 ≈ CYP3A4。刘兴余等以纯化重组蛋白酶进行体外实验，发现 CYP2A6 活性高于 CYP2B6。上述研究结果不一致，除了与 P450 酶转染体系不同外，也与采用的底物浓度有关。

NNK 体外代谢结果不能照搬于体内环境，体内 NNK 代谢受多种因素影响。例如，P450 酶的表达量，氧化还原酶是否与 P450 酶同时存在及其表达量多少，P450 酶的组织分布及其是否被诱导，NNK 在靶器官中的浓度水平。在肝组织中表达的 P450 酶，以 CYP2B6 对 NNK 亲和力最高，但该酶在体内肝组织中分布较低。另外，CYP1A2 和 CYP3A4 在肝组织中的表达量是 CYP2A6 的 4 ~ 20 倍和 10 ~ 50 倍，因此，尽管有些酶对 NNK 的代谢能力低于 CYP2A6 和 CYP2B6，但由于其表达量高，这些酶在体内 NNK 的 α-羟基化反应途径中同样发挥了重要作用。到目前为止，现有的研究并不能确认何种肝组织酶对 NNK 的体内代谢发挥主要作用。在肺组织中，CYP2A13 表达量远高于肝组织，肺组织中同时分布着对 NNK 具有较高亲和力的 CYP1A1、CYP2B6 和 CYP3A5，这些酶在肺组织中的分布情况不甚明了。另外，何种酶在肺组织中对 NNK 起主要代谢作用，也需要进一步明确。

表 1-13　P450 酶参与 NNK 体外代谢反应动力学参数及反应条件

种属 / 酶	代谢产物	动力学参数			实验条件
		V_{max} [a]	K_m /（µmol·L^{-1}）	V_{max}/K_m [b]	
人 /CYP1A1	OPB	4.440	1400.0	3.2×10^{-3}	1～500 µmol/L NNK，34 pmol P450/mg protein，商品化酶制剂 Gentest Supersomes（含 P450 酶和氧化还原酶）
	HPB	0.824	371.0	2.2×10^{-3}	
人 /CYP1A2	OPB	0.510	1180.0	4.3×10^{-4}	1～1000 µmol/L NNK，纯化重组蛋白酶
	HPB	1.700	380.0	4.5×10^{-3}	
	HPB	1.960	400.0	4.9×10^{-3}	1～1000 µmol/L NNK，纯化重组蛋白酶，DMSO 对照组
	HPB	2.090	760.0	2.8×10^{-3}	1～1000 µmol/L NNK，纯化重组蛋白酶，50 µmol/L PEITC
	HPB	2.060	820.0	2.5×10^{-3}	1～1000 µmol/L NNK，纯化重组蛋白酶，100 µmol/L PEITC
	HPB	2.050	1240.0	1.7×10^{-3}	1～1000 µmol/L NNK，纯化重组蛋白酶，200 nmol/L PEITC
人 /CYP1A2	HPB	4.200	309.0	1.4×10^{-2}	10～350 µmol/L NNK，13 pmol P450/mg protein，Hep G2 细胞裂解物
人 /CYP2A6	OPB	0.473	392.0	1.2×10^{-3}	5～2000 µmol/L NNK，杆状病毒感染 Sf9 细胞表达系统
	HPB	0.163	349.0	4.7×10^{-4}	
人 /CYP2A6（+b₅）	OPB	1.030	118.0	8.7×10^{-3}	5～2000 µmol/L NNK，b₅ : P450=5 : 1，杆状病毒感染 Sf9 细胞表达系统
	HPB	0.419	141.0	3.0×10^{-3}	
人 /CYP2A13	OPB	4.100	11.3	0.363	2～160 µmol/L NNK，杆状病毒感染 Sf9 细胞表达系统
	HPB	1.200	13.1	0.092	
人 /CYP2A13	OPB	14.500	4.6	3.152	2～100 µmol/L NNK，纯化重组蛋白酶
	HPB	5.700	2.8	2.036	
人 /CYP2A13	OPB	8.400	6.2	1.355	2～100 µmol/L NNK，纯化重组蛋白酶
	HPB	3.200	4.8	0.667	
人 /CYP2A13	OPB	13.800	3.6	3.830	0.25～50.00 µmol/L NNK，纯化重组蛋白酶
	HPB	4.600	3.2	1.440	
人 /CYP2A13	OPB	6.300	3.5	1.800	1～100 µmol/L NNK，纯化重组蛋白酶，25 pmol P450/mg protein
	HPB	10.600	9.3	1.140	
	OPBA	1.300	4.1	0.320	

续表

种属 / 酶	代谢产物	动力学参数			实验条件
		V_{max}^{a}	K_m /（μmol·L^{-1}）	V_{max}/K_m^{b}	
人 /CYP2B6	OPB+HPB	0.180	33.0	5.5×10^{-3}	2.5 ～ 150.0 μmol/L NNK，且产物 HPB：OPB ≈ 10：1
人 /CYP2D6	OPB	0.105	1061.0	9.9×10^{-5}	5 ～ 2000 μmol/L NNK
	HPB	4.010	5525.0	7.3×10^{-4}	
人 /CYP2D6	OPB	0.130	1075.0	1.2×10^{-4}	5 ～ 2000 μmol/L NNK，CHO 细胞表达系统
	HPB	6.040	5632.0	1.1×10^{-3}	
人 /CYP2E1（+b₅）	OPB	0.026	720.0	3.6×10^{-5}	5 ～ 2000 μmol/L NNK，杆状病毒感染 Sf9 细胞表达系统
	HPB	1.170	3334.0	3.5×10^{-4}	
人 /CYP3A4	OPB	0.787	3091.0	2.5×10^{-4}	5 ～ 8000 μmol/L NNK，CHO 细胞表达系统
	HPB	0.086	1125.0	7.6×10^{-5}	
兔 /CYP2A10/CYP 2A11	OPB	1.380	15.0	0.092	2.9 ～ 154.0 μmol/L NNK，纯化重组蛋白酶
	HPB	1.300	9.0	0.144	
兔 /CYP2A10/CYP 2A11（+b₅）	OPB	0.849	28.6	0.030	2.9 ～ 154.0 μmol/L NNK
	HPB	0.575	16.3	0.035	
兔 /CYP2A10/CYP2A11（+80 μmol/L nicotine）	OPB	1.330	40.2	0.033	2.9 ～ 154.0 μmol/L NNK
	HPB	1.260	29.5	0.043	
兔 /CYP2G1	OPB	0.735	186.0	4.0×10^{-3}	2.9 ～ 154.0 μmol/L NNK
	HPB	未检出			
大鼠 /CYP1A1	OPB	2.200	180.0	1.2×10^{-2}	1 ～ 5000 μmol/L NNK，商品化酶制剂 Gentest Supersomes
	HPB	0.680	140.0	4.9×10^{-3}	
大鼠 /CYP1A2	OPB	5.000	180.0	2.8×10^{-2}	1 ～ 5000 μmol/L NNK
	HPB	6.100	200.0	3.1×10^{-2}	
大鼠 /CYP2A3	OPB	10.800	4.6	2.350	0.25 ～ 50.00 μmol/L NNK，杆状病毒感染 Sf9 细胞表达系统
	HPB	8.200	4.9	1.670	
大鼠 /CYP2B1	OPB	0.090	191.0	4.7×10^{-4}	10 ～ 1300 μmol/L NNK，纯化重组蛋白酶
	HPB	0.333	318.0	1.0×10^{-3}	
	NNK–*N*–oxide	0.295	131.0	2.3×10^{-3}	
大鼠 /CYP2C6	OPB	2.500	1300.0	1.9×10^{-3}	1 ～ 5000 μmol/L NNK，商品化酶制剂 Gentest Supersomes
	HPB	16.000	1400.0	1.1×10^{-2}	
	NNK–*N*–oxide	1.500	1100.0	1.4×10^{-3}	
小鼠 /CYP2A4	OPB	190.000	3900.0	4.9×10^{-2}	1 ～ 5000 μmol/L NNK，杆状病毒感染 Sf9 细胞表达系统
小鼠 /CYP2A4	OPB	7.300	97.0	7.5×10^{-2}	0.5 ～ 5000.0 μmol/L NNK
	HPB	1.800	67.0	2.7×10^{-2}	
小鼠 /CYP2A5	HPB	4.000	1.5	2.670	0.25 ～ 100.00 μmol/L NNK

续表

种属 / 酶	代谢产物	动力学参数			实验条件
		V_{max} [a]	K_m/（μmol·L^{-1}）	V_{max}/K_m [b]	
小鼠 /CYP2A5	OPB	2.000	4.3	0.470	0.25 ～ 50.00 μmol/L NNK
	HPB	6.500	4.5	1.440	

注：a 表示单位为 pmol min^{-1} pmol P450 $^{-1}$；b 表示单位为 pmol min^{-1} pmol P450^{-1}（μmol/L）$^{-1}$。

（四）NNK/NNAL 的体内代谢

根据 Hecht 等的综述，将 NNK/NNAL 的体内代谢做一简述。在啮齿动物、哺乳动物和人身上，关于 NNK/NNAL 的体内代谢已经研究了多年，科研人员所采用的动物模型、给药条件和研究结论在表 1-14 中一一列出。所有的证据都表明 NNK 可以迅速分布到活体动物和人体的大部分组织中，而且在各个靶组织中可以快速代谢。NNK 的 3 条主要代谢途径（羰基还原、α- 羟基化、吡啶氧化）均能在体内检测到，但脱胺和 ADP 加合反应在体内却未发现科学证据。在体内实验中，发现啮齿动物、猕猴和人类更倾向于发生 NNK → NNAL 的反应。在大鼠体内，α- 羟基化在目标组织中广泛发生，导致大鼠鼻黏膜、肺和肝脏等器官发生癌变。在所有实验动物中，尿液是 NNK 代谢产物的主要排泄途径，在 24 h 内，可将 NNK 摄入量的 90% 通过尿液排出体外。当然，NNK 的剂量不同，体内代谢产物的种类及产物间的比例也不同。例如，在小鼠和大鼠实验中，高剂量的 NNK 导致尿液中 NNAL 含量高于 NNAL-Gluc，这种剂量相关性在动物体内的 α- 羟基化反应途径中也有所体现。

表 1-14　NNK 体内代谢

动物种属	NNK 给药剂量	结论
雄性 F-344 大鼠	7.5 ～ 2200.0 μmol/kg	在 48 h 的尿液中检测到 NNAL、OPBA、Hydroxy acid、PBD 和 NNK-N-oxide，上述产物共占 NNK 摄入量的 69%。未检出 HPB、OPB 和麦斯明
雄性 F-344 大鼠	0.03 ～ 20.00 μmol/kg	85% 的 NNK 在 24 h 内排至尿液中，在尿液中检测到了 Hydroxy acid、OPBA 和 NNAL，利用射线自显迹法，发现 NNK 能够迅速分布在体内各组织中
雄性 F-344 大鼠	150 μmol/kg	在 NNK-NNAL 的动态平衡中，更倾向于生成 NNAL；NNK 半衰期：25 min；NNAL 半衰期：298 min
雄性 F-344 大鼠	390 μmol/kg	NNK 注射 4 h 后，血液中 NNAL 水平超过了 NNK，未检出 NDMA
雌性 SD 大鼠	150 μmol/kg	在血液中检测到 NNAL
雄性 F-344 大鼠	400 μmol/kg	烟碱对 NNK 和 NNAL 的消除无影响
雄性 F-344 大鼠，雌性 CD-1 小鼠，A/J 小鼠	0.005 ～ 500.0 μmol/kg	检测到 NNAL-Gluc，在 F-344 大鼠和 A/J 小鼠尿液中发现 NNK 代谢产物与 NNK 呈剂量—反应关系，NNK 剂量低时，以 α-羟基化产物和 NNK-N-oxide 为主，NNK 剂量高时，以 NNAL 和 NNAL-Gluc 为主
雌性 SD 大鼠	0.7 或 240.0 μmol/kg	以放射性 NNK 注射大鼠，低剂量时，发现 7% 的摄入量排泄至胆汁中，而高剂量时，12% 的摄入量排泄至胆汁中；NNK 的半衰期：37 min；NNAL 的半衰期：52 min；NNAL-Gluc 的半衰期：107 min

动物种属	NNK 给药剂量	结论
雄性 F-344 大鼠，雌性 A/J 小鼠	10 ～ 500 μmol/kg	在尿液中检测到占 NNK 总量 1% 的 6- 羟基 -NNK，在 500 μmol/kg 剂量注射大鼠时，代谢产物及占 NNK 摄入量的比例如下：Hydroxy acid（28%）、OPBA（32%）、NNAL-*N*-oxide（4.3%）、NNAL-Gluc（6.1%）、NNAL（19%）和 NNK（0.4%）
雄性 Wistar 大鼠	80 nmol/kg NNAL-Gluc	在 24 h 的尿液中，发现 76% 的 NNAL-Gluc 没有任何变化，同时检测到了下述产物及其占总 NNAL-Gluc 的比例：Hydroxy acid（10%）、OPBA（0.9%）、NNAL-*N*-oxide（3.3%）、NNAL（3.3%）和 NNK（0.2%）
雄性 Wistar 大鼠	80 μmol/kg	烟碱抑制了 NNK 的代谢激活
雄性 F-344 大鼠	8.5 μmol/kg	在所有器官组织中均能快速代谢，且在 20 ～ 60 min 到达 NNK 的峰值，检测 NNK 及其代谢产物，其中，肾脏中最高，其次是胃、鼻黏膜、肝脏和肺。鼻黏膜中 NNK 的 α-羟基化代谢产物最高，其次是肝脏和肺。PEITC 可以降低肺和肝脏中 α-羟基化代谢产物的水平
雄性 F-344 大鼠	0.5 μmol/kg	大鼠经过 P450 酶诱导剂预处理后，在尿液中检测到 HPB-Gluc
雄性 F-344 大鼠	0.2 μmol/ 天，持续 2 年	在饲料中添加 PHITC，会明显提高 NNAL 和 NNAL-Gluc 的总量，但未能改变其比例
雄性 F-344 大鼠	480 μmol/kg	饲料中脂肪含量未影响尿液中的代谢产物
雄性叙利亚金黄地鼠	280 μmol/kg	96% ～ 98% 的 NNK 被排泄至尿液中，在 48 h 的尿液中检测到了 Hydroxy acid、OPBA 和 NNAL
雄性 / 雌性叙利亚金黄地鼠	20 μmol/kg	射线自显迹法观察结果显示 NNK 在体内大部分组织均有分布
雄性叙利亚金黄地鼠	35 μmol/kg	NNK 和（*S*）-烟碱同时给药，会降低肝脏对 NNK 的清除功能，同时会降低肝脏对 NNK 的 α-羟基化代谢
雄性叙利亚金黄地鼠，雄性 CD-1 小鼠和雄性狒狒	150 μmol/kg（地鼠和小鼠）/15 μmol/kg（狒狒）	大量的 NNK 被代谢为 NNAL
雄性 / 雌性 C57BL 小鼠	34 μmol/kg	全身射线自显迹法结果显示在怀孕小鼠中，NNK 可分布在鼻黏膜、气管支气管黏膜、肝脏、眼部黑色素、肾脏、膀胱、泪腺。相似的结果在大鼠和仓鼠中也有发现。在怀孕动物的羊水中检测到了 OPBA 和 Hydroxy acid
雄性 A/J 小鼠	500 μmol/kg	3- 吲哚甲醇预处理小鼠会降低肺组织中的 NNK 和 NNAL，同时也会降低尿液中的 NNAL 和 NNAL-Gluc，但会增加尿液中 α-羟基化代谢产物
雄性猕猴	19 ～ 420 μmol/kg	全身射线自显迹法显示 NNK 分布于肝脏、鼻黏膜，但在肺中没有出现
雌性赤猴	20 ～ 500 μmol/kg	（*R*）-NNAL-Gluc 是尿液中的主要代谢产物，（*R*）-NNAL-Gluc 水平较低（在啮齿动物中该化合物水平高）
人	嚼烟	在唾液中检测到了 NNAL 和 iso-NNAL
人	卷烟	尿液中检测到了大量的 NNAL 和 NNAL-Gluc
人	二手烟	在受二手烟影响的非吸烟人群中检测到尿液中存在 NNAL 和 NNAL-Gluc

续表

动物种属	NNK 给药剂量	结论
人	嚼烟 / 卷烟	尿液中 NNAL 和 NNAL-Gluc 的水平，嚼烟吸食者是卷烟吸食者的 68 倍，其中，（*R*）–NNAL-Gluc 是（*S*）–NNAL-Gluc 的 1.9 倍
人	卷烟	水田芥对吸烟者尿液中的 NNAL 和 NNAL-Gluc 有提高作用
人	卷烟 / 无烟气烟草制品	在不同吸烟者中，NNAL-Gluc 与 NNAL 比值不同，在无烟气烟草制品使用人群中，两者比例差异不大；总 NNAL（NNAL+NNAL-Gluc）与上述人群的黏膜白斑病发生率密切相关
人	卷烟	在吸烟人群的尿液中检测到了 NNAL–*N*-oxide，且含量是 NNAL 的 1/2
人	卷烟	NNAL-Gluc 和 NNAL 的比值因个体不同而差异较大，最高会相差 10 倍，但在 2 年多的测试中，在同一吸烟者的尿液中上述比值比较稳定

1. 羰基还原

药代动力学实验证实，NNK 摄入体内后，NNAL 会迅速生成，而且在血液中的含量高于 NNK。有研究发现在大鼠体内，NNAL 的半衰期为 298 min，而 NNK 的半衰期为 25 min，在其他种属的动物中同样发现 NNAL 的半衰期远高于 NNK。NNK → NNAL → NNAL-Gluc 途径的发现是 NNK 代谢研究的重要进展，NNAL-Gluc 作为 NNK 的解毒途经，经由尿液最终排至体外。在大鼠尿液中，（*S*）–NNAL-Gluc 是主要的葡萄糖醛酸加合物，而在赤猴血液和尿液中，（*R*）–NNAL-Gluc 是主要的葡萄糖醛酸加合物。以口含烟吸食人群为研究对象，发现在人尿液中，（*R*）–NNAL-Gluc 与（*S*）–NNAL-Gluc 的比值约为 1.9。在小鼠和大鼠体内实验中，羰基还原反应的产物包括 NNAL、NNAL-*N*-oxide 和 NNAL-Gluc。在低剂量 NNK 摄入的前提下，NNAL 和 NNAL-Gluc 的水平低于 NNK 的其他代谢途径产物。在吸烟者的尿液中，大部分都检测到 NNAL-Gluc 的水平高于 NNAL，而 NNAL-*N*-oxide 水平低于前面两个羰基还原的代谢产物。在吸烟者体内，NNAL-Gluc 与 NNAL 的比值是研究人员视为 NNK 的解毒指标，但因测试个体不同而不同，该比值受遗传及环境因素的影响。

有研究分析吸烟者尿液中 NNAL 和 NNAL-Gluc 的总量约为 3.8 pmol/mg creatinine/24 h。在赤猴实验中，NNAL 和 NNAL-Gluc 总量约占 NNK 摄入量的 20%。研究已经证实人体尿液中可替宁水平与 NNAL+NNAL-Gluc 呈显著正相关，因此，如同可替宁可作为尼古丁的生物标志物一样，NNAL+NNAL-Gluc 被视作为 NNK 摄入人体的重要生物标志物。

2. 吡啶氧化

啮齿动物尿液中 NNK-*N*-oxide 和 NNAL-*N*-oxide 占 NNK 摄入量的 0 ～ 10%，在低剂量 NNK 的实验中，发现啮齿动物和赤猴尿液中吡啶氧化物含量超过了 NNK 和 NNAL。但在人类吸烟者的测试中，尿液中 NNAL-*N*-oxide 水平往往低于 NNAL。因此，NNK/NNAL 的吡啶氧化是啮齿动物的一条解毒途径，但对人类并不是主要的解毒途径。

6-羟基 -NNK 在啮齿动物和赤猴尿液中被检测到，但含量较低，约占 NNK 总剂量的 1%。在微粒体、肝匀浆物及组织培养的体外实验中，这种代谢产物也没有检测到。在尼古丁细菌代谢中，发现吡啶环的羟基化。因此，6-羟基-NNK 仅是细菌转化 NNK 的产物。另外，在大鼠实验中，对大鼠进行肝 P450 酶的诱导后再给药，并未发现 6-羟基 -NNK 的升高，但其他吡啶氧化产物（NNK-*N*-oxide 和 NNAL-*N*-oxide）增加较多。因此，研究人员认为，6-羟基 -NNK 与 NNK/NNAL 的吡啶氧化物并非同一生成途径。

3. *α*- 羟基化

一般来说，OPBA 和 Hydroxy acid 是啮齿动物和哺乳动物尿液中的主要代谢产物之一，这两种产物在 NNN 进入体内后，体内相关组织和血液中很快便能检测到。在体内环境，OPBA 来自 HPB，同时也是 OPB 的氧化产物。因此，NNK 的两种 α-羟基化代谢途径在体内难以通过 OPBA 来区分。同样，Hydroxy acid 在体内是 NNAL 的代谢产物，同时也是 NNN 代谢产物之一，因此，无法通过 Hydroxy acid 区分 NNAL 的两条 α-羟基化代谢途径。立体异构实验证实，Hydroxy acid 是 NNAL 的 α-羟基化产物，而不是 OPBA 还原生成。因此，大鼠体内 NNK 代谢更易通过（S）-NNAL 生成（S）-hydroxy acid。

在体外微粒体实验中，HPB 和 OPB 是 NNK 代谢的主要产物之一，但在动物尿液中却难以检测到。在人类尿液的检测实验中，α-羟基化产物定量并不统一。OPBA 和 Hydroxy acid 是烟碱的代谢产物之一，因此，在人体尿液中检测到 OPBA 和 Hydroxy acid 是摄入 NNK 的 3000 倍，OPBA 和 Hydroxy acid 到底是 NNK 的代谢产物还是来自烟碱，体内实验无法区分。研究证实，体内（S）-hydroxy acid 可来自 NNK 和 NNN，而体内（R）-hydroxy acid 却更多地来自烟碱的代谢（可替宁和 OPBA 通路）。因此，（S）-hydroxy acid 可作为吸烟者体内 NNK 的生物标志物，也可以作为体内 NNK 的 α-羟基化的重要标志。

二、NNN 代谢

如图 1-20 所示，与 NNK 代谢不同，NNN 代谢反应包括吡啶氧化反应、吡咯环羟基化反应和去甲基可替宁化反应。根据吡咯环上羟基位置不同，吡咯环羟基化反应又分为 2′-α-羟基化、5′-α-羟基化、3′-β-羟基化和 4′-β-羟基化，其中，β-羟基化反应报道较少，且含量很低。Hecht 等总结了 NNN 体外和体内代谢反应，如表 1-15 所示（仅列出部分信息）。采用多种组织的体外培养实验，证实了鼻黏膜、食道、口腔、肺、肝和结肠等多种组织可以对 NNN 进行不同途径的代谢，体内动物实验证实，NNN 可以快速分布于体内，并在短时间内完成代谢，产物经尿液排泄至体外。

表 1-15　NNN 的体内和体外代谢反应

代谢类型	种属	器官组织	代谢体系
体外	大鼠	肝	微粒体
		肝	组织培养
		食道	组织培养
		口腔	组织培养
		肺	细胞培养
	仓鼠	肝	微粒体
		食道	组织培养
	小鼠	肺	组织培养
	人	肝	微粒体
		食道	组织培养
		结肠	组织培养
体内	大鼠、仓鼠、小鼠、猪、猴子、狒狒体内各器官组织均有研究		

（一）吡啶氧化反应（化合物 2 →化合物 3）

吡啶氧化反应也称吡啶 -N- 氧化反应，发生在吡啶环的氮原子上，该反应是 NNN 的解毒代谢途径。在大鼠肝组织体外实验中发现吡啶氧化反应，而其他器官组织的体外实验中几乎没有发现该反应产物

N'-Nitrosonornicotine-*N*-oxide（NNN-*N*-oxide）。在人肝组织体外培养实验中检测到产物 NNN-*N*-oxide，在人其他相关组织体外代谢实验中发现了 NNN 的吡啶 -*N*- 氧化反应。

有体内研究认为，尿液中 NNN-*N*-oxide 占大鼠 NNN 摄入总量的 7% ～ 11%，占仓鼠 NNN 摄入总量的 2.5%。然而，也有研究对小鼠及兔子进行 NNN 注射后，采集血液并检测到了 NNN-*N*-oxide 产物，但占 NNN 摄入总量的比例远低于尿液。

（二）吡咯环羟基化反应（化合物 2 →化合物 5/6/7/8）

NNN 在微粒体或 P450 酶作用下，吡咯环上的 4 个 C 原子会发生羟基化反应，分别形成 2'- 羟基 -NNN（5）、3'- 羟基 -NNN（6）、4'- 羟基 -NNN（7）和 5'- 羟基 -NNN（8）。2'- 羟基 -NNN（5）是一种不稳定中间产物，会快速失去 HONO，生成麦斯明（Myosmine，4）或吡啶羰基丁基重氮离子 4-oxo-4-（3-pyridyl）-1-butanediazonium ion（9），化合物 9 同时也是 NNK 的 *α*- 甲基羟基化反应中间产物。因此，在 NNN 代谢途径中，同样存在 HPB 通路。如图 1-20 所示，中间产物 9 进一步分解，失去甲醛，生成 HPB（13）。在 P450 纯化重组酶实验中，HPB 是终端产物，不再参与酶促反应，因此 HPB（13）→ PBD（17）可能并非由 P450 酶介导。张建勋及其同事对小鼠和兔子进行 NNN 静脉注射，发现血液中同时存在 HPB 和 PBD，且 PBD 含量高于 HPB。体内环境不同于体外，在体内肝组织等微粒体中存在 11*β*- 羟基类固醇脱氢酶、醛酮还原酶和羰基还原酶会催化羰基化合物发生还原反应。因此，上述 HPB → PBD 的转变在体外 P450 酶促实验中未见报道，该转化反应可能更容易在体内发生。

5'- 羟基 -NNN（8）是不稳定中间产物，羟基化后的吡咯环进一步形成开环化合物 10 和 11。化合物 10 不稳定，脱重氮基团，闭环形成 Lactol（15），进而生成 Lactone（14）和 Hydroxy acid（18）。体内研究证实，Hydroxy acid（18）和 OPBA（19）是尿液中 NNN 的主要代谢产物，Hydroxy acid 主要来自 Lactone（14）和 Lactol（15），来自 OPBA 的部分较少，仅占大鼠摄入 OPBA 总量的 1%。因此，可以断定体内 Hydroxy acid 主要来自 NNN 的 5'- 羟基 -NNN 代谢途径。而在体外实验中，Hydroxy acid 被证实是 NNN 的主要代谢产物，OPBA 浓度很低或未被检出。刘兴余等采用纯化重组蛋白酶进行体外实验，发现 NNN 代谢产物中主要有 HPB、Hydroxy acid、OPB 及少量的 OPBA。5'- 羟基 -NNN 吡咯环可以经开环形成中间产物 11，与 NNK 的 *α*- 亚甲基羟基化途径相同，中间产物 11 同时生成 OPB（16），部分 OPB 可能进一步氧化为 OPBA（19），该途径可能是体外产生 OPBA 的途径之一。

以往研究认为 2'- 羟基 -NNN 途径是 NNN 代谢的主要反应，但最近研究证实 5'- 羟基 -NNN 代谢途径是体内和体外酶解实验的主要反应，这可能与不同动物及不同器官组织有关。在大鼠 NNN 的靶器官食道和鼻黏膜中，2'- 羟基 -NNN 途径的代谢产物量是 5'- 羟基 -NNN 的 2 ～ 4 倍，而在非靶器官肝组织中，前者是后者的 0.3 ～ 1.4 倍。在仓鼠靶器官气管中，2'- 羟基 -NNN 与 5'- 羟基 -NNN 途径的代谢产物量相差不大，而在非靶器官食道中，NNN 主要以 5'- 羟基 -NNN 代谢途径为主。Zarth 等从 DNA 加合物角度出发，探讨了大鼠、人肝微粒体和肝细胞对 NNN 代谢的反应，结果显示，在大鼠体内主要以 5'- 羟基 -NNN 途径的 DNA 加合物为主，且以肺和口腔中分布最多，Zarth 等认为这与 CYP2A3 在大鼠体内肺和口腔的高表达有关。Zarth 等以 2 ～ 500 µmol/L 浓度的 NNN 与人肝微粒体或肝细胞进行孵育实验，发现 5'- 羟基 -NNN 途径的 DNA 加合物要高于 2'- 羟基 -NNN，由于 CYP2A6 更易作用于 NNN 的吡咯环的 5'-N，因此 5'- 羟基 -NNN 的形成与肝组织中 CYP2A6 的高表达密切相关。

（三）去甲基可替宁化反应（化合物 2 →化合物 1）

NNN 在体外培养的小鼠肺组织和大鼠口腔黏膜组织中会产生去甲基可替宁（Norcotinine，1），但体外代谢模型中并未阐明去甲基可替宁的反应途径。NNN 经脱胺后形成去甲基烟碱，然后在吡咯环 5'位发生

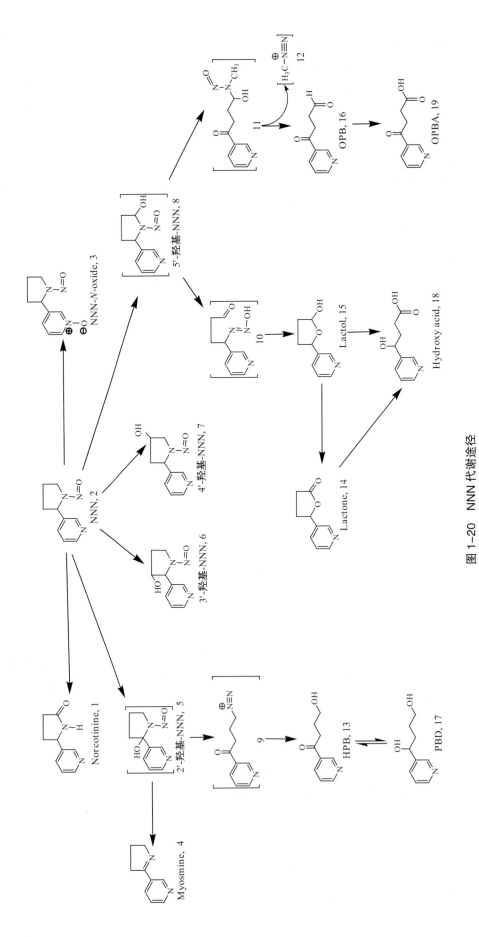

图 1–20 NNN 代谢途径

氧化反应，生成去甲基可替宁（1）。体内实验中，观察到了尿液中去甲基可替宁的存在，但关于 NNN →去甲基可替宁的反应途径仍未明了，需要进一步研究。

三、NAT、NAB 代谢

NAT 和 NAB 由于致癌等级较弱，被 IARC 列为 3 类致癌物。有体内研究报道，25% ～ 30% 的 NAB 以 NAB-*N*-oxide 的形式排至尿液中，约 10% 的 NAB 以 α- 羟基化途径进行代谢。因此，NAB 主要以非致癌性产物的形式进行代谢，这也是 NAB 致癌性弱的原因之一。另外，NAB 代谢时，2′-hydroxy-NAB 与 6′-hydroxy-NAB 的比例为 0.2 ～ 0.4，NAB 的 α- 羟基化代谢也主要以 6′位为主。

四、烟碱转化对 TSNAs 的影响

烟碱（Nicotine），全称 1- 甲基 -2-（3- 吡啶基）- 四氢吡咯烷（1-methyl-2-（3-pyridyl）-pyrrolidine），分子式 $C_{10}H_{14}N_2$，分子量为 162.23，化学结构式如图 1-21 所示。烟碱本身也是一种剧毒麻醉品，少量即能兴奋中枢神经，增高血压；大量能抑制中枢神经，使心脏停搏以致死亡。烟碱对人体产生毒副作用，最大的危害是吸食它会产生依赖性以致成瘾，人们对烟草的需求愿望的强烈性取决于烟碱。

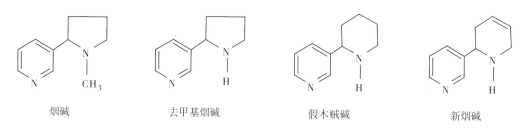

烟碱　　　　　　　去甲基烟碱　　　　　　假木贼碱　　　　　　新烟碱

图 1-21　烟草中主要烟碱的化学结构式

TSNAs 主要来源于烟草中 4 种生物碱：NNK 来源于烟碱，NNN 除了来源于烟碱，还有一部分来源于去甲基烟碱，NAT 和 NAB 则分别来源于新烟碱和假木贼碱，而其中烟碱是两种重要致癌物 NNK 和 NNN 的前体物，去甲基烟碱则是 NNN 的重要前体物。

早在 20 世纪 70 年代，Hecht 等就从有机合成的角度对烟碱和 TSNAs 的关系进行了实验，发现烟碱和亚硝酸钠可以生成 NNN、NNK 和 NNA，反应条件为酸性溶液。如表 1-16 所示，当亚硝酸钠与烟碱的摩尔浓度比为 5.0 时，加热 3 ～ 6 h，生成的 NNN 和 NNK 最多。该反应液中也生成了其他化合物，但不属于亚硝胺类，本书不再一一列出。

表 1-16　水溶液中烟碱与亚硝酸钠生成的 TSNAs

[NaNO₂]：[烟碱] [a]	pH	温度 / ℃	时间 / h	TSNAs /（mmol · L⁻¹）		
				NNN	NNK	NNA
1.4	2.0	20	17.0	0.41	—[b]	0.83
1.4	3.4	20	17.0	2.07	0.41	11.56
1.4	4.5	20	17.0	2.07	2.07	9.50

[NaNO₂]:[烟碱][a]	pH	温度/℃	时间/h	TSNAs/(mmol·L⁻¹)		
				NNN	NNK	NNA
1.4	7.0	20	17.0	0.83	0.41	0.41
5.0	3.4～4.2	90	0.3	33.04	2.89	—
5.0	3.4～4.2	90	3.0	36.34	9.50	—
5.0	3.4～4.2	90	6.0	33.04	6.20	—
5.0	5.4～5.9	90	0.3	37.17	11.15	—
5.0	5.4～5.9	90	3.0	55.76	17.76	—
5.0	5.4～5.9	90	6.0	48.32	10.74	—
5.0	7.0～7.3	90	0.3	5.37	0.41	—
5.0	7.0～7.3	90	3.0	18.59	0.83	—
5.0	7.0～7.3	90	6.0	22.72	0.83	—

注：a 表示初始烟碱反应浓度为 413 mmol/L；b 表示未检出。

　　上海烟草集团北京卷烟厂周骏团队研究了不同 pH 和不同反应时间对烟碱与亚硝酸钠反应的影响。如图 1-22 所示，在高温条件下，反应生成较多的 NNN 和 NNK，并随着反应时间的延长而降低。溶液中氮氧化物随着硝酸根离子的逐渐下降而降低，对烟碱的亚硝化能力也逐渐减弱，在高温酸性环境中，NNN 和 NNK 会进一步生成其他化合物，这是导致上述反应随着反应时间的延长呈现先增加后降低的原因。

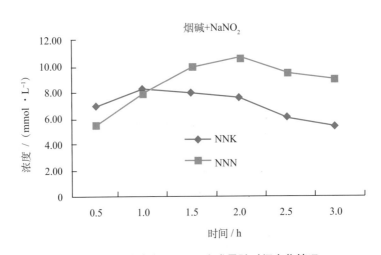

图 1-22　水溶液中 TSNAs 生成量随时间变化情况

　　pH 对烟碱的亚硝化反应影响较大，酸性（pH=4.5）环境中会生成较多的 NNN 和 NNK，是弱碱性（pH＞8.5）条件下的 10 倍多（表 1-17）。另外，在弱碱性溶液中，NAT 占总 TSNAs 的比例远高于酸性溶液，如表 1-17 所示，在 pH=4.5 时，NAT 占总 TSNAs 的比例为 2.9%；在 pH=8.8 时，NAT 占总 TSNAs 的比例为 20.5%。

表 1-17　不同 pH 对水溶液中 TSNAs 生成量的影响

pH	TSNAs / (mmol·L^{-1})			
	NNN	NNK	NAT	NAB
8.8	0.28	0.25	0.15	0.05
8.6	0.72	0.40	0.28	0.09
4.5	9.03	5.37	0.44	0.25

周骏等模拟烟叶中 5 种生物碱与亚硝酸钠的反应，混合了亚硝酸钠（0.1 g/mL）与 5 种生物碱，包括烟碱（20 mg/mL）、去甲基烟碱（1 mg/mL）、新烟草碱（1 mg/mL）、假木贼碱（6 mg/mL）和麦斯明（10 mg/mL），调节反应溶液 pH 为 3.0～4.0，反应 1 h，发现在室温下，4 种 TSNAs 均有生成。其中，生成 NNN 和 NAB 较多。加热对 NNK 的生成影响较大，提高反应温度，NNK 生成量提高了 1 倍多（表 1-18）。

表 1-18　模拟烟草中 5 种生物碱生成 TSNAs 的含量

温度	TSNAs / (μg·mL^{-1})			
	NNK	NNN	NAT	NAB
室温	21.46	554.45	94.24	985.12
60 ℃	52.33	678.36	86.52	987.38

正常情况下，烟草中烟碱含量占生物碱含量的比例一般在 94% 以上，去甲基烟碱的比例不超过 3.5%。在烟株群体中，个别植株会在烟碱去甲基酶的作用下脱去甲基，形成去甲基烟碱，导致去甲基烟碱含量在生物碱中的比例显著升高。烟碱转化与烟叶香味改变和 TSNAs 含量增加密切相关，研究表明，我国白肋烟烟碱向降烟碱转化问题非常突出，我国不同产地白肋烟烟碱含量和降烟碱含量差别极大（表 1-19），湖北和云南白肋烟烟碱含量高于美国白肋烟，而四川和重庆白肋烟却显著低于美国烟叶，尤其是四川白肋烟烟碱含量仅有 22.18 mg/g，只有美国白肋烟的 52.0%。降烟碱含量呈现相反的变化趋势，四川白肋烟降烟碱含量高达 36.81 mg/g，是美国白肋烟的 25.6 倍，重庆和湖北白肋烟降烟碱含量也远高于美国烟叶，云南白肋烟降烟碱含量与美国烟叶没有显著差异。我国部分烟区烟叶中较高的降烟碱含量表明白肋烟群体中存在大量烟碱转化型烟株。分析表明，四川白肋烟的烟碱转化率高达 62.40%，而正常的非转化烟叶烟碱转化率在 5% 以下。除云南烟叶外，我国大部分烟区烟叶烟碱转化问题都十分突出。

表 1-19　不同产地白肋烟的生物碱含量及烟碱转化率

产地	烟碱 / (mg·g^{-1})	降烟碱 / (mg·g^{-1})	假木贼碱 / (mg·g^{-1})	（烟碱＋降烟碱）/ (mg·g^{-1})	烟碱转化率 / %
四川	22.18	36.81	0.17	58.99	62.40
重庆	31.94	8.53	0.22	40.47	21.08
湖北	51.85	5.82	0.43	57.07	10.09
云南	49.99	1.60	0.23	57.39	3.10
美国	42.66	1.44	0.19	44.10	3.27

在亚硝酸盐水平相对稳定的条件下，TSNAs 含量的差异主要是由生物碱尤其是降烟碱水平的不同所

造成的，而在生物碱水平相对稳定的条件下，亚硝酸盐的供应则是决定 TSNAs 形成的关键。亚硝酸盐含量是环境影响的结果，而生物碱的组成和含量，特别是降烟碱水平则主要由基因所决定。因此，通过遗传育种手段对烟碱转化性状进行改良是降低烟叶中 TSNAs 水平的有效途径。

第三节　TSNAs 的致癌性

已有足够多的研究表明，NNK 和 NNN 对实验动物具有较强的致癌性，IARC 认为 NNK 和 NNN 在人体中也可能有致癌性，将 NNK 和 NNN 列为 1 类致癌物。NAB 和 NAT 对实验动物的致癌性证据较少，IARC 认为 NAB 和 NAT 对人体的致癌性尚不能确定，并将 NAB 和 NAT 列为 3 类致癌物。

一、NNK 的致癌性

对于大鼠，研究发现肺部是 NNK 发挥致癌作用的主要靶器官，不同的给药途径（饮水、静脉、灌注、皮肤接触、腹腔注射及面颊涂拭等）均能诱导 F–344 大鼠形成肺部肿瘤。在其他目标组织（鼻腔、肝脏、胰腺）中肿瘤的形成依赖于给药的途径、剂量及给药后观察治疗时间的长短。NNK 优先诱导形成肺部肿瘤而非局部肿瘤，例如，通过口腔涂拭或者饮水给药很少诱发口腔肿瘤和食道肿瘤，皮下注射给药和血管内给药很少诱发皮下肿瘤和膀胱肿瘤。NNK 诱发的肺部肿瘤主要是腺瘤和恶性腺瘤，腺棘癌和鳞状细胞癌发生率较低。在剂量 – 效应试验中，在较低剂量条件下 NNK 诱导的肺部肿瘤，对其他肿瘤具有一定的排斥作用。有研究表明，诱发肺部肿瘤的最低 NNK 剂量为 1.8 mg/kg，可导致大鼠 6.7% 的肺部肿瘤发生率，16.4% 的畸形生长发生率。另有相似研究表明，NNK 剂量为 6 mg/kg 时，可导致 10% 的肺部肿瘤发生率，15% 的畸形生长发生率。

对大鼠进行 NNK 皮下注射给药时，鼻腔肿瘤是除肺部肿瘤外最易诱发的肿瘤，诱导鼻腔肿瘤的给药总量较高，为 0.3 mmol/kg、1 mmol/kg 和 3 mmol/kg。通过饮水给药即使在总剂量为 0.68 mmol/kg 的剂量条件下，也很少诱发鼻腔肿瘤，表明 NNK 饮水给药时，肝脏的解毒作用可降低 NNK 对鼻腔的影响。高剂量给药条件下可观察到恶性鼻腔肿瘤形成，主要是嗅成神经细胞瘤。当 NNK 皮下注射给药为 3 mmol/kg 或者更高剂量时，通常可诱发肝脏肿瘤，低剂量时为鼻腔肿瘤或肺部肿瘤，高剂量给药可观察到肝细胞癌和血管内皮瘤形成。通过 NNK 饮水给药则未发现恶性的肝脏肿瘤形成。NNK 饮水给药可诱发形成外分泌胰腺瘤，这种肿瘤主要是胰腺泡瘤和恶性肿瘤，这种肿瘤的发生率通常较低，NNK 饮水给药也可诱发形成导管瘤。

NNK 可诱发易感型和野生型大鼠形成肺部肿瘤，不过这种发生率的多样性在野生型大鼠中较低，且形成肿瘤的时间通常较长，偶尔也可观察到肝脏肿瘤和前胃肿瘤形成。Hecht 等对 A/J 小鼠进行单一的腹膜内注射，NNK 剂量为 10 μmol/kg，发现 16 周后每只老鼠形成 7～12 个肺部肿瘤。对 A/J 小鼠的 NNK 剂量 – 效应研究表明，随着 NNK 的剂量增加，肺部肿瘤的多样性迅速增加。仓鼠的肺部、气管和鼻腔是 NNK 发挥致癌作用的主要靶器官。单一剂量 NNK（1 mg/kg）可诱发呼吸道肿瘤。肺部肿瘤主要是腺瘤和恶性肿瘤，此外也可诱发腺鳞癌。气管肿瘤主要是多种刺瘤。Furukawa 的研究中，对于仓鼠，10^{-6} 和 3×10^{-6} 的 NNK 饮水给药剂量下，未观察到肿瘤的产生。Liu 的研究发现，对于仓鼠，各种给药途径均未发现肝脏肿瘤产生。Stephen 等使用 NNK 对肺癌易感的 A/J 小鼠进行不同剂量的灌胃和皮下注射，连续给药 8 周后自然恢复，在第 9～第 19 周的恢复期间处死，发现有肿瘤产生。William 等采用肿瘤易感的 A/J

小鼠和抗肿瘤的 CH3 小鼠，研究了由 NNK 诱导的小鼠肺部肿瘤基因的差异表达，证明了 NNK 诱导肺癌的发生与小鼠的种属有关系。

尚平平等采用模拟与风险分析方法对卷烟烟气中 NNK 进行了量化健康风险评估，结果显示 NNK 具有极高的致癌风险，但并未说明容易导致哪种组织的癌变。张宏山等采用细胞毒性试验来确定 NNK 可诱发人支气管上皮细胞的恶性转化。用 NNK 对人支气管上皮细胞系（16HBE）进行多次染毒，结果发现，在细胞染毒至第 23 代时呈恶性形态。由此可见，NNK 对 16HBE 细胞具有较强的恶性转化能力。吕兰海等研究 NNK 诱发基因突变的作用，实验以人支气管上皮细胞（BEP2D）为靶细胞，将指数生长期的 BEP2D 细胞进行 NNK 染毒。结果表明，NNK 可诱发细胞次黄嘌呤鸟嘌呤磷酸核糖转移酶（HPRT）基因突变，HPRT 对于嘌呤的生物合成及中枢神经系统功能具有重要作用。

二、NNN 的致癌性

对于大鼠，食道和鼻腔黏膜是 NNN 发挥致癌作用的主要靶器官，其他部位的肿瘤很少被重复观察到，而且这两个部位的肿瘤发生率与实验方案的设计有很大关系。对于仓鼠，气管和鼻腔则是主要靶器官，而对于小鼠，肺部是主要靶器官。研究发现，对于 F-344 大鼠，通过 NNN 饮水给药或者流食给药，可诱发食道和鼻腔的肿瘤，通过皮下注射给药和填喂法给药，则主要诱发鼻腔肿瘤，少量诱发食道肿瘤。Castonguay 等的研究发现，5×10^{-6} 剂量的 NNN 通过饮水给药（大鼠），食道肿瘤的发生率为 71%。Griciute 等的研究认为 NNN 皮下注射诱发肿瘤的最低剂量为 1 mmol/kg，在此剂量下，大鼠鼻腔肿瘤的发生率为 50%，NNN 填喂法给药的最低剂量约为 0.8 mmol/kg，此剂量下鼻腔肿瘤的发生率为 20%。Hecht 等将 NNN 和 NNK 的混合物通过口腔给药，发现大鼠口腔肿瘤和肺部肿瘤有显著的发生率，而单独使用 NNK 给药仅诱发肺部肿瘤。对于大鼠，NNN 则很少诱发肺部肿瘤，在仓鼠中也不能诱发肺部肿瘤。对于小鼠，NNN 主要诱发的是肺部肿瘤，但发生率远低于 NNK。Koppang 等研究了 TSNAs 对貂的致癌性，这也是唯一的 TSNAs 非啮齿类动物模型，研究发现 NNN 可诱发貂形成鼻腔肿瘤，而且其致癌效应非常敏感，NNN 和 NNK 的混合物同样具有强致癌性，主要诱发鼻腔肿瘤。

三、NAT 和 NAB 的致癌性

对于大鼠，NAB 具有相对较弱的食道致癌性，但其致癌性显著低于 NNN。NAB 对于叙利亚金黄地鼠没有致癌性，而相似剂量的 NNN 会诱发叙利亚金黄地鼠高发生率的气管肿瘤。对于 A/J 小鼠，NAB 和 NNN 具有相同的诱发肺腺瘤的作用。Hoffmann 等分别使用 1 mmol/kg、3 mmol/kg 和 9 mmol/kg 剂量的 NAT，通过皮下注射给药，1 周注射 3 次，观察 20 周，未发现肿瘤产生，表明 NAT 可能对大鼠没有致癌性。

四、TSNAs 导致的 DNA 损伤

（一）NNK/NNAL 导致的 DNA 损伤

对体内和体外 DNA 加合物的研究成果进行总结，发现 NNK 导致的 DNA 加合物主要形成途径如图 1-23 所示，分别形成了：①甲基 DNA 加合物（Me-DNA 加合物，Methyl-DNA adduct），由 NNK 的 α-亚甲基羟基化途径代谢生成；②吡啶羰基丁基 DNA 加合物（POB-DNA 加合物，pyridyloxobutyl-DNA adduct）：由 NNK 的 α-甲基羟基化途径代谢生成。由于仪器条件的限制，早期对 DNA 加合物的研究主要集中在 Me-DNA 加合物的检测方面，后来发现 POB-DNA 加合物同样会导致基因突变，POB-DNA 加合物

在 NNK 导致基因突变方面也得到了研究人员的重视。

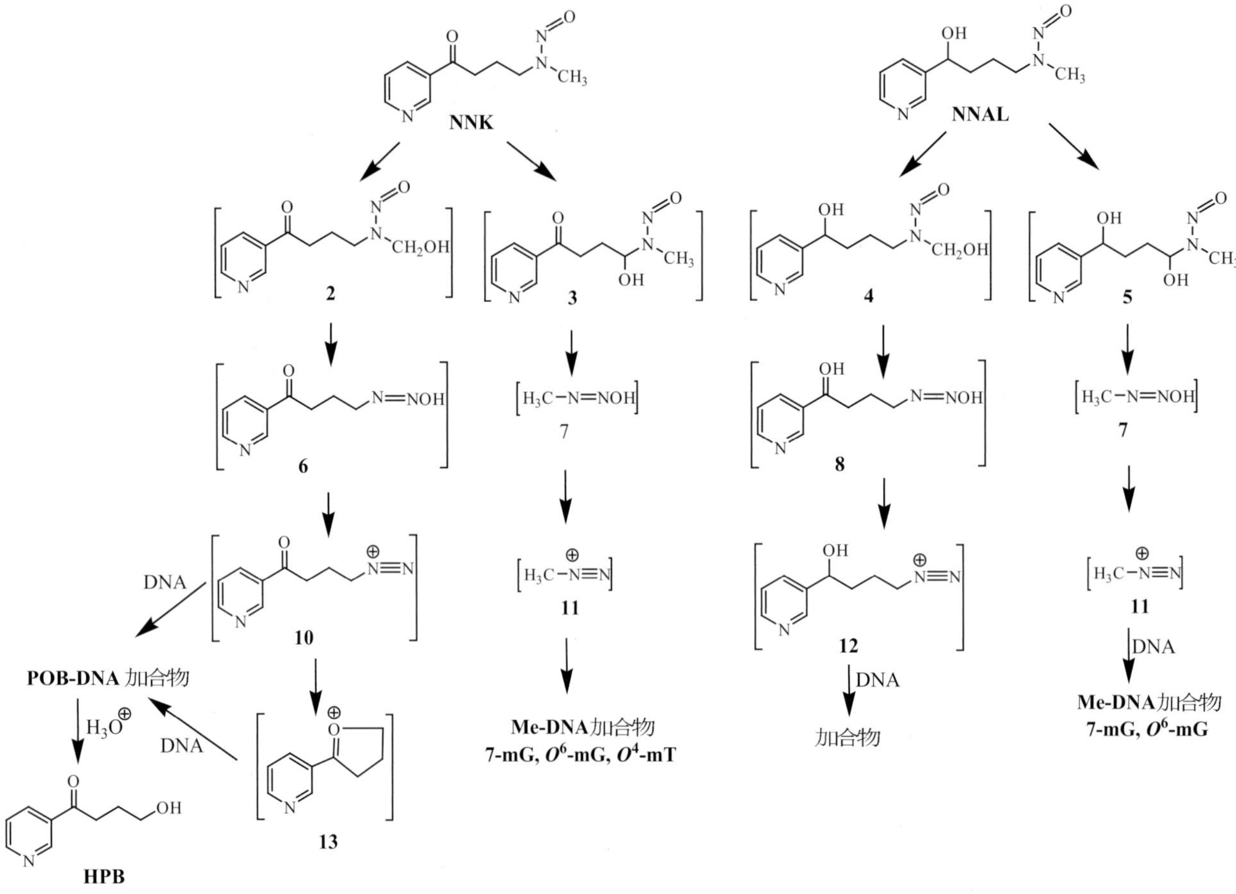

图 1-23　NNK 经代谢生成 DNA 加合物的途径

1. 体外研究

利用不同动物组织，研究人员对 NNK 的 DNA 加合物进行了体外研究，反应条件和研究结论如表 1-20 所示。根据图 1-23、图 1-24 和图 1-25 所示，将两类加合物的形成过程做如下阐述。

表 1-20　NNK 的体外 DNA 加合物

动物种属	组织	反应条件	结论
雄性 F-344 大鼠	鼻黏膜	组织培养，0.5 mmol/L NNK 或 NNAL	O^6-mdG，138 μmol/molG（NNK）；52 μmol/molG（NNAL）
雄性 F-344 大鼠	鼻黏膜	组织培养，0.5 mmol/L NNK 或 NNAL	7-mG，约 1060 μmol/molG（NNK）；745 μmol/molG（NNAL）
无	无	CNPB 与 dG 反应	生成如图 1-25 所示的化合物 19
雄性 F-344 大鼠	肺、肝脏	微粒体或分离的肺组织细胞，1 ～ 2 mmol/L NNK	O^6-mG 水平随着 P450 酶诱导剂的增加而增加
无	无	HPB 与 DNA 直接反应	无 DNA 加合物
叙利亚金黄地鼠	成年鼠和胚胎的肺组织	组织培养，22 μmol/L NNK	7-mG：182 μmol/molG（成年），289 μmol/molG（胚胎）；O^6-mG：35.8 μmol/molG（成年），44.2 μmol/molG（胚胎）

续表

动物种属	组织	反应条件	结论
雄性 F-344 大鼠	口腔 / 食管	组织培养，1～100 μmol/L NNK	7-mG：1.7 ～ 4.6 μmol/molG（口腔，非 HPB 结合的）；0.17 μmol/molG（食管，HPB 结合的）
无	无	NNKOAc 与 DNA 直接反应	酸解后形成了较多的 HPB
雄性 SD 大鼠和雌性 A/J 小鼠	肺 / 肝脏 / 鼻黏膜	微粒体，DNA，20 μmol/L NNK	7-mG、O^6-mG、O^4-mT 和 POB-DNA
S. typhimurium/G12 细胞 /H3 细胞	无	与 1 ～ 100 μmol/L NNKOAc/AMMN 体外培养	生成的 DNA 加合物含量排序如下：7-mG > O^6-mG > HPB-DNA，Me-DNA 与 POB-DNA 的致突变效率相近
无	无	小牛胸腺 DNA 与 1.5 ～ 5.0 mmol/L NNKOAc 直接反应	POB-DNA 抑制了 O^6-mG 的修复
雄性 A/J 小鼠	肺	微粒体，DNA，20 μmol/L NNK	Me-DNA 的生成量随着不含咖啡因的绿茶和红茶的增加而降低
无	无	小牛胸腺 DNA/ 特定 DNA 寡核苷酸与 0 ～ 5 mmol/L NNKOAc 直接反应	POB- 鸟嘌呤加合物进一步分解生成了 O^6-mG 修复酶的底物，从而抑制了 POB-DNA 的修复
无	无	小牛胸腺 DNA 与 NNKOAc 直接反应	生成图 1-25 中的化合物 20

（1）甲基 DNA 加合物（Me-DNA）

NNK 的亚甲基经过羟基化反应生成甲基重氮氢氧化物 CH_4N_2O（7）和 / 或甲基重氮化合物 CH_3N_2（11），其中，甲基重氮化合物（11）是一种活性极强的烷基化试剂，能够与 DNA 碱基结合，生成 7- 甲基鸟嘌呤（7-mG）、O^6- 甲基鸟嘌呤（O^6-mG）和 O^4- 甲基胸腺嘧啶（O^4-mT）。其他甲基 DNA 加合物也可能会产生，例如，在体外大鼠鼻黏膜组织的培养实验中（NNK 或 NNAL），检测到了 DNA 加合物 O^6- 甲基脱氧鸟嘌呤（O^6-mdG）。总之，NNK 导致的 DNA 甲基化在很多体外实验模型中均有发现，如大鼠肺组织细胞、肺组织、肝脏和鼻黏膜微粒体（外加 DNA）、大鼠口腔组织和仓鼠肺组织。

（2）吡啶羰基丁基 DNA 加合物（POB-DNA）

如图 1-24 所示，NNK 经 P450 酶激活，通过 *α*- 甲基羟基化反应途径产生中间产物 *α*- 羟基化亚硝胺（2），化合物 2 自发分解成吡啶羰基丁基重氮氢氧化物（6），化合物 6 会进一步生成吡啶羰基丁基重氮离子（10），化合物 10 会发生以下 3 类反应：①与核酸加成，生成化合物 14；②生成吡咯环氧化合物（13）；③失去 N_2 和 H^+，生成 *α*，*β*- 不饱和酮（15）。后两者是一类过渡产物，能够与核酸加成，进一步分别生成化合物 16 和化合物 17。如图 1-25 所示，上述化合物在鸟嘌呤的 O^6 位形成 O^6-POB- dGuo（20），在鸟嘌呤的 N^7 位形成 7-POB-dGuo（22），与胸腺嘧啶形成 O^2-POB- dThd（23），与胞嘧啶的 O^2 位结合生成吡啶 -*O*- 丁基加合物 O^2-POB-dCyd（24）。大多数研究确认 NNK 导致的 DNA 加合物是通过上述途径生成的，约占总量的 50% 以上，这类 DNA 加合物是通过图 1-23 的中间产物 6/10/13 形成的。图 1-25 中化合物在体外 DNA 反应中均有检出，但在某些动物体内实验中未检出。除了上述主要产物，其他吡啶羰基丁基 DNA 加合物在体外研究中也有所检测到。例如，体外纯化学反应中，DNA 与 NNKOAc 反应生成 O^6- 吡啶羰基丁基 DNA 加合物 O^6-POB-dGuo（20）。

吡啶羰基丁基 DNA 加合物能够抑制 O^6-mG 修复酶的活性，由于 O^6-mG 是 NNK 体内代谢过程中的

DNA 加合物之一。因此，NNK 会导致靶组织中产生 DNA 加合物，而且会抑制其修复。例如，在体外 NNKOAc 和寡核苷酸的反应中，仅有吡啶羰基丁基 –dGdC 加合物抑制了肝脏 DNA 修复酶对 O^6–mG 的修复。

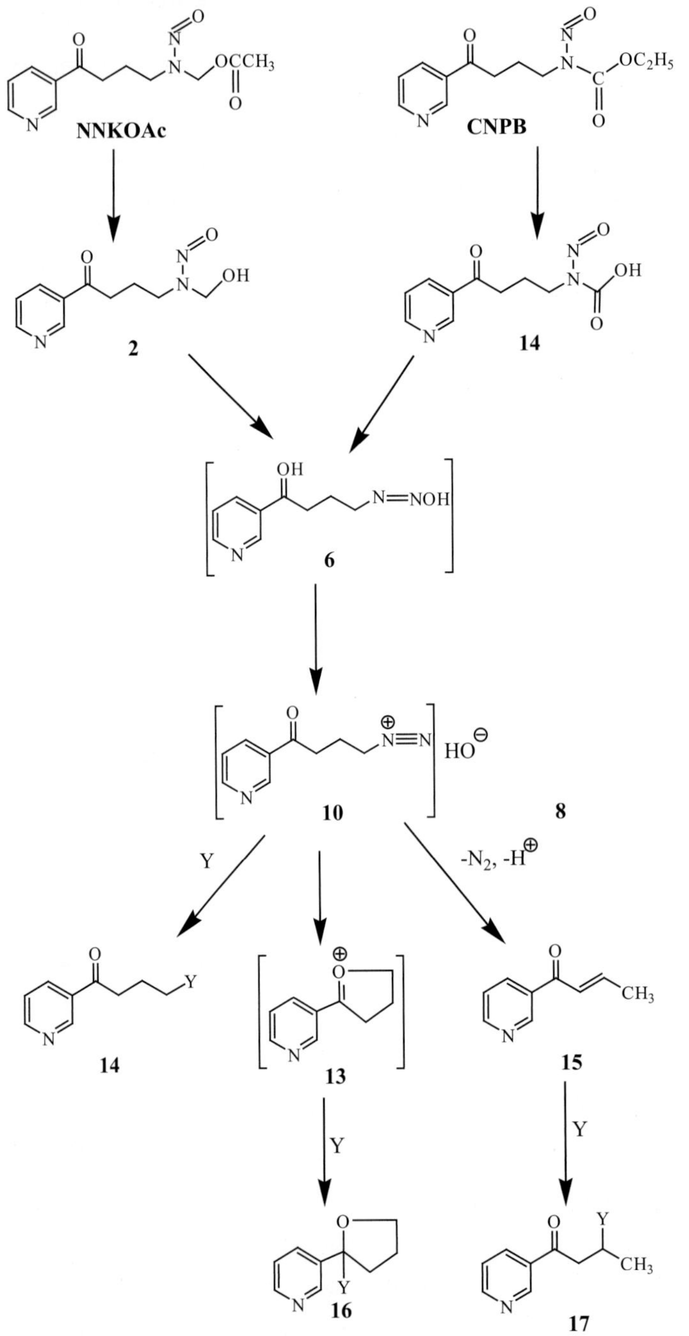

图 1–24　NNKOAc 和 CNPB 水解产生的中间产物和终产物

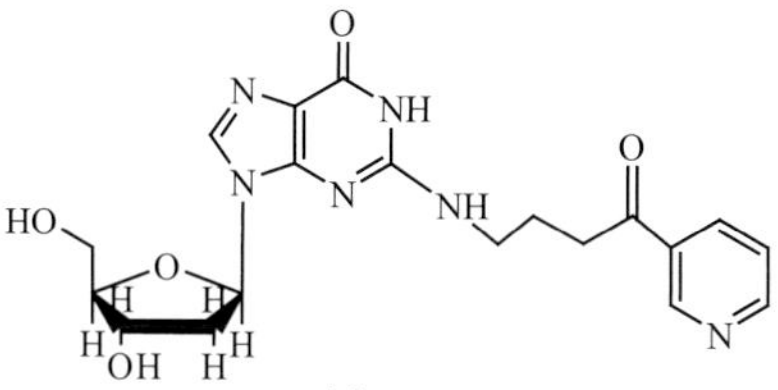

18

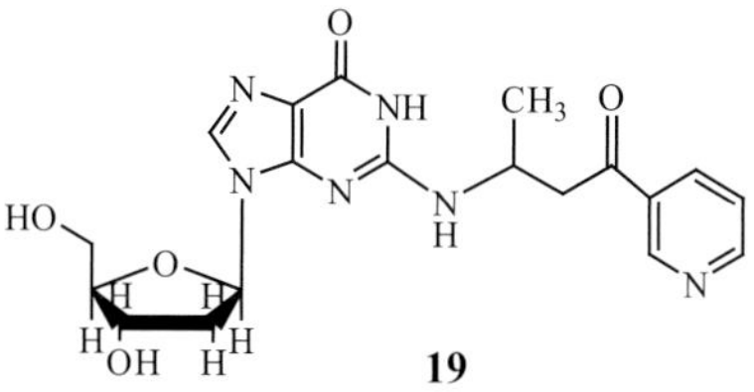

19

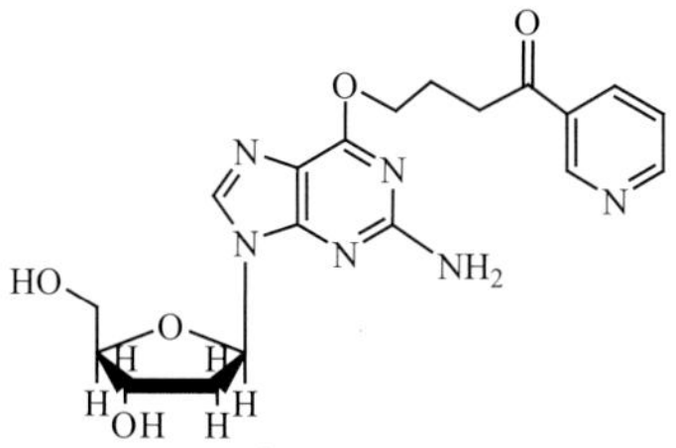

O^6–POB–dGuo
20

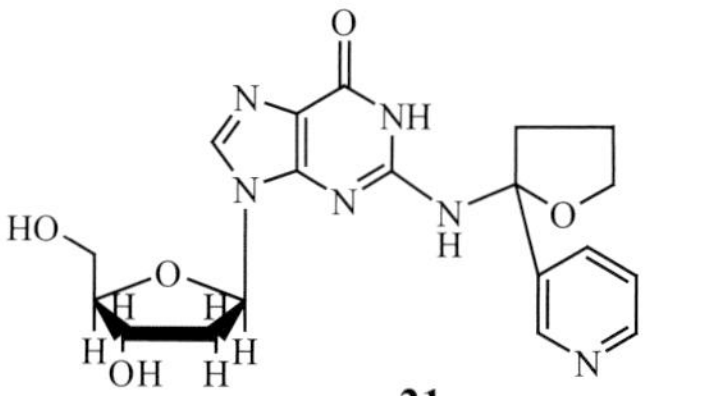

21

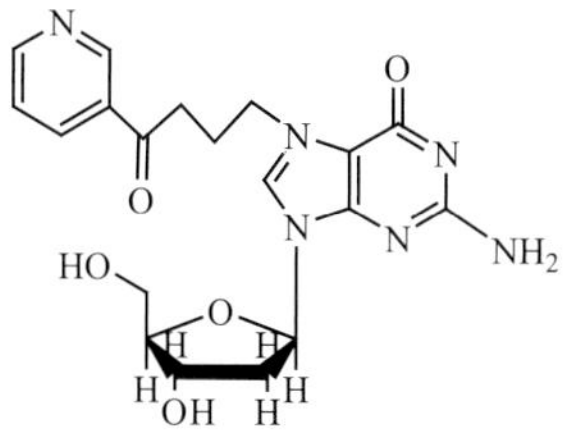

7–POB–dGuo
22

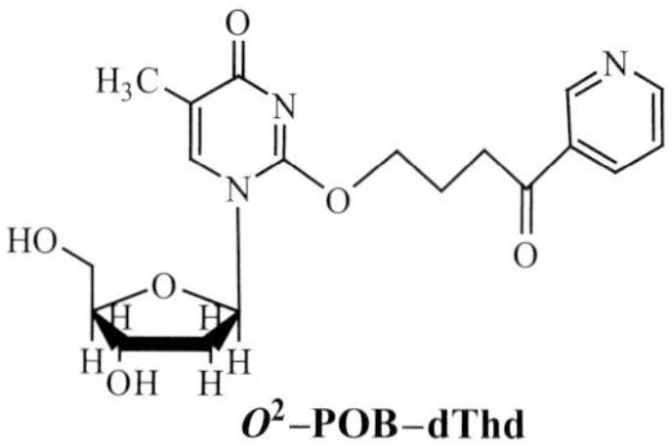

O^2–POB–dThd
23

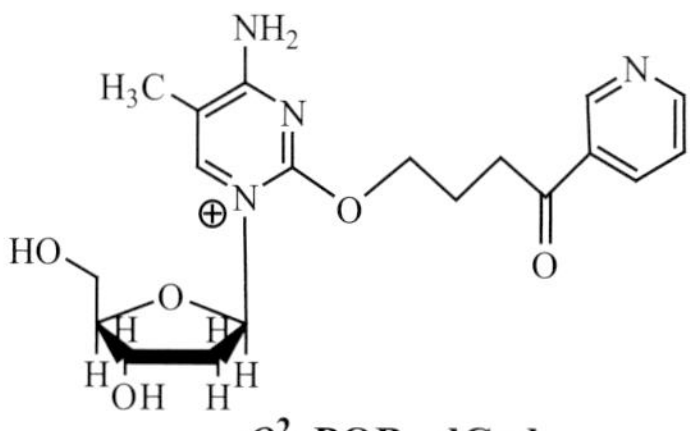

O^2–POB–dCyd
24

图 1–25　NNK 经 *α*–羟基化途径代谢生成的 DNA 加合物

2. 体内研究

自发现 NNK 导致 DNA 加合物形成以来，越来越多的研究人员对 Me–DNA 和 POB–DNA 的形成及其生物学意义进行了深入探讨（表 1–21）。多数研究认为，NNK 经代谢产生的 DNA 加合物多发生在癌变靶器官组织中，如肺、鼻黏膜和肝脏。因此，DNA 加合物的检测为探讨 NNK 导致的致癌机制提供了重要依据。

（1）大鼠肺组织

在全肺组织的检测中，7–mG 含量是 POB–DNA 加合物的 7.5 ~ 25.0 倍，且 NNK 剂量越高，7–mG 的水平也越高，POB–DNA 加合物含量是 O^6–mG 的 2 倍左右，而 O^6–mG 含量是 O^4–mT 的 10 倍左右。有研究发现 O^6–mG 和 POB–DNA 在大鼠肺组织中的 Clara 细胞中含量最高，而在 II 型细胞、巨噬细胞和小细胞中含量较低，而且在全肺组织和肺组织不同细胞中，这些 DNA 加合物的生成量与 NNK 的剂量呈非线性关系。低剂量 NNK 区间形成 DNA 加合物的增长率低于高剂量 NNK 区间，这可能与大鼠肺组织中 P450 酶对低剂量 NNK 的 *α*– 羟基化代谢有关，也与高剂量 NNK 形成的 POB–DNA 加合物会对 O^6–mG 修复酶产生抑制有关。

在高剂量 NNK 慢性染毒过程中，大鼠肺组织中的 O^6-mG 水平逐渐升高。另外一项研究证实，在 4 天的低剂量 NNK 染毒实验中，大鼠肺组织中 Clara 细胞中的 O^6-mG 高于其他类型的细胞，这可能与 Clara 细胞中 O^6-mG 修复酶含量低有关。虽然 NNK 进行大鼠染毒会抑制 O^6-mG 修复酶的活性，但在一个 20 周的慢性 NNK 染毒实验中发现，Clara 细胞中 O^6-mG 水平在整个染毒期间下降了 82%，并且在染毒结束时，其含量低于巨噬细胞。这种下降趋势可能与 P450 酶受到抑制有关，进而降低了 NNK 及其代谢产物的 α-亚甲基羟基化代谢的发生。

结构 - 活性研究提示，Me-DNA 和 POB-DNA 对 NNK 导致的大鼠肺部肿瘤同等重要。与其他亚硝胺相比，NDMA 仅产生 Me-DNA 加合物，NNN 代谢后仅生成 POB-DNA 加合物。相对于 NDMA，NNK 导致 Clara 细胞产生较多的 O^6-mG；相对于 NNN，NNK 更易代谢激活，导致非 Clara 细胞产生较多的 POB-DNA 加合物。这也解释了为什么 NNK 比 NDMA 和 NNN 更容易导致肺组织的癌变。当然，也只有 NNK 可以导致肺组织细胞中生成 Me-DNA 和 POB-DNA 两类加合物。有研究证实了 NNK 导致的大鼠肺部肿瘤更多的是来自 II 型细胞，而且 II 型细胞中 POB-DNA 加合物与肺组织肿瘤率密切相关，这也就说明了 POB-DNA 加合物在 NNK 中导致肺组织肿瘤中的重要作用。尽管 Clara 细胞并非是肺组织肿瘤的细胞来源，但该型细胞中 O^6-mG 与肿瘤率密切相关性较强，从而提示我们 O^6-mG 的致突变作用。或者存在相应的信号机制，从 Clara 细胞中积累的 O^6-mG 加合物最终传导至 II 型细胞。PEITC 可以通过抑制 II 型细胞中 POB-DNA 加合物，从而降低了肺部 NNK 的致突变性，这也从另外一个角度证实了 POB-DNA 加合物在 NNK 中致肺组织突变的重要作用。另外，PEITC 也可以抑制 Clara 细胞中 O^6-mG 的生成，但不能抑制其他类型细胞中 O^6-mG 的生成。因此，由已有的研究可以证实，Me-DNA 和 POB-DNA 两类 DNA 加合物是 NNK 致大鼠肺组织突变的重要诱因。

（2）大鼠鼻黏膜

大鼠鼻黏膜中 Me-DNA 加合物水平远高于其他组织。鼻黏膜中 α-羟基化反应比较活跃，体外微粒体实验证实 NNK 的 α-甲基羟基化和 α-亚甲基羟基化代谢速度相近，但 DNA 加合物类型却相差较大。例如，有研究检测 Me-DNA 加合物水平是 POB-DNA 加合物的 50～1000 倍，从而证实在鼻黏膜中 NNK 的 α-亚甲基羟基化途径导致 DNA 加合物生成效率远高于 α-甲基羟基化途径，这可能与两种途径代谢过程中产生的烷基化产物活性不同有关，也可能与鼻黏膜中 α-甲基羟基化 NNK 更易进行葡萄糖苷转移有关，如图 1-16 所示，化合物 11→化合物 10。鼻黏膜组织中的这种 Me-DNA 和 POB-DNA 差异远高于肺组织（肺组织中 7-mG 含量仅是 POB-DNA 加合物的 7～25 倍，POB-DNA 加合物含量又高于 O^6-mG）。肺组织中 NNK 的 α-甲基羟基化高于 α-亚甲基羟基化，可能是导致肺组织中 POB-DNA 加合物含量高于鼻黏膜的原因。

尽管 POB-DNA 加合物水平在鼻黏膜中含量较低，但这类加合物在 NNK 的致突变中发挥了重要作用。NNK 和 NNN 对鼻黏膜的致突变性类似，两者均会在鼻黏膜中产生 POB-DNA 加合物，但 NNN 不能生成 Me-DNA 加合物，这也证实了 NNN 代谢生成的 POB-DNA 加合物在鼻黏膜致突变中的作用。因此，NNK 代谢生成的 POB-DNA 加合物在大鼠鼻黏膜癌变过程中发挥着重要的作用。

（3）大鼠肝脏

在大鼠肝脏中，7-mG 含量是 POB-DNA 加合物的 13～49 倍，而 POB-DNA 加合物含量又高于 O^6-mG。与肺组织类似，在 NNK 低剂量时，7-mG 和 POB-DNA 加合物的比值较低。POB-DNA 加合物含量高于 O^6-mG 可能与 DNA 的修复有关，例如，有研究对大鼠进行慢性 NNK 染毒，发现 O^6-mG 含量先升高后降低，其中，O^6-mG 修复酶的出现，导致了 O^6-mG 的下降。另外，POB-DNA 加合物的清除速度慢于 O^6-mG，可能与 O^6-mG 受到快速修复有关。因此，NNK 导致肝癌可能与 O^6-mG 的修复能力密切相关。

（4）小鼠肺组织

单次 10 μmol 的 NNK 注射会导致 A/J 小鼠出现肺部肿瘤。其中，7-mG 含量高于 O^6-mG，而 O^6-mG 含量又高于 POB-DNA 加合物。7-mG 和 O^6-mG 含量会在 NNK 注射 4 h 后达到最大值，而 POB-DNA 加合物最高量出现在 24 h 时。多种 P450 酶参与了小鼠肺组织中 NNK 的代谢，这可能是导致上述加合物含量不同或生成速度不同的原因。尽管 7-mG 和 POB-DNA 加合物含量随着 NNK 注射后的时间而逐渐下降，但 O^6-mG 含量却变化不大，甚至在 15 天后仍超过 7-mG 含量。O^6-mG 在小鼠肺组织 II 型细胞和 Clara 细胞中含量最高，其次是小细胞和全肺。

（5）小鼠肝脏

尽管 NNK 导致小鼠肝脏出现肿瘤的概率低于肺组织，但通过对 A/J 小鼠的 NNK 染毒，研究人员检测了肝脏中 Me-DNA 和 POB-DNA 加合物含量，且肝组织中加合物含量与肺组织中的排序相似：7-mG > O^6-mG > POB-DNA。对比不同组织，肝脏中上述 3 种加合物含量高于肺组织，这与肝脏中 NNK 更多地发生了 α- 羟基化代谢有关（肺组织中部分 NNK 通过吡啶氧化途径进行了解毒反应）。尽管肝脏中 DNA 加合物含量高于肺组织，但在 A/J 小鼠中肺组织发生肿瘤的概率却高于肝脏，这与该种属的小鼠对 NNK 的肺部易感性有关。另外，在其他种属的小鼠肝脏中未检测到 NNK 导致的 DNA 加合物，进一步证实了小鼠肝脏的不易感性。

（6）仓鼠肝脏

单次 NNK 注射仓鼠和大鼠后，在肝脏组织中检测到 7-mG 和 O^6-mG，但大鼠肝脏中 O^6-mG 能够被快速修复，半衰期为 12 h，而仓鼠肝脏中 O^6-mG 却存在较长时间，半衰期为 72 h，NNK 可降低 O^6-mG 修复酶的活性，而大鼠 O^6-mG 修复酶活性的恢复要快于仓鼠，这可能是仓鼠肝脏中 O^6-mG 滞留时间长于大鼠的原因之一。另外，仓鼠肝脏中 7-mG 比大鼠持续存在时间长。因此，无论大鼠还是仓鼠，NNK 难以导致肝脏肿瘤的出现，O^6-mG 在 NNK 诱导的肝癌中可能并不十分重要。

（7）人肺组织

很多研究对人肺组织中 7-mG 含量进行了检测，例如，有研究检测到 7-mG 含量平均值为 2.1 个 $/10^7$ 核苷酸，远高于另外的一项研究结果（0.1 个 $/10^7$ 核苷酸）。另外，有研究也检测到人肺组织中 7-mG 的存在，并且有研究证实吸烟者肺组织中 7-mG 含量高于非吸烟者，提示了 NNK 是人肺组织中 7-mG 的来源。Me-DNA 和 POB-DNA 加合物的产生与吸烟者肺组织中 NNK 的两种 α- 羟基化代谢有关。在人肺组织中检测到了 8-oxo-dG 的存在，同时证实了 NNK 引起的 DNA 氧化损伤是导致肺癌发生的诱因之一。

表 1-21 NNK 的体内 DNA 加合物

动物种属	NNK 剂量	结论
雄性 F-344 大鼠	0.41 mmol/kg（静脉注射）	在肝脏和肺组织中检测到 O^6-mG 和 7-mG
雄性 F-344 大鼠	0.42 mmol/kg（静脉注射）或 0.19 mmol/kg（腹腔注射），每天注射，连续 2 周	在鼻黏膜、肝脏和肺组织中检测到 O^6-mG，在食道、脾脏、肾脏和心脏中未检出
雄性 F-344 大鼠	0.41 mmol/kg（静脉注射）	在肝脏中检出了 O^6-mG 和 7-mG
雄性 F-344 大鼠	0.48 mmol/kg（腹腔注射），每天给药，1～12 天	在染毒周期内，肺组织中 O^6-mG 含量随着染毒时间的延长而增加，但在鼻黏膜、肝细胞和非实质细胞中 O^6-mG 含量先增加后降低。在肝细胞中 O^4-mT 含量随着染毒时间延长而逐渐增加，在肺组织中 O^4-mT 含量比较稳定，但 7-mG 在肺组织中呈升高趋势，同时，7-mG 在肝细胞中较为稳定，在鼻黏膜中呈现先增加后降低趋势

动物种属	NNK 剂量	结论
雄性 F-344 大鼠	0.055 ~ 0.390 mmol/kg（皮下注射）	鼻黏膜中 7-mG 和 O^6-mG 含量高于肝脏和肺组织，NDMA 甲基化能力高于 NNK
雄性 F-344 大鼠	0.48 ~ 480.00 µmol/kg（腹腔注射），每天给药，1 ~ 12 天	肺组织中 O^6-mG 较易生成，Clara 细胞中 O^6-mG 含量最高，其次是巨噬细胞、小细胞和 II 型细胞；NNK 导致的 O^6-mG 含量是 NDMA 的 2 倍
雄性 F-344 大鼠	0.4 mmol/kg（喂饲）	口含烟抑制了 7-mG 和 O^6-mG 的生成
雄性 F-344 大鼠	1.4 ~ 500.0 µmol/kg（腹腔注射），每天给药，1 ~ 12 天	呼吸道中的 7-mG 和 O^6-mG 含量高于鼻腔中的嗅黏膜，O^6-mG 修复酶未被诱导，且鼻腔癌是由于嗅黏膜中的加合物引起的
雄性 F-344 大鼠	48 µmol/kg（腹腔注射），每天给药，4 天	Clara 细胞中 O^6-mG 含量高于肺泡巨噬细胞、小细胞和 II 型细胞
雄性 F-344 大鼠	0.15 ~ 150.00 µmol/kg（皮下注射），每天给药，4 天	肺组织中 NNK 的烷基化效率高于 NDMA，NNK 导致 Clara 细胞中 O^6-mG 水平是 NDMA 的 50 倍
雄性 F-344 大鼠	7.7 µmol/kg（皮下注射）	在肝脏和肺组织中检测到 POB-DNA 加合物
雄性 F-344 大鼠	0.39 mmol/kg 的 NNK/NNAL	NNK/NNAL 导致肝脏中甲基化 DNA 加合物和吡啶羰基丁基化 DNA 加合物含量相似，鼻黏膜和肺组织中甲基化 DNA 加合物含量高于吡啶羰基丁基化 DNA 加合物
雄性 F-344 大鼠	2.9 µmol/kg（皮下注射），每天给药，4 天	相关抑制剂降低了肝脏中 7-mG 含量
雄性 F-344 大鼠	2.9 µmol/kg（皮下注射），每天给药，4 天	抑制剂 PEITC 降低了肺组织中甲基化和吡啶羰基丁基化 DNA 加合物含量
雄性 F-344 大鼠	6 µmol/kg（腹腔注射），每天给药，3 天	证实了肝脏中的少量加合物并非图 1-25 中所示的化合物 18 和化合物 19
雄性 F-344 大鼠	0.5 ~ 240.0 µmol/kg（皮下注射），每周 3 次，4 周	Clara 细胞中 O^6-mG 含量高于肺泡巨噬细胞、小细胞和 II 型细胞，在肝脏中低剂量的 NNK 导致 O^6-mG 未检出；鼻黏膜中 O^6-mG 含量最高，其次是呼吸道和嗅黏膜；Clara 细胞中 O^6-mG 含量与肺部肿瘤率呈线性相关
雄性 F-344 大鼠	0.015 ~ 24.200 µmol/kg（腹腔注射），每天给药，4 天	低剂量 NNK 时，肺组织中 7-mG 和 POB-DNA 加合物含量高于肝脏，高剂量 NNK 时，结果相反；低剂量 NNK 时，肺组织中 7-mG 与 POB-DNA 加合物比值为 7.5 ~ 25.0
雄性 F-344 大鼠	4 µmol/kg（皮下注射）	肺组织和肝脏中 POB-DNA 加合物可持续存在 4 周
雄性 F-344 大鼠	0.39 mmol/kg（皮下注射）	7-mG 和 O^6-mG 含量随着（+）- 儿茶酚的摄入而降低
雄性 F-344 大鼠，雌性 A/J 小鼠	0.5 mmol/kg（皮下注射，大鼠），0.06 ~ 0.12 mmol/kg（喂饲）	小鼠肺组织和肝脏中 O^6-mG 含量与 NNK 剂量呈正相关性；在大鼠肺组织、肝脏和肾脏中检测到 O^6-mG。上述组织中检测到 8-oxo-dG
雄性 F-344 大鼠，雄性叙利亚金黄地鼠	0.39 mmol/kg（皮下注射）	肝脏中 7-mG 和 O^6-mG 在地鼠中持续存在时间高于大鼠；NNK 导致地鼠中 O^6-mG 修复活性丧失，且难以恢复，大鼠中 O^6-mG 修复酶活性可在 NNK 注射 72 h 后恢复；结果显示加合物与肿瘤易感性关系不大

动物种属	NNK 剂量	结论
雄性 BDIV 大鼠	0.36 ～ 0.72 mmol/kg（皮下注射）	肝脏和肺组织中 7–mG 含量分别是白细胞中的 80 倍和 3 倍
雄性 SD 大鼠，雄性叙利亚金黄地鼠，雄性 Swiss 小鼠	0.14 mmol/kg（腹腔注射，大鼠和小鼠），地鼠（皮下注射）	在 3 种动物中的 7–mG 含量相近，O^6–mG 含量相近，上述加合物在鼻腔中含量最高，其次是肺组织和气管
雄性 F–344 大鼠	0.0167 ～ 0.0480 mmol/kg（皮下注射），3 次 / 周，4 周	低剂量 NNK 导致鼻黏膜嗅觉区域中 O^6–mG 含量要高于高剂量 NNK 导致的结果；在低剂量 NNK 时，鼻黏膜嗅觉区域中的 O^6–mG 含量高于呼吸道；POB–DNA 加合物与鼻腔肿瘤率呈正相关

（二）NNN 导致的 DNA 损伤

如图 1–26 所示，NNN 需经过 P450 代谢激活后产生中间产物，与 DNA 进行加合，造成 DNA 损伤。NNN 存在 2′和 5′两条代谢途径，分别产生 2′– 羟基 –NNN（化合物 3）和 5′– 羟基 –NNN（化合物 4），2′– 羟基 –NNN 不稳定，进一步生成吡啶羰基丁基重氮离子 4-oxo-4–（3-pyridyl）–1-butanediazonium ion（6），化合物 6 同时也是 NNK 的 α– 甲基羟基化反应中间产物，与 NNK 的 α– 甲基羟基化途径相同，化合物 6 会攻击 DNA，形成 POB–DNA 加合物。体外实验中利用 5′-acetoxyNNN（2）与 DNA 进行反应，可以启动 5′– 羟基 –NNN 代谢途径生成 DNA 加合物（化合物 2 →化合物 4 →化合物 5 →化合物 7）。NNN 经 2′– 羟基 –NNN 代谢途径，生成了一系列 POB–DNA 加合物，如图 1–27 所示，在体内和体外反应中检测到 O^6–POB-dGuo（8）、7-POB-dGuo（9）、O^2-POB-dThd（10）和 O^2-POB-dCyd（11）。以往研究多集中于检测图 1–27 所示的 4 种 NDA 加合物，NNN 导致的 DNA 损伤多由 2′– 羟基 –NNN 代谢途径启动。例如，Zhao 等通过大鼠长期慢性 NNN 染毒实验，发现 4 种 DNA 加合物在大鼠体内随着染毒时间的增加而持续存在，并认为 7-POB-dGuo 是 NNN 致癌的关键 DNA 加合物。因此，多数报道认为可通过体外实验发现 5′– 羟基 –NNN 的代谢途径，并检测到图 1–28 所示的化合物 14/15/16。另外，Zarth 等进行了 NNN 的体内实验（大鼠）和体外实验（大鼠肝细胞、人肝微粒体和人肝细胞），检测到大鼠体内的主要 NNN 加合物是化合物 12[py-py-dI，2–（2–（3-pyridyl）–*N*-pyrrolidinyl）–2′-deoxyinosine]，py-py-dI 是通过 5′– 羟基 –NNN 代谢途径启动的（图 1–28 中化合物 7 →化合物 12），且以肺和口腔中分布最多；另外，大鼠体内化合物 py-py-dI 含量远高于化合物 13[py-py-dN，6–（2–（3-pyridyl）–N-pyrrolidinyl）–2′-deoxynebularine]；大鼠体内未检出化合物 14/15/16；体外大鼠肝细胞进行 NNN 的孵育实验，同样证实加合物 py-py-dI 含量最高；以人肝微粒体和人肝细胞进行不同浓度 NNN 的孵育实验，发现 py-py-dI 含量远高于 2′– 羟基 –NNN 代谢途径启动生成的 POB–DNA 加合物（化合物 14/15/16），且（*S*）-NNN 生成的 py-py-dI 含量高于（*R*）-NNN，这些新检测的 NNN–DNA 加合物是对原有 NNN 导致 DNA 损伤的重新认识。

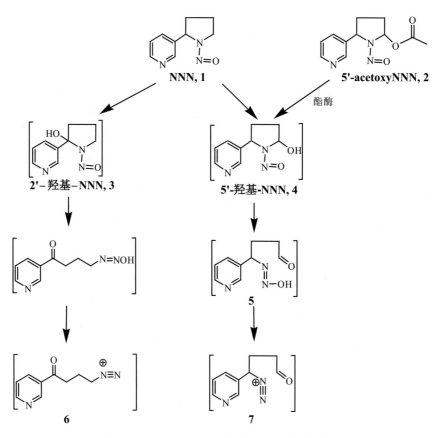

图 1–26　NNN 经 5′ – 羟基 –NNN 代谢途径
生成 DNA 加合物的途径

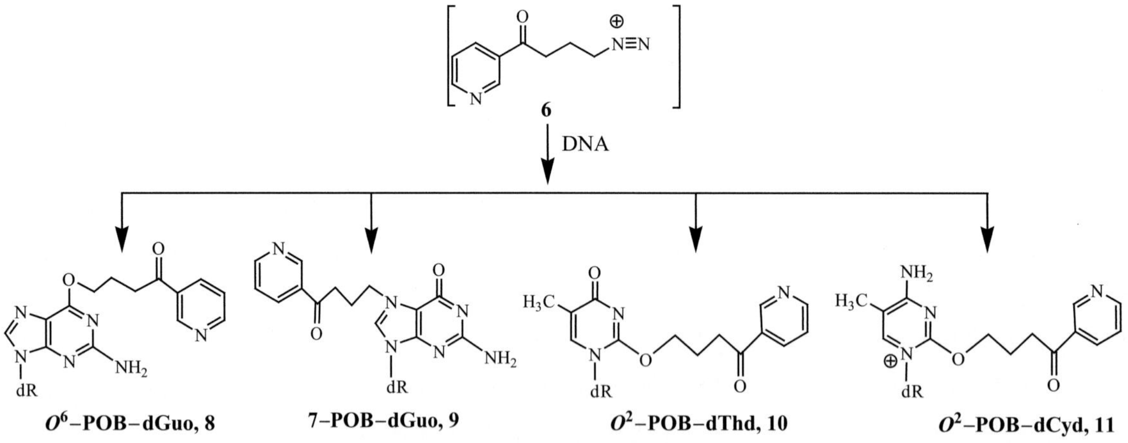

图 1–27　NNN 经 2′ – 羟基 –NNN 代谢途径生成的 DNA 加合物

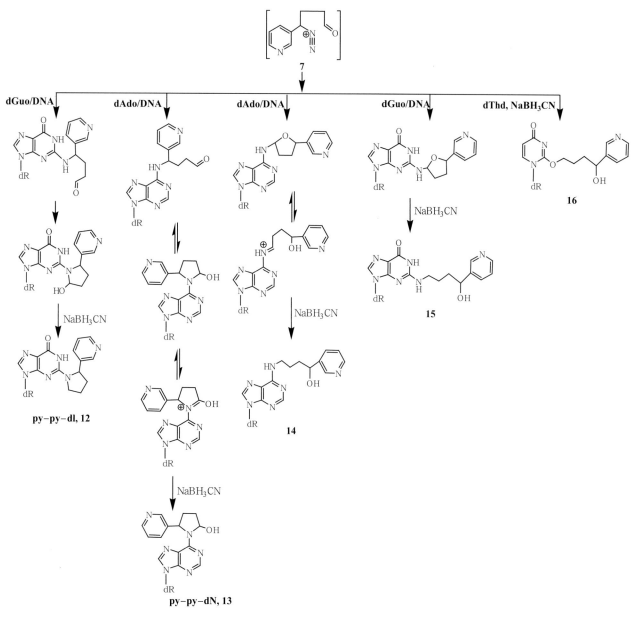

图 1-28 NNN 经 5′- 羟基 -NNN 代谢途径生成的 DNA 加合物

49

第二章

烟叶基本种植技术及贮藏保管方法

第一节　国产烟草的种类和基本特点

一、烟草的基本类型

烟草属于茄科，一年生的草本植物，目前被发现有 66 个品种，大多数是野生的，目前成功栽培使用的只有普通烟草（*N.tabacum*.L.，又名红花烟草）和黄花烟草（*Nrustica*.L.，又名菫烟草）两种。

（一）普通烟草

普通烟草，又名红花烟草，其茎部木质化，全株生有黏性腺毛，茎圆形直立，一般株高 120～230 cm，多叶型品种的高达 300 cm 左右。红花烟草有粗壮的主根，周围生有侧根。叶片大，形状为披针至卵圆形，呈螺旋状自下而上着生在茎上。一般少叶型品种的每株有叶 18～25 片，中叶型品种的每株有叶 26～35 片，多叶型品种的每株有叶 35 片以上。红花烟草因生长期长、不甚耐寒，适宜在较温暖的地带种植。中国绝大多数地区栽培的烟草是红花烟草。

（二）黄花烟草

黄花烟草，又称菫烟草，其烟茎为棱形，全株生有黏性腺毛，株高一般为 400～600 mm，根系入土较浅，叶片较小，叶面茸毛较厚，呈卵圆形，颜色较深，有叶柄，每株叶有 10～15 片。黄花烟草因生长期短、耐寒，适宜在低温地带种植，产量低。其烟叶含烟碱量高，一般可高达 4%～9%。黄花烟草在中国的黑龙江、甘肃、山西、新疆等地区有部分种植。

烟草是农业经济作物，由它生产成卷烟制品走进消费者的生活。卷烟制品分为卷烟、雪茄烟、斗烟、水烟、鼻烟及嚼烟。将种植的烟叶变成生产卷烟制品的原料，需将从田间采收的鲜烟叶进行调制加工，调制后的烟叶呈现出明确而固定的性状。烟叶外观颜色由黄绿色变成黄色或褐色，其含水量从 80%～90% 的膨胀充盈状态变成干枯、干焦。烟叶中的有机物质转化和分解后呈现出特有的香味与色泽。

烟草在分类上，国际上按调制工艺的不同基本分为烤烟、晒烟及晾烟三大类别；在我国，根据烟草生物学性状、调制工艺、品质特征及卷烟工业的原料管理需要，将烟草划分为烤烟、晒黄烟、晒红烟、白肋烟、马里兰烟、香料烟及黄花烟 7 类。

二、烤烟特点

烤烟（Virginia），又称火管烤烟。它是美国（美洲）早期的经济作物之一，源于美国的弗吉尼亚州，引种自中美洲，最初种植于北美占士镇殖民区（Jamestown Colony），收购后专供英国，对早期的北美殖民地存在和发展起较大的推动作用。因其具有特殊的形态特征，又被称为弗吉尼亚型。

烤烟的主要特征是植株高大，叶片分布较疏而均匀（图 2-1）。一般株高 120 ～ 150 cm，单株着叶 20 ～ 30 片，叶片厚，茎适中，中部的质量最佳。栽培上不宜施用过多的氮素肥料。叶片自下而上成熟，分次采收。最初调制方法也曾采用晾晒，1869 年后改用火管烘烤。在调制过程中，它在烤房内采用热风管处理法（Flue-Cured）加工，通过人工控热方式熟成，故烘烤成的烟叶叫作烤烟。烟叶烤后保留了其色泽（亮黄、橘橙或红色），呈现金黄色（图 2-2），同时又保留了其油滑性及微妙的甜和风味。其化学成分的特点是含糖量较高，蛋白质含量较低，烟碱含量中等。几乎所有产品配方中它都作为主料，包括英式配方、美式配方、调味配方和斗烟等。烤烟按色泽细分有柠檬黄（Lemon Virginia）、橙色（Orange Virginia）、橘红（Orange-Red Virginia）、红色（Red Virginia）、古铜色（Bronze Virginia）及黑色（Black Virginia）几种。

图 2-1　烤烟烟田

图 2-2　烤烟的烤制

烤烟引种种植于世界各地，是全球栽培面积最大的卷烟工业的主要原料。世界上生产烤烟的国家主要有中国、美国、印度、津巴布韦、巴西和阿根廷等。最优质的烤烟产自美国维珍尼亚州（Virginia），佐治亚州（Georgia），南、北卡罗来纳州（North and South Carolina）。中国烤烟种植面积和总产量都居世界第一位，重点产区有 22 个，包括云南、贵州、四川、湖南、福建、河南、山东、重庆、湖北、陕西、安徽等地区。

三、晒烟的种类和特点

在调制过程中，利用太阳的辐射热能，露天晒制成的烟叶叫作晒烟。主要有晒红烟、晒黄烟、香料烟和黄花烟4类。

（一）晒黄烟

晒黄烟（Light sun-cured tobacco），按叶色深浅分为淡色晒黄烟和深色晒黄烟（图2-3）。调制方法有半晒半烤、折晒和架晒3种（图2-4）。晒黄烟的外观特征和所含化学成分一般与烤烟相近，尤其淡色晒黄烟在烟气和吃味方面也更近似烤烟的特征。深色晒黄烟特点介于淡色晒黄烟与晒红烟之间，与淡色晒黄烟比较，叶色较深，含氮物较多，含糖量较低。这些差异除品种因素外，主要是因栽培条件和调制方法不同而产生的。折晒烟是指调制时先将烟叶堆积捂黄，然后再晒制成的烟叶，可作为旱烟原料，极为名贵。

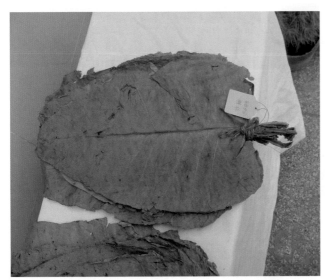

图 2-3　晒黄烟烟叶

图 2-4　晒黄烟的晒制

（二）晒红烟

晒红烟（Dark sun-cured tobacco），是指晒制后呈红褐色的烟叶（图 2-5），国外称为深色晒烟。晒制方式有折晒、索晒、架晒和掊晒 4 种（图 2-6）。晒红烟可细分为老红、次红及黑褐色 3 种。晒红烟的叶片较少，叶肉较厚，分次采收或一次采收，晒制后多呈深褐色或褐色，上部叶片质量最好。烟叶一般含糖量较低，蛋白质和烟碱含量较高，烟味浓，劲头大。晒红烟是制造混合型卷烟、水烟、旱烟丝及斗烟丝的原料，质量好的晒红烟还是制造雪茄烟芯叶、束叶、鼻烟、嚼烟的原料，有些晒红烟还可加工成杀虫剂。中国和印度是世界上生产晒烟的主要国家，中国的晒红烟因盛誉远销海外，在各省（市、自治区）均有种植，但分布零散，规模不大。晒红烟主要产区有湖南凤凰、辰溪，四川什邡、绵竹，吉林延吉、蛟河，广东高州、鹤山，贵州册亭、惠水，云南腾冲、德宏，山东栖霞，黑龙江穆棱、尚志等。

a 桐乡的晒红烟　　　　　　　　　　　　　　　　b 四川的晒红烟

图 2-5　晒红烟

图 2-6　晒红烟的晒制

（三）香料烟

香料烟（Oriental & aromatic tobacco），又称土耳其型烟或东方型烟。其特点是株型和叶片小，芳香、吃味好，易燃烧及填充力强（图 2-7）。它是晒烟香型和混合型的重要原料，斗烟丝中也多掺用。香料烟的芳香主要来自它的腺毛分泌物或渗出物，其芳香与土壤、气候及栽培措施关系十分密切，适宜在含有机质少、肥力不高、土层薄的山坡砂土地上栽种。香料烟烟田如图 2-8 所示，生产上要求香料烟的叶片小而厚，因此种植密度大，施肥量一般较小，特别要控制氮肥，适当施用磷、钾肥，不打顶。烟叶品质以顶叶最好，自下而上分次采收。

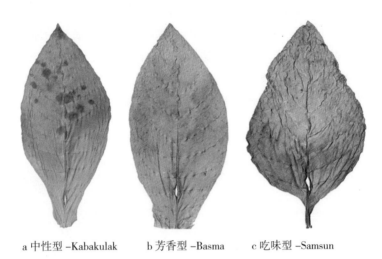

a 中性型 –Kabakulak   b 芳香型 –Basma   c 吃味型 –Samsun

图 2-7 香料烟的类型实物标样

图 2-8 香料烟烟田

香料烟调制方法是一般用绳串起叶片，先晾至凋萎变黄而后进行暴晒（图 2-9）。晾晒时间长短与气候有关，下部烟一般需 7～10 天，上部烟则要 2～3 周或更长时间。香料烟的烟碱含量较低，其化学成分含量介于烤烟与晒红烟之间。

图 2-9 香料烟的晒制

香料烟种植起始于发现美洲大陆后的 100 年，因受气候条件的限制，故种植范围不广，主要产区在东欧、中东地区及地中海东部沿海地带。土耳其和希腊生产的香料烟是国际公认的典型优质香料烟，特点是叶片小、烟筋细、香味浓郁。土耳其的产量世界第一，其次为希腊。中国是在 20 世纪 50 年代引进和种植的，主要集中在云南、浙江、新疆等地。国内种植的巴斯马类型香料烟的总糖含量在 16%～25%，还原糖含量在 14%～22%，总氮含量在 1%～2%，烟碱含量在 0.5%～1.5%；国内种植的沙姆逊类型香料烟的总糖含量在 5%～15%，总氮含量在 1.5%～2.5%，烟碱含量在 0.5%～2.5%（其中，上部 1.5%～2.5%，中部 1.0%～2.0%，下部 0.5%～1.5%）。两个类型香料烟的钾含量均大于 2.0%，氯含量均小于 1.0%，钾氯比在 4 以上，硫含量均小于 0.7%。

（四）黄花烟

黄花烟（Nicotiana rustica），又称为莫合烟，与上述几种类型烟草的根本区别是在植物分类学上属于不同的品种，生物学性状差异很大。黄花烟生长期较短、耐寒，多被种植在高纬度、高海拔和无霜期短的地区。一般株高 50～100 cm，着叶 10～15 片，叶片较小，卵圆形或心脏形，有叶柄；花色绿黄，种子也很大。黄花烟的总烟碱、总氮及蛋白质含量均较高，而糖分含量较低，烟味浓烈。据考证，在哥伦布发现新大陆以前，黄花烟就在墨西哥栽培，它起源于玻利维亚、秘鲁和厄瓜多尔高原，现被广泛种植在亚洲西部。苏联种植黄花烟最多，被称为莫合烟。其在中国栽培历史较久，主要种植于新疆、甘肃和黑龙江地区（图 2-10），因其焦油含量高，按国家烟草专卖局有关政策规定，几乎不再生产。

图 2-10　新疆的黄花烟烟田和黄花烟种

四、晾烟的种类和特点

晾烟是在阴凉通风场所晾制而成，分为浅色晾烟（白肋烟、马里兰烟）和深色晾烟。白肋烟、马里兰烟及雪茄包叶烟因别具一格，均各成一类。白肋烟和马里兰烟在中国自成一类型外，其余的晾制烟草，包括雪茄包叶烟、其他传统晾烟，均归属于晾烟类型。淡色晾烟（Light air-cured tobacco）：红黄 – 浅红棕色白肋烟（Burley tobacco）、马里兰烟（Maryland tobacco）；深色晾烟（Dark air-cured tobacco）：棕色至褐色的雪茄：茄衣、茄套、茄芯、地方性晾烟。

（一）白肋烟

白肋烟（Burley tobacco）是马里兰深色晒烟品种的一个突变种，源于 1864 年，美国俄亥俄州布朗县的一个农场的烟农 George Webb 在马里兰阔叶烟苗床里初次发现了这个缺绿的突变烟株（White burley），后经专业种植证明其具有特殊使用价值，遂发展成为一个新的烟草类型，现为混合型卷烟的重要原料。白肋烟的茎和叶脉呈乳白色，这与其他类烟草截然不同，如图 2-11 所示。其栽培方法近似烤烟，但要求中下部叶片大而薄，适宜在较肥沃的土壤上种植，对氮素营养要求较高。白肋烟生产较快，成熟集中，可逐叶采收或整株采收。

图 2-11　白肋烟烟田及株形

白肋烟采用自然晾干的调制方法处理，不见日光，挂在晾棚或晾房内晾干（图 2-12），晾制全程一般需要 40 ～ 50 天；调制是白肋烟品质形成的重要环节，适宜的温湿度是重要的保障条件，尤其是晾房内相对湿度。白肋烟几乎不含天然糖分，烟碱和总氮含量比烤烟高，叶片较薄，弹性强，填充力高，阴燃保火力强，具有良好的吸收能力，非常容易吸收其他味道。这一特性常用于吸收卷制过程中的加料，如添加各种糖分及香料。白肋烟味道相对比较浓郁、强烈，感觉较干，有似巧克力的味道。经高温烘焙处理后，变得更加圆熟和圆润，抽吸感受为早段有芳香感，刺激小，伴随着微微的坚果味。更好品质的会有香甜的燕麦味的饱满香郁，烟支燃烧时与添加各种糖分作用，会有舒适的焦糖感。

图 2-12　白肋烟的晾制

美国是世界上生产白肋烟的主要国家，也是最优质的白肋烟产地，主要集中在美国肯塔基州（Kentucky）和田纳西州（Tennessee）；其次是意大利、西班牙、韩国、墨西哥、马拉维和菲律宾等。中国自 20 世纪 50 年代始引种试种白肋烟，并于 60 年代在湖北省首先试种成功；至 21 世纪初，白肋烟种植面积约 26 000 hm²①，总产量在 4 万吨左右。目前主要集中在湖北恩施、四川达州和重庆万州等地。随着近年来卷烟烟气中 7 种有害成分危害性评价指数检测监督，因 4 种烟草中 N-亚硝胺（TSNAs）之一的

---

① 1 公顷（hm²）=10⁴ 平方米（m²）。

NNK 的控制，国内各工业企业对白肋烟的需求量逐年减少，各产地的种植规模也有较显著的萎缩趋势。

（二）马里兰烟

马里兰烟（Maryland tobacco）是淡色晾烟，源自美国马里兰州（Maryland），具有抗性强、适应性广及叶片较大较薄等特点，阴燃性好、吃味芳香（图 2-13、图 2-14）。与其他类烟叶混配使用时，因填充性能较强，能改进卷烟的阴燃性、香气、吃味，且其焦油含量低于烤烟和白肋烟，故在保持烤烟与白肋烟的比例同时，起降低焦油含量作用，是生产混合卷烟的重要优质原料之一。据资料反映，美国卷烟几乎都使用了马里兰烟叶。传统的丹麦和荷兰板烟（Cavendish）以马里兰烟为主料，制作初期就进行加糖处理。而英式卷烟一般用高糖分的烤烟做主料，免去人工加糖过程，稍经风干处理熟成，故呈暗棕色，虽然味道稍显单调无味，但胜在质地纤柔，燃烧质量好。

图 2-13　马里兰烟的晾制

图 2-14　马里兰烟标准晾房和工厂化晾制晾房

马里兰烟原产于美国马里兰州，在美国的马里兰州种植有 350 多年的历史，因此得名。世界上主要生产马里兰烟的是美国，产量约占马里兰烟总产量的 91%，其次在意大利、南非和日本有少量生产。我国在 1979 年从美国进口了马里兰烟种子 Md609 号，于 1980 年首次在河南登封试种，之后又在安徽、湖北和吉林等地区试种，但都未形成商品基地。1981 年在湖北宜昌引种马里兰烟获得成功，之后又在四川、云南保山、重庆等地区引种，至目前仅有湖北省宜昌市五峰县一地在种植马里兰烟。全县适宜种植面积达 8 万亩[①]，其出产的马里兰烟具有香吃味好、燃烧性强、焦油含量低、弹性强和填充性好等特点，最具有马里兰烟的形状特征（图 2-15）。自 2000 年始，北京卷烟厂一直在五峰县建设马里兰烟叶生产基地单元，选用马里兰烟叶研制出的"中南海"卷烟，成为中式低焦油卷烟的代表，畅销国内，同时远销日本、韩国、东南亚、欧美市场。马里兰烟叶年产量最高曾达到 8 万多担[②]。

图 2-15　马里兰烟烟田

（三）雪茄包叶烟

雪茄包叶烟，通常采用遮阴栽培，叶片宽（图 2-16）。中下部烟叶晾制后薄而轻，叶脉细，质地细致，弹性强，颜色为均匀一致的灰褐或褐色（图 2-17），燃烧性好，可作为雪茄包叶，实物如图 2-18 所示。雪茄解剖如图 2-19 所示，雪茄由外包叶（茄衣）、内包叶（烟芯）及卷叶（茄套）三部分组成。中国雪茄包叶烟主要产于四川和浙江，数量以四川为多，而品质以浙江桐乡所产为上等。

图 2-16　雪茄烟烟田　　　　　　　　　　　　　图 2-17　雪茄烟晾制

---

① 1 亩 ≈ 666.7 平方米。本书为方便读者阅读，涉及农业种植面积时采用市制单位，下同。

② 1 担 = 50 千克。本书为方便读者阅读，涉及农业产量时采用市制单位，下同。

图 2-18　雪茄包叶烟实物

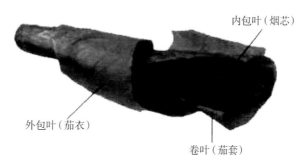

内包叶（烟芯）

外包叶（茄衣）

卷叶（茄套）

图 2-19　雪茄解剖图

（四）传统晾烟

　　传统晾烟种植面积较少，少量生产于广西壮族自治区南宁市武鸣县和云南省丽江市永胜县等地。武鸣的栽培方法同晒红烟，调制时，将整株烟挂在阴凉通风的场所，待烟叶晾干后再进行堆积与加工发酵。调制后的烟叶呈黑褐色，油分足，弹性强，吸味丰满，燃烧性能好。

　　晒晾烟指以自然条件为主的晒制、晾制或晾晒结合调制的烟叶，习惯上包括深色明火烤烟（亦称熏烟）。熏烟是美洲古老调制烟叶的方法之一，直接在房内生煤火或柴火，烟叶挂在烤房内直接与火接触，将烟叶熏干。烟叶直接接触烟气，调制后颜色深暗，有种浓郁的杂酚油等特殊香味，卷烟时作为配合原料之一，制作嚼烟、鼻烟及雪茄烟时也有配合使用。熏烟的品种一般用深色晾烟，个别用烤烟品种，栽培时适宜较黏重的土壤，行、株距较大而打顶较低，留叶 12 ～ 16 片，其化学成分中氮物质、烟碱含量较高，含糖量低。

第二节　烟叶基本种植技术

一、种植基本通则

　　中式卷烟的特点和需求决定了中国多数烟叶产地种植烤烟品种，种植面积大，分布区域广。少数区域种植晾晒烟，种植面积少，分布零星。北方烟区多为春季播种种植，而南方烟区因移栽季节不同，有春烟、夏烟、秋烟和冬烟。华南地区以春烟为主。在广东、福建等热量充足的地区，也有少量的秋烟和冬烟。

（一）种植方式

种植烟草一般采用轮作、套种、复种3种方式。

1. 轮作

合理轮作种植是烟叶产量和质量的重要保证措施。因为连作种植会使烟草养分亏欠和失调，易染病虫，使产量和质量下降。种植烟草前作忌茄科、葫芦科作物，最好是禾本科作物、油菜（注意蚜虫和病毒病传染）和豆类（注意土壤肥力和病害）。2～4年轮作一次，其方式因气候、土壤、作物生长期等不同而异。

水田轮作种植的主要形式：①烤烟—油菜（小麦）—水稻—蚕豆（小麦）；②烟草—晚稻—绿肥（油菜）—早稻—晚稻—绿肥—早稻—晚稻—绿肥（油菜）。

旱地轮作种植的主要形式：①烤烟—小麦（绿肥）—玉米（大豆）—油菜（大麦）；②春烟—甘薯—冬闲—花生—冬闲；③冬烟—早稻—晚稻；④冬烟—花生—晚稻；⑤冬烟—蚕豆—早稻。

2. 套种

南方部分烟区为充分利用生长季节，实行麦烟套作，选择矮秆、抗倒、丰产的小麦品种，乳熟前后套栽烟草，共生期20天左右，为保证烟叶的产量和品质，麦收后及时加强管理。例如，广东有些烟区为提高土地利用率，在春烟采烤后期套种甜玉米；地少轮作不便的烟区采用带状套作种植，如8行小麦8行烟、8行玉米8行烟、8行油菜8行烟等。

3. 复种

复种的主要方式：烟稻、烟薯、烟豆烟。复种烟生长季节短，需壮苗移栽，重施基肥，早施速效追肥。早优质适产、优质烤烟的长相是：株高90～100 cm，茎围8～10 cm，叶数18～22片，最大叶60 cm×30 cm，单叶重7 g左右，密度19 500 株/hm²左右，叶面积系数3～3.5，采收下二棚叶时透光率6%～8%。生长整齐一致，后期不脱肥早衰，分层落黄，烟株呈筒形。从移栽起计算，还苗6～8天，团棵期30～35天，现蕾期55～60天，圆顶60～70天，采收结束115～120天。优质填充料烟叶生产要求是成熟时呈腰鼓形或塔形，分层落黄，成熟一致。

（二）种植密度

根据烟草类型和生长发育特性，结合栽培技术措施确定合理的群体结构，即烟草的合理栽植密度，群体和个体都能科学合理利用光能、地力等生产条件，达到优质和适产。

从品种角度考虑，对于植株高大、叶数较多、株形松散、茎叶角度大、生育期长的品种，考虑营养面积和空间，行、株距应大一些，种植密度要小；对于株形小而紧凑、叶数少、茎叶角度小、生长期短的品种，考虑营养面积和空间，可适当增大栽植密度，提高烟叶产量。晒烟因为叶小或少，种植密度一般比烤烟大些，香料烟是栽培烟草中种植密度最大的。

从自然条件出发，对于地势较高、气候凉爽、烟株一般生长较小，为充分利用光能和地力，种植密度可稍大些；对于山间平地、气候温暖、烟株生长旺盛，种植密度要稍小一些；对于湿润地区、烟株生长较快、叶片大而薄、单位叶面积重量轻，种植密度要稍稀一些；对于土层深厚和较肥沃的烟田、植株生长较大，种植密度宜稀；对于土层较薄、不易培土的瘦地、烟株生长较小，考虑利用地力因素，种植要稍密一些。一般雨量多，湿度大的平原地区，较肥沃的土壤，每亩种植烤烟以1100～1300株为宜；山地丘陵较瘠薄的土壤或降雨量较小的地区，以每亩种植烤烟1300～1500株为宜。

从烟叶的用途考虑，对其品质的要求也有差异。种植过稀，则叶片重而大，烟叶粗糙，吃味辛辣，产量低；种植过密，则叶片小而薄，劲头不足。例如，填充料烟叶的主要指标之一就是具有较高的填充性，要获得填充性能高的烟叶，则叶片必须薄，在栽培技术上要适当加大密度和多留叶片。白肋烟是混合型卷烟产品的主要配料，叶片薄而轻，组织疏松而不粗糙，具有弹性强、填充值高、燃烧性好、吸附性强、烟碱含量高等特征。

栽培条件不同，种植密度也不同。对于春烟，生长条件优越、生长势较强，种植要稍稀一些；对于夏烟，生长条件稍差、生长势较弱，尤其是生长期较短，种植要稍密一些。对于在施肥、管理水平较高的地区，烟株生长旺盛，种植要稀一些；对于管理粗放、施肥水平较低的地区，烟株生长势差，种植要密一些。

具体种植密度要依据烟草品种、土壤肥力、栽培技术等因素与各地生产实践经验结果相结合来定。在土壤肥力中等或中等偏下的情况下，如白肋烟种植密度以每亩 1500～1800 株为宜。对香料烟来说，密度大是其主要栽培特点之一，一般每亩种植 5000～8000 株。叶片的大小也是香料烟的重要质量因素，烟叶大小因品种而异；就一株烟来说，以上部叶最小，质量最好。至于其他类型的烟草，由于栽培面积较小，且有区域局限性，应结合当地传统经验和最新技术确定合理种植密度。

（三）种植周期

烟草种植一般分为育苗期、移栽期、团棵期、现蕾期、圆顶期和采收期。

中国烤烟的栽培全部采用育苗移栽，育苗要做到壮、足、适、齐。壮苗的形态标准是根、茎、叶结构合理，侧根多，根系发达，生命活力强；叶色正常，叶片大小适中，移栽时有 8～10 片叶；幼茎粗壮，苗高适中；单株干重高；无病虫。壮苗比弱苗可增产 15%～30%，增质 5%～20%。露地育苗多使用在气候温暖地区，覆盖物有松毛、杉枝、草帘等，直接或搭棚架覆盖。

苗床要背风向阳，地势平坦、高燥，土壤肥沃，土质疏松，结构良好，靠近水源。蔬菜地或前茬为茄科作物的地，不能作苗床，以免病虫传播。做畦前，要进行翻耕或挖土晒坯，使表土疏松，改善通气和保墒性能，减少病虫和杂草为害。苗床与大田面积比例，按 1 个标准厢（10 m 长，1 m 宽）移栽 1 亩计算。假植育苗每亩大田需母床 2.5～3.5 m²。苗床必要时用草熏烧或用药剂进行消毒。溴甲烷、棉隆是良好的熏蒸剂，对防治杂草和某些病害，特别是苗床根结线虫病有良好效果。使用时，土温应在 8.5 ℃以上，用薄膜覆盖，播种前提揭膜通风。每 10 m² 标准厢施用充分腐熟的优质厩肥或猪粪 100～150 kg，过磷酸钙 1 kg 左右，复合肥 1.5～2.0 kg 做基肥。如配合施用草木灰（0.3 kg/m²）或火土灰，可有效地防止土壤板结。

播种前精选种子、消毒、浸种或催芽。采用水选、风选或筛选，除去秕籽和嫩籽。消毒前将种子浸湿揉搓，再置于 1%～2% 硫酸铜溶液，或 2% 福尔马林溶液，或 0.1% 硝酸银溶液中，浸泡 0.25 h。浸后冲净药液。播种前宜进行浸种或种子催芽。浸种宜采用 25～30 ℃温水，浸泡 8～10 h，取出滤去余水，置于 20～25 ℃的温度下，待种子吸水膨胀，一般经 12～24 h 即可播种。催芽方法是在种子浸泡 8～10 h 后，置于 25～28 ℃的温度条件下，保持种子湿润和经常翻动，使种子露嘴发芽，待芽长与种子近似即可播种。

播种期通常以移栽期减去苗床期的日数进行推算。苗龄超过 90 天，早花率达 70% 以上。南方烟区春烟的播种期多在 12 月中旬至次年 3 月上旬；夏烟 3 月中旬至 4 月上旬；秋烟 7 月下旬至 8 月上旬；冬烟 9 月播种。播种时，把经过浸泡或催芽的种子与适量草木灰拌匀，均匀地播于苗床。发芽率达 90% 以上的种子，10 m² 标准厢播 0.8～1.0 g。结合具体实际情况，选用撒插、条播、点播或水播，并用稻草等进行覆盖。

苗床管理要科学调控水分和温度条件，开展间苗、定苗、锻苗的同时，要做好相应的科学追肥和防治病虫害等工作。

播种前浇一次透水，出苗期间保持田间最大持水量的 80%～90%。十字期床土表层发白即浇水，勤浇轻浇，不渍水。生根期要控水壮根，保持在田间最大持水量 60% 左右。成苗期水分过多易引起茎叶徒长，不旱不浇，移栽前一天浇透水起苗。春烟育苗要保温保湿，防风防雹防霜冻。苗床四周设防风障，出苗后，覆盖物先厚后薄，渐渐揭除，到 4 ～ 5 片真叶时揭完。

掌握早间、勤间、匀留苗的原则。一般于 2 片、4 片真叶时间苗。5 片真叶时定苗或假植，苗距 6 cm 左右。间苗应结合浇水，以免松动其他株根系。间苗同时拔除杂草。假植宜采用营养袋进行。

科学合理追肥，首先要合理配制营养土，如每 50 kg 营养土配 70% 的田土（沙壤土）和 30% 的腐熟细粪，另加磷肥和氮肥各 1.5kg，拌匀堆沤腐熟备用；其次要适期假植，如小苗在母苗床约 40 天有 4 叶包心时即可移袋假植；再次营养袋苗龄要适宜，20 ～ 25 天就可移栽，具体情况要视白根露出为宜，如有大量根系露出或卷曲，即为老化苗。苗床肥料以施足底肥为主，追肥通常在 4 ～ 7 片真叶进行，原则是由少到多，由淡到浓，成苗前要控肥。追肥 1 ～ 2 次，用猪粪水或 1% 浓度的复合肥，追肥后用清水冲淋。

防治病虫害工作也非常重要，苗期害虫主要有地老虎、蝼蛄、黄蚂蚁等，一般采用农业防治、毒饵诱杀或药剂喷撒；病害有炭疽病、猝倒病、立枯病等，一般采用波尔多液、代森锰锌、退菌特等防治。根据各地实践经验总结得出：从 4 片真叶至旺长期，每隔 7 天喷施 1 次 2% 的 $ZnSO_4$ 或 3×10^{-4} 稀土溶液，可有效控制花叶病发生。

二、白肋烟种植要求

气候条件和土壤条件是影响白肋烟生长的两个重要条件。

（一）气候条件

白肋烟对气候的要求与烤烟基本相同，因调制采用晾制，其过程受气候条件影响很大。在烟叶大田生长期和晾制期，都要重视温度、湿度及光照等因素。

温度对白肋烟的生长发育影响很大。温度偏低，烟株生长发育缓慢，容易引发烟株早花；温度偏高，烟株不能进行正常的生理活动。白肋烟在苗期生长过程中的适宜温度为 10 ～ 25℃，大田生长期间的温度为 15 ～ 35℃，温度低于 15℃ 或高于 35℃ 均不利于烟株的生长。低温还容易引发烟株早花。白肋烟的大田生长期一般为 110 天左右，比烤烟略短，故常安排在晚霜结束后和早霜到来前。为了提高烟叶质量，白肋烟晾制期间的适宜温度，一般在 24 ～ 27℃。

降雨量及其分布对其生长也会产生重要影响。白肋烟的烟株较高，叶片较大，保证充足的水分供应才能满足其正常生长。如生长初期降雨量较少，则会促进根系的生长发育；如旺长期雨水较多，将促进中下部叶片的快速生长；若成熟期间雨量少，则会减少病虫害的发生，而且能够满足晾制的要求。白肋烟具有一定的耐旱性，短时间干旱缺水仍能生长；缺水时间过长，叶片则会窄而厚，脚叶底烘枯死，心叶黄绿，株形矮小。如此时灌溉或降雨，水分充足，烟株可恢复生长。白肋烟不耐涝、怕渍水，在雨水多、排水不畅的烟田，容易渍水死亡，也容易发生病虫害。

生长期间光照要充足。如光照不足，光合作用能力弱，就会发育迟缓，生长期延长，叶片薄不易成熟，品质差，并易传染病虫害；如光照过强，则叶片较厚，叶脉突出，品质降低。在气温较高的生长季节，时晴或时阴的光照条件有利于其生长。

适宜的空气湿度在烟叶成熟期和晾制期非常重要，特别是晾制期间适宜的空气相对湿度，对生产优质白肋烟尤为重要。

海拔高度不同，温度、湿度、光照、风速等也不同。以湖北省建始县白肋烟产地为例，800 m 以下的低山区、800 ～ 1200 m 的次高山区、1200 m 以上的高山区，都能满足白肋烟生长发育；但以次高山区气候最为适宜，生产出的白肋烟品质最好。海拔过低，气温高、相对湿度小，烟株就会生长过快，成熟过早，晾制后的烟叶颜色浅，青片率高；海拔过高，温度低、湿度大，则会影响烟叶的成熟与调制，调制后的烟叶内在品质较差。

(二) 土壤条件

土壤条件是决定其产量和品质的基本条件,适宜种植白肋烟的土壤是沙壤土、红黄土和粉壤土,因其土层深厚,有机质含量中等偏上或较高,钾和钙含量高,含磷量中等偏上,排水保水性能良好,结构优良。白肋烟种植所需底土一般为黏、母质为石灰岩等土壤类型。

(三) 白肋烟和马里兰烟生产技术

白肋烟的茎和叶脉呈乳白色,这与其他烟草截然不同。其栽培方法近似烤烟,但要求中下部叶片大而薄,适宜在较肥沃的土壤上种植,对氮素营养要求较高。我国白肋烟引进时及生产初期,没有建造专用的调制设施,一般是在房前屋后的屋檐下、树荫下进行晾制,无法调节烟叶的调制条件,不利于烟叶品质的形成。多年的试验研究和应用结果证明,在参照美国白肋烟生产区专用晾房建造原理的基础上,结合我国白肋烟产区的实际情况,所设计的一种简易晾房是我国白肋烟生产中较为适宜的调制设施。白肋烟的调制既是一种技术,又是一门"艺术",在某种程度上可以说比烤烟的调制还要难。白肋烟的调制虽然在适用的晾房中进行,但由于晾房的特点,烟叶在调制期间所采用的调节措施应根据气候变化特点来确定。因此白肋烟的调制技术不是一成不变的,而是要根据调制季节的气候特点来把握。白肋烟的调制是一个漫长的过程,在整个调制过程中,根据烟叶外观的变化分为凋萎期、变黄期、变褐期和干筋期4个时期。各个时期对环境条件的要求是不同的,晾房内的空气流动、空气温度和空气相对湿度是决定调制能否成功的3个关键性的环境因素。因此,需采取适当的温湿度调制技术,使各个时期的环境条件能够满足白肋烟晾制需要,从而晾制出优质的烟叶。

三、马里兰烟种植要求

(一) 耕地选择

耕地的选择土地要具有中等肥力、海拔低于1300 m、坡度小于15°;土壤pH 5.5 ~ 6.5、质地不黏重;渍水田、阴坡田不选用;烟田以冬闲地为主,相对集中。耕地的选择一般在前一年11月至当年1月中旬完成,春耙保墒碎板结进度一般在当年3月中下旬,起垄待栽一般在当年4月下旬至5月上旬。起垄待栽要求在统一时间进行,同一连片区3天内完成。采用起垄技术,垄高15 ~ 25 cm,排灌不畅、耕层较薄的田块采用垄高上限,砂土田、耕层较厚的田块采用垄高下限,即垄距120 cm、垄宽80 ~ 90 cm、垄面宽40 ~ 45 cm;垄顶呈龟背开形,单行起垄,垄行高、饱、平、直。趁墒覆膜,可根据土壤墒性有变化,一般用90 cm宽膜,覆膜后采光面弧长不低于60 cm。

(二) 育苗

育苗物资在2月下旬到位,育苗一般在3月上旬至5月上旬。例如,采用马里兰烟品种鄂烟1号,全部采用漂浮育苗技术育苗 (图2-20)。壮苗标准:群体要求为面苗适时,均匀一致,数量充足;个体要求为苗龄60天左右,真叶8 ~ 11片,茎高8 ~ 12 cm,茎基直径0.4 ~ 0.6 cm,有韧性,叶色绿,根系发达,整齐,无病虫害。最适温度20 ~ 28 ℃,播种至3片真叶阶段,当棚内温度低于15 ℃时,应采取覆盖等措施保温;烟苗生长期间,温度高于20 ℃时,采取揭膜降温。水质要求用深井水或无污染的河水,禁止使用池塘水;除营养液外,盘面水分亦很重要,一般每天喷水1次,每次喷水量为1 kg/m²。

a 漂浮育苗　　　　　　　　　　　　　　　　　b 立体育苗

图 2-20　烟草漂浮育苗及立体育苗

剪叶一般在 5～6 片真叶时进行，当烟苗生长整齐度较差、大小均匀度较差时，剪去大苗大叶的 1/3～1/2；烟苗封盘后，叶片荫蔽严重时要进行剪叶，剪去竖叶的 1/2 左右；需要炼苗时，剪去竖叶的 1/2 左右；烟苗已经成苗，不能如期移栽，需要通过剪叶技术控制烟苗生长，依据移栽期，一般剪去大叶的 1/3～2/3，一般剪叶 2～3 次。

对于苗床发生的炭疽病、猝倒病等，常采用通风排湿进行控制，必要时喷雾稀释 160～200 倍的波尔多液或 25% 甲霜灵稀释 500 倍液防治，大棚虫害用 90% 敌百虫稀释 800 倍液喷雾。防治病毒病可在苗床后期，喷施 1～2 次抗病毒药剂，在移栽前喷施防治烟蚜的药剂同时，其他病虫害采用相应的药剂进行防治。

（三）科学施肥

基肥在起垄时施入，4 月下旬至 5 月上旬完成；追肥在移栽后 20 天前后施入，6 月上旬完成。施肥原则：重施底肥，少施追肥，稳氮增磷、钾肥。依据种植经验来确定氮肥用量，常以氮肥为基数，按氮、磷、钾比例为 1∶1∶3 确定磷肥和钾肥。如马里兰烟纯氮施用量一般在 9～10 kg/ 亩。其中，硝态氮占总氮 50%，总氮 70% 做基肥，30% 做追肥，底肥中的 1～1.5 kg 纯氮可用 20～30 kg 腐熟的饼肥或腐殖酸类肥料代替，但所施饼肥或腐殖酸类肥料的含量不宜超过总施氮量的 20%，且必须全部作为基肥。依据土壤和烟叶分析结果确定磷肥，一般施肥 P_2O_5 每亩 12 kg，全部做基肥。钾肥，按氮、钾配比 $m(N)∶m(K_2O)$ 为 1∶（2～3）的施用量，约 60% 作为基肥，40% 作为追肥，可分 2 次追施。

（四）大田移栽

大田移栽一般在 5 月 10—25 日，采用深移栽技术，行距 1.1～1.2 m，株距 0.45～0.50 m，"带水、带肥、带药、带土" 的三角式定苗，烟株四周压封严。栽烟深度为烟苗生长点与垄面相平或略低于垄面，控制在 10～20 cm，两天内要移栽结束，栽后 3～5 天及时查苗补苗。

营养土要求：每亩用消毒的山间黑土混配 1～2 kg 专用肥（从底肥中扣除的专用肥）混合均匀后，在移栽时先放入烟窝后栽烟。稳根水的要求：烟苗移栽时，浇水于烟株根部，进行稳根。每亩用 5 kg 的硝酸钾肥溶于 500 kg 水后进行稳根，单株用水约 0.5 kg，硝酸钾溶液的浓度不高于 1%，稳根水禁止沿烟株淋秆，直接浇于营养土上。移栽 10 天后统一进行菌克毒克稀释 200～250 倍喷雾，防治花叶病，每亩用药稀释 200～2500 mL 兑水 40 kg 进行叶面喷雾。

3 次中耕时间进度：第一次 6 月 1 日前后；第二次 6 月 30 日前后；第三次视情况在 7 月下旬进行。

（五）土壤水分

根据五峰县多年降雨量变化和实践经验，结合马里兰烟株各生育期的需水指标，在伸根期，移栽后30天内保证田间相对持水量60%左右，当土壤低于持水量50%时要及时补充水分；在旺长期，为满足烟株生长发育需求，要加强田间灌水，保持土壤相对持水量在70%～80%，促进上部叶开片；为扩大叶面积和降低烟叶厚度，灌水要少浇、勤浇，避免干湿交替；在成熟期，为促进烟叶内含物质的合成转化和充分成熟，降低烟叶（尤其是上部烟叶）的厚度和烟碱含量，保持土壤持水量在65%～75%。

（六）揭膜培土和打顶抑芽

揭膜培土，一般在6月中下旬进行。地膜覆盖烟田在移栽25～30天内要揭膜培土；遇严重干旱天气，如膜下尚存适量水分，则宜晚揭膜，肥力过大或施肥过量的烟田，不宜早揭膜；脱肥烟田，要提前揭膜。揭膜时，可同时摘去脚叶2～3片，进行中耕培土。打顶抑芽，一般在7月上中旬进行。

（七）病虫害的综合防治

病虫害的综合防治，一般在每年2月下旬至9月下旬进行，几种主要病虫防治如下。

赤星病的防治：一是提高营养抗性，适当稀植，控氮增磷钾，叶面喷施磷酸二氢钾效果明显，适时采收；二是药剂防治，采用40%菌核净稀释500倍液，每7～10天1次，一般2～3次，在发病初期防效可达70%以上，配合以多抗霉素、多菌灵等进行防治效果更好。

黑胫病的防治：一是农业上的合理土地轮作，消灭带病菌土壤，适时早栽，搞好田间卫生；二是药剂防治，采用72%甲霜灵锰锌（或25%普力克可湿性粉剂稀释500倍液），在发病初期，灌根1～2次。

根黑腐病的防治：一是农业上的合理土地轮作，土壤消毒，消灭土传病菌，合理施肥（腐熟有机肥、微酸性肥料、控氮增磷钾）、开沟排渍、揭膜起垄促进根系发育；二是药剂防治，采用50%甲基托布津可湿性粉剂（或40%多菌灵可湿性粉剂稀释500～800倍液），进行灌根。

空胫病的防治：一是农业上的合理土地轮作，田间卫生（无菌肥料、无杂草、虫害等），露雨停作，晴天伤口愈合；二是药剂防治，采用200单位/毫升农链霉素，在打顶抹芽后涂抹。

烟草黄瓜花叶病毒病的防治：一是农业栽培防治，加强苗床和田间管理，提高烟株抗性；二是药剂防治，采用菌克毒克稀释250倍、病毒必克稀释500～800倍、金叶宝稀释400倍液等叶面喷雾，结合灭蚜进行防治。

主要虫害药剂的防治：对地老虎与蝼蛄，采用90%敌百虫拌菜叶，或24%万灵乳油、2.5%敌杀死稀释1000倍喷雾；对于烟青虫，适时用24%万灵乳油、2.5%敌杀死稀释1000倍喷雾；防治烟蚜，采用一次性涕灭威穴施防治，中后期可用40%乐果乳油稀释1000倍喷雾。

（八）田间管理

为控制好马里兰烟的田间烟叶长相，科研人员多年探索实践，总结出烟叶在不同的生产时期的株高、可见叶数、株形等特征，并下达如下管理要求。

团棵期：移栽后30天左右，株高达到25～30 cm，可见叶数12～14片，烟株横向伸展宽度与纵向生产高度比为（2.0～2.5）∶1.0，烟株近似半球形，叶色绿至深绿，烟株生产整齐一致，基本无病虫害。

现蕾期：移栽后55～60天，约50%的烟株现蕾，至初花期的株高达到173.3 cm以上，茎围10.3 cm，可见叶26片以上，叶色黄绿，脚叶开始成熟。

成熟期：打顶后7～14天，烟株呈筒形，株高100～110 cm，单株有效留叶数20～22片，节间距5 cm，中部叶长70.7 cm，宽25.7 cm，叶长椭圆，群体结构合理，烟株高度基本一致。

（九）成熟采收和标准化晾制原则

烟叶成熟度标准和主要特征如下。

下部叶：适时早采，叶色变浅，叶边缘枯萎；中部叶：成热采收，叶色变浅，叶肉突起，叶缘向内卷，叶尖变黄，易采摘；上部叶：充分成熟采收，叶色变浅，呈内绿色，叶尖下垂，成熟斑寮起，带黄色，叶片易折断。适宜采收时间：下午 4 时以后，天气干旱宜在 10 时以后。

采收的鲜烟上绳方法：对分片摘叶采收上绳晾制的烟叶，将采收的叶片按成熟度再细分为欠熟、成熟、过熟 3 个档次，不划筋，根据叶片大小分别将叶片上绳晾制，上绳时叶基对齐，叶背相靠，均匀一致。40 片 /m，绳距 20 cm 左右。对半整株砍收晾制的烟株，将 4～5 株穿一杆，杆长 1.0～1.2 m，先在简易棚内预调萎 1 周，再进入晾棚晾挂，杆距 25 cm。

晾制设施技术要求：晾挂面积 60 m²/ 亩，禁止屋檐下或露天晾烟。标准晾棚要求：选址地热平坦、通风向阳，占地 30～40 m²/ 间；砖木结构，长 6～8 m、宽 5 m，檐柱高 4 m，楼索两层，层高 2 m，横梁间隔 1.2 m；上下前后对应设置通风门窗，开关灵活，上盖及四周要盖严实。晾挂期间，烟叶先挂在晾棚下层，根据烟叶外观变化，逐步转移到上层。晾制温度 17～35℃，相对湿充凋萎期 80% 左右，变黄期 70% 左右，定色期 60% 左右，干筋期 50% 左右，晾制周期一般在 45 天左右。

按国家标准分级扎把，分级扎把要求在 8—12 月中下旬。分级扎把技术要求：晾制结束烟叶干筋后，取下烟绳集中堆放，四周用薄膜封严、用重物压实堆积发酵，发酵时间 15～25 天，中间翻堆 1 次。发酵结束后分级扎把，把内做到部位、颜色、损伤度、长度一致，把头直径 3 cm（每把 20～30 片叶），用同一等级烟叶扎把，严禁掺杂使假，提高烟叶分级扎把的纯度，按合同交售。

马里兰烟适宜于在海拔 900～1000 m 的区域内、中偏酸性土壤，有浇灌条件的田块或旱地种植。种马里兰烟最好的土壤是细砂壤土，表土淡棕色和棕灰色，深 17.8～30.5 cm；心土为棕色或红棕色的砂质黏土，或重质的细砂壤土，有一些心土过去是绿沙地层，带绿的颜色，这种土壤排水和贮水性良好。马里兰烟的施肥量不如白肋烟多，施氮率和烤烟相近。施肥方法有移栽时条施或移栽 2～3 周后追施，肥料中避免用氯，钾肥施的较多，以提高烟叶品质。马里兰烟是典型的晾烟，利用风、温调控晾制。晾制期间的温湿度条件和风速对烟叶质量起着决定性影响。

四、烟叶原料使用技术

（一）白肋烟基本使用技术

白肋烟是生产混合型卷烟的重要原料，白肋烟的香味品质、风格程度及安全性对卷烟生产至关重要。白肋烟的烟碱含量和总氮含量比烤烟高，含糖量较低，叶片较薄，弹性强，填充力高，阴燃保火力强，对糖料和所加的香料有良好的吸收能力。主要用作混合型卷烟的原料，也可用于雪茄烟、斗烟和嚼烟。衡量白肋烟烟叶外观品质的主要因素有成熟度、部位、颜色、身份、叶片结构、光泽等。白肋烟烟叶的成熟度与白肋烟的色、香、味呈正相关，和可用性呈正相关。成熟度好的白肋烟烟叶总体质量水平高，可用性强。成熟度也是衡量白肋烟烟叶品质的关键因素。高品质的白肋烟烟叶，一般在植株的中下部，叶片较大，而且较薄，质量佳，适合用作高档混合型和烤烟型卷烟原料，也可用作低档雪茄外包皮叶使用。随着低焦油卷烟发展，上二棚叶也越来越受欢迎。白肋烟烟叶的颜色与烤烟不同，在烤烟烟叶中，橘黄色是很好的颜色，但在白肋烟烟叶中橘黄色则被认为是杂色，要求白肋烟调制后烟叶颜色呈黄褐色或红褐色，叶面有颗粒状物，光泽鲜明，组织疏松，厚薄适中。工业上对其烟叶油分不做要求。典型的白肋烟烟叶烟气为浓香、吃味醇和、劲头足，杂气轻，具有可可、巧克力香，或坚果与花生壳香，还有微量的木质或鱼腥味。

　　然而我国白肋烟生产起步晚，近年来随着科技水平的长足进步，烟叶质量有了较大的提高。但据郑州烟草研究院和云南烟草研究院等科技人员对国内外优质白肋烟的研究成果，国产白肋烟与国外白肋烟在物理性状、化学成分及评吸质量上有明显的差异。白肋烟吸湿性与其对料液的吸收有较为密切的关系，吸湿性好有利于料液的吸收，与国外白肋烟比较，国产白肋烟的吸湿速度慢，平衡含水量低。良好的燃烧性是白肋烟的重要特征之一。津巴布韦、马拉维的白肋烟燃烧性最好，国产白肋烟的燃烧性较差，美国的燃烧性居中。国产与国外白肋烟外观上的差异主要表现在叶片组织结构上，国外白肋烟多为疏松、纹理开放，而国内白肋烟叶片组织不够疏松，甚至偏紧，颜色较深或偏淡。化学成分是衡量烟叶质量的重要指标之一，其对烟叶的吃味影响较大。国产白肋烟与国外白肋烟在化学成分上有明显的差别，总糖含量与马拉维的趋同，明显高于美国、津巴布韦的白肋烟，总氮含量偏低，烟碱含量则偏高，氮/碱值过小，而美国白肋烟在 $1.0 \sim 1.3$，马拉韦在 2 以上。与燃烧性关系密切的钾素，津巴布韦、马拉维白肋烟的钾含量较高，硫酸根含量低，有机钾指数大多在 5 以上，国产白肋烟钾含量偏低，硫酸根含量高，有机钾指数在 2 左右，略低于美国，而明显低于津巴布韦、马拉维的白肋烟。其他成分与美国白肋烟比较，总挥发碱含量略偏低，氨态碱、蛋白质含量明显偏低，α-氨基氮含量略偏高。这些成分都会影响白肋烟的吸味。白肋烟的质量特点是烟味浓、劲头大、香气浓郁、丰满。但也存在吃味差、刺激性大、杂气重的缺陷。因此，白肋烟必须通过复杂的科学工艺处理，才能达到提高烟气质量和使用价值的目的。

　　目前白肋烟处理的工艺是采用重加里料和高温烘焙。白肋烟具有特殊的浓香，劲头较强，组织疏松，烟碱和总氮高于烤烟，含糖量低，在混合型卷烟叶组配方中占有重要的位置，是混合型卷烟和雪茄烟的重要原料。

（二）马里兰烟基本使用技术

　　马里兰烟填充力强，具有阴燃性好和中等芳香，用它与其他烟型卷制混合型烟制品时，可以改进卷烟的阴燃性，又不会妨碍烟的香气和吃味。马里兰烟的焦油和烟碱含量均比烤烟和白肋烟低。马里兰烟香吃味好，烟碱含量和含糖量低，叶片较薄，燃烧性强，填充性好，是低焦油混合型烤烟和烤烟型卷烟制品改良的优质原料。具有抗性强、适应性广及叶片较大较薄等特点。阴燃性好，吃味芳香，因而当它与其他类型烟叶混合时，能够改进卷烟的阴燃性，又不扰乱香气和吃味。马里兰烟的焦油、烟碱含量均比烤烟和白肋烟低，而且填充性能较强。所以，在混合型卷烟中，它的加入不但可以降低香料烟的比例，而且可以保持烤烟与白肋烟的比例。

第三节　烟叶贮藏保管方法

一、烟叶贮藏仓库及要求

（一）地址选择

　　烟叶仓库应设置在地下水位低、地势高、通风良好、四周排水通畅、交通方便、周围无污染影响的地方。

（二）建库要求

1. 地坪
应高出地面 0.5 m 以上，并铺设防潮层。

2. 墙
通常采用钢筋混凝土结构。

3. 门窗
应结构严紧，开启灵活，安装孔径小于 1 mm 的纱窗，门上安装风幕机。门窗的设计原则参见 YC/T 205。

4. 仓顶
仓顶应设隔热层。

5. 通风洞
通风洞应设在距地坪 0.3 ～ 0.4 m 处，在墙内侧安装插板以便开关，外墙应安装孔径小于 1 mm 的纱窗。通风洞的大小为（0.35 ～ 0.40）m ×（0.15 ～ 0.20）m，通风洞的面积与库房面积之比为 1 ：（125 ～ 150）。

6. 降温降湿设备
仓库应设置排风扇、去湿机等，库内温度高于 35 ℃的仓库应安装空调。

7. 消防要求
应按照 GB 50016 和《仓库防火安全管理规则》配备消防设施。

（三）烟叶入库前的准备

1. 仓库卫生
烟叶入库前应整理仓库卫生，清除蜘蛛网、垃圾、碎屑、碎烟，堵塞洞隙，用防护剂进行空仓和仓内用具消毒。

2. 货位规划
每个仓库均应划分货位，并对货位进行编号。货位用色漆画线，距墙 0.5 m，柱距 0.3 m，垛距 0.5 m，灯距 0.5 m，顶距 0.5 m，主走道 2.5 ～ 3.0 m，距消防栓 1.0 m。

（四）入库检验

1. 检验内容
①原烟检验项目：质量、水分、异味、虫害、霉变。
②片烟检验项目：质量、水分、异味、虫害、霉变、箱温、包装、标识。

2. 原烟检验
（1）质量检验
每批在 100 件以内取 10% 的样件，每超过 100 件应增抽 2 ～ 5 件，样件超过 40 件，随机抽取 40 件；逐件过磅，每件平均净质量在标识净质量 ±1% 范围为质量合格。

（2）水分检验
烤烟按 GB 2635 取样，白肋烟按 GB/T 8966 取样，香料烟按 GB/T 5991.3 取样。
①烤烟和白肋烟检验：现场进行感官检验，以烟筋稍软不易断、手握稍有响声、不易破碎为合格，否则为不合格；若感官检验不合格，按 YC/T 31 测定水分。水分大于 18.0% 为烟叶水分不合格。
②香料烟检验：现场进行感官检验，以手握松开后能自然展开，烟筋稍脆不易断、手握稍有响声不易破碎为准；若感官检验不合格，按 YC/T 31 测定水分。水分大于 15.0% 为烟叶水分不合格。

（3）异味检验

对现场打开的烟包进行异味感官检验，鼻闻有否不同于烟草所具有的其他气味。

（4）虫、霉检验

虫害检验：从打开的样件中随机抽取 10 件作为取样对象，每样件至少取样 2 把，合计取样不少于 2.5 kg。逐片拍打、抖动样烟，记录各虫态虫口数，计算虫口密度（头/kg）和尸屑率。根据尸屑率估算虫害损失率。

尸屑率的测算方法：称所取样品片烟的质量，展开叶片，检出成虫尸体、幼虫，用毛笔清扫烟叶上的烟末、碎屑、虫粪，将烟末、碎屑、虫粪过 18 目小筛。用精度 0.01 的分析天平称出各虫态虫体及尸体、虫粪、烟末和碎屑质量（18 目筛下质量），计算尸屑率。尸屑率为各虫态活体及尸体、虫粪、碎屑占烟叶质量的百分比。

虫害分级：虫害为害损失共分 5 级，如表 2-1 所示。

表 2-1　虫害分级

为害等级	尸屑率	为害程度
Ⅰ	尸屑率＜1.0%	轻微
Ⅱ	1.0%≤尸屑率＜2.0%	一般
Ⅲ	2.0%≤尸屑率＜3.0%	中等
Ⅳ	3.0%≤尸屑率＜4.0%	较严重
Ⅴ	尸屑率≥4.0%	严重

霉情检验：对抽样的每件（箱）采用感官检验的方法，叶面有白色、青色绒毛状物或鼻闻有霉味的即为霉变烟叶，统计霉变烟叶的质量百分比。

霉变分级：霉变共分 4 级，如表 2-2 所示。

表 2-2　霉变分级

为害等级	霉变状况	为害程度
0	无霉变、霉味烟叶	无霉变
Ⅰ	有轻微霉味，霉变烟叶＜0.5%	轻微霉变
Ⅱ	有较大的霉味，0.5%≤霉变烟叶＜5%	中等霉变
Ⅲ	有强烈的呛人的霉味，霉变烟叶≥5%	严重霉变

3. 片烟检验

（1）质量检验

每批片烟在 100 件以内抽取 3% 的样件，每超过 100 件增抽 1 件，样件超过 10 件，随机抽取 10 件。逐件过磅，样件平均净质量在标识净质量 ±0.5% 范围内为合格，否则应对整批烟叶逐件过磅。

（2）水分检验

以质量检验取样的样件作为水分取样件，参照 GB 2635 先进行感官检验；若感官检验不合格，按 YC/T 31 分别测定表层烟叶水分和中心烟叶水分，水分大于 13% 为不合格。

（3）异味检验

对现场打开的样件进行感官异味检验，鼻闻有否不同于烟草所具有的其他气味。

（4）虫、霉检验

虫害检验：从打开的样件中随机抽取 10 件作为取样对象，每样件至少取样 2 把，合计取样不少于 2.5 kg。逐片拍打、抖动样烟，记录各虫态虫口数，计算虫口密度（头 /kg）和尸屑率。根据尸屑率估算虫害损失率。

尸屑率的测算方法：称所取样品片烟的质量，展开叶片，检出成虫尸体、幼虫，用毛笔清扫烟叶上的烟末、碎屑、虫粪，将烟末、碎屑、虫粪过 18 目小筛。用精度 0.01 的分析天平称出各虫态虫体及尸体、虫粪、烟末和碎屑质量（18 目筛下质量），计算尸屑率。尸屑率为各虫态活体及尸体、虫粪、碎屑占烟叶质量的百分比。

（5）箱温检验

每批随机抽取 5 ～ 10 件，测定箱温，将温度计插入烟箱正中，5 min 后读数，当平均包温小于 37 ℃时为包温合格，否则为不合格。

（6）包装检验

对所有入库烟箱进行包装检验，检查是否有破损及水浸、雨淋现象。

（7）标识检验

片烟烟箱应清楚标明产地、等级、年份、质量、打叶日期、加工企业等。

（五）烟叶入库程序

1. 合格烟叶的处理

检验合格的烟叶（等级、水分、质量合格，包装完好，无虫蛀，无霉变，无异味），由检验员和保管员共同在凭证上（烟叶卡片）签字后，才能正常入库储存。

2. 不合格烟叶的处理

（1）水分不合格烟叶的处理

原烟水分大于 18% 的烟叶不能正常入库。水分大于 18% 的原烟最好在 2 周内安排打叶；2 周内无法安排打叶的应存放在有空调或有除湿条件的仓库，将仓库相对湿度控制在 60% 以下，烟包堆垛高度不超过 3 包。每周检测 1 次包温和水分，当包温超过环境温度 3 ℃时，应翻垛、开包散湿，待包温和水分合格后转入正常仓库贮存。

片烟水分大于 13% 的烟叶不能正常入库。表层水分大于 13% 的片烟存放在相对湿度较低（低于 60%）的仓库散湿，每周检测 1 次表层水分，水分正常后转入正常仓库贮存；中心水分大于 13% 的片烟每周检测 1 次水分和箱温，当箱温持续上升时打开烟箱，将水分偏高、发热的片烟贮藏在相对湿度较低（低于 60%）的仓库散湿，水分降至合格后再装入烟箱正常存放。

（2）霉变、异味烟叶

拒收霉变、异味烟叶。

（3）虫蛀烟叶

虫蛀及有活虫烟叶不能正常入库，必须熏蒸杀虫后才能入库贮存。

（4）质量不合格烟叶

烟叶质量和标识质量不相符时按实际质量接收入库。

（5）包装不合格烟叶

破损严重及水浸、雨淋的烟箱更换包装，破损不严重的烟箱用胶带粘好。

（六）烟叶存放及码垛

①烟叶存放原则：烟叶按年份、产地、等级存放，同种烟叶（指年份、产地相同，等级或配方一致）

存放在两个仓库，在同一仓库的存放地点不多于 2 个；烟叶存放时首先按年份存放，不同年份烟叶分库或分层存放；再根据产区、部位及等级存放，将质量较好的中下部烟叶存放在条件较好的楼层，上部烟叶存放在温度稍高的楼层。

②新烟入库前整理仓库，将零散烟叶（50 件以下）集中存放，以空出仓库存放新烟。

③原烟码垛：根据烟叶类型、等级、产地等分别码垛，不得混贮。有条件时烟包存放在货架上，每层货架堆放 2 个烟包。无货架时烟包置于垫板上，香料烟一级、二级不超过 4 个烟包，其他等级不超过 5 个烟包；其他类型的烟叶，上等烟 4～5 个烟包，中等烟 5～6 个烟包，下等烟 6～8 个烟包。

④复烤烟（片烟和烟梗）码垛：根据年份、类型、产地、等级等分别码垛，不得混贮。烟包或烟箱应置于垫板上，烟梗一般为 7 个烟包。纸箱包装片烟根据地面承受力确定箱高，一般为 4 个箱高。

（七）填写烟叶卡片及输入计算机

烟叶码垛后及时填写烟叶卡片，内容包括：货位编号、入库日期、产地、类型、年份、等级、数量、水分及虫、霉状况，并将烟叶卡片的全部内容输入计算机。

二、原烟贮藏与养护

（一）空调仓库的温湿度控制要求及方法

1. 空调仓库的温湿度要求

采用自然通风和空调调节仓库温湿度，将库内温度控制在 25 ℃以下，相对湿度控制在 60%～65%。

2. 库内温湿度控制措施

库内温度高于 25 ℃时开空调降温去湿。库内温度低于 25 ℃，当库内相对湿度高于 65%，若外界气候条件适合通风去湿时采用自然通风；若库内相对湿度高于 65%，而外界气候条件不适合通风去湿时则采用空调去湿（降温）。

（二）一般仓库的温湿度控制要求及方法

1. 一般仓库的温湿度控制要求

采用自然通风和密闭去湿控制仓库温湿度，将库内温度控制在 32 ℃以下，相对湿度控制在 60%～70%。

2. 一般仓库的湿度控制

（1）通风去湿

当库内相对湿度高于 65%，外界条件适合通风去湿时进行仓库通风（绝对湿度与相对湿度转换参见表 2-3）；

当库内温度、相对湿度和绝对湿度均高于库外时，宜通风；

当库内温度和绝对湿度高于库外，相对湿度库内外相同时，宜通风；

当相对湿度和绝对湿度库内大于库外，温度库内外相同时，宜通风。

表 2-3　不同温度下的饱和湿度

温度 /℃	饱和湿度 / ($g \cdot m^{-3}$)	温度 /℃	饱和湿度 / ($g \cdot m^{-3}$)
1	5.176	4	6.330
2	5.538	5	6.761
3	5.922	6	7.219

温度 /℃	饱和湿度 / (g · m⁻³)	温度 /℃	饱和湿度 / (g · m⁻³)
7	7.703	24	21.544
8	8.215	25	22.795
9	8.857	26	20.108
10	9.329	27	25.486
11	9.934	28	26.913
12	10.574	29	28.447
13	11.249	30	30.036
14	11.961	31	31.702
15	12.712	32	33.446
16	13.504	33	35.272
17	14.338	34	37.183
18	15.217	35	39.183
19	16.413	36	41.274
20	17.117	37	43.461
21	18.142	38	45.145
22	19.22	39	48.133
23	20.353	40	50.600

（2）密封去湿

当库内相对湿度高于70%，外界条件不适于通风排湿时，采用去湿机去湿或吸潮剂吸湿。

3. 一般仓库的温度控制

当库内温度高于库外而绝对湿度也大于库外时宜通风降温。

（三）在库检查

1. 检查内容

检查内容包括水分、包温、虫情及霉变。

2. 检查方法及期限

（1）水分

每15天进行一次水分检测。按照烟叶产地和等级进行抽样，每个产地和等级选择1个货垛，从垛的四周和中心选择5个烟包，先进行水分感官检测，若感官检测水分超标（第二、第三季度水分不超过17%，第一、第四季度水分不超过18%），分别从每个烟包的表层和中心抽1把烟叶，混合均匀后从中抽取 10 ～ 20 g 样品，按 YC/T 31 测定水分。

（2）包温

每周进行 2 次包温检测。每层仓库选择 2 ～ 3 个货垛，分别从垛的四周和中心选择 5 个烟包，将温度计从烟包正中插入，5 min 后读数，当包温不均匀、有明显升高趋势时说明烟叶发热，有霉变危险，应尽快打叶。

（3）虫害、霉变检查

每15天进行 1 次虫害及霉变检查。每层仓库选择 2 ～ 3 个货垛，分别从垛的四周和中心选择 5 个烟包，每个烟包从表层和中心抽1把烟叶放在白纸上，检查是否有霉变和虫蛀，若发现有活虫，计算虫口密度，虫口密度 = 烟叶样品活虫数（头）/ 烟叶样品质量（kg）。

（四）害虫监测与控制

原烟仓库每 200 m² 悬挂烟草甲虫和烟草粉螟性激素诱捕板各 1 块，每周统计诱捕虫数。当每周平均每板诱捕虫数超过 10 头时喷洒防护剂；当每周平均每板诱捕虫数超过 30 头时应熏蒸杀虫。

三、复烤烟（片烟和烟梗）贮藏与养护

（一）片烟的贮藏期限及醇化要求

1. 片烟的贮藏期限
根据不同产地、不同质量状况片烟的适宜醇化期确定贮藏期限，一般为 12 ～ 36 个月。

2. 片烟的醇化要求
在片烟贮藏期间应根据存放时间控制仓库的温湿度，烟叶存放时间在 18 个月内尽量创造适宜烟叶醇化的温湿度条件，库内温度以 20 ～ 30℃为宜，相对湿度以 60% ～ 65% 为宜；烟叶存放时间在 30 个月以上应创造抑制醇化的温湿度条件（降低库内的温度和相对湿度）。

（二）温湿度管理

1. 库内温湿度要求
一般季节库内温度控制在 30℃以下，相对湿度控制在 55% ～ 65%；高温高湿季节库内温度控制在 32℃以下，相对湿度控制在 70% 以下。

2. 室外温湿度观测窗及库内温湿度表的设置
每个库区设置室外温湿度观测窗 1 个。温湿度观测窗安装在库区外地势较高、通风良好的地方。库内常年设置干湿球温度表，将校好的干湿球温度表悬挂于中央走道的一侧，避免辐射热的影响，离地面高 1.5 m 左右，每 200 ～ 500 m² 设置 1 只。

3. 温湿度表的管理
湿度表水盂用水应是蒸馏水，液面保持在 1/2 以上，湿球用的脱脂纱布每 15 天换洗 1 次。干湿球温湿度表每 6 ～ 12 个月校准 1 次。

4. 温湿度记录
每天 9：00、15：00 记录库内外温度及相对湿度 1 次，通风前后及开去湿机前后，也应登记库内外温湿度。

（三）仓库去湿

1. 通风去湿
当库内相对湿度高于 65%，外界条件适合通风去湿时进行仓库通风；当库内温度、相对湿度和绝对湿度均高于库外时，宜通风；当库内温度和绝对湿度高于库外，相对湿度库内外相同时，宜通风；当相对湿度和绝对湿度库内大于库外，温度库内外相同时，宜通风。

2. 密封去湿
当库内相对湿度高于 70%，外界条件不适于通风排湿时，采用去湿机去湿或吸潮剂吸湿。当库内温度高于 15℃，相对湿度超过 70% 时，采用去湿机去湿，库内相对湿度降至 60% 左右方可停机。

（1）氯化钙去湿

将氯化钙放在筛筐内，筛筐下放耐腐蚀的容器接纳液体，溶液不能滴漏到仓库地面。

（2）生石灰去湿

要使生石灰的温度降至室温后，再装入木箱等容器内，每次只装容量的 1/3～1/2，生石灰不能紧靠烟垛，粉化后及时更新。

（四）仓库降温

1. 强制降温

当库内温度高于 32℃时进行强制降温（开空调）或通风降温。

2. 通风降温

当库内温度高于库外而绝对湿度也大于库外时可通风降温。

（五）在库检查

1. 检查内容

对库存烟叶的水分、包温、虫、霉情况及烟叶外观质量状况进行定期检查，根据检查情况，提出继续储存或使用建议。

2. 检查期限

每年的高温高湿季节，每月进行 1 次水分、虫情及霉变检查，每周进行 1 次包温检查，其余季节根据情况进行抽查；每半年进行 1 次外观质量检查，检查内容包括颜色及油印状况，检查结果填写在检查记录表上，并及时输入计算机。

3. 检查方法

（1）水分检查

根据烟叶的产地、等级，每层仓库选择 1 个货垛，分别从垛的四周和中心选择 5 个烟箱（包），进行水分感官检验，若感官检验水分超标，每个烟箱从烟箱的表层和中心抽取 0.1 kg 左右的片烟，混合均匀后从中抽取 5～10 g 样品，按 YC/T 31 测定样品水分。

（2）包温检验

根据烟叶的产地、等级，每层仓库选择 1 个货垛，分别从垛的四周和中心选择 5 个烟箱（包），将温度计从烟箱正中插入，5 min 后读数，当平均包（箱）温高于库内温度 2℃时说明烟叶发热，有霉变危险，应加强跟踪。

（3）虫害、霉变检查

根据烟叶的产地、等级，每层仓库选择 1 个货垛，分别从垛的四周和中心选择 5 个烟箱（包），每个烟箱从烟箱的表层和中心抽取 0.5 kg 左右的片烟放在白纸上，检查是否有霉变和虫蛀，若发现有虫蛀和霉变，则进行虫害、霉变检验。

（4）外观质量检查

根据库存烟叶产地、等级状况及烟叶使用情况，对库存烟叶进行外观质量检查，抽查的等级数量不少于 20%。对抽查的货垛，分别从垛的四周和中心选择 5 个烟箱（包），每个烟箱从烟箱的四周和中心抽取 0.5 kg 左右的片烟（合计 2.5 kg 左右），仔细进行颜色及油印方面的检查。

（六）翻仓

片烟仓库一般不翻仓，存放烟梗的仓库在库内相对湿度较高的季节要进行翻仓，翻仓时间根据包温检查情况而定。翻仓时每垛抽查 5 个烟包，检查虫、霉情况及烟梗水分。若烟梗水分高，采取适当措施降低烟梗水分；若发现虫情则安排杀虫；若有霉变，应将霉梗挑出，重新打包。

（七）贮藏烟叶的害虫防治

1. 防治原则

坚持"预防为主，综合防治"的原则控制贮烟害虫，将贮烟害虫的损失降低到最低程度。

2. 害虫预防

①新烟与陈烟，不同年份的烟叶要分层存放。

②烟叶入库前应做好仓库卫生，烟叶仓库无垃圾、碎屑、蛛网。烟叶出库后及时清理仓库，清扫垫板、地面。

③所有入库烟叶应进行虫情检查。每个库点安排一个熏蒸库。有虫烟叶在熏蒸库杀虫后再进入仓库正常贮存。

④尽量减少移库次数，若确需移库，在移库前需检查移出库、移入库及移库烟叶的虫情，若移入库有虫，应在移库后立即杀虫；若移入库无虫而移出库或移库烟叶有虫，需在原来仓库杀虫后才可移库。

⑤在烟草甲虫和烟草粉螟成虫发生期，对有虫仓库喷洒防护剂。

⑥在长江以北地区的低温季节（−4℃以下），采用自然通风和机械通风等，冻死部分越冬虫源，降低来年虫源基数。

3. 虫情监测

①所有仓库根据情况悬挂烟草甲虫和烟草粉螟性激素诱捕板，诱捕板悬挂在离地面 1.5 m 处，每 200 m^2 仓库悬挂烟草甲虫和烟草粉螟性激素诱捕板各 1 块。诱捕板每 4～8 周更换 1 次。

②每周统计每个仓库的诱捕头数，统计结果记录在烟叶仓库虫情监测表上，并输入计算机。当每周平均每个诱捕板的诱捕头数超过 10 头时，必须熏蒸杀虫。

③库内温度在 20℃以上时每月进行 1 次虫情检查，记录检查结果，并输入计算机。当虫口密度大于 5 头 /kg 时，应立即熏蒸杀虫。

4. 熏蒸防治

①熏蒸时机的选择：每年一般进行 2 次熏蒸，第一次熏蒸安排在 3—6 月，当库内温度高于 16℃ 时开始进行第一次熏蒸；第二次熏蒸安排在 9—11 月。

②熏蒸杀虫：采用磷化氢熏蒸。熏蒸前，排风扇、空调、开关等金属制品做好防护处理。第一次熏蒸原则上采用常规熏蒸，磷化铝用量为 4～8 g/m^3 或磷化镁用量为 4～5 g/m^3；第二次熏蒸时若世代重叠严重，可采用间歇熏蒸，每次磷化铝投药量为 4～5 g/m^3 或磷化镁投药量为 2～3 g/m^3。熏蒸过程必须进行磷化氢气体浓度监测，在开始熏蒸后的第 12、第 24、第 48、第 72、第 96、第 120、第 144 小时观测空间和烟垛内的磷化氢气体浓度。当烟垛温度在 20℃以上时，烟垛内的磷化氢气体浓度必须在 200 mg/kg 以上且维持至少 4 天；当烟垛温度在 16～20℃时，烟垛内的磷化氢气体浓度必须在 300 mg/kg 以上且维持 6 天。

③熏蒸杀虫方法：仓库密封性能较好采用整仓熏蒸；仓库密封性能较差采用分垛熏蒸，在分垛熏蒸时需配合使用防护剂。

④每次熏蒸结束后应及时填写熏蒸记录，熏蒸后做好防护工作，防止再感染。

5. 卷烟车间的虫害防治

卷烟生产车间常年悬挂烟草甲虫性激素诱捕板，每隔 200 m^2 挂 1 块板，每周统计诱捕头数，若每周平均每板诱捕头数超过 5 头时，及时用真空吸尘器清理车间卫生，并喷洒防护剂。

第三章

国产白肋烟、马里兰烟资源调查

第一节　国产白肋烟、马里兰烟信息调研

一、国产白肋烟的信息调研

（一）国产白肋烟种植及分布概况

我国从 20 世纪 60 年代开始试种白肋烟，先后在山东、安徽、广东、湖北、山西、黑龙江、辽宁、广西和云南等地区试种，并在湖北、四川、重庆和云南等地试种成功，经过反复评价和论证，湖北白肋烟的整体风格质量也相对最为显著和稳定，于是湖北自 20 世纪 70 年代中期开始成为我国白肋烟主要产区并持续至今。湖北白肋烟产区具有满足生产优质白肋烟的适宜生态条件，生产技术和质量在国内处于领先地位，是我国混合型卷烟企业的白肋烟原料主要生产基地，湖北白肋烟作为中国品牌在国际烟草市场也享有较好声誉。

近年来，随着国家烟草专卖局对卷烟结构调整政策的落实，作为我国混合型卷烟重要原料的白肋烟供应也发生了显著变化，2010 年以来我国白肋烟的种植概况如表 3-1 所示，各主产区呈现较显著的下滑趋势，尤其是 2012 年以后每年种植面积缩减幅度都在 50% 左右。

表 3-1　2010—2015 年我国白肋烟种植面积

单位：万亩

年份	产区				小计
	湖北	四川	重庆	云南	
2010	13.11	4.38	1.10	3.52	22.11
2011	12.74	3.86	1.70	3.52	21.82
2012	12.86	3.68	2.00	3.33	21.87
2013	8.66	3.95	0.90	2.52	16.03
2014	2.25	1.88	0.90	2.30	7.33
2015	2.50	1.12	0.30	0.00	3.92
累计	52.12	18.87	6.90	15.19	93.08

注：白肋烟产区具体分布为湖北省恩施州（包含恩施市和建始县）、宜昌市，四川省的达州县，重庆市的万州区，云南省的宾川县。

（二）国产白肋烟种植品种现状

自引种试种成功以来，直至20世纪80年代，我国白肋烟种植主要依赖引进的美国品种Burley 21（由美国田纳西大学1955年杂交育成）。我国的白肋烟育种工作真正起步于20世纪70年代，其标志是第一个自主杂交选育的白肋烟品种"建白80"，1995年通过全国烟草品种审定委员会认定，定名为"鄂烟1号"。虽然起步较晚，但通过几代育种工作者的努力，目前，已通过全国烟草品种审定委员会审定的白肋烟自育品种达19个：其中，湖北省烟草科学研究院（中国烟草白肋烟试验站）主持选育11个（鄂烟1号、鄂烟2号、鄂烟3号、鄂烟4号、鄂烟5号、鄂烟6号、鄂烟101、鄂烟209、鄂烟211、鄂烟213和鄂烟215），云南省烟草农业科学研究院主持选育4个（YNBS1、云白2号、云白3号和云白4号），四川省烟草公司达州市公司主持选育4个（达白1号、达白2号、川白1号和川白2号）。目前，这些适应性更强、综合品质及抗性更优良的国产品种已完全取代了引进品种，并在选育过程中大力丰富了国内白肋烟种质资源库及育种技术积累，为我国白肋烟育种事业的可持续发展及卷烟工业原料保障和开发奠定了扎实的工作基础。

加上全国烟草品种审定委员会认定的3个引进品种（TN90、Ky8959和TN86），当前在国内种植或可种植的白肋烟品种共计22个；各品种在不同时期、不同适宜区都有种植，现就这22个白肋烟品种的种质资源信息及栽培调制技术要点分别介绍。

1. 鄂烟1号

①来源与分布：湖北省建始县白肋烟试验站1975年用（Ms Burley 21 × Kentucky 10）F1与Burley 37杂交育成。1995年通过全国烟草品种审定委员会认定，定名为鄂烟1号。品种适应性广，在我国各大白肋烟产区均有广泛分布。

②特征特性：株式塔形，打顶株高136.6～139.7 cm，茎围9.8～10.2 cm，节距4.2～4.8 cm，着生叶25片左右，腰叶长83.3～84.2 cm，宽33.1～34.2 cm，叶形椭圆。移栽至中心花开放58～62天，大田生育期89～95天。田间生长势较强，耐旱抗涝，成熟集中，落黄快。中抗黑胫病和根黑腐病。

③产量与品质：平均产量150～160 kg/亩。原烟多为浅红黄或红棕，成熟度较好，身份稍薄—适中，叶片结构疏松，光泽亮，叶面微皱—展，颜色强度中—浓。烟叶总糖0.54%～1.24%，还原糖0.35%～0.70%，烟碱3.14%～4.87%，总氮2.97%～3.98%，蛋白质18.7%～21.33%。白肋烟香型风格较显著，香气量尚足，香气质好，杂气较重，劲头适中，余味尚舒适，燃烧性强。

④栽培调制技术：选择中等肥力田块种植，种植密度1200株/亩。一般亩施氮量12.5～15.0 kg，氮、磷、钾配比为1∶1∶2，70%氮、钾肥及全部磷肥做基肥，结合整土起垄于移栽前10天左右穴施或条施入土壤中，其余做追肥，于移栽后25～30天一次性穴施。注意黑胫病的防治，适时打顶抹杈，单株留叶22片左右。及时采收下部叶，采用半整株晾制方式，晾制中前、中期注意开窗排湿，后期注意适当保湿，以增进烟叶外观色泽和香味。

2. 鄂烟2号

①来源与分布：由中国农业科学院烟草研究所、湖北省恩施烟叶复烤厂用MSKentucky 14与L-8杂交选育而成。1997年通过全国烟草品种审定委员会审定。品种适应性广，在我国各大白肋烟产区均可种植。

②特征特性：植株筒形，打顶株高105.4 cm，茎围9.05 cm，节距4.78 cm，叶形椭圆，腰叶长75 cm左右，宽35.2 cm左右。移栽至中心花开放约60天，打顶（中心花开放）至斩株采收32天左右，大田生育期92天左右。抗TMV、野火病、黑胫病（0号小种），中抗根黑腐病，感黑胫病（1号小种）。

③产量与品质：平均产量165 kg/亩左右。原烟多呈浅红棕色或红棕色，成熟度为熟，身份适中，叶片结构稍疏松，光泽明亮，叶面微皱，颜色强度中。烟叶各化学成分平均含量分别为还原糖0.93%，总氮

3.66%，烟碱 4.11%，蛋白质含量 15.44%，氮/碱比 1.18。烟叶香型较显著，香气质较好，香气量较足，劲头适中，杂气稍重，余味尚舒适，燃烧性强。

④栽培及晾制技术要点：亩栽烟 1300 株左右，施氮 12.5 ～ 15.0 kg/ 亩，氮、磷、钾配比为 1：1：2，基、追肥并重，追肥以氮、钾肥为主。及时打顶抹杈，单株留叶 19 ～ 23 片。采用整株或半整株晾制。

3. 鄂烟 3 号

①来源与分布：由湖北省烟草公司建始县公司、湖北省烟叶公司和湖北省烟草科学研究院（中国烟草白肋烟试验站）用 MSTennessee 86 与 LAB 21 杂交育成。2004 年 12 月通过全国烟草品种审定委员会审定。该品种适宜在湖北各白肋烟产区及重庆、湖南等地区的部分烟区种植。

②特征特性：株式筒形，自然株高 130 ～ 140 cm，打顶株高 127.1 cm，大田着生叶数 29 片，可采收叶数 22 ～ 24 片，叶形椭圆，中部叶长 72.7 cm，宽 34.92 cm，茎叶角度较小。移栽至开花 61 天左右，大田生育期 90 天左右。抗黑胫病，中抗 TMV 和根黑腐病，中感根结线虫病，感赤腥病。

③产量与品质：平均产量 158.68 kg/ 亩。原烟颜色浅红黄色或浅红棕色，成熟度较好，身份适中，叶片结构稍疏松，光泽明亮，叶面微皱，颜色强度中。上部叶烟碱含量 4.19%，总氮 4.40%，氮碱比 1。中部叶烟碱 3.64%，总氮 3.53%，氮碱比 0.97。香型风格较显著，香气质较好，香气量较足，浓度较浓，杂气有，劲头适中。

④栽培及晾制技术要点：选择肥力中等以上、通透性良好的田块种植。移栽密度 1200 ～ 1300 株/ 亩，重施基肥（占总施肥量 50% ～ 70%）、早追肥（栽后 20 天内），促栽后还苗早发。施氮量 12.5 ～ 14.0 kg/ 亩，氮、磷、钾配比为 1.0：1.0：（1.5 ～ 2.0）。初花期打顶，单株留叶数 22 ～ 24 片。采用半整株或整株砍株采收晾制。

4. 鄂烟 4 号

①来源与分布：由湖北省烟草科学研究院（中国烟草白肋烟试验站）用 MSTennessee 90 与 Kentucky 14 杂交育成。2004 年 12 月通过全国烟草品种审定委员会审定。该品种适应性广，在全国各大白肋烟产区均可种植。

②特征特性：株式筒形，打顶株高 148.3 cm，可采收叶数 24 片，叶形椭圆，中部叶长 66.4 cm，宽 35.5 cm。移栽至中心花开 60 天左右，大田生育期 90 天左右，成熟集中。高抗 TMV，抗黑胫病，中抗根结线虫病，易感赤星病。

③产量与品质：平均产量 156.16 kg/ 亩。原烟烟叶颜色多为浅红黄色或浅红棕色，成熟度较好，光泽亮—明亮，叶面微皱—展，身份适中—稍厚，叶片结构尚疏松，颜色强度中。上部叶平均烟碱含量为 4.77%，总氮含量为 4.21%，氮碱比 0.91。中部叶平均烟碱含量 3.85%，总氮含量 3.53%，氮碱比 0.92。香型风格较显著，香气质好，香气量有—尚足，浓度中，劲头适中，余味尚适。

④栽培及晾制技术要点：选择中等肥力的地块种植，注意早栽、早管、早追肥。栽烟密度 1200 株/ 亩左右，留叶 22 ～ 24 片。施氮 15 kg/ 亩左右，氮、磷、钾配比为 1：1：2。采用整株或半斩株晾制。晾制前期和中期注意排湿，防止烟叶霉烂，褐变期应待最后一片顶叶变为红黄色时，即可将晾房门窗关小。

5. 鄂烟 5 号

①来源与分布：由湖北省恩施烟叶复烤厂、湖北省烟叶公司、湖北省烟草科学研究院用 MSKentucky 14 与 Burley 37 杂交育成。2006 年通过全国烟草品种审定委员会审定。该品种适应性广，在全国各大白肋烟产区均可种植。

②特征特性：植式筒形，株高 110 ～ 142 cm，叶数 25 ～ 28 片，可收叶片 22 ～ 24 片，叶形椭圆形，中部叶长 68.0 ～ 73.5 cm，宽 29.0 ～ 36.6 cm，茎叶角度小—中。移栽至开花 62 天，大田生育期 84 ～ 98 天，生长发育属稳发型，各生长阶段的茎叶生长速率较均衡协调。生育组成属前长（还苗—伸根—始花）

后短（始花—斩株）型，能广泛适应不同生态环境，抗逆力较强，耐肥、耐旱性较强。抗 TMV、中抗黑胫病。

③产量与品质：平均产量 159.94 kg/ 亩。原烟烟叶颜色较深，多为红棕色，成熟度较好，身份适中，光泽亮，叶面舒展—微皱，叶片结构尚疏松，颜色强度中—强。上部叶平均烟碱含量为 4.51%，总氮含量为 4.16%，氮碱比 0.92。中部叶平均烟碱含量 3.98%，总氮含量 3.62%，氮碱比 0.91。香型风格较显著，香气量尚足，浓度中等，杂气有，劲头中等，刺激性有，余味尚适，燃烧性强。

④栽培及晾制技术要点：选择中等肥力的田地种植，移栽密度 1300 ～ 1400 株 / 亩。施氮量 12.5 kg/ 亩左右，氮、磷、钾配比为 1：1：2，基肥用总施肥量的 60% ～ 70%，追肥移栽后 20 ～ 25 天施用。50% 第一朵中心花开放时一次打顶，单株留叶 22 ～ 24 片。采用整株或半整株斩株晾制。晾制期间前期和中期注意排湿，后期注意门窗关闭，促进香气形成。

6. 鄂烟 6 号

①来源与分布：由湖北省烟草科学研究院（中国烟草白肋烟试验站）用 MS 金水白肋 2 号与 Burley 37 杂交育成。2007 年 11 月通过全国烟草品种审定委员会审定。该品种适宜在湖北、重庆等白肋烟产区种植。

②特征特性：植式筒形，打顶株高 128.0 cm 左右，有效叶数 22 片，叶形椭圆，中部叶长 71.3 cm、宽 33.9 cm。移栽至开花 65 天，大田生育期 90 天左右。田间长势强，抗旱能力较强，群体整齐一致，抗逆性较强，成熟较集中，适应于半整株晾制。抗 TMV 和黑胫病，感南方根结线虫病和赤星病。

③产量与品质：平均产量 164.7 kg/ 亩。原烟颜色浅红黄色和浅红棕色，成熟度较好，身份适中，光泽明亮，叶面微皱—舒展，叶片结构尚疏松，颜色强度浓。上部叶平均烟碱含量为 5.61%，总氮含量为 4.17%，氮碱比 0.74。中部叶平均烟碱含量 4.18%，总氮含量 3.69%，氮碱比 0.88。香型风格较显著，香气量尚足，浓度中等，劲头中等，刺激性有，余味微苦—尚适，燃烧性强。

④栽培及调制技术要点：选择中等肥力的地块种植，移栽密度 1200 株 / 亩。施氮量 15 kg/ 亩左右，氮、磷、钾配比为 1：1：2，基肥用总施肥量的 70%，追肥移栽后 20 ～ 25 天施用。及时打顶抹杈，单日株留叶 22 片左右。注意后期赤星病的防治。采用半整株斩株晾制。晾制期间前期和中期注意排湿，后期门窗关闭。

7. 鄂烟 101

①来源与分布：由湖北省烟草科学研究院（中国烟草白肋烟试验站）选育，母本为鄂白 003 号，父本为 Kentucky 8959。2009 年 3 月通过全国烟草品种审定委员会审定。该品种适宜在湖北白肋烟产区种植。

②特征特性：株式筒形，打顶平均株高 208.3 cm，茎围 10.7 cm，节距 5.5 cm，总叶片数平均 33 片，有效叶 25 片，腰叶平均长 70.8 cm，宽 37.8 cm。大田长势强，叶片分层成熟。移栽至中心花开放 67 天左右，大田生育期 100 ～ 105 天。抗 TMV 和黑胫病，中抗根结线虫病，感赤星病。

③中产量与品质：平均 180.80 kg/ 亩。烟叶颜色呈浅红黄色或浅红棕色，成熟度较好，身份适中，光泽亮，叶面微皱，叶片结构稍疏松，颜色强度中。上部叶平均烟碱含量为 3.96%，总氮含量为 3.31%，氮碱比 0.84。中部叶平均烟碱含量 3.86%，总氮含量 3.06%，氮碱比 0.79。香型风格有—较显著，香气量有—尚足，浓度多为中等，劲头稍大，刺激性有，余味微苦—尚适，燃烧性强。

④栽培及调制技术要点：适宜在湖北产区种植，移栽密度 1200 株 / 亩。在中等肥力的地块施氮量 14 kg/ 亩左右，氮、磷、钾比例 1：1：2，基肥用总施肥量的 70%，追肥移栽后 20 ～ 25 天施用。适时打顶抹杈，单株留叶 24 ～ 26 片。注意后期赤星病的防治。采用半斩株晾制。晾制期间前期和中期注意排湿，后期门窗关闭。

8. 鄂烟 209

①来源与分布：由湖北省烟草科学研究院（中国烟草白肋烟试验站）用 MSVa509E 做母本，Burley 37

做父本杂交育成。2009 年 3 月通过全国烟草品种审定委员会审定。该品种适应性较广,适合在湖北、重庆等白肋烟产区种植。

②特征特性:株式筒形,打顶平均株高 122.5 cm,茎围 11.8 cm,节距 4.7 cm,总叶数平均 28 片,有效叶 23 片。腰叶平均长 72.6 cm,宽 35.3 cm。大田长势强,生长整齐,遗传性状稳定。抗逆性强,移栽至中心花开放 64 天左右,大田生育期 90 ～ 96 天。抗 TMV,中抗黑胫病,感赤星病。

③中产量与品质:平均产量 155 ～ 165 kg/ 亩。烟叶颜色浅红黄色或浅红棕色,成熟度较好,身份适中,光泽明亮,叶面较舒展,叶片结构尚疏松,颜色强度浓。上部叶平均烟碱含量为 3.86%,总氮含量为 3.51%,氮碱比 0.91。中部叶平均烟碱含量 3.66%,总氮含量 3.26%,氮碱比 0.89。香型风格有—较显著,香气量有—尚足,浓度多为中等,劲头稍大,刺激性有,余味微苦—尚适。

④栽培及晾制技术要点:适宜湖北、重庆产区种植,移栽密度 1200 株 / 亩。在中等肥力的地块施氮量 14 kg/ 亩左右,氮、磷、钾配比为 1 : 1 : 2,基肥用总施肥量的 70%,追肥移栽后 20 ～ 25 天施用。适时打顶抹杈,单株留叶 22 片左右。注意后期赤星病的防治。采用半整株斩株晾制。晾制期间前期和中期注意排湿,后期门窗关闭。

9. 鄂烟 211

①来源与分布:鄂烟 211 是由湖北省烟草科学研究院(中国烟草白肋烟试验站)主持,湖北省烟草公司恩施州公司、安徽中烟工业有限责任公司、上海烟草集团北京卷烟厂、湖北省烟草公司宜昌市公司协作选育而成,父本为 MSBurley 21,母本为 Kentucky 16。2011 年 12 月通过全国烟草品种审定委员会审定。该品种适应性较广,适合在湖北、重庆等白肋烟产区种植。

②特征特性:株式塔形,株型较紧凑,打顶株高 127.1 cm,茎围 11.0 cm,节距 5.2 cm,着生叶数 26 ～ 29 片,有效叶 24 片,中部叶长 72.1 cm,宽 35.1 cm。大田长势强,生长整齐,成熟较集中,大田生育期 95.5 天左右,属中熟品种,转基因检测为阴性,遗传性状稳定。抗 TMV,中抗至中感黑胫病,根结线虫病,感赤星病。

③产量与品质:平均产量 175 ～ 185 kg/ 亩。晾制后原烟外观质量较好,叶面颜色为浅红黄色或浅红棕色,身份稍薄—适中,光泽亮—中,颜色强度中等,叶面展—稍皱,叶片结构疏松;内在化学成分含量适宜协调,上部叶烟碱含量为 4.90%、总氮含量为 4.28%、氮碱比 0.89,中部叶烟碱含量为 4.36%、总氮含量为 3.84%、氮碱比分别为 0.90;原烟感官评吸质量较好,白肋烟香型风格较显著,香气量较足,香气质较好,余味舒适,劲头适中。

④栽培及调制技术要点:移栽密度 1100 株 / 亩。在中等肥力的地块施纯氮 14 ～ 16 kg/ 亩,氮、磷、钾配比 $m(N) : m(P_2O_5) : m(K_2O)$ 为 1 : 1 : 2,基肥用 60% 氮、钾肥及全部磷肥,追肥在移栽后 20 ～ 25 天施用。适时打顶抹杈,单株留叶 22 ～ 24 片。脚叶、下二棚、中部叶分片剥叶采收 3 ～ 4 次,余下的在打顶后 28 ～ 35 天半整株斩株晾制;晾制期间温度以 19 ～ 25℃、平均相对湿度以 65% ～ 75% 为宜,晾制前期和中后期应注意排湿,防止烂烟,后期关闭晾房门窗,注意保湿。

10. 鄂烟 213

①来源与分布:鄂烟 213 是由湖北省烟草科学研究院(中国烟草白肋烟试验站)主持,湖北省烟草公司恩施州公司、上海烟草集团有限责任公司北京卷烟厂、安徽中烟工业有限公司、湖北省烟草公司宜昌市公司协作选育而成,母本为 MSKentucky 8959,父本为 Virginia 528,2015 年 4 月通过全国烟草品种审定委员会审定。该品种适宜在湖北、重庆主产区种植。

②特征特性:株形塔形,株形较松散,茎叶角度较大,叶形长椭圆,叶片身份适中,花序集中,花色粉红。平均打顶后株高 131.8 cm,着生叶数 25.8 片,有效叶数 23.1 片,腰叶长 77.3 cm、宽 36.1 cm,茎围 10.9 cm,节距 5.0 cm。大田生育期 95.6 天左右。中抗—抗黑胫病,抗 TMV,中感—感根结线虫病,感赤

星病。

③产量与品质：平均产量 171.2 kg/ 亩，上等烟比例 36.8%，上中等烟比例 78.2%。原烟外观质量好，总植物碱、NNK 含量较低，化学成分含量适宜且协调性好，感官评吸质量较好。

④栽培及调制技术要点：在中等肥力的地块上，一般每亩种植 1100 株，行距 120 cm，株距 50 cm，亩施纯氮 14.0 ～ 16.0 kg，氮、磷、钾配比 $m(N):m(P_2O_5):m(K_2O)$ 为 1：1：2，60% 氮、钾肥及全部磷肥用做底肥，于栽前 20 天结合整地起垄条施，余下的肥料于栽后 20 天、40 天分两次打孔穴施。单株留叶 22 ～ 24 片，分片剥叶采收 2 ～ 3 次，每次 3 片左右，余下的烟叶在打顶后 30 ～ 35 天一次性半整株斩株晾制，晾制期间温度以 19 ～ 25℃为宜，平均相对湿度以 65% ～ 75% 为宜，晾制中后期应注意及时增温排湿，防止烂烟。

11. 鄂烟 215

①来源与分布：鄂烟 215 是由湖北省烟草科学研究院（中国烟草白肋烟试验站）主持，湖北省烟草公司恩施州公司、上海烟草集团有限责任公司北京卷烟厂、安徽中烟工业有限公司、湖北省烟草公司宜昌市公司协作选育而成，母本为 MSBurley 21，父本为 Virginia 509，2015 年 4 月通过全国烟草品种审定委员会审定。该品种在湖北及重庆产区适应性较好，可作为储备品种。

②特征特性：株形塔形，叶形长椭圆，叶片身份适中，花序松散，花色粉红。平均打顶后株高 125.6 cm，着生叶数 25.3 片，有效叶数 23.2 片，腰叶长 77.8 cm、宽 35.0 cm，茎围 11.1 cm，节距 4.7 cm，大田生育期 94 天左右。抗 TMV，抗—中抗黑胫病，中感—感根结线虫病，感赤星病。

③产量与品质：平均产量 168.8 kg/ 亩，上等烟比例 39.8%，上中等烟比例为 81.5%。烟叶外观质量好，化学成分含量适宜且协调性好，物理特性好，感官评吸质量中等 +。

④栽培及调制技术要点：在中等肥力的地块上，一般每亩种植 1100 株，行距 120 cm，株距 50 cm，亩施纯氮 15.0 ～ 17.0 kg，氮、磷、钾配比为 1：1：2，60% 氮、钾肥及全部磷肥用做底肥，于栽前 20 天结合整地起垄条施入，余下的肥料于栽后 20 天、40 天分两次打孔穴施。单株留叶 22 ～ 24 片，分片剥叶采收 2 ～ 3 次，每次 3 片左右，余下的烟叶在打顶后 30 ～ 35 天一次性半整株斩株晾制，晾制期间温度以 19 ～ 25℃为宜，平均相对湿度以 65% ～ 75% 为宜，晾制中后期应注意及时增温排湿，防止烂烟。

12. 达白 1 号

①来源与分布：由四川省烟草公司达州烟草科学研究所 1996 年用 MSKentucky 14 与达所 26 杂交育成。2004 年 12 月通过全国烟草品种审定委员会审定。主要在四川达州等地种植。

②特征特性：株式筒形，平均打顶株高 126.3 cm，茎围 11.8 cm，节距 4.8 cm，总叶数 25.1 片，腰叶长 79.1 cm，宽 37.4 cm，大田生育期 92 天左右。抗黑胫病、根黑腐病、TMV，中抗根结线虫病。

③产量与品质：平均产量 154.82 kg/ 亩。原烟颜色多为浅红黄色，组织细致，光泽鲜明，厚薄适中，结构疏松，弹性强，均匀一致性好。上部叶烟碱含量较低，内在化学成分协调。白肋烟香型风格较显著，余味舒适。

④栽培及调制技术要点：适宜在西南白肋烟区海拔 600 ～ 1200 m 种植。亩栽 1100 ～ 1300 株，行距 1.20 m，株距 0.45 ～ 0.50 m；亩施纯氮 12 ～ 15 kg，氮、磷、钾配比为 1：1：（2 ～ 3）。在四川宜早栽管，重施基肥，早施追肥。初花打顶留叶 22 ～ 24 片；下部叶宜适当早采，一般在移栽后 55 天采收，每隔 3 天采一次，每次采 2 ～ 3 片，共采 2 ～ 3 次，上中部叶 65 天采收，每隔 7 天一次，做到中部叶适熟采收，上部叶充分成熟采收。晾制期间温度在 19 ～ 25℃，相对湿度在 65% ～ 80% 为宜。

13. 达白 2 号

①来源与分布：由四川省达州烟草公司用 MSVA 509 与达所 26 杂交育成，2007 年 11 月通过全国烟草品种审定委员会审定。主要在四川达州等地种植。

②特征特性：株式筒形，打顶株高 103.0 ～ 144.0 cm，节距 4.0 ～ 5.7 cm，茎围 10.9 ～ 12.0 cm，中部叶长 78.8 cm，宽 35.2 cm，有效叶数 22 ～ 26 片，叶形椭圆，叶色黄绿；移栽至第一朵中心花开放 62 ～ 72 天，大田生育期 90 ～ 105 天；田间长势强，群体整齐一致，成熟集中，适应于整株或半整株晾制；抗黑胫病、黑根腐病，中抗根和 TMV，感赤星病和 CMV。

③产量与品质：平均产量 154.2 ～ 199.3 kg/ 亩；原烟颜色多为浅红黄色或浅红棕色，光泽尚鲜明—鲜明，叶面平展—微皱，身份适中—稍厚，叶片结构尚疏松；内在化学成分较协调，白肋烟香型特征较明显。

④栽培及晾制技术要点：注意早栽早管。移栽密度 1100 ～ 1300 株 / 亩，施氮量 14 ～ 16 kg/ 亩，氮、磷、钾配比为 1∶1∶2。成熟期注意赤星病预防。初花期打顶，单株留叶 22 ～ 24 片。适宜于半整株晾制，采叶晾制时间掌握在 35 天左右，砍株带茎晾制注意前、中期通风排湿，防止烂烟。

14. 川白 1 号

①来源与分布：由四川省达州烟草公司、湖北省烟草科学研究院（中国烟草白肋烟试验站）用 MSBurley 21 与达所 26 杂交育成，2012 年 12 月通过全国烟草品种审定委员会审定。主要在四川达州等地种植。

②特征特性：株式筒形，叶形椭圆，平均打顶株高 115.50 cm，茎围 11.41 cm，节距 4.45 cm，总叶数 29.97 片，有效叶 23.37 片，腰叶长 69.63 cm，宽 34.24 cm，大田生育期 91.80 ～ 107.56 天。大田生长整齐一致，遗传性状稳定。叶片成熟较集中，耐熟性较好，适应于整株或半整株晾制。免疫—抗 TMV，中抗—中感黑胫病，中感—高感赤星病，中感根结线虫病。

③产量与品质：平均产量 182.2 kg/ 亩。烟叶颜色多为浅红棕色，成熟度较好，叶面稍皱—展，光泽亮，颜色强度中—淡，中部烟叶身份适中，叶片结构疏松，上部烟叶身份稍厚，叶片结构尚疏松。上部叶平均烟碱含量为 4.16%，总氮 4.07%，总糖 0.56%，氮碱比 1，糖碱比 0.14；中部叶平均烟碱含量 3.57%，总氮 3.58%，总糖 0.56%，氮碱比 1.14，糖碱比 0.17。香型风格程度有 +—较显著，香气量尚足 -—较足 -，浓度中等 --—较浓，杂气有 -—有 +，劲头中等 --—大，刺激性略大—有 +，余味尚舒适，燃烧性较强，灰色灰白。

④栽培及调制技术要点：栽培应注重早栽、早管、早追肥。海拔 1000 m 以上的烟区宜采用地膜栽培，覆膜期 25 ～ 30 天。种植密度 1100 ～ 1300 株 / 亩，行距 1.1 ～ 1.2 m，株距 0.45 ～ 0.50 m。现蕾—初花期打顶，单株留叶 22 ～ 25 片。采收方法：打顶后 4 ～ 6 天开始摘叶采收下部叶，每次 2 ～ 3 片，采收 2 ～ 3 次，共采收 6 ～ 9 片，余下部分在打顶后 25 ～ 33 天一次性斩株。晾制期间平均温度以 19 ～ 25 ℃为宜。

15. 川白 2 号

①来源与分布：由四川省烟草公司达州市公司用 MSVA 1061 与达所 26 杂交育成，2015 年 4 月通过全国烟草品种审定委员会审定。主要在四川达州等地种植。

②特征特性：该品种为白肋烟雄性不育一代杂交种。株形筒形，叶形椭圆，茎叶角度中等，叶面较平，叶尖渐尖，叶色黄绿，叶片身份适中，花色粉红，花序集中。平均打顶后株高 129.8 cm，有效叶数 24.7 片，腰叶长 73.2 cm，宽 33.6 cm，茎围 11.0 cm，节距 4.6 cm，大田生育期 100 天左右。田间生长势强，成熟集中。高抗或免疫 TMV，中抗黑胫病和青枯病，中抗至中感根结线虫病，感赤星病，田间表现抗黑胫病、青枯病能力强于对照，综合抗病能力优于对照品种鄂烟 1 号。

③产量与品质：平均产量 205.6 kg/ 亩，平均上等烟比例 52.9%；综合经济性状优于对照品鄂烟 1 号。晾制后原烟成熟度好，颜色多为红黄色—浅红棕色，结构疏松，身份适中，外观质量优于对照鄂烟 1 号，物理性状适宜，内在化学成分协调，感官评吸质量较好。

④栽培及调制技术要点：适应性强，适宜在四川、湖北、重庆等白肋烟区种植。栽培上要求早栽、早管、早追肥，海拔 1000 m 以上的烟区应采用地膜栽培。种植密度 1200 ～ 1300 株 / 亩，行距

110 ～ 120 cm，株距 45 ～ 50 cm。亩施纯氮 14 ～ 16 kg。现蕾至初花期打顶，单株留叶 22 ～ 25 片。适宜半整株采收。晾制好的烟叶水分应严格控制在 16% ～ 17%，在避光防潮的条件下堆放自然醇化。

16. YNBS 1

①来源与分布：由中国烟草南方遗传育种中心、云南省烟草研究所用 MSTN 90 与 KY 907 杂交而育成，2007 年通过全国烟草品种审定委员会审定。主要在云南宾川等地种植。

②特征特性：株式塔形，打顶株高 138.2 cm，茎围 11.6 ～ 12.0 cm，节距 4.9 ～ 5.2 cm，有效叶数 22 ～ 24 片，腰叶长 73.1 ～ 74.6 cm、宽 33.8 ～ 34.9 cm，叶形椭圆形，叶色黄绿，主脉粗细中等，生长整齐，长势较强，耐肥，适应性较强，成熟集中，易砍收晾制，大田生育期 95 ～ 98 天。

③产量与品质：平均亩产量 178.1 kg，抗 TMV 和黑胫病，中抗南方根结线虫病，感赤星病。晾后原烟颜色近红黄色或红黄色，颜色均匀，厚度均匀，综合内外在质量较好。

④栽培及晾制技术要点：云南宜在 2 月底或 3 月初播种，5 月初至中旬移栽。选择中上等肥力田地种植，并注意轮作。移栽密度 1300 ～ 1400 株 / 亩，施氮量云南产区 18 ～ 20 kg/ 亩，湖北产区 16 ～ 18 kg/ 亩，四川、重庆、湖南产区 14 ～ 16 kg/ 亩，氮、磷、钾比例为 1 :（1 ～ 1.5）:（2 ～ 2.5）。初花期打顶，单株留叶 22 ～ 24 片。成熟期注意赤星病提前预防。晾制失水变色稍快，采叶晾制时间掌握在 28 ～ 32 天，砍株带茎晾制掌握在 50 ～ 55 天。

17. 云白 2 号

①来源与分布：由云南省烟草农业科学研究院以 Kentucky14 y907 做母本，Burley 64 做父本杂交选育而成。2009 年 10 月通过全国烟草品种审定委员会审定。主要在云南宾川等地种植。

②特征特性：株式塔形，打顶株高 136.2 ～ 169.1 cm，茎围 12.0 ～ 13.1 cm，节距 4.4 ～ 5.0 cm；总叶片数 24 ～ 29 片，有效叶 23 ～ 25 片；腰叶长 67.4 ～ 76.3 cm，宽 30.0 ～ 34.0 cm。田间长势较强，生长整齐，成熟集中。遗传性状稳定。属中晚熟品种，耐肥，适应性较强。移栽至中心花开放期 55 ～ 60 天，大田生育期 95 ～ 98 天。抗黑胫病，中抗 TMV，感赤星病。

③产量与品质：平均亩产 175.8 ～ 201.6 kg。中部为浅红棕色，上部为红棕色，颜色较为均匀，成熟度较好，身份适中，组织结构稍疏松，光泽亮—明亮，颜色强度中—强。烟叶总糖 0.85% ～ 1.01%，还原糖 0.54% ～ 0.94%，总氮 3.69% ～ 4.15%，烟碱 3.41% ～ 3.89%，蛋白质 19.64% ～ 22.09%，氮碱比 1.07 ～ 1.10。香气风格较显著，透发性好，香气质较好，香味较丰富，香气量尚足—较足，浓度中等—较浓，杂气较轻—有，劲头适中，刺激性有，余味尚适，燃烧性较强。

④栽培及晾制技术要点：宜选择中上等肥力田地种植，云南 2 月底或 3 月初播种，5 月初至中旬移栽。栽烟密度 1200 ～ 1300 株 / 亩，氮用量掌握在 18 kg/ 亩左右，氮、磷、钾比例 1 : 1.5 : 2，单株留叶 23 ～ 25 片。注意赤星病预防。采用半砍株或全砍株晾制。采叶晾制时间掌握在 25 ～ 30 天，砍株带茎晾制掌握在 50 ～ 55 天。

18. 云白 3 号

①来源与分布：由云南省烟草农业科学研究院和云南烟草宾川白肋烟有限责任公司用 Tennessee 90 与 Kentucky 8959 杂交，经系谱选育而成。2012 年 12 月 11 日通过全国烟草品种审定委员会审定。主要在云南宾川等地种植。

②特征特性：株式塔形，遗传性状稳定。平均打顶株高 141.6 cm，可采叶数 25 片，腰叶长 76.3 cm，宽 35.6 cm，节距 4.9 cm，茎围 11.8 cm，大田生育期 97 天左右。高抗 TMV，中抗黑胫病，中感—感赤星病，中感南方根结线虫病。

③产量与品质：产量、产值明显高于鄂烟 1 号。原烟成熟度好，颜色多为浅红棕色，叶片结构疏松，叶面以展为主，光泽以亮为主，外观质量优于鄂烟 1 号。主要化学成分协调性和感官质量与鄂烟 1 号相当。

④栽培及晾制技术要点：云南种植宜在 2 月底或 3 月初播种，5 月初至中旬移栽，移栽密度 1200 ～ 1300 株 / 亩。云南产区施肥量为纯氮 18 ～ 20 kg/ 亩，氮、磷、钾配比 m（N）：m（P_2O_5）：m（K_2O）为 1：1.5：2。初花期打顶，单株留叶 24 ～ 26 片。在赤星病易发区，注意提前采取措施预防。采用半斩株收晾，因失水变色稍慢，下部采叶晾制掌握在 26 ～ 30 天，中上部叶斩株带茎晾制掌握在 55 ～ 60 天。

19. 云白 4 号

①来源与分布：云南省烟草农业科学研究院、云南烟草宾川白肋烟有限责任公司用 TN90 与 Burley 64 选育而成，2013 年 12 月通过全国烟草品种审定委员会审定。主要在云南宾川等地种植。

②特征特性：株式塔形，平均打顶株高 141.4 cm，可采叶数 24 片，腰叶长 74.7 cm，宽 35.3 cm，节距 4.8 cm，茎围 11.6 cm。大田生育期 95 ～ 100 天。田间长势强，生长整齐一致，成熟集中。高抗 TMV，中抗黑胫病，中感根结线虫病，感赤星病。

③产量与品质：产量、产值、上等烟比例、上中等烟比例等综合经济性状优于鄂烟 1 号。原烟成熟度好，多为浅红棕色，叶片结构疏松，叶面以展为主，光泽以亮为主，外观质量略优于鄂烟 1 号。主要化学成分协调性和感官质量与鄂烟 1 号相当。

④栽培晾制技术要点：较耐肥，云南产区施肥量为纯氮 18 ～ 20 kg/ 亩，氮、磷、钾配比 m（N）：m（P_2O_5）：m（K_2O）为 1：1.5：2。植烟密度 1200 ～ 1300 株 / 亩，单株留叶数 22 ～ 24 片。在赤星病易发区注意提前采取预防措施。采用半斩株收晾，因失水变色稍快，下部采叶晾制掌握在 28 天左右，中上部叶斩株带茎晾制掌握在 50 ～ 55 天。

20. TN90

①来源与分布：由美国田纳西大学用 Burley 49 与 PVY 202（即 GreeneVille 107 姊妹系）杂交后培育而成，与 Tennessee 86 品种互为姊妹系，1991 年在美国田纳西推广种植。1995 年由中国烟草总公司青州烟草研究所引进。1999 年通过全国烟草品种审定委员会审定。该品种适宜在湖北、四川和重庆种植。

②特征特性：株式塔形，打顶后近似筒形，自然株高 165 ～ 185 cm，打顶株高 125 ～ 149 cm。茎围 10.0 ～ 11.6 cm，节距 5.0 ～ 5.8 cm，总叶片数 25 ～ 32 片，有效叶 20 ～ 24 片。叶形长椭圆，腰叶长 65.5 ～ 72.3 cm，宽 29.6 ～ 35.7 cm。成熟较集中，属于中熟品种。耐旱、耐肥水，适应性较强。移栽至中心花开 50 ～ 56 天，大田生育期 85 ～ 100 天。抗根腐病、野火病、花叶病和脉斑病，中抗蚀纹病和黑胫病 0 号和 1 号生理小种。

③产量与品质：130 ～ 159 kg/ 亩。中部叶为浅红黄色或浅红棕色，上部叶为浅红棕色或红棕色，成熟度较好，身份适中，叶片结构尚疏松，光泽亮，叶面展，颜色强度浓。烟叶总糖 0.65% ～ 1.85%，还原糖 0.23% ～ 0.58%，烟碱 2.45% ～ 4.25%，总氮 2.36% ～ 4.30%，蛋白质 14.35% ～ 21.70%。香型较显著，香气尚足，浓度中等，劲头适中，杂气有，劲头稍大，余味尚舒适。

④栽培及晾制技术要点：选择肥力较好田地种植，注意氮、磷、钾合理施用，种植密度适当稀植，打顶时间略比 TN86 推迟，防止上部叶过大过厚。采用半砍株或全砍株晾制。

21. Ky 8959

①来源与分布：美国肯塔基大学用 Kentucky 8529 与 Tennessee 86 杂交后育成，1993 年在美国审定推广。1995 年由中国烟草总公司青州烟草研究所引进，2000 年通过全国烟草品种审定委员会认定。该品种适宜在湖北、四川和重庆种植。

②特征特性：株式塔形，打顶后筒形，自然株高 157.3 ～ 178.4 cm，打顶株高 102 ～ 145 cm，节距 4.8 ～ 5.5 cm，茎围 11.7 ～ 13.3 cm，总叶片数 25 ～ 28 片，有效叶 20 ～ 22 片。叶形宽椭圆，腰叶长 68.5 ～ 75.8 cm，宽 35.60 ～ 38.13 cm。属于中晚熟品种，较耐肥，抗旱能力较强。移栽至中心花开放

60～65 天，大田生育期 90～109 天。抗根腐病、野火病、脉斑病、中抗调萎病，感花叶病，较耐黑胫病。

③产量与品质：143～173 kg/亩。烟叶颜色稍深，多为浅红黄色或浅红棕色，成熟度为熟，身份适中—稍厚，叶片结构疏松，光泽亮—明亮，叶面展，颜色强度浓。烟叶总糖 0.85%～2.44%，还原糖 0.52%～1.81%，烟碱 3.01%～4.23%，总氮 2.62%～4.30%，蛋白质 12.97%～18.38%。香型较显著，香气尚足，浓度中等，杂气有，劲头稍大，燃烧性强，烟灰较白，余味微苦—尚舒。

④栽培及晾制技术要点：严格实行轮作，适当增加施肥量，注意花叶病及黑胫病的防治。采用半砍株或全砍株晾制，晾制过程中适当稀挂，并加强晾制管理。

22. TN86

①来源与分布：由美国田纳西大学用 Burley 49 与 PVY 202（即 GreeneVille 107 姊妹系）杂交育成，1989 年由云南烟草科学研究所从国引进。2002 年 11 月通过全国烟草品种审定委员会的认定。适宜于在云南烟区种植。

②特征特性：株式塔形，自然株高 175～187 cm，打顶株高 110～125 cm，节距 4.5～5.5 cm，茎围 11.0～12.5 cm，总叶片数 26～30 片，有效叶 22～24 片。叶形长椭圆形，腰叶长 71.5～76.8 cm，宽 28.6～35.2 cm。田间生长前期稍慢，中后期生长较快，长势较强、整齐，耐肥水，适应性较强。移栽至中心花开 55～60 天，大田生育期 90～105 天。中抗 TMV，抗黑胫病、赤星病及青枯病。

③产量与品质：平均产量 155～168 kg/亩。烟叶下部多为浅红黄色，中部多为浅红黄色，上部多红棕色，颜色均匀，成熟度较好，身份适中，叶片结构尚疏松，光泽亮—明亮，颜色强度中。烟叶总糖 0.86%～1.24%，还原糖 0.54%～0.87%，烟碱 2.8%～4.5%，总氮 3.5%～4.30%，蛋白质 17.5%～21.7%。香型较显著，香气尚足—足，浓度中等，劲头适中，余味舒适，灰色白。

④栽培及晾制技术要点：选择中上等肥力田地轮作种植，注意适时播栽，宜在全田 50% 第一朵中心花开放时一次性打顶，单株留叶 22～24 片。采用半砍株或全砍株晾制，采叶晾制掌握在 30 天左右，砍株带茎晾制掌握在 50～55 天。

（三）国产白肋烟各主产区信息调研

我国白肋烟自引种成功以来，历经引种、发展、提高、稳同等阶段。目前主要分布在湖北恩施、四川达州、重庆万州和云南宾川四地。其他省区也有种植，但面积较少。至 21 世纪初，我国白肋烟常种面积约为 26 000 hm²，总产量在 4 万吨左右。

1. 湖北白肋烟的信息调研

从 20 世纪 70 年代起，湖北省开始试种白肋烟，种植面积最大，约 16 650 hm²，主要集中在鄂西土家族苗族自治州。该地区四季分明，雨热同期，属中亚热带季风性山地湿润气候，夏无酷暑，冬少严寒，雨量充沛，日照充足。产区地理位置与美国白肋烟土产区在同一纬度，适宜的自然气候、立体的山地结构、丰富的土壤资源，为白肋烟烟叶种植提供了得天独厚的生态条件。全州年日照时数 1100～1560 h，其中，5—9 月 679.4～1050.9 h，日照百分率 35.47% 左右；无霜期 220～300 天；年平均气温 17.48～17.91 ℃，5—9 月均温 21.4～28.5 ℃；年大于 10 ℃有效积温 4120～5200 ℃；年 22.5 ℃天数 78 天以上；年平均降水 1200～1600 mm，5—9 月降雨量 750 mm 左右。目前，湖北的白肋烟烟叶出口量占全国白肋烟出口总量的 80% 以上，是国内混合型卷烟生产主要原料基地，也是国内白肋烟出口的主要省份。湖北白肋烟对我国中式混合型卷烟的开发、生产和国际市场需要的满足都发挥了积极作用。

2. 四川白肋烟的信息调研

四川达州白肋烟产区主要位于大巴山腹地。由于生态条件适宜，秋季雨量偏大，空气湿度也较大，对白肋烟生长发育与烟叶晾制十分有利。除海拔 1200 m 以上地区外，达州大部分地区热量资源丰富，能充分满足优质白肋烟形成的需要，并且其热量分布与美国肯塔基州气候分布（世界最优质的白肋烟产区）十分契合。历史上四川达州白肋烟产量曾达到 50 万担，是国内白肋烟的主产区，所产烟叶销往国内各大烟厂并大量出口。20 世纪 90 年代以来，四川白肋烟生产因为市场、技术及品种等多种原因，面积减少，产量逐渐下降，质量降低，到 21 世纪初白肋烟产量下降到 1 万多担。

四川白肋烟的多数中性致香成分、香气前体物及降解产物与美国优质白肋烟含量接近，但四川白肋烟香气前体物比云南低，而中性致香成分比云南高。四川白肋烟产区烟叶的香气前体物降解比较充分，具有较高的发展和优质潜力。通过在项目示范片区运用先进栽培技术和晾制技术，并选取当地优良品种，烟叶的长势长相（株高，茎围，上部叶长、宽，中部叶长、宽，留叶数和单叶重）和内在品质已接近，甚至达到国外优质白肋烟的标准；晾制后烟叶的质量表现为：中部叶近红黄色—浅红棕色，上部叶浅红棕色—红棕色，色泽光亮，富有油分，烟叶厚薄适中，柔韧性好；同时也存在一些问题，如留叶多而单叶重偏低，栽培过程中肥料运筹不合理，质量意识单薄导致烟叶质量水平不佳等。

3. 重庆白肋烟的信息调研

重庆万州适宜种烟面积为 15 万～ 20 万亩，是全国优质白肋烟生产基地之一。本区气候温和，雨量充足，海拔高度适中，四季分明，夏热而长，但少酷暑，夏热多伏旱，秋凉多绵雨，降雨充沛，云雾多，光照不足，冬季无严寒，雪天少，无霜期长，年平均日照 1483.2 h，日照百分率为 34.1%，年平均降雨量 883.8 mm，集中在 6—8 月，占全年降雨量的 40.92%，相对湿度 78.25%，是最适宜发展白肋烟的区域。

4. 云南白肋烟的信息调研

大理州宾川县是云南白肋烟的主产区。云南白肋烟试种起步较晚，从 1982 年开始试种。但宾川白肋烟发展迅猛，生产规模逐步扩大。宾川地区白肋烟的发展得益于得天独厚的地理和气候条件。宾川地区光照充足，热资源丰富，属于中弧热带低纬高原季风气候。海拔在 1400 ～ 1750 m，年均气温 18.1 ℃，年均日照时数 2700.4 h，无霜期为 265 天，降雨集中。宾川终年温热，适合作物全年生长。宾川白肋烟大田生长期在 5—9 月，年均气温 23.5 ℃，在白肋烟最适宜生长的温度范围内。宾川烟区的降雨较为适宜，除移栽和团棵期降雨量不能满足需求外，其他各时段基本满足需水要求。宾川地区热量丰富，光照充裕，水分适中，光、温、水三要素配合有利于白肋烟优质适产。宾川白肋烟的外在和内在质量均已达到国际优质白肋烟的标准。

宾川县白肋烟田间群体结构合理，长势良好，个体发育完整，成熟斑显著，整体长势长相优质；晾制出的叶片大小适中，光泽均匀，外观颜色鲜亮，烟叶厚薄适中，弹性好；化学成分协调，烟碱含量较低，香气质量表现较好，燃烧性强，符合典型白肋烟的香型特征。但宾川白肋烟生产也存在限制因素：①白肋烟生产基础薄弱，生产中存在栽培技术不够成熟，成熟度不够等因素，晾制技术需进一步提高。②烟农种植积极性不够稳定，一些农户弃烟改种其他经济作物，造成种植面积下降。

二、国产马里兰烟的信息调研

（一）国产马里兰烟种植及分布概况

马里兰烟是属于生产低焦油混合型卷烟的淡色晾烟，于 1979 年由国家轻工业部卷烟工业赴美考察小组将马里兰烟品种带回国内，该品种为马里兰 609，是美国种植的主要品种之一。1980 年春天，我国开始小面积试种马里兰烟，轻工业部烟草工业科学研究所根据美国马里兰州的纬度和土壤气候条件，结合国内的生态条件，在吉林、安徽、河南和湖北四省试种了马里兰烟。经过一年的试种和品质的工业验证，吉林省伊通试种的马里兰烟较好地表现了国外马里兰烟的农艺特性，有效叶 20 片左右，每亩单产 135 kg 以上，明显高于晒烟产量水平；经有关专业人员鉴定，认为其烟叶具有独特风格，香气特异，杂气轻微，燃烧性和烟灰黏结性非常好，烟灰洁白，烟支可以阴燃到底，可作为生产混合型卷烟较好的原料之一，只是香气量尚少，劲头偏小。从 1981 年开始，吉林、辽宁、黑龙江、河北、河南、安徽、湖北、湖南及甘肃 9 个省都种植了马里兰烟并均达到了可行或较好的产质量水平，这也证明马里兰烟在中国从北到南不同纬度的适应性都比较强。然而，到 20 世纪 90 年代末，由于马里兰烟叶销售市场、小气候灾害等因素的影响，除了湖北等少数产区以外的大部分烟区都停止了马里兰烟的种植。

目前，我国的马里兰烟仅在宜昌市五峰县得以保存和发展，成为中国唯一的马里兰烟主产县。其出产的马里兰烟具有香吃味好、燃烧性强、焦油含量低、弹性强和填充性好等特点。自 2000 年起，北京卷烟厂开始在宜昌市五峰县兴办马里兰烟生产基地，选用该基地马里兰烟叶研制的"中南海"卷烟，成为中式低焦油卷烟的代表品牌。

同样随国家局卷烟结构调整政策的影响，我国马里兰烟原料的种植规模也发生了显著变化，表 3-2 是 2010 年以来我国马里兰烟的种植概况，各主产区呈现较显著的下滑趋势，尤其是 2012 年以后每年种植面积缩减幅度都在 20% 以上。

表 3-2　2010—2015 年我国五峰马里兰烟种植面积

单位：万亩

年份	2010	2011	2012	2013	2014	2015	累计
面积	2.18	3.05	3.03	2.42	1.69	0.94	13.31

（二）国产马里兰烟种植品种现状

从 20 世纪 80 年代初我国开始试种马里兰烟以来，在生产上都以所引品种 Md609 为主，品种选育一直在探索实践之中。直到 2011 年，湖北省宜昌市五峰马里兰烟研究中心从 Md609 自然变异群体中成功系统选育出适应并彰显五峰生态特色的马里兰烟新品种"五峰 1 号"，填补了我国马里兰烟品种的空白，并在当年其种植面积就已占到马里兰烟总面积的 90%。到 2013 年，五峰马里兰烟研究中心为满足中高海拔烟区的需要，通过杂交成功选育出了马里兰烟杂交品种"五峰 2 号"（该品种于 2013 年 12 月获会议通过，于 2015 年 5 月公告并获得证书）。从 2014 年开始，五峰马里兰烟产区开始以 90%"五峰 1 号"和 10%"五峰 2 号"品种种植分布结构稳定发展。下面就各品种的来源、特征特性等信息做一介绍。

1. 品种 Md609

①来源与分布：马里兰烟品种 Md609 于 1979 年从美国引入我国，曾在吉林、安徽、河南、湖南、湖北等省试种，并于 1981 年在湖北省宜昌市五峰县试种成功并沿用至今。

②特征特性：株式筒形，株高 160 ～ 185 cm，茎围 9 ～ 10 cm，节距 4.2 ～ 4.8 cm，叶数 26 ～ 29 片，有效叶数 20 ～ 24 片，大田生育期 85 ～ 90 天，属中熟品种。适应性广，生长势强，高抗黑胫病、根黑腐病，低抗花叶病、野火病、赤星病等病害。

③产量与品质：一般产量 140 ～ 170 kg/ 亩，烟叶浅红黄色或红黄色，组织结构疏松，色泽鲜明，身份适中，弹性好，填充性好，该品种香型风格显著，内在化学成分协调，焦油含量低，香气质高，香气量足，劲头适中，余味舒适，杂气较轻，刺激性小，燃烧性强（灰色呈灰白—白色）。

④栽培及晾制技术要点：适宜海拔 600 ～ 1200 m，适应广，生长势强，一般每亩栽植 1100 ～ 1230 株为宜，施肥量为亩施纯氮 10 ～ 12 kg，氮、磷、钾配比 $m(N):m(P_2O_5):m(K_2O)$ 为 1：1：2.5，有效留叶数 20 ～ 24 片 / 株。适时分片采收、整株采收或半整株采收，标准晾房、简易晾棚两段晾制。

2. 五峰 1 号

①来源与分布：宜昌五峰马里兰烟研究中心从 Md609 自然变异群体中系统选育出"Md609-3"，即"五峰 1 号"，2011 年 12 月通过全国烟草品种审定委员会审定。主要在湖北五峰县种植。

②特征特性：株式筒形，自然株高 190～210 cm，打顶株高 110～130 cm，茎围 11～13 cm，节距 4～5 cm，叶数 29 片左右，有效叶数 24 片左右。茎叶角度中等，中部叶长 80～88 cm、宽 28～34.5 cm，叶片长椭圆形，叶色深绿，叶面平展，叶片较薄，叶肉组织疏松，主脉粗细中等，茎和叶脉呈绿色。大田生育期 86～90 天，低山大田生育期 86 天左右，半高山烟区大田生育期 90 天左右，属中熟品种。适应范围较广，最适宜中海拔区域种植，生长势强，抗旱，较抗涝，抗黑胫病和根黑腐病，中感根结线虫病，低抗花叶病，易感赤星病、空茎病。

③产量与品质：一般平均产量 169 kg/亩左右，上中等烟比例 85% 左右。烟叶成熟度较好，身份适中，叶片结构尚疏松至疏松，叶面较舒展，颜色近红黄—红黄色，且均匀度好，光泽较对照鲜明，部位特征明显，烟叶开片较好。烟叶化学成分协调：中部二级烟叶总糖含量 0.54%，烟碱含量 3.22%，总氮含量 4.52%，氧化钾含量 3.94%，氯离子含量 0.25%；上部二级烟叶总糖含量 0.50%，烟碱含量 4.81%，总氮含量 3.44%，氧化钾含量 3.09%，氯离子含量 0.28%。香型风格显著，香气质较好，香气量较足的特点，工业可用性强。

④栽培及晾制技术要点：五峰 1 号最适宜中低海拔（700～1200 m）烟区种植，适宜深沟高垄栽培，中等肥力田块一般栽植 1026 株/亩，行株距 130 cm×50 cm。施肥量为亩施纯氮 10～12 kg，氮、磷、钾配比为 1：1：（2.5～3）。适宜初花期打顶，单株留叶数 22～24 片，适宜采取分片采收和半整株斩株相结合的采收方式，应用两段式晾制方法晾制。

3. 五峰 2 号

①来源与分布：宜昌五峰马里兰烟研究中心以马里兰烟 609 雄性不育系（MsMd609）为母本、以 Md872 为父本杂交选育而成的杂交品种，称为"五峰 2 号"，2015 年 5 月通过全国烟草品种审定委员会审定。主要在湖北五峰县种植。

②特征特性：株式筒形，叶片椭圆形，初花期打顶，单株留叶数 22～24 片，打顶株高平均 110 cm，茎围 12 cm，节距 4.5 cm，有效叶数 25 片，腰叶长度 84 cm、宽度 35 cm。大田生育期 84 天左右，该品种对 TMV 免疫，感 CMV，中抗 PVY，抗黑胫病、赤星病、空茎病能力较强。

③产量与品质：一般平均产量 175 kg 左右、上中等烟比例达到 90%，中部烟叶身份适中，叶片结构尚疏松至疏松，叶面舒展，颜色浅红黄至红黄，光泽鲜明至尚鲜明；上部烟叶成熟度好，身份适中至稍厚，叶片结构尚疏松至稍密，颜色红黄—红棕色，光泽尚鲜明。烟叶化学成分协调：中部三级烟叶总糖含量 0.83%，烟碱含量 3.34%，总氮含量 2.90%，氧化钾含量 5.36%，氯离子含量 0.37%；上部二级烟叶总糖含量 1.05%，烟碱含量 3.58%，总氮含量 3.90%，氧化钾含量 4.88%，氯离子含量 0.68%；化学成分协调，马里兰香型风格较显著，香气质较好，香气量较足，浓度较浓，余味较舒适，杂气较轻，刺激性有，燃烧性强，灰色灰白，劲头较大，烟叶可用性较好。

④栽培及晾制技术要点：五峰 2 号适应范围较广，尤其适宜于中高海拔烟区种植，并以中等肥力的缓坡地、有机质含量充足、磷钾含量丰富的微酸性土壤最适宜。2 月下旬至 3 月上旬播种，5 月上旬移栽，宜深沟高垄栽培，种植密度为中、低肥力田块以行株距 130 cm×50 cm 为宜，高肥力田块以行株距 130 cm×55cm 为宜。施肥量为亩施纯氮 12 kg，氮、磷、钾配比为 1：1：（2.5～3），70% 氮肥、60% 钾肥及全部磷肥用作底肥，余下肥料于栽后 20～25 天一次性打穴追入。五峰 2 号为早熟品种，成熟较集中，故适宜采取分片采收和半整株斩株相结合的采收方式，打顶后分片摘叶采收 2～3 次，余下叶片采取半整株斩株晾制，晾制前期和后期应注意及时排湿，定色期应注意保湿。应用两段式晾制方法晾制（变黄定

色期在标准晾房内，凋萎、干筋期在凋萎棚内）效果较好。

（三）国产马里兰烟主产区的信息调研

湖北省宜昌市五峰县是我国目前得以保存和发展马里兰烟的唯一主产县，五峰县地处中亚热带湿润季风气候区，山地气候显著，四季分明，冬冷夏热，雨量充沛，雨热同季，暴雨甚多。山间谷地热量丰富，山顶平地光照充足。境内垂直气候带谱明显，适合多种农作物及经济林木生长。年均日照 1533 h，年均气温 13 ～ 17℃，无霜期 240 天，年均降水量 1600 mm，年均降水天数为 166 天。

五峰全县马里兰烟叶适宜种植面积达 8 万亩，经过多年发展，形成了独具风格的五峰马里兰烟叶。其出产的马里兰烟具有香吃味好、燃烧性强、焦油含量低、弹性强、填充性好等特点，具有独特地方风格。目前，马里兰烟已成为上海烟草集团北京卷烟厂低焦油混合型卷烟"中南海"品牌不可或缺的核心原料，自 2005 年上海烟草集团北京卷烟厂与湖北省烟草公司宜昌市公司、五峰县政府相关部门正式启动马里兰烟叶基地单元建设以来，宜昌市烟草公司转变经营观念，以出产高品质适用马里兰烟为目标，推进五峰马里兰烟叶基地生产由粗放型向集约型、规范化生产转变，严格规范生产技术措施，提高烟叶生产技术措施到位率，使五峰马里兰烟的原料规范化生产技术和烟叶总体质量水平得到了显著提升和有效保障。从 2013 年开始，五峰县政府又与湖北中烟工业有限责任公司、湖北省烟草公司宜昌市公司共同签订了五峰烟叶基地建设战略框架协议，为共同建设五峰优质马里兰烟叶原料供应基地注入了新的活力。2015 年 1 月，国家工商总局商标局签发了由五峰烟草种植协会申报的"五峰烟叶"商标注册证，将有力推动以马里兰烟为核心的"五峰烟叶"优质特色品牌培育，促进我国马里兰烟叶产业健康持续发展。

第二节　国产白肋烟、马里兰烟种植、调制与分级

目前，我国晾烟主产区主要集中在华中地区的湖北、四川及重庆，区域地理及气候条件相对接近，白肋烟和马里兰烟在生产种植、成熟采收及调制等主要技术环节上基本相同；云南地区地理及气候条件差异相对较大，但主要技术环节也是相似的，故在本节中将白肋烟和马里兰烟的生产技术一并阐述，各项技术中有差异的细节方面将逐一标注。

一、白肋烟和马里兰烟的种植技术

（一）选地及大田准备

1. 海拔高度选择

我国白肋烟和马里兰烟生长的适宜海拔应控制在 800 ～ 1200 m 的区域，为确保烟叶正常成熟和较好的质量风格，避免在海拔过高（超过 1200 m）的区域种植。

2. 种植地块选择

种植白肋烟的地块应满足以下条件。

①适度集中连片。

②植烟土壤地力均匀，耕层深厚，质地疏松，保水保肥力较强，灌水排水方便，pH 5.5 ～ 6.5，坡度小于 15°（坡度大于 15° 的地块应做梯田式整改），不要选用病虫害发生严重、地势低洼和荫蔽大的地块。

③合理轮作，无重茬，前茬可为小麦、玉米等非同科或不携带与烟草同类易感病源的作物地块。

3. 大田准备

①烟秆及植株残体在采收后及时全部清理出烟田，应连同田边其他杂物一起处理。

②有绿肥种植的烟田，10月底之前播种绿肥，待到第二年3月下旬至4月上旬进行绿肥翻压晒垡，土壤有酸化现象的烟区在翻压时可配套撒施适量生石灰（50 kg/亩）或草木灰；无绿肥种植的烟田以冬闲为主，并进行土地深耕，耕层深度在25～30 cm，越冬晒垡。

③整地：3月下旬至4月上旬进行土地翻耕、平整。

4. 土壤改良

对于土壤出现酸化、严重板结、地力退化较明显的烟区，可以采用如下方法进行土壤改良。

①深耕冻土：深耕冻土可以改善土壤物理性状，熟化土壤提高肥力，减少病虫草害，使土地疏松，提高土壤微生物活性，促进根系和地上部分的生长。耕作深度应在25～30 cm。

②秸秆还田和有机肥的施用：关于秸秆还田，提倡上季作物和本季作物配合施用，主要目的是改善土壤的理化性状，提高肥料利用率。操作方法：用麦秆、玉米秆等秸秆截成小节结合使用 HM 有氧发酵菌堆积发酵（当然也可应用当前研究成功的多种商品化秸秆生物有机肥），移栽前施入烟田；也可待烟叶中耕培土后将麦秆、玉米秆直接对垄体进行覆盖，既可保湿，还可改良土壤。关于有机肥的施用，提倡施用腐熟农家肥（亩均500～750 kg）、饼肥（亩均用量20～30 kg）、生物有机肥（按产品说明施用）；应注意牛粪等厩肥、沼肥或饼肥，要在移栽前1～3个月入田并及时用土覆盖，使之充分发酵腐熟，这样有利于此类肥料养分及时释放，避免烟叶在田间贪青晚熟。

③种植绿肥：充分利用冬闲的烟田种植绿肥，翻压后可迅速提高土壤有机质含量、增加土壤微生物活性、降低土壤容重等起到改良土壤的作用。同时在绿肥生长过程中通过养分吸收、根系分泌物和根系残留物等调节土壤养分平衡和消除土壤中不良成分。

④对土壤 pH 过低（pH ≤ 5.5）的烟区，可在冬耕或翻压绿肥时施用生石灰以加强酸化治理，生石灰用量为60～80 kg/亩（绿肥返田区域不重复使用）。

（二）播种育苗

采用渗透调节包衣种，在移栽之前45～60天播种，采用井窖式移栽产区的可以在此期限内适当推迟5～15天播种。育苗技术可以选择"半基质保温保湿漂浮育苗技术"和"托盘悬式立体高效育苗技术"两种技术方案实施。

1. 半基质保温保湿漂浮育苗技术

该技术是目前在广大烟叶产区应用最成熟、最广泛的育苗技术，能在高海拔和低温条件下取得良好的育苗效果，简便易行，节约育苗成本，明显缩短育苗时间，提高成苗素质。具体方法如下。

①基质装填：向基质反复喷水，直至基质达到手捏成团，触之能散的程度，然后再装填，装填量为育苗空穴容积的1/2～2/3。

②播种：播种后在育苗盘上方均匀地反复喷水，以确保包衣种子吸足水分，外壳裂解溶化，裸种清楚地露出。

③保温保湿催芽：在室内地面铺垫干净的薄膜，将育苗盘码放在室内，堆放高度为10盘，用薄膜覆盖严实，每隔3天喷淋一次育苗盘，保持基质湿润，保温保湿直至种子破胸萌发。

④漂浮育苗：水分管理上，出苗以前，向营养池加注营养液时，注意深度为2～3 cm大十字期后，营养液深度不超过6 cm；温度管理上，前期注重密封保温，烟苗生长的适宜温度在20～30℃，防止出现极端温度（棚内温度低于10℃或高于35℃），当棚内雾气较大时，要及时通风排湿，若大十字期以后，出现阴雨连绵天气，有条件的育苗点可采取增温补光措施。

⑤养分管理：把握好营养液的施加时间及浓度管理，出苗时（即子叶平展时）进行第一次加肥，使营养液浓度达到含纯氮（100～150）×10⁻⁶；大十字期进行第二次加肥，使营养液浓度达到含纯氮150×10⁻⁶，保证烟苗生长所需的营养成分。

⑥其他技术措施按照烟草漂浮育苗技术规程操作。

2. 托盘悬式立体高效育苗技术

烟草托盘悬式立体高效育苗技术可利用有限的育苗设施空间实现高效育苗，显著提高土地利用效率和苗床管理效率，缩短育苗时间并明显改善烟苗素质，还能有效降低育苗成本。其原理是充分利用育苗大棚的空间，采用多层梯形立体育苗架，在育苗大棚中进行合理的密度设置，将营养液托盘和育苗盘放置在育苗架上，以专用的复合型环保育苗基质做载体，通过营养液托盘中的浅层营养液供给种子萌发和烟苗生长所需的水分和养分，并在配套的光温水肥管理措施下培育壮苗。图3-1为立体育苗成苗期实景图。

图 3-1　立体育苗成苗期实景图

（1）烟草悬式立体高效育苗技术的育苗系统及技术参数

①梯形立体育苗架：据塑钢大棚的弧形拱高，可以灵活选择如下两种育苗架来组合使用：

A型：三层架，第一层贴地而置（离地30 mm），第二层净高（钢丝网盘的底平面距地面高度）1000 mm，第三层净高（钢丝网盘的底平面距地面高度）1650 mm，立柱钢材25 mm×25 mm，如图3-2所示。

B型：两层架，第一层贴地而置（离地30 mm），第二层净高（钢丝网盘的底平面距地面高度）1200 mm，立柱钢材25 mm×25 mm（钢材宽厚不小于25 mm），如图3-3所示。

图 3-2　A型三层架

图 3-3　B型两层架

②育苗基质：环保复合型基质，由少量现行泥炭育苗基质、蛭石、大量粉碎的红砂岩山沙（或河沙）及保水材料混拌而成，如图 3-4 所示。

③育苗盘：PS 材质育苗穴盘，14×7 穴，株间距（相邻穴间距）35 mm，穴盘外围长 538 mm、外围宽 280 mm、穴盘深 50 mm，单盘重量不低于 120 g，如图 3-5 所示。

图 3-4　育苗基质

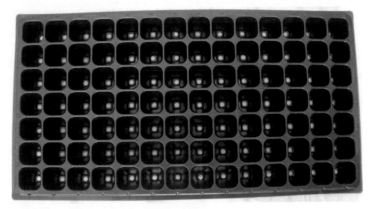

图 3-5　育苗盘

④营养液托盘：PVC 材质，托盘深度不小于 55 mm，托盘根据规格大小分两种，即四联体托盘和二联体单盘，其中，四联体托盘规格为上表面外围 1120 mm×540 mm，每托盘 4 室，每室尺寸为 50.0 mm×24.5 mm，每室容纳一个育苗穴盘，单个托盘重量不低于 600 g；二联体托盘规格为上表面外围 1080 mm×280 mm，每托盘 2 室，每室尺寸为 50.0 mm×24.5 mm，每室容纳一个育苗穴盘，单个托盘重量不低于 300 g，如图 3-6 所示。为了提高营养液的管理效率，营养液托盘也可用贯通多个单元的通条营养液槽来替代：营养液槽用厚度在 0.35 mm 以上的 HDPE 防渗膜（俗称土工膜或土工布）铺垫围成，以 5 个单元架为 1 组，从而实现营养液的通槽式管理（图 3-7），这样不仅可显著提高营养液的管理效率，还能大幅降低耗材成本和苗床劳动强度。

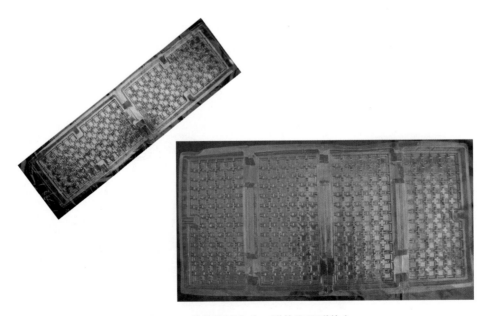

图 3-6　营养液托盘（二联体和四联体）

图 3-7　防渗膜替代托盘的营养液通槽式管理

⑤育苗专用肥：以烟草专用复合肥为主，添加均衡适量的中微量元素，能满足烟苗生长发育对各种营养成分的需要。

⑥育苗大棚：用现有育苗大棚或温室（图 3-8）。

图 3-8　立体育苗大棚及温室的安置

⑦育苗架布局及安装要求

a. 育苗架布局：架组安置应选择东西向，每组育苗架可以分成 2～3 段，即育苗架组间过道宽不得小于 35 cm、每一组的两段间过道宽不小于 50 cm。

b. 育苗架安装基座：为了保证立体育苗架安装后水平一致，应在现有育苗场地修筑水泥埂子，以此作为育苗架的安装基座，水泥埂子的上平面与原漂浮育苗池水泥埂子等高，且保证育苗架安装后过道宽度不小于 50 cm。

⑧营养液池：为提高营养液管理效率，需修筑容量为 1～4 m³ 的水泥池子 1 个，供配制营养液用，并配备自吸式水泵用来快捷吸注营养液。

（2）烟草悬式立体高效育苗技术的操作规程

①育苗盘的消毒：在育苗前育苗盘必须消毒。消毒方法是用 0.05%～0.10% 高锰酸钾浸泡育苗盘半小时，然后用清水洗净，如图 3-9 所示。

图 3-9 育苗盘及营养液托盘消毒

②基质装填与播种

a. 基质装填：方法与现行方法一致。

b. 播种，每穴播种 1 ～ 2 粒（可以用配套的播种器来快速完成），播完后在育苗盘上方均匀反复喷水，以确保包衣种外壳完全溶化裂解。

c. 向立体育苗架的育苗托盘内注入含烟草专用复合肥（氮、磷、钾配比为 10∶10∶20）3/1000 的营养液（100 kg 水中加入 300 g 烟草专用复合肥），可以按比例补充中微量元素 ①。

d. 最后将湿润的育苗盘移入立体育苗架的托盘中，如图 3-10 所示。

图 3-10 立体育苗基质装填与播种

③ 水分和养分的管理

a. 水分管理，所有用水必须严格要求采用饮用水，如井水或自来水；水分的管理应及时观察托盘水位、苗情长势及基质干湿状况，播种至小十字期在基质充分吸湿后水位保持 2.0 ～ 2.5 cm，小十字以后控制水位在 3.5 ～ 4.5 cm 深，托盘基本装满。

b. 养分管理，当托盘水位低于育苗盘底部时及时按各时期水位要求补足营养液，视天气情况 4 ～ 10 天补充一次；待烟苗达到小十字期后营养液养分浓度可以提高至 4/1000 [即含烟草专用复合肥 m（N）∶ m（P_2O_5）∶ m（K_2O）= 10∶10∶20，配制方法如前文所述]。

④ 温湿度管理：温湿度通过大棚的窗户开关进行管理。从播种到出苗期间应采取严格的保温措施，使育苗棚内的平均气温保持在 25 ℃左右，保障整齐出苗。当育苗架顶层气温超过 30 ℃时，要及时通风降温，防止烧苗。

---

① 含氮 0.03%，其他肥源可依此折算，下同。

3. 苗期病虫害控制

为防止病害发生，采取严格的卫生防疫措施，做到严防病毒病菌传染，严格执行卫生操作，具体措施如下。

①育苗设施的消毒和防虫：育苗前，需对育苗棚（或温室）、苗池和育苗棚（或温室）四周用福尔马林或二氧化氯喷雾消毒。育苗盘可使用漂白粉、二氧化氯或高锰酸钾的消毒液以喷雾（将盘正反两面均匀喷湿不滴水为度）或浸泡的方式处理，处理后再用塑料薄膜密封至少24 h，清水冲洗并晾干后即可使用。此外，灌注营养液之前，可在漂浮育苗池底部用生石灰或乙酰甲胺磷等进行地下害虫的防治，避免破坏池膜。

②育苗场地卫生：禁止非工作人员进入育苗棚，操作人员不得在棚内抽烟，不得污染营养液（如在营养液中洗手，清洗物件）；凡进入大棚的操作人员必须用肥皂洗手，鞋底必须经盛有福尔马林液或漂白粉等药剂的浅水池消毒，减少人为传播；在苗床出现病株，应及时拔掉，在远离苗床的地方处理掉。

③药物防治：大十字期后，根据苗情长势，可喷施规定浓度的甲霜灵锰锌、甲基托布津及宁南霉素等预防猝倒病、炭疽病及立枯病，用吡虫啉预防烟蚜，用吗呱乙酸铜、抗毒丰或病毒清等预防病毒病，注意交替用药，防止产生抗药性。

④辅助设施及措施：为加强对蚜虫的防治，可在育苗大棚门及通风口设置40目的防虫网，或采用黄板、黄皿诱蚜；此外，在苗期保持大棚适宜温度的同时，应尽量通风排湿，有助于减少病菌滋生并提高烟苗的抗病能力。

4. 成苗标准与炼苗

（1）常规移栽高茎壮苗的成苗标准

①苗龄：50～60天；②烟苗茎高9～12 cm，茎直径大于5 mm，功能叶（真叶）5～8片；③根系发达；④群体长势健壮整齐；⑤苗床无病虫害（图3-11）。

图3-11　常规移栽高茎壮苗的成苗长相

（2）井窖式移栽小壮苗的成苗标准

井窖式移栽，在技术设计上以小苗移栽为主，即要求烟苗在移栽时达到小而壮，故具体成苗标准是：①苗龄45～55天；②烟苗茎高3～5cm，功能叶（真叶）4～5片；③根系较发达；④群体长势健壮整齐；⑤苗床无病虫害（图3-12）。

图 3-12　井窖式移栽小壮苗的成苗长相

（3）炼苗

移栽前 3～7 天打开育苗棚（或温室）的门窗、断水断肥，以适应大田环境。此外，栽前至少 1 h 应让苗盘吸饱苗池内肥水，这个回润操作也有利于拔苗时保证根部基质包裹不散，从而有利于缩短还苗期。

（三）大田起垄与覆膜

推行"三先"技术，即先施肥、先起垄、先覆膜。大田整地、起垄、施肥、覆膜等各项操作应在移栽前 10～15 天结束。

1. 起垄

起垄行距为白肋烟 1.1～1.2 m、马里兰烟为 1.2～1.3 m，垄高为 10～25 cm（排灌不畅、耕层较薄的田块宜采用上限，土壤质地轻、耕层较厚的田块宜采用下限），垄底宽 50～60 cm，垄面呈拱形，垄直平整，土壤细碎，垄面无杂草；沟厢应垄沟、腰沟、围沟"三沟"配套，起垄后应在垄面喷施杀虫剂，防止地老虎等地下害虫的危害。

2. 地膜覆盖

①地膜规格：使用聚乙烯农用地膜，宽度 80～90 cm。

②覆膜要求：足墒覆膜，全垄体覆盖，要达到"严、紧、实、平"的要求。

（四）施肥技术

1. 肥料种类

白肋烟主要施用的化肥类有烟草专用复合肥，如硝酸钾、硝铵、过磷酸钙、钙镁磷肥和硫酸钾，生物肥类有农家肥、绿肥、菜籽饼肥及其他成熟应用的生物有机肥。禁止用尿素和含氯肥料。

2. 施肥量及配比

我国晾烟生产的施肥管理指导思想是以平衡施肥为原则，严格控制总施肥量，合理配比氮、磷、钾，因地制宜补充中微量元素肥料；推广并稳定生物有机肥的施用，充分恢复和保护土壤肥力。在制定具体施肥措施上，必须根据种植区域的气候、土壤类型及肥力状况，充分结合测土结果，肥种植、农家肥补给和前茬作物的肥料利用特征等肥效因素，先确定施氮量及元素配比，再确定磷、钾等其他元素的施入量，并建立和完善烟区地块的施肥管理档案信息，以逐步实现肥料管理措施的精准化和生态化。我国晾烟产区当前的施肥总量控制是：白肋烟每亩纯氮总量控制在 15～18 kg、马里兰烟每亩纯氮总量控制在 8～12 kg。

值得强调的是，虽然烟草对磷的吸收量较少，但由于磷在土壤中的移动性较差，利用率较低，所以在生产中磷的施用量往往与氮相当或更多一些；烟草作为喜钾作物，对钾的吸收量非常大，我国晾烟的吸钾量往往是吸氮量的 2～3 倍；所以，晾烟的氮、磷、钾三元素的总供量配比宜控制在 m（N）：m（P_2O_5）：m（K_2O）为 1：（1～2）：（2～3）。在矿质元素的全营养平衡管理上，钙、镁、硫等中量元素及硼、锌、锰、氯等微量元素的施用应根据实际测土调查结果，按照"有缺有补"的原则补足即可。此外，施入各类农家肥、生物有机肥及种植绿肥的田块需抵减相应量的化肥用量。

以湖北省 2015 年晾烟生产的施肥管控为实例，可做如下参考。

（1）白肋烟施肥实例

2015 年，恩施白肋烟产区坚持用地与养地相结合，有机肥与无机肥相结合，坚持控氮、稳磷、增钾、补微的原则，注重施肥方法，强调肥效早发，防止后发晚熟。产区将亩施纯氮量控制在 13～16 kg，根据烟田肥力状况的大概分类、实际测土结果及降水和温度等区域气候条件特征做相应的调整，如表 3-3 所示。

表 3-3　恩施白肋烟平衡施肥参考表

烟田分类	亩施纯氮 / kg	氮、磷、钾比例	过磷酸钙 / kg	复合肥 / kg (10：10：20)	硫酸钾 / kg	硝酸钾 / kg	有机肥 / kg	发酵饼肥 / kg
一类田（上等肥力）	13.1	1：1.1：2.3	30	100		20	40	
二类田（中等肥力）	14.1	1：1.1：2.2	30	110		20	40	
三类田（下等肥力）	15.1	1：1.1：2.2	30	120		20	40	
高端品牌	14.7	1：1.1：2.5	40	110	10	20	40	25

施肥方式及方法：烟草专用肥、磷肥、发酵饼肥全部做底肥条施，5 kg/ 亩硝酸钾做提苗肥在移栽后 10～15 天封井时兑水淋施，余下硝酸钾、硫酸钾做追肥，在移栽 30 天顺垄于两株烟之间打 10～15 cm 深的孔，硫酸钾穴施、硝酸钾兑水淋施并封口。

（2）马里兰烟施肥实例

施肥量及配比：亩施纯氮 8～12 kg（上等肥力 8～9 kg，中等肥力 9～11 kg，低等肥力 12 kg），以农作物玉米产量为肥力参考植物，亩产 300～400 kg 为低肥力田块，400～500 kg 为中肥力田块，500 kg 以上为高肥力田块；施肥比例 m（N）：m（P_2O_5）：m（K_2O）为 1：1：2.5。

施肥种类及用量：上等肥力烟田，亩施生物有机肥（含饼肥）45 kg、农家肥（厩肥）1000 kg、烟草专用复合肥 [m（N）：m（P）：m（K）为 10：10：20] 60 kg、硫酸钾 15 kg、过磷酸钙 10 kg、碳酸氢铵 5 kg；中等肥力烟田，亩施生物有机肥（含饼肥）47.5 kg、农家肥（厩肥）1000 kg、烟草专用复合肥 65 kg、硫酸钾 20 kg、过磷酸钙 17.5 kg、碳酸氢铵 10 kg；低肥力烟田，亩施生物有机肥（含饼肥）50 kg、农家肥（厩肥）1000 kg、烟草专用复合肥 70 kg、硫酸钾 25 kg、过磷酸钙 25 kg、碳酸氢铵 15 kg。另根据测土施肥情况，适当施用硼、锌、镁等微肥。

3. 施肥方法

①底肥：移栽前 5～15 天将 60%～70% 的氮肥、60%～70% 钾肥及 100% 的磷肥、充分腐熟的饼肥或其他生物有机肥做底肥一次性条施，条施的深度距垄面为 10～20 cm，宽度为 15～20 cm。

②追肥：余下的 30%～40% 氮肥、30%～40% 钾肥作为追肥在移栽后 25 天内以穴施的方式追施。具体的揭膜追肥方法：在烟株两侧 10 cm 处打孔施入，施肥深度为 10～15 cm，追肥后要及时封口并及

时淋水促溶。根据土壤和烟株长势情况，可根外喷施磷酸二氢钾和中微量元素（如缺 Mg 补 Mg、缺 Zn 补 Zn），叶面肥。

4. 施肥关键保障措施

（1）严格管控种植密度和单株供氮量

肥料的供给必须严格与种植密度相协调，总体上要求高山区（海拔 1200 m 以上）亩栽株数不得低于 930 株，即移栽密度不得低于 1.3 m × 0.55 m；低山区（海拔 1200 m 以下）亩栽株数不得低于 1100 株，即移栽密度不得低于 1.2 m × 0.50 m。原则上控氮量以 1100 株 / 亩为基础，如果密度不同于 1000 株 / 亩，则按比例调整施氮量，确保单株控氮措施的落实。

（2）严格把握施肥时间和方法

烟苗移栽后，追肥必须在移栽后 25 天之内完成，否则易导致烟株尤其是上部叶贪青晚熟。追肥方法上，提苗肥和追肥都要兑水溶解后再进行施用，追肥孔位于两株烟之间且距烟株茎基部 15 cm 以上，施肥深度不低于 10 cm，追肥后要及时封口，严禁追肥干施。要特别补充强调的是确保饼肥、农家肥充分腐熟，原则上应在施入烟田之前 3 个月就应启动田外发酵或田内入土发酵；腐熟的生物类肥料不会导致后期养分供给失控，能有效防治烟叶养分过度吸收。

（五）移栽

1. 移栽时间

应在日平均气温稳定在 12 ℃以上、地温达到 10 ℃以上且不再有晚霜危害时进行移栽。常规气候下，我国晾烟产区的具体移栽时间通常为：井窖式移栽（参见下文）的在海拔 800 m 以下区域以 4 月 20—30 日移栽为宜，海拔 800 ～ 1000 m 区域以 5 月 1—10 日移栽为宜，海拔 1000 ～ 1200 m 区域以 5 月 5—15 日移栽为宜；常规移栽可分别相应推迟 7 ～ 10 天。

2. 移栽规格

受光热资源的客观限制，移栽规格的总体控制原则是随着海拔的加高，种植密度应适当减小，移栽规格以行距 1.1 ～ 1.2 m、株距 0.45 ～ 0.55 m 为宜。

3. 移栽方法

近年来，除了常规移栽，烟草农业领域先后开发了井窖式移栽、高光效移栽等新技术，这些技术在促进烟株田间早生快发及烟叶产质量形成取得了显著效益。

（1）常规移栽

以普通的起垄规格为基础，实行沿垄面中轴线移栽，叶芯平齐或略低于垄水平面。

（2）井窖式移栽

为适应我国大部分烟区移栽期低温、少水的状况，贵州省烟草科学研究院开发了烟草井窖式移栽技术，作为行业内的新移栽方法，其关键技术细节及要求介绍如下。

①定最佳移栽期：确定原则为移栽时烟区气温稳定通过 13 ℃，让烟株旺长期在温、光、水最佳的季节通过。湖北大部分烟区的移栽时间可以比常规移栽时间提前 10 天左右。

②移栽井窖的制作：移栽烟苗前在覆膜的垄体上，按确定的移栽株距，使用专用井窖制作工具，打制移栽井窖，要求井窖口呈圆形，直径 8 ～ 9 cm，井窖深度据移栽时的烟苗高度而定，一般 18 cm 左右，原则是栽后叶芯距垄顶平面 5 cm 左右（即烟叶自然伸展的顶部距垄顶平面 2 ～ 3 cm）。打井窖的操作，浓缩一下就是"打、摇、转"："打"就是打出深度 18 cm 的井窖，确保烟苗叶子不与地膜接触有效防止烤苗；"摇"就是摇出 8 cm 口径；"转"就是把井壁泥土转光滑（图 3–13）。

图 3-13　两种井窖式移栽专用打孔器

③ 烟苗移栽：移栽时，将烟苗垂直提着，苗根向下，丢于井窖内即可（图 3-14）。

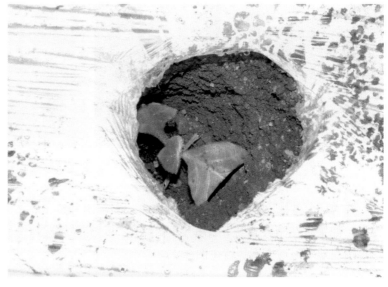

图 3-14　井窖式移栽操作

④ 淋施稳根肥药水：烟苗丢入井窖后，马上用 0.5% 的专用追肥液 [m（N）：m（K_2O）=15：30]，加防治地下害虫的农药，拌匀，盛于专用水壶内，顺井壁淋下，每井 80 ～ 200 mL（垄体墒情好 80 ～ 100 mL，中等 100 ～ 150 mL，较差 150 ～ 200 mL），如图 3-15 所示。

⑤ 追肥管理：移栽后 7 ～ 10 天，用 1% ～ 2% 的专用追肥液顺井壁淋施追肥；移栽后 25 天左右，顺垄体正中两侧的叶尖下打深 10 cm 左右、宽 2 cm 左右的追肥孔，将剩下的追肥分穴施入，用细土密封好追肥孔（图 3-16）。

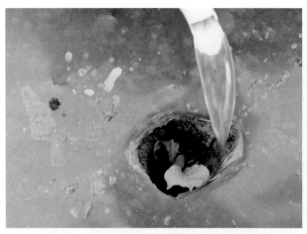

图 3-15　井窖式移栽后淋灌稳根水

图 3-16　井窖式移栽追肥

　　⑥ 填土、封口：当烟苗长出井口，生长点超出井口 1～3 cm 时，用细土向井内填充，并将膜口用土密封（如果是在晴天高温下只填井不封膜口，烟苗容易被灼伤），可结合追肥同时进行。后期是否揭膜培土，按当地原生产方案执行（图 3-17）。

图 3-17　井窖式移栽的填土封口操作

⑦井窖式移栽保障措施

a.消除杂草对井窖式移栽的影响。井窖内容易滋生杂草，会严重影响烟株正常生长发育并增加管理用工。针对这种情况，可在年前的深翻晒垡之前喷施一次除草剂，深翻后20天左右再喷施一次；施用除草剂时必须做到杀种除草剂与杀青除草剂混合施用，并根据土地本身杂草量及杂草的生命力强弱特点来选定除草剂品牌和使用浓度，这样会有效控制来年杂草生长。

b.提高打孔效率。在移栽前的打孔操作中，往往会由于垄体土壤湿度不够，或垄体成型后不够紧实，导致打孔器提起时，井窖壁的泥土会回填，即井窖成型不佳，这主要是垄体土壤湿度不够导致。解决方法是起垄后足墒覆膜，或雨后提前起垄并及时覆膜，再行打孔。对此，值得注意的是，土质过于黏重或沙砾过多的地块，以及经常在栽后20天内有大暴雨的烟区，不宜选择井窖式移栽方法。

c.加强对虫害的预防。除了地老虎以外，在井窖式移栽实践中发现，蝼蛄也是一大虫害，这主要是由于井窖给蝼蛄的生长繁殖提供了相对较好的环境；如不加强预防，很可能对烟苗的前期生长带来毁灭性危害。因此，在移栽后可及时选择施用"密达"或"窝克星"等农药进行防治。

4.移栽配套措施

（1）移栽使用陪嫁营养土

为确保烟苗移栽后能尽快还苗，移栽时要求在定植的坑穴底部及烟株根部周围垫放适量的营养土，即俗称的"陪嫁营养土"。营养土用量按1000 kg/亩配置（非井窖式移栽田的营养土用量为350～400 kg/亩），包含70%的过筛本土和30%的腐熟农家肥或生物有机肥，同时拌入3 kg左右烟草专用复合肥（非井窖式移栽田的复合肥用量为2.0～2.5 kg），混匀堆积发酵10天以上方可使用。移栽后烟苗心叶离井口过深时，要在井口中下部适当添加营养土围蔸；待烟苗心叶长出井口之后，再将剩余营养土进行围蔸封口，为保持一定的积水能力，封口时营养土不要填得太满。

（2）"三带一深"移栽

实行"三带一深"移栽，即移栽时要求带肥（肥在营养土里）、带水、带药、深栽，深栽要求井窖必须掩没茎秆，叶芯在井口以下且距垄顶平面5 cm左右，即栽后烟苗呈喇叭状；带水移栽要求浇水于烟株根部，用水量要达到1 kg/株以上。

（六）灌溉

发生干旱时充分利用烟水配套设施进行灌溉。白肋烟各生育时期最适宜的土壤相对含水量为移栽—团棵65%左右、团棵—打顶80%左右、打顶—采收75%左右，低于上述含水量需进行灌溉。

浇水一般要求3次，第一次是烟叶移栽时浇稳根水，苗穴浇水量宜大，以利还苗成活，消除因施窝肥而对根系产生的伤害；第二次是烟叶进入旺长之前要求土壤水分充足，旺长初期如果墒情不足要适量浇水，旺长中期浇大水，而且连续进行，保持地表不干，但要注意促中有控，防止个体和群体矛盾激化，旺长后期对水分可适当控制；第三次是烟叶打顶后，出现水分缺乏要适当浇圆顶水，促进上部烟叶叶片开片。

灌溉的方法及灌溉量上，我国晾烟产区多以引水或挑水然后用瓢舀浇灌为主，一般每次灌溉量都应保证在1 kg/株以上；有灌溉条件的地方，在旱期，采用沟灌或漫灌的方法更能有效快速缓解旱情，并促进土壤中养分的释放和利用。

（七）田间管理

1.各生育期田间长相标准

（1）团棵期长相标准

移栽后25～35天田间整体应达团棵期，烟株应达到株高25～35 cm、叶数12～14片、叶色正绿；

烟株横向伸展宽度与纵向生长高度比为（2～3）：1，近似半球形；发育正常，整齐一致，基本无病虫害。

（2）旺长期长相标准

团棵后 20～35 天应达旺长期，烟株应达到株高 110～125 cm、茎围不低于 10 cm，叶片开展，中部叶长度达 60 cm 以上，宽 30 cm 左右，叶片无缺素症状；长势良好，整齐一致，基本无病虫危害。

（3）成熟期长相标准

打顶后 30 天左右应达成熟期，烟株各部位叶片充分开展，有效叶数 20～26 片；叶脉凹陷，叶肉明显凸起，叶缘有皱褶，叶尖叶缘明显下垂，株形近似筒形或腰鼓形，无花无杈，病虫危害轻。

2. 揭膜培土

海拔 1200 m 以下的烟区移栽后 25～30 天揭膜，清除田间杂草，进行中耕培土，培土高度达到 20～25 cm，垄底宽 60 cm，以利于烟株形成强大的次生根系，尽快进入旺长；海拔 1200 m 以上的烟区不揭膜，全生育区覆膜。

3. 清除底脚叶

旺长期清除及时摘除接近地面的假熟、破烂、有泥污底脚叶，将其清出田外，减少病害对下部叶的浸染。

4. 打顶留叶

一般是在初花期一次性打顶，具体实施中依据品种特性、实际长势和土壤肥力状况而决定打顶期及留取有效叶数，通常留叶数为 20～26 片。

①对肥力水平较高、长势较旺的烟株及整齐度较高的田块，在中心花开放 50% 时进行第一次打顶，自顶端向下达到 15 cm 长的叶片均需保留，确保留叶数不低于 24 片，株形以近似筒形或近似腰鼓形为宜。

②对肥力水平中等、长势正常的烟株，在伸蕾至初花开放时一次性打顶，自顶端向下达到 20 cm 长的叶片均需保留，确保 22 片留叶数，株形以近似筒形或近似腰鼓形为宜，杜绝低打顶，严禁留二杈，如果打顶后因天气干旱，可以考虑二次打顶（对叶片达不到 50 cm 的再次打顶）。

操作上落实刀削打顶，杜绝"随手掐"，并注意避免阴雨天或带露水打顶，以防止空茎病发生；打顶后及时清除烟株残体，防范病害滋生。

5. 抑芽

打顶并抹掉 2 cm 左右的烟芽后，按化学抑芽剂的使用方法进行化学抑芽。

6. 叶面肥使用

根据烟株田间长势，可选择性地在旺长期开始进行叶面喷施磷酸二氢钾，浓度 0.2%～0.4%，或将磷酸二氢钾与多菌灵混施，预防病害。

7. 病虫害防治

以预防为主，综合防治，统一规划，联防联治；采用农业防治、生物防治和化学防治 3 种措施，重点抓好"三病三虫"的防治，即烟草病毒病、以黑胫病为主的根茎部病害、烟草赤星病和烟蚜、小地老虎、烟青虫防治。

①前期以病毒病防治为主。重点加强苗期灭蚜防病和全面消毒（浮盘消毒、大棚内外环境消毒、农事操作消毒），并及时通风透光。间苗、剪叶前后各喷施抗病毒抑制剂 1 次。药剂种类为 20% 吗呱乙酸铜 600 倍和 0.5% 香菇多糖 300 倍等。同时在小团棵后喷施波尔多液防治气候斑。

②中期重点防治根茎部病害，提倡区域预防、重点监测、对症治疗。除在整地、三先、移栽、封井已采用的防治措施外，在团棵期用 20% 噻菌铜悬浮剂 100 g/ 亩或用农用链霉素灌根预防青枯病，兑水离烟株 2～3 cm 处打 15 cm 深的孔施入，每穴 50 mL。对有根腐病、黑茎病发病史的进行针对性预防，用甲霜灵锰锌或霜霉威盐酸盐水剂稀释 500 倍淋施（离烟株 2～3 cm 处打 15 cm 深的孔施入每穴 50 mL）

进行防治。

③后期重点防治赤星病等叶部病害。在发病初期，每隔 5 ～ 7 天交替喷施 40% 菌核净稀释 500 倍液或 50% 咪鲜胺锰盐稀释 1000 ～ 1500 倍液，连续施药 2 ～ 3 次。

④烟苗移栽后，要经常进行田间检查，发现根茎部病株应立即拔除，带出田外集中销毁，并撒施少许石灰做病穴消毒，减少病菌传播蔓延的机会；并坚持农事操作后用肥皂水洗手消毒，以防止病害传染。

注意农药的安全使用，防治病虫害用药全部使用烟叶生产登记允许品种，并严格按使用说明进行施用，斩株前 7 天停止用药，确保烟叶农药残留在安全允许范围内。

二、白肋烟和马里兰烟的成熟采收与晾制

采收与调制晾制是生产优质晾烟的核心技术之一，是把大田生长的潜在质量转变为期望的最终消费质量的关键环节，对烟叶原料的质量与经济效益的影响至关重要。晾烟晾制的原理是在晾制的不同时期，将晾房内的温度、湿度条件控制在适宜的范围内，促进烟叶发生必要的生理生化反应，同时使烟叶逐渐失水干燥，获得满意的品质。

（一）烟叶成熟采收的要求

1. 烟叶成熟的外观特征

（1）白肋烟

①下部叶：烟叶呈黄绿色，叶尖下垂，茎叶角度增大，接近 90°，茸毛脱落。

②中上部叶：上部烟叶和中部烟叶呈柠檬黄色，沿烟叶主脉两侧略带青色，叶肉凸起，略现成熟斑。

（2）马里兰烟

①下部叶：略褪绿，叶尖枯萎。

②中部叶：叶色变浅，略显黄色，叶尖变黄，茎叶角度增大，主脉 2/3 变白，易采摘。

③上部叶：叶色呈黄绿色，叶尖下垂，主脉全变白，呈现成熟斑，易采摘。

2. 烟叶采收

（1）白肋烟

下部烟叶采收：根据成熟标准，按部位由下而上逐叶采收，每次每株采 2 ～ 4 片，采 1 ～ 3 次，摘叶采收可达 4 ～ 10 片叶。一般在打顶后 7 ～ 15 天内完成。

中上部烟叶采收：在完成下部烟叶摘叶采收后，根据成熟标准，剩下的中上部烟叶一次性半整株斩株采收，茎秆不剖开。

（2）马里兰烟叶采收

分片采收依据成熟特征在打顶时期开始采收，每次采收 2 ～ 3 片，每隔 5 ～ 7 天采收一次，上部 6 ～ 8 片一次性集中砍收。采收时间应在下午 4 时以后，天气干旱宜在上午 10 点钟以后进行采收，烟叶成熟后遇小雨，应在露水干后立即采收，如大雨烟叶返青，待其重新成熟后再采收。

半整株砍收，则视田间成熟度，在打顶后 30 天左右进行。采收、运输、堆放烟叶时，避免挤压、暴晒和乱堆烟叶。

3. 装棚

（1）下部烟叶，分片采收后编绳装棚

将采收的叶片按部位、大小、损伤度、颜色分类并分别用细烟绳编扣成串，一般 1 m 编好烟叶的烟绳编烟叶 25 ～ 30 片。要求 2 片一束（马里兰烟是 1 片一束），叶基对齐，叶背相靠，编扣牢固，束间距

均匀一致，叶片一般不划筋。进入晾房晾制，烟绳要求拉直，绳距 20 cm 左右。

（2）中上部烟叶，半整株一次性砍收后挂杆装棚

晴天采收，烟株砍收时，在烟杆下端砍出一个可将烟杆倒挂于钢丝上的斜切口，或在烟杆下端倾斜钉入一根可将烟杆倒挂于钢丝上的竹钉，待烟株暴晒 20～30 min 叶片出现萎蔫变柔韧后，将烟株转运到晾房或凋萎棚并及时悬挂于钢丝绳上，挂杆规格为同层烟株距 20 cm、烟杆间距 25 cm。要求由上而下，垂直装棚，装完一个垂直面再装第二个垂直面。烟杆要均匀排列，纵横一致，上下排齐，以利通风顺畅；切忌顺水平方向一层一层的装棚和交错排杆。

（二）晾制技术

1. 基本原理

在晾制过程中，烟叶外观发生明显变化的同时，烟叶内也进行着与烟叶品质密切相关的一系列复杂的生理生化反应，并且烟叶逐渐失水干燥。据此将晾制过程划分为凋萎期、变黄期、变褐期（马里兰烟称为"定色期"）和干筋期 4 个时期。在晾制的不同时期，通过调控晾房内的温度、湿度条件到适宜的范围内，即使晾房内相对湿度在凋萎期保持在 75%～80%；在变黄期、变褐期保持 70%～75%；在干筋期保持在 40%～50%，促进有利于烟叶优良品质形成的一系列复杂的生理生化反应发生，以获得满意的品质。

2. 晾制设施

晾烟的调制过程必须在晾房中进行，晾制种植面积为 1 亩的白肋烟，必须有 26～29 m² 的标准晾房一间。晾房修建要求如下。

（1）晾房选地

要求建在地势平坦，通风顺畅，地下水位低，光照条件好的地方，晾房地面应略高于四周地面，不能建在林荫地和潮湿的低洼处。

（2）晾房朝向

晾房朝向应以晾房迎风面与风向垂直为原则，以便于通风排湿。一般以南北向建造晾房。

（3）门窗设置

为了便于通风排湿，门窗总面积应占晾房四周墙面面积的 1/3 以上。门、窗和地窗设置规格分别为门高 2 m、宽 1.2 m；窗高 1.28 m、宽 1 m；地窗高 0.5 m、宽 0.6 m；两块地窗设置在每个窗的下方。

（4）晾房房顶及四周的要求

用农膜在房顶覆盖压紧，然后在农膜上铺盖 7 cm 厚的覆盖物，覆盖物可用麦秸、茅草或稻草等物。晾房四周应在晾房盖好后，用麦秸、茅草编扎成草帘，固定在晾房四周，四周草帘厚度在 3～4 cm，晾房 4 周必须封闭严密，能防止雨天的湿空气进入和日晒。

（5）晾房内层栏

晾房内层栏一般设置二层，可晾烟 1300 株左右，也可设置三层晾烟 2000 株，每层需放置 4 根横木作为放置烟杆的支架，横木为直径 10 cm 以上的横圆材，朝向与晾房迎风面平行，横木距离 1.2 m。

（6）晾房规格

白肋烟晾房的规格为每间晾房长（进深）7.2 m、宽 3.6 m（迎风面）、檐柱高 4 m、中高 5.2～5.5 m、出檐 0.5 m，层栏底层距地面高 2.5 m，其余层栏 1.6 m；马里兰烟晾房的规格为每间晾房长（进深）6 m、宽 5 m（迎风面）、檐柱高 4 m，挂烟二层，层间距 2 m，横梁间隔 1.2 m。晾房间数可根据需要顺延，增加间数。晾房的高度可根据层栏的需要而增加。修建晾房时，晾房长度（进深）应严格控制，如果晾房长度过长，则晾房内通风不顺畅，湿度过高，会造成烟叶霉变烂烟；过短，则排湿过快，烟叶干燥过快，调制后烟叶颜色浅，光泽差，形成急干烟。

（7）凋萎棚规格

在一些海拔较高或采收期湿度过大的产区，尤其是在我国马里兰烟产区，为了克服湿度过高的不利条件，需要搭建凋萎棚，实行两段式晾制，即在正式装棚晾制之前在凋萎棚内通过半晒半晾进行预凋萎，以防止闷棚或棚烂现象发生。凋萎棚搭建规格是，在晾房边或其附近选择一块通风且采光较好的场地进行搭建，按照每 3 亩烟叶搭建一座，规格为长 × 宽 = 4 m × 4 m、高 2.5 ～ 3.5 m，每棚用棚膜 9 kg 左右。待烟株经 5 ～ 10 天凋萎落黄后，达到叶部水分明显降低的凋萎变黄期，再转入晾房完成后续晾制。

（三）晾制技术

晾烟晾制受自然气候条件影响较大，因此，晾烟晾制技术也应根据当时、当地的气候条件和各晾制阶段的要求进行调整。

1. 凋萎期

凋萎阶段要求迅速地将烟株内多余的水分排出，因此，要求在白天将门窗全部打开，使晾房内相对湿度最好低于 80%，该阶段一般持续 6 ～ 8 天。

2. 变黄期

当晾房内相对湿度低于 70% 时，关闭门窗，注意保湿，相对湿度高于 75% 时，应打开门窗及时排湿。当用开关门窗调节湿度不能及时奏效时，则应通过调整烟杆距离来辅助调节，湿度低时适当缩小杆距，以增加湿度，湿度高时则拉大杆距，以加强通风排湿。该阶段一般持续 7 ～ 9 天。

3. 变褐期

晾房内相对湿度应继续保持在 70% ～ 75%，调控方法同变黄期；待最后一片顶叶变为红黄色时，即可将晾房门窗全部关闭，以加深叶片颜色，增加香气，但每天都要查看晾房内湿度情况。该阶段一般持续 11 ～ 13 天。

4. 干筋期

晾房内相对湿度应保持在 40% ～ 50%，调控方法仍以开关门窗与调节烟杆距离来实现。该阶段一般持续 11 ～ 13 天。

5. 低海拔地区晾制技术

低海拔地区一般指海拔高度低于 800 m 的地区，针对该地区晾制季节相对湿度较低的气候特点，晾制技术需进行调整，即在湿度过低的情况下，采取各种便捷、可行的保湿、增湿手段来保障晾房内适宜的相对湿度，主要包括如下几种。

①晾房房顶铺盖的麦秸（或毛草、稻草）及四周遮围的草帘应加厚，厚度大于 5 cm。

②白天将晾房门窗紧闭以保湿，夜间打开晾房门窗以吸潮。

③在晾房地面上泼水。

④缩小烟杆及烟株之间的距离，使之更紧密。

6. 高海拔地区晾制技术

高海拔地区一般指海拔高度高于 1000 m 的地区，针对该地区晾制季节相对湿度较高、气温低的气候特点，晾制技术需进行调整，即在湿度过高的情况下，采取各种有效的增温排湿手段来保障晾房内达到适宜的相对湿度，主要包括如下几种。

①夜间和早晨关闭门窗，白天打开门窗通风；

②将烟杆及烟株之间的距离调大，以改善烟株之间的通风情况；

③在晾房地面铺设薄膜等隔潮、防潮材料；

④在晾房内修建安装升温排湿设施。

在采取其他措施不能将过高湿度降下来的情况下，可使用修建安装火龙升温和排风扇排湿，以降低湿度。

7. 适时下架，按部位剥叶堆放醇化

当全部烟叶主脉干燥易折，晾房内相对湿度 70% 左右时，即可下架剥叶。剥叶应按顶叶、上二棚、腰叶和下二棚 4 个部位堆放，以便分级。晾制好的烟叶水分含量应严格控制在 16% ～ 17%，应妥善堆放保管，自然醇化一段时间。

三、白肋烟和马里兰烟的分级技术要求

国产晾烟的品质等级划分主要是依据叶片自然生长特性及调制后的外观特征，并按照先分组、后分级的思路进行。在具体分级方法的执行细节上，白肋烟和马里兰烟有一些差异，分述如下。

（一）国产白肋烟的分级技术要求

1. 分组

分组是烟叶等级划分的第一步，依据可区分性较强且易于识别的关键分组因素（如叶片着生部位和叶片颜色）将纷繁复杂的烟叶进行粗略划分。

（1）按叶片着生部位分组

按叶片自然着生部位，自下而上可划分为脚叶、下部、中部、上部和顶叶 5 个部位，并用英文大写字母表述，各部位组的特征描述如表 3–4 所示。

表 3–4　白肋烟各部位组的特征描述

部位	代号	特征		
		脉相	叶形	厚度
脚叶	P	较细	较宽圆、叶尖钝	薄
下部	X	遮盖	宽、叶尖较钝	稍薄
中部	C	微露	较宽、叶尖较钝	适中
上部	B	较粗	较窄、叶尖较锐	稍厚
顶叶	T	显露、突起	窄、叶尖锐	厚

注：在部位特征不明显的情况下，部位划分以脉相、叶形为依据。

（2）按叶片颜色分组

按调制后的叶片颜色，由浅至深可划分为浅红黄色、浅红棕色、红棕色 3 种颜色；鉴于调制后部分叶片呈多色相杂的情况，加设杂色组，用英文大写字母表述，各颜色组的特征描述如表 3–5 所示。

表 3–5　白肋烟各颜色组的特征描述

颜色	代号	颜色特征
浅红黄色	L	浅红黄带浅棕色
浅红棕色	F	浅棕色带红色
红棕色	R	棕色带红色
杂色	K	烟叶表面存在 20% 或以上与基本色不同的颜色斑块，包括带黄、灰色斑块、变白、褪色、水渍斑、蚜虫为害等

烟叶分组的实务操作中，是将部位组和颜色组综合划分，以"部位（P / X / C / B / T）"+"颜色（L / F / R / K）"的方式表述，如"PL""XF""CF""BR"等。

2. 分级

分级是烟叶等级划分的第二步，是在烟叶分组的基础上，依据烟叶品质要素的细分指标，如叶片的成熟度、身份、叶片结构、叶面、光泽、颜色强度、宽度、长度、均匀度、损伤度等的优劣差异进一步细分品质级别（简称"品级"，上述品质要素的细分指标简称"品级要素"）。

（1）品级要素的划分

每一个品级要素依据优劣程度划分成不同的程度档次，各品级对应的程度档次划分如表3-6所示。

表 3-6　要素及程度

品级要素	程度
成熟度	欠熟、熟、成熟、过熟
身份	厚、稍厚、适中、稍薄、薄
叶片结构	密、稍密、尚疏松、疏松、松
叶面	皱、稍皱、展、舒展
光泽	暗、中、亮、明亮
颜色强度	差、淡、中、浓
均匀度	以百分比表示
长度	以厘米（cm）表示
宽度	窄、中、宽、阔
损伤度	以百分比控制

（2）各等级的品质规定

烟叶品级的最终划分是将各相关品级要素及其程度档次综合考量，确定细分品级，并对各细分品级给予明确的参数规定，依此准确勾画出各品级的质量状态，从而便于确定各品级的相应价值。分级实务操作上，在分组之后，按品质优劣顺序以阿拉伯数字代号的形式划分为1—优、2—良、3——一般和4—差，如P_1L、P_2L、C_1F、C_2F、C_3F等。最终具体分为：脚叶组2个级，下部叶组5个级，中部叶组7个级，上部叶组6个级，顶叶3个级，顶、上、中、下部组的杂色各1个级，末级1个级，即共28个级。各品级的详细品质规定如表3-7所示。

表 3-7　品质规定

部位	等级代号	成熟度	身份	叶片结构	叶面	光泽	颜色强度	宽度	长度/cm	均匀度/%	损伤度/%
脚叶 P	P_1L	成熟	薄	松	稍皱	暗	差	窄	35	70	20
	P_2L	过熟	薄	松	稍皱	暗	差	窄	30	60	30
下部 X	X_1F	成熟	稍薄	疏松	展	亮	中	中	45	80	10
	X_2F	成熟	薄	疏松	展	中	淡	窄	40	70	20
	X_1L	成熟	稍薄	疏松	展	亮	中	中	45	80	10
	X_2L	熟	薄	疏松	展	中	差	窄	40	70	20
	X_3	过熟	薄	松	稍皱	暗	差	窄	40	60	30

部位	等级代号	成熟度	身份	叶片结构	叶面	光泽	颜色强度	宽度	长度 /cm	均匀度 / %	损伤度 / %
中部 C	C₁F	成熟	适中	疏松	舒展	明亮	浓	阔	55	90	10
	C₂F	成熟	适中	疏松	舒展	亮	中	宽	50	85	20
	C₃F	成熟	稍薄	疏松	展	亮	淡	中	45	80	30
	C₁L	成熟	适中	疏松	舒展	明亮	浓	阔	55	90	10
	C₂L	成熟	适中—稍薄	疏松	舒展	亮	中	宽	50	85	20
	C₃L	成熟	稍薄	疏松	展	中	淡	中	45	80	30
	C₄	过熟	稍薄	松	展	中	—	宽	45	70	30
上部 B	B₁F	成熟	适中—稍厚	尚疏松	舒展	亮	浓	宽	55	90	10
	B₂F	成熟	适中—稍厚	尚疏松	展	亮	中	宽	50	85	20
	B₃F	熟	稍厚	稍密	稍皱	中	淡	窄	45	80	30
	B₁R	成熟	稍厚	尚疏松	展	亮	浓	宽	50	90	10
	B₂R	成熟	稍厚—厚	稍密	稍皱	亮	中	宽	50	85	20
	B₃R	熟	稍厚—厚	稍密	皱	中	淡	窄	45	80	30
顶叶 T	T₁R	成熟	稍厚—厚	稍密	稍皱	中	中	中	45	80	20
	T₂R	熟	厚	密	皱	暗	淡	窄	40	70	20
	T₃R	熟	厚	密	皱	暗	差	窄	30	60	30
杂色 K	TK	欠熟	厚	密	皱	—	—	窄	30	—	30
	BK	欠熟	厚	密	皱	—	—	窄	45	—	30
	CK	熟	稍薄	松	展	—	—	中	45	—	30
	XK	熟	薄	松	稍皱	—	—	窄	40	—	30
N			无法列入上述等级，尚有使用价值的烟叶								

3. 烟叶等级验收规则

①定级原则：白肋烟的成熟度、身份、叶片结构、叶面、光泽、颜色强度、宽度、长度、均匀度、损伤度都达到某级规定，才能定为某级。

②若同部位的烟叶在两种颜色的界线上，视其身份和其他品质指标先定色后定级。

③杂色面积规定：杂色面积超过 20% 的烟叶，在杂色组相应部位定级；CK、BK 允许杂色面积不超过 30%，XK、TK 允许杂色面积不超过 40%。

④叶面含青面积不超过 15% 的烟叶，允许在末级定级。

⑤烟筋未干、含水率超标、掺杂、砂土率超过规定的烟叶暂不分级，待重新晾干并整理好后再行分级；枯黄烟叶、死青烟叶、霉烂烟叶、糠枯烟叶、杈烟叶及有异味的烟叶，视为无使用价值烟叶，均不列级、不收购。

⑥纯度允差指混级的允许度，允许在上、下一级总和之内，以百分比表示。关于烟叶分级的纯度允差及各等级对水分、自然砂土率的允许规定如表 3-8 所示。

表3-8 白肋烟分级的纯度允差以及各等级对水分、自然砂土率的允许规定

级别	纯度允差 /%	水分 /%		自然砂土率 /%	
		原烟	复烤烟	原烟	复烤烟
C₁F、C₂F、C₃F、C₁L、C₂L、B₁F、B₂F、B₁R	≤ 10	16～18	11～13	≤ 1.0	≤ 1.0
C₃L、C₄、B₂R、B₃F、B₃R、X₁F、X₁L、X₂F、T₁R	≤ 15				
X₂L、X₃、T₂R、T₃R、XK、CK、BK、TK	≤ 20			≤ 1.0	
P₁L、P₂L、N				≤ 2.0	

（二）国产马里兰烟的分级技术要求

国产马里兰烟的分级，相对于国产白肋烟而言，思路和方法基本相同，在实务操作上做了适度简化。

1. 分组

马里兰烟的分组主要按照叶片着生部位划分，分为下部、中部、上部3个组，各组的特征描述如表3-9所示。实务操作中，鉴于杂色对品质影响的重要性，加设了杂色组。

表3-9 马里兰烟各部位分组特征

组别	代号	部位特征			颜色
		脉相	叶形	厚度	
下部	X	较细	较宽圆	薄至稍薄	多浅黄色
中部	C	适中，遮盖至微露，叶尖处稍弯曲	宽至较宽，叶尖部较钝	稍薄至适中	多红黄色
上部	B	较粗至粗，较显露至突起	较窄、叶尖部较锐	适中至稍厚	多红黄色、红棕色

2. 分级

（1）品级要素的划分

根据烟叶的成熟度、身份、叶片结构、弹性、颜色、光泽、长度、损伤度等品级要素进行烟叶品级细分。各品级要素及其程度划分如表3-10所示。

表3-10 马里兰烟各品级要素及其程度划分

品级要素	程度	品级要素	程度
成熟度	成熟、尚熟、欠熟	颜色	浅黄、浅红黄、红黄、红棕
身份	薄、稍薄、适中、稍厚、厚	光泽	亮、中、暗
叶片结构	松、疏松、尚疏松、稍密、密	长度	以厘米（cm）表示
弹性	好、中、差	损伤度	以百分比（%）表示

（2）各等级的品质规定

马里兰烟的烟叶等级最终细分为：下部叶2个级，中部叶3个级，上部叶3个级、上部杂色叶1个级、中下部杂色叶1个级，共10个级。各品级的详细品质规定如表3-11所示。

表 3-11　马里兰烟各烟叶等级的品质规定

部位	等级	等级代号	成熟度	身份	叶片结构	弹性	颜色	光泽	长度下限 / cm	损伤度上限 / %
下部 X	下一	X₁	成熟	稍薄	松	中	浅红黄	中	40	20
	下二	X₂	成熟—尚熟	稍薄—薄	松	差	浅黄	暗	35	25
中部 C	中一	C₁	成熟	适中	疏松	好	红黄	亮	55	10
	中二	C₂	成熟	适中	疏松	好	红黄—浅红黄	亮	50	15
	中三	C₃	成熟—尚熟	适中—稍薄	尚疏松	中	浅红黄	中	40	20
上部 B	上一	B₁	成熟	稍厚	尚疏松	好	红黄	亮	50	15
	上二	B₂	成熟—尚熟	稍厚—厚	稍密	中	红黄—红棕	中	45	20
	上三	B₃	尚熟	厚	密	中	红棕	暗	35	25
杂色 K	中下部	CXK	尚熟	—	—				35	30
	上部	BK	欠熟						30	35

3. 烟叶等级验收规则

①定级原则：马里兰烟的成熟度、身份、叶片结构、组织、弹性、光泽、颜色、长度、损伤度都达到某级规定，才能定为某级。

②几种烟叶处理原则：烟筋未干或含水率超过规定，以及掺杂、砂土率超标的烟叶必须重新整理后再行分级；枯黄烟叶、死青烟叶、霉烂烟叶、有异味烟叶、晒制烟叶、烤制烟叶或半晾半晒烟叶及含青面积超过 30% 的烟叶，视为无使用价值烟叶，均不列级、不收购。

③品质达不到中部叶组最低等级质量要求的，允许在下部叶组定级。

④中部三级允许微带青面积不超过 10%；下部一级、上部二级允许微带青面积不超过 15%；下部二级、上部三级允许微带青面积不超过 20%。

⑤杂色面积超过 20% 的烟叶，在杂色定级；中下部杂色（CXK）面积不得超过 30%，上部杂色（BK）面积不得超过 40%。

⑥各烟叶等级的纯度允差及水分、自然砂土率的允许规定，如表 3-12 所示。

表 3-12　马里兰烟分级的纯度允差、水分、自然砂土率的允许规定

级别	纯度允差 / %	水分 / %		自然砂土率 / %	
		原烟	复烤烟	原烟	复烤烟
中一、中二、上一	≤ 10	17～19	12～14	≤ 1.0	≤ 1.0
中三、下一、上二、上三	≤ 15			≤ 1.0	
下二、上杂、中下杂	≤ 20			≤ 2.0	

马里兰烟分级的其他原则及具体要求可参考附录中的湖北省地方标准《马里兰烟》（DB42/T 250—2003）。

第三节　国产白肋烟、马里兰烟的基本质量状况

一、国产白肋烟烟叶质量概况

（一）湖北白肋烟质量

1.湖北恩施州白肋烟质量

外观质量：颜色浅红棕—浅红黄色，成熟度成熟；中、下部烟叶叶片结构疏松，上部烟叶结构尚疏松；中、下部烟叶身份稍薄—适中，上部烟叶身份稍厚；叶面稍皱；光泽中—亮；颜色强度中；叶片宽度以中为主。建始县外观质量相对较好，建始县、恩施市白肋烟叶外观质量年度间呈现一定波动，不够稳定[①]。

化学质量：上、中、下部烟叶烟碱、总氮含量略偏高；上、下部烟叶总糖含量适宜，中部烟叶总糖含量略偏高；上、中、下部烟叶钾、氯含量较适宜。

感官质量：中部烟叶的香气质较好，上、下部烟叶的香气质中等；烟叶的香气量尚充足，有杂气和刺激性，余味尚舒适，燃烧性较好，烟气的浓度和劲头中等偏大，中、上部烟叶的工业可用性较好。建始县烟叶感官质量较好。

物理特性：上部烟叶叶长 65.26 cm，叶宽 27.62 cm，厚度 0.05 mm，叶面密度 48.44 g/cm^2，单叶重 11.97 g，拉力 1.22 N，含梗率 28.54%，填充值 5.56 cm^3/g；中部烟叶叶长 67.20 cm，叶宽 24.59 cm，厚度 0.04 mm，叶面密度 39.91 g/cm^2，单叶重 10.52 g，拉力 1.17 N，含梗率 28.42%，填充值 4.61 cm^3/g。

生物碱及烟碱转化率：上部烟叶烟碱 4.92%，降烟碱 0.50%，烟碱转化率 8.69%，假木贼碱 0.055%，新烟草碱 0.217%。中部烟叶烟碱 4.14%，降烟碱 0.18%，烟碱转化率 4.12%，假木贼碱 0.032%，新烟草碱 0.145%。

2.湖北宜昌白肋烟质量

外观质量：颜色浅红棕色，成熟度成熟；中、下部烟叶身份稍薄—适中，上部烟叶身份稍厚；中、下部烟叶叶片结构疏松，上部烟叶结构尚疏松；叶面稍皱—展；光泽中—亮；颜色强度中—浓；叶片宽度以中为主。长阳白肋烟外观质量稍好于五峰。宜昌白肋烟叶外观质量年度间不够稳定，呈现一定波动。

化学质量：上、中、下部烟叶烟碱、总氮含量均偏高；上、中、下部烟叶总糖、钾、氯含量较适宜，协调性指标氮碱比较适宜。

感官质量：上、中、下部烟叶的香气质较好，香气量尚充足，有杂气和刺激性，余味尚舒适，燃烧性较好，烟气的浓度和劲头中等偏大，工业可用性中等，五峰感官质量稍好于长阳。

3.四川白肋烟质量

外观质量：上部烟叶成熟度好，颜色以红黄—浅红棕色为主，光泽尚鲜明—鲜明，身份中等、稍厚各 50%，结构以稍疏松和疏松为多，其身份有待进一步的改善。中部烟叶成熟度好，颜色以红黄颜色为主，光泽尚鲜明—鲜明，身份中等、厚各占 50%，结构稍细致—细致。

化学质量：白肋烟上部叶总氮、烟碱、钾、氯、钾氯比处于较适宜范围，总糖、还原糖和氮碱比较低。中部烟叶总氮、烟碱、钾、氯和钾氯比达达优质白肋烟要求，但总糖、还原糖较低，氮碱比稍低。

感官质量：白肋烟香刑风格为白肋型，风格程度"较显著"，香气量"有—尚足"，浓度"中等—较浓"，劲头"中等—较大"，杂气"有—较轻"，刺激性"有"，余味"尚舒适"，工业可用性"较强"，感

[①]　以 2011—2013 年湖北省烟叶质量评价为依据，下同。

官质量档次为"较好"。

物理特性：上部烟叶叶长 59.96 cm，叶宽 25.81 cm，厚度 0.04 mm，叶面密度 44.97 g/cm^2，单叶重 9.07 g，拉力 1.31 N，含梗率 33.04%，填充值 5.15 cm^3/g；中部烟叶叶长 67.81 cm，叶宽 30.41 cm，厚度 0.04 mm，叶面密度 33.89 g/cm^2，单叶重 9.46 g，拉力 1.24 N，含梗率 29.40%，填充值 4.51 cm^3/g。

生物碱及烟碱转化率：上部烟叶烟碱 5.97%，降烟碱 0.12%，烟碱转化率 1.93%，假木贼碱 0.039%，新烟草碱 0.177%。中部烟叶烟碱 5.07%，降烟碱 0.10%，烟碱转化率 1.97%，假木贼碱 0.044%，新烟草碱 0.146%。

4. 重庆白肋烟质量

外观质量：上部叶烟叶成熟度较好，颜色多为浅红棕色或红棕色，光泽较强，身份较厚，油分有，结构不够疏松。中部叶成熟度好，颜色以红棕色为主，光泽尚鲜明，身份中等—厚，结构疏松—稍疏松为主。

化学质量：白肋烟上部叶还原糖、总氮、钾、氯、钾氯比处于较适宜范围，但烟碱含量偏高，总糖和氮碱比较低。中部烟叶总糖、还原糖、总氮、钾、氯和钾氯比达到优质白肋烟烟叶要求，烟碱含量偏高，氮碱比较低。

感官质量：白肋烟香型风格为白肋型和地方晾晒型，风格程度"有—较显著"，香气量"有"，浓度"中等—较浓"，劲头"中等—较大"，杂气"有—略重"，刺激性"有—略大"，余味"微苦—尚舒适"，工业可用性"一般"，感官质量档次为"中等"。

物理特性：上部烟叶叶长 61.66 cm，叶宽 24.33 cm，厚度 0.05 mm，叶面密度 45.13 g/cm^2，单叶重 11.15 g，拉力 1.38 N，含梗率 33.11%，填充值 5.15 cm^3/g；中部烟叶叶长 68.10 cm，叶宽 26.80 cm，厚度 0.04 mm，叶面密度 34.00 g/cm^2，单叶重 10.76 g，拉力 1.31 N，含梗率 30.02%，填充值 4.73 cm^3/g。

生物碱及烟碱转化率：上部烟叶烟碱 5.29%，降烟碱 0.72%，烟碱转化率 11.27%，假木贼碱 0.041%，新烟草碱 0.203%。中部烟叶烟碱 4.29%，降烟碱 0.494%，烟碱转化率 10.65%，假木贼碱 0.047%，新烟草碱 0.186%。

5. 云南白肋烟质量

外观质量：上部烟叶成熟度较好，颜色多为红棕色，光泽强，身份中等—稍厚，结构稍细致。中部烟叶成熟度好，颜色多为浅红棕色或红棕色，光泽较强，身份中等，结构稍疏松。

化学质量：白肋烟上部叶总氮、钾、氯、氮碱比、钾氯比处于较适宜范围，总糖、还原糖和烟碱含量较低。中部烟叶总氮、钾、氯、氮碱比和钾氯比处于较适宜范同，而总糖、还原糖、烟碱含量偏低。

感官质量：白肋烟香型风格为白肋型，风格程度"有—较显著"，香气量"尚足"，浓度"中等—较浓"，劲头"中等—较大"，杂气"有"，刺激性"有"，余味"尚舒适"，工业业可用性"一般"，感官质量档次为"中等"，质量均衡性差。

物理特性：上部烟叶叶长 61.11 cm，叶宽 30.41 cm，厚度 0.06 mm，叶面密度 56.82 g/cm^2，单叶重 11.06 g，拉力 1.50 N，含梗率 29.08%，填充值 5.39 cm^3/g；中部烟叶叶长 65.48 cm，叶宽 31.78 cm，厚度 0.05 mm，叶面密度 48.72 g/cm^2，单叶重 10.91 g，拉力 1.29 N，含梗率 29.03%，填充值 5.52 cm^3/g。

生物碱及烟碱转化率：上部烟叶烟碱 3.54%，降烟碱 0.12%，烟碱转化率 3.41%，假木贼碱 0.034%，新烟草碱 0.131%。中部烟叶烟碱 2.96%，降烟碱 0.095%，烟碱转化率 3.08%，假木贼碱 0.037%，新烟草碱 0.137%。

（二）国产白肋烟化学成分详细情况及形成规律

1. 国产白肋烟常规化学成分总体范围

烟叶的内在化学成分通常认为是评价烟叶质量好坏的重要指标之一。优质白肋烟不仅要求各种化学成分含量适宜，而且要求各种成分之间的比例要协调。通常用来衡量质量的化学成分指标包括还原糖、总氮、烟碱、氯等。优质白肋烟化学成分适宜范围如表 3-13 所示。

表 3-13　白肋烟化学成分要求

成分	含量	成分	含量
总糖 / %	1.0 ～ 2.5	氯 / %	< 1.0
还原糖 / %	< 1.0	钾 / %	2.00 ～ 3.75
总氮 / %	2.5 ～ 5.0	氮碱比	1.0 ～ 2.0
烟碱 / %	2.5 ～ 4.5	钾氯比	4 ～ 10

①总糖和还原糖。白肋烟属晾烟类，晾制时间长，糖类物质消耗多，总糖和还原糖含量均较低，一般总糖含量在 1.0% ～ 2.5%，还原糖含量在 0.55% ～ 0.85%，以不超过 1% 为宜。

②总氮。白肋烟总氮含量在 3.0% ～ 4.0%，以 3.5% 为宜。如果含氮化合物太高，则烟气辛辣味苦，刺激性强烈，含氮量太低，则烟气平淡无味。

③烟碱。烟碱一般含量在 2% ～ 5%，以 2.5% ～ 4.5% 较适宜。烟碱含量过低，劲头小，吸食淡而无味，不具白肋烟特征香；烟碱含量过高，则劲头大，使人有呛刺不悦之感。白肋烟烟碱含量受叶位和叶数影响较大，打顶后烟碱积累显著增加。品种、肥料、土壤、干旱的气候条件等均对烟碱含量有不同程度的影响。

④钾和氯。烟叶钾的含量高低对烟叶品质有着重要的影响，它对提高烟叶的燃烧性和持火力、提高烟叶弹性、改善烟叶色泽有重要作用。与钾相关的是烟叶的含氯量，当烟叶氯大于 1% 时，吸湿性强，填充能力差，易熄火，通常在我国北方烟区表现较为突出。小于 0.3% 时，烟叶吸湿性变差，弹性下降。通常认为烟叶含氯量在 0.3% ～ 0.6% 为宜。

⑤氮碱比（总氮 / 烟碱）。总氮与烟碱的含量较接近，两者的比值大小与烟叶成熟过程中氮素转化为烟碱氮的程度有关。白肋烟总氮值比烟碱值稍大，总氮与烟碱比值在 1.0 ～ 2.0，以 1.2 ～ 1.5 较为合适。比值增大，烟叶成熟不佳，烟气的香味减少；比值低于 1 时，烟味转浓，但刺激性加重。因此，协调适宜的氮碱比是提高白肋烟品质的关键。

⑥钾氯比。优质白肋烟 K 含量应大于 2.0%，Cl 含量应小于 0.8%。若烟叶 Cl 离子含量大于 1.0%，烟叶燃烧速度减慢，含量大于 1.5%，显著阻燃，含量大于 2.0%，黑灰熄火。钾氯比值大于 1 时烟叶不熄火，比值大于 2 时燃烧性好。钾氯比值越大，烟叶的燃烧性越好，适宜的钾氯比值为 4 ～ 10。

2. 国内各主产区白肋烟常规化学成分详细情况

（1）湖北恩施白肋烟常规化学成分状况分析

湖北白肋烟主产区为恩施州下辖的恩施市、建始县和巴东县 3 个县市，上述地区的白肋烟主栽品种鄂烟 1 号的常规化学成分含量如表 3-14 所示，就表述集中趋势的平均数而言，湖北白肋烟上部叶（B_2F）烟叶的总氮（3.94%）、氯（0.81%）和钾氯比（6.12）均在一般优质白肋烟要求范围内，烟碱（4.92%）含量偏高，而总糖（0.45%）、还原糖（0.25%）、氮碱比（0.86）较低，钾含量（4.96%）较高。湖北白肋烟中部叶（C_3F）烟叶的烟碱（3.22%）、总氮（4.28%）、钾（3.63%）、氯（0.66%）、氮碱比（1.37）和钾氯比（7.69）均在一般优质白肋烟要求范围内，而总糖（0.39%）、还原糖（0.20%）较低。

表 3-14　湖北不同产地白肋烟常规化学成分分析

等级	地点	品种	烟碱 /%	总氮 /%	总糖 /%	还原糖 /%	氯 /%	钾 /%	氮碱比	钾氯比
B₂F	恩施	鄂烟1号	4.72	3.85	0.48	0.28	0.88	4.76	0.82	5.41
	巴东		5.06	4.02	0.40	0.22	0.75	4.90	0.79	6.53
	建始		4.14	3.96	0.48	0.25	0.81	5.21	0.96	6.43
	平均值		4.64	3.94	0.45	0.25	0.81	4.96	0.86	6.12
C₃F	恩施	鄂烟1号	4.08	4.26	0.42	0.20	0.69	4.90	1.04	7.10
	巴东		2.80	4.18	0.39	0.22	0.56	5.39	1.49	9.63
	建始		2.79	4.39	0.37	0.19	0.73	4.64	1.57	6.36
	平均值		3.22	4.28	0.39	0.20	0.66	4.98	1.37	7.69

从湖北不同地域白肋烟化学成分上看，巴东白肋烟上部叶烟碱、总氮含量最高，建始白肋烟上部叶烟碱含量最低，而中部叶烟碱含量则为恩施市最高，巴东和建始白肋烟中部叶烟碱含量较低。其他化学成分含量稍有差异，但差异不明显。湖北白肋烟中部叶氮碱比平均值（1.37）明显高于上部叶氮碱比平均值（0.86），主要是总氮含量上部叶与中部叶基本相当，而中部叶烟碱含量（3.22%）明显低于上部叶（4.64%）。

表 3-15 为湖北白肋烟的描述性统计分析结果，湖北白肋烟上部叶（B₂F）的总氮（3.97%）、氯（0.63%）、钾氯比（8.13）处于比较适宜的范围内，总糖（0.48%）、还原糖（0.37%）较低，烟碱（4.64%）、钾（4.49%）含量较高。烟叶化学成分中，总氮和烟碱的变异系数较小，分别为 6.51% 和 6.47%，其次为氮碱比，钾氯比的变异系数最大，达到 48.27%，最不稳定，其次为氯，变异系数为 31.71%。烟碱、总氮、氯、氮碱比的偏度系数小于零，其他偏度系数大于零。且除了钾氯比外，偏度系数的绝对值均小于 1，说明除钾氯比外其他数据分布形态的偏斜程度不大。烟碱、钾、氯、氮碱比峰度系数均大于 0，为尖峭峰，说明数据大多集中在平均值附近，而其他指标的峰度系数均小于 0，为平阔峰，数据较分散。

表 3-15　湖北白肋烟化学成分的描述统计分析

等级	指标	最小值	最大值	平均值	标准偏差	变异系数	偏度系数	峰度系数
B₂F	总糖	0.40%	0.62%	0.48%	0.06%	12.65%	0.98	2.40
	还原糖	0.20%	0.41%	0.37%	0.05%	13.52%	0.78	1.07
	总氮	3.47%	4.43%	3.97%	0.26%	6.51%	−0.06	1.28
	烟碱	4.14%	5.06%	4.64%	0.30%	6.47%	−0.60	−0.70
	钾	3.81%	5.21%	4.49%	0.42%	9.36%	0.08	−0.40
	氯	0.24%	0.88%	0.63%	0.20%	31.71%	−0.76	−0.13
	氮碱比	0.73	0.96	0.86	0.07	8.57%	−0.09	−0.82
	钾氯比	5.41	18.71	8.13	3.92	48.27%	2.61	7.28
C₃F	总糖	0.37%	0.49%	0.41%	0.04%	8.46%	1.15	1.44
	还原糖	0.15%	0.31%	0.25%	0.03%	12.25%	0.69	0.89
	总氮	4.09%	4.74%	4.33%	0.19%	4.41%	0.83	1.30
	烟碱	2.08%	4.30%	3.06%	0.66%	21.60%	0.88	0.67
	钾	4.04%	5.58%	4.91%	0.52%	10.64%	−0.57	−0.72
	氯	0.37%	1.12%	0.63%	0.21%	33.90%	1.27	3.02

续表

等级	指标	最小值	最大值	平均值	标准偏差	变异系数	偏度系数	峰度系数
C_3F	氮碱比	0.96	2.10	1.47	0.33	22.18%	0.16	0.72
	钾氯比	3.61	13.68	8.69	2.99	34.38%	0.24	0.12

湖北白肋烟中部叶（C_3F）的总氮（4.33%）、烟碱（3.06%）、氯（0.63%）、氮碱比（1.47）、钾氯比（8.69）处于较适宜的范围，总糖、还原糖含量较低，钾含量较高。烟叶化学成分中，钾氯比和氯的变异系数最大，分别为34.38%和33.90%，最不稳定，其次为氮碱比和烟碱，总氮的变异系数最小，为4.41%，较稳定。钾含量的偏度系数小于零，其他化学成分含量偏度系数均大于0，为右偏。钾峰度系数小于0，为平阔峰，数据较分散。其他指标峰度系数均大于0，为尖峭峰，说明数据大多集中在平均值附近。

（2）四川达州白肋烟常规化学成分状况分析

对四川白肋烟上部叶（B_2F）的主要常规化学成分描述统计分析，结果如表3-16所示。四川白肋烟上部叶（B_2F）的总氮（3.27%）、烟碱（5.67%）、钾（2.94%）、氯（0.52%）、钾氯比（6.18）处于比较适宜的范围内，总糖（0.73%）、还原糖（0.43%）和氮碱比（0.61）较低。烟叶化学成分中，总氮的变异系数最小，为9.58%，其次为氮碱比（11.86%），比较稳定；氯的变异系数最大，为26.37%，最不稳定，其次是钾氯比和还原糖，变异系数分别为25.57%、23.92%。除钾的偏度系数小于0外，其他指标的偏度系数均大于0，为右偏，且各偏度系数的绝对值大部分都小于1，说明数据分布形态的偏斜程度不大。还原糖、烟碱、钾、氮碱比和钾氯比的峰度系数均大于0，为尖峭峰，说明数据大多集中在平均值附近，而其他指标的峰度系数均小于0，为平阔峰，数据较分散。

表3-16　四川白肋烟化学成分的描述统计分析

等级	指标	最小值	最大值	平均值	标准偏差	变异系数	偏度系数	峰度系数
B_2F	总糖	0.51%	1.02%	0.73%	0.16%	21.24%	0.56	−0.83
	还原糖	0.26%	0.78%	0.43%	0.10%	23.92%	1.21	0.58
	总氮	3.04%	3.68%	3.27%	0.31%	9.58%	0.95	−0.35
	烟碱	2.92%	6.77%	5.67%	0.73%	17.20%	1.01	2.46
	钾	2.10%	3.49%	2.94%	0.36%	12.51%	−0.97	2.26
	氯	0.29%	1.09%	0.52%	0.13%	26.37%	0.05	−0.63
	氮碱比	0.48	1.06	0.61	0.09	11.86%	0.51	0.65
	钾氯比	3.20	10.17	6.18	1.62	25.57%	1.74	3.25
C_3F	总糖	0.57%	1.32%	0.87%	0.13%	20.99%	0.83	0.02
	还原糖	0.27%	0.95%	0.50%	0.08%	23.28%	0.43	−0.11
	总氮	2.80%	3.34%	3.06%	0.27%	8.64%	1.45	2.42
	烟碱	2.48%	5.87%	4.81%	0.52%	14.89%	0.46	0.24
	钾	3.02%	4.37%	3.32%	0.40%	11.95%	2.50	6.78
	氯	0.42%	1.47%	0.78%	0.13%	21.40%	−0.43	−1.28
	氮碱比	0.49	1.24	0.67	0.15	16.04%	−0.20	0.46
	钾氯比	2.17	7.64	4.78	1.23	23.37%	0.51	−0.79

四川白肋烟中部叶（C₃F）的总氮（3.06%）、烟碱（4.81%）、钾（3.32%）、氯（0.78%）和钾氯比（4.78）均在一般优质白肋烟烟叶要求范围内，但总糖（0.87%）、还原糖（0.50%）较低，氮碱比（0.67）稍低。各指标中以总氮的变异系数最小（8.64%），最为稳定；还原糖的变异系数最大（23.28%），最不稳定，其次是钾氯比、氯、总糖和糖碱比。就刻画分布形态的偏度系数而言，大多为右偏，且多数偏度系数的绝对值都小于 1，说明数据分布形态的偏斜程度较小。多数峰度系数都大于 0，为尖峭峰，说明数据大多集中在平均值附近。

（3）重庆万州白肋烟常规化学成分状况分析

由表 3-17 可知，重庆白肋烟上部叶（B₂F）的还原糖、总氮、钾、氯、钾氯比处于较适宜范围内，但烟碱含量偏高，总糖和氮碱比较低。烟叶化学成分，总氮的变异系数最小（3.96%），氮碱比次之（5.80%），比较稳定；钾氯比的变异系数最大，为 29.43%，最不稳定，其次是还原糖、糖碱比和总糖，变异系数分别为 24.52%、22.00% 和 20.07%。由偏度系数可以看出，总氮、氯和氮碱比的偏度系数小于 0，为负向偏态峰，其余为正向偏态峰。还原糖、总氮、烟碱、氮碱比和糖碱比的峰度系数均大于 0，为尖峭峰，说明数据大多集中在平均值附近，而其他指标的峰度系数均小于 0，为平阔峰，数据较分散。重庆白肋烟中部叶（C₃F）的 10 种主要化学成分指标中，就表现集中趋势的平均数而言，总糖（1.12%）、还原糖（0.72%）、总氮（3.11%）、钾（2.75%）、氯（0.45%）和钾氯比（7.47）均在一般优质白肋烟烟叶要求范围内；烟碱（4.29%）含量偏高，氮碱比（0.76）较低。各个指标中，以总氮的变异系数最小（6.12%），其次为总糖（8.02%）、烟碱（9.73%）、糖碱比（9.79%），比较稳定；氯的变异系数最大，为 34.28%，最不稳定，其次是钾氯比（25.49%）、还原糖（19.68%）。就刻画分布形态的偏度系数而言，大多为右偏，除还原糖外，各偏度系数的绝对值均小于 1，说明数据分布形态的偏斜程度不大。除还原糖和烟碱外，其他指标的峰度系数均小于 0，为平阔峰，数据分散。

表 3-17　重庆白肋烟化学成分的描述统计分析

等级	指标	最小值	最大值	平均值	标准偏差	变异系数	偏度系数	峰度系数
B₂F	总糖	0.63%	1.12%	0.82%	0.20%	20.07%	0.44	−0.59
	还原糖	0.34%	0.89%	0.52%	0.13%	24.52%	1.08	0.30
	总氮	2.99%	3.41%	3.22%	0.13%	3.96%	−1.74	3.77
	烟碱	4.79%	6.03%	5.29%	0.25%	6.97%	0.42	1.08
	钾	2.24%	3.09%	2.59%	0.32%	12.31%	0.41	−1.17
	氯	0.39%	0.65%	0.52%	0.10%	19.07%	−0.01	−1.61
	氮碱比	0.53	0.65	0.61	0.05	5.80%	−0.55	3.18
	钾氯比	3.49	7.59	5.23	1.54	29.43%	0.90	−0.51
C₃F	总糖	0.87%	1.46%	1.12%	0.05%	8.02%	0.30	−0.76
	还原糖	0.50%	1.02%	0.72%	0.08%	19.68%	1.95	4.26
	总氮	2.91%	3.39%	3.11%	0.20%	6.12%	−0.07	−1.12
	烟碱	3.35%	5.97%	4.29%	0.33%	9.73%	−0.71	1.21
	钾	2.50%	3.54%	2.75%	0.40%	12.98%	0.26	−1.86
	氯	0.24%	1.03%	0.45%	0.13%	34.28%	0.65	−0.69
	氮碱比	0.52	0.95	0.76	0.12	12.44%	−0.53	−0.42
	钾氯比	2.45	10.63	7.47	2.15	25.49%	−0.30	−0.30

（4）云南宾川白肋烟常规化学成分状况分析

由表3-18可知，云南白肋烟上部叶（B_2F）的总氮（3.42%）、钾（3.32%）、氯（0.53%）、氮碱比（1.02）、钾氯比（6.69）处于比较适宜的范围内，总糖（0.46%）、还原糖（0.26%）和烟碱（3.54%）含量较低。烟叶化学成分中，总氮的变异系数最小，为8.02%，最为稳定；钾氯比的变异系数最大，为32.35%，最不稳定，其次是糖碱比、氯和氮碱比，变异系数分别为29.20%、28.12%和27.30%。除总糖和钾氯比的偏度系数小于0外，其他指标的偏度系数均大于0，为正向偏态峰。还原糖、总氮、钾、氯、氮碱比的峰度系数均大于0，为尖峭峰，说明数据大多集中在平均值附近，而其他指标的峰度系数均小于0，为平阔峰，数据较分散。

表 3-18　云南白肋烟化学成分的描述统计分析

等级	指标	最小值	最大值	平均值	标准偏差	变异系数	偏度系数	峰度系数
B_2F	总糖	0.33%	0.65%	0.46%	0.08%	14.19%	−0.16	−1.29
	还原糖	0.20%	0.35%	0.26%	0.06%	20.65%	1.54	3.23
	总氮	3.09%	4.01%	3.42%	0.27%	8.02%	0.79	0.40
	烟碱	2.58%	5.25%	3.54%	0.52%	20.23%	0.20	−0.52
	钾	2.18%	4.46%	3.32%	0.61%	18.79%	0.18	0.48
	氯	0.40%	0.88%	0.53%	0.15%	28.12%	1.40	1.44
	氮碱比	0.67	1.44	1.02	0.38	27.30%	1.29	1.62
	钾氯比	3.32	9.30	6.69	2.12	32.35%	−0.29	−1.39
C_3F	总糖	0.41%	0.81%	0.57%	0.08%	17.72%	0.63	0.08
	还原糖	0.21%	0.45%	0.31%	0.04%	16.78%	1.19	0.76
	总氮	2.59%	3.37%	3.03%	0.18%	5.72%	−0.08	−0.44
	烟碱	2.30%	5.07%	2.95%	0.57%	25.80%	0.78	−0.18
	钾	2.32%	4.65%	3.35%	0.67%	19.33%	0.06	−0.28
	氯	0.37%	1.26%	0.54%	0.11%	22.38%	1.22	1.57
	氮碱比	0.63	1.38	1.07	0.36	24.69%	−0.05	−1.47
	钾氯比	2.93	10.00	6.88	2.02	27.81%	−0.11	−1.90

云南白肋烟中部叶（C_3F）的总氮（3.03%）、钾（3.35%）、氯（0.54%）、氮碱比（1.07）和钾氯比（6.88）处于比较适宜的范围内，而总糖（0.57%）、还原糖（0.31%）和烟碱（2.95%）含量偏低。就表现指标稳定性的变异系数而言，总氮的变异系数最小（5.72%），最为稳定；糖碱比的变异系数最大（29.84%），其次为钾氯比、烟碱和氮碱比，变异系数分别为27.81%、25.80%和24.69%。除总氮、氮碱比和钾氯比的偏度系数小于0外，其他指标的偏度系数均大于1，为右偏。多数偏度系数的绝对值都小于1，说明数据分布形态的偏斜程度稍小。总糖、还原糖和氯的峰度系数都大于0，为尖峭峰，说明数据大多集中在平均值附近，而其他指标的峰度系数均小于0，为平阔峰，数据较分散。

（三）不同产区白肋烟常规化学成分的多重比较

由表 3-19 可知，国内外白肋烟的化成分和比值均差异显著。B$_2$F 等级的烟叶除重庆地区外，总糖和还原糖含量都较低，而云南白肋烟更甚，总糖含量仅为 0.46%，湖北和美国烟叶也较低，均为 0.51%。总氮，国内外产区白肋烟均在 3% 以上，较为适宜。国内产区云南宾川样品的烟碱含量较低，只有 3.54%，马拉维烟碱含量也偏低，为 2.86%。国内外白肋烟的钾、氯和钾氯比都较为适宜。氮碱比，除云南的氮碱比较为适宜外，国内其他产区均小于 1，美国和马拉维的氮碱比都接近 1，也较为适宜。

在国内外不同产区 C$_3$F 烟叶化学成分和比值均差异显著。重庆和美国烟叶总糖和还原糖含量在适宜范围内，国内外其他产区白肋烟的总糖和还原糖含量都偏低。总氮，美国和国内各产区白肋烟均在 3% 以上，马拉维偏低，为 2.81%。国内产区云南宾川样品的烟碱含量较低，只有 2.95%，马拉维白肋烟碱含量也偏低，为 2.73%。国内外白肋烟的钾、氯和钾氯比都较为适宜。氮碱比，云南、美国和马拉维的氮碱比都接近 1，较为适宜。

表 3-19　不同产地白肋烟与国外优质白肋烟的化学成分多重比较

等级	产区	总糖 /%	还原糖 /%	总氮 /%	烟碱 /%	钾 /%	氯 /%	氮碱比	钾氯比
B$_2$F	湖北恩施	0.51^c	0.30^c	3.50^a	4.92^b	3.25^{ab}	0.60^{ab}	0.72^c	5.93^c
	四川达州	0.73^b	0.43^b	3.27^{ab}	5.67^a	2.94^{abc}	0.52^c	0.61^d	6.18^b
	重庆万州	0.82^a	0.52^a	3.22^{ab}	5.29^b	2.59^c	0.52^{bc}	0.61^d	5.23^c
	云南宾川	0.46^{cd}	0.26^d	3.42^a	3.54^c	3.32^a	0.53^b	1.02^a	6.69^a
	美国	0.51^c	0.27^d	3.63^a	3.96^c	2.75^{abc}	0.62^a	0.92^b	5.27^c
	马拉维	0.73^b	0.41^c	3.09^b	2.86^d	3.16^{be}	0.53^b	1.08^a	5.96^b
C$_3$F	湖北恩施	0.63^c	0.36^c	3.17^a	4.14^a	3.63^{be}	0.48^c	0.77^b	7.97^a
	四川达州	0.87^b	0.50^b	3.06^{ab}	4.81^a	3.32^{be}	0.78^a	0.67^c	4.78^d
	重庆万州	1.12^a	0.72^a	3.11^a	4.29^a	2.75^d	0.45^c	0.76^b	7.47^a
	云南宾川	0.57^d	0.31^c	3.03^{ab}	2.95^b	3.35^{be}	0.54^b	1.07^a	6.88^c
	美国	0.73^c	0.37^c	3.30^a	3.41^b	3.04^c	0.47^c	0.98^b	6.48^c
	马拉维	0.97^a	0.53^b	2.81^b	2.73^b	4.40^a	0.60^b	1.03^a	7.33^b

注：同一列小写字母不同表示差异达到 5% 显著水平。

（四）不同产区白肋烟常规化学成分的聚类分析

国内白肋烟按照化学成分可以被分为三大类（图 3-18），三类地点化学成分的方差分析结果（表 3-20）表明，除总糖、还原糖和总氮未达到显著差异水平外，其他指标均存在显著差异，说明化学成分在不同类间存在广泛的差异。

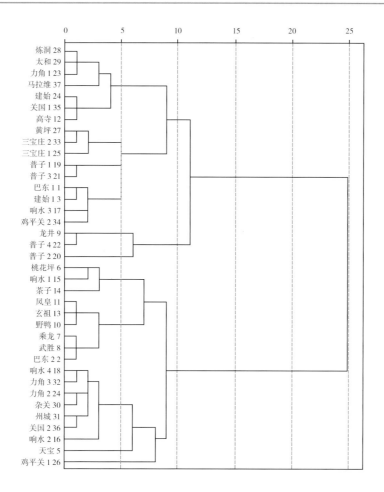

图 3-18　不同产区白肋烟 C_3F 烟叶常规化学成分的聚类分析树状图

表 3-20　类间化学指标平均值的方差分析

指标	差异来源	平方和	df	均方	F	显著性
总糖	类间	0.135	2	0.068	0.960	0.393
还原糖	类间	0.092	2	0.046	1.022	0.371
总氮	类间	0.011	2	0.006	0.139	0.871
烟碱	类间	13.053	2	6.527	6.959	0.003
钾	类间	3.183	2	1.591	5.442	0.009
氯	类间	1.064	2	0.532	11.849	0.000
氮碱比	类间	0.411	2	0.206	3.877	0.030
钾氯比	类间	165.159	2	82.579	59.917	0.001

对三类样品的化学成分进行描述性统计结果显示：第Ⅲ类的总糖、还原糖最高，两糖含量在适宜范围内，但烟碱含量偏高，会导致吸食时劲头太强，氮碱比又偏低，化学成分不协调，这是由低氮高烟碱含量造成的；第Ⅰ类的除总糖、还原糖含量稍低外，其他所有指标均在优质白肋烟化学成分要求的适宜范围内，表现较好；第Ⅱ类的总糖、还原糖、总氮和氮碱比含量稍低，钾、氯和钾氯比较为适宜。总体来说，第Ⅰ类的总氮、烟碱、钾、氯和钾氯比均在适宜范围内，氮碱比糖相对第Ⅱ类和第Ⅲ类更接近适

宜范围，化学成分最为适宜，第Ⅱ类的化学成分也较为适宜，第Ⅲ类样品化学成分适宜性最差。

（五）白肋烟生育期化学成分的变化

赵晓东等对打顶至调制结束白肋烟中常规化学成分变化进行了研究，结果表明：白肋烟中总糖从打顶到调制前期急剧下降，此后变化不大；除打顶到采收上部烟叶的总氮含量降低较快外，上、中、下部烟叶的总氮含量均变化不大；上、中、下部烟叶的氯含量均较低，但总体上明显增加；从打顶、采收至调制的前2周，上、中部烟叶的总挥发碱含量显著增加，此后增幅平缓。下部烟叶的总挥发碱含量变化不大，且除打顶后的10天外，明显低于上、中部烟叶；上、中、下部烟叶的总植物碱含量均呈先增后降的变化趋势，即打顶到采收阶段急剧上升，调制期间缓慢降低。图3-19至图3-23分别为白肋烟不同化学成分在打顶至调制结束的变化规律图。

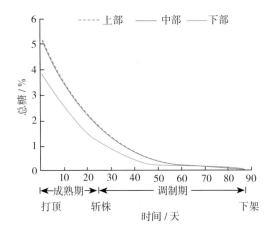

图 3-19　打顶至调制结束时白肋烟总糖含量的变化

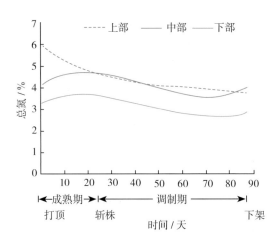

图 3-20　打顶至调制结束时白肋烟总氮含量的变化

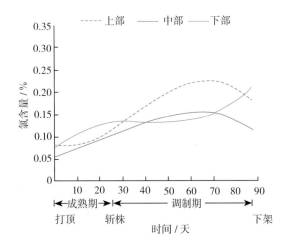

图 3-21　打顶至调制结束时白肋烟氯含量的变化

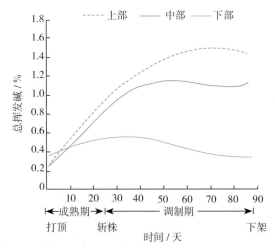

图 3-22　打顶至调制结束时白肋烟总挥发碱含量的变化

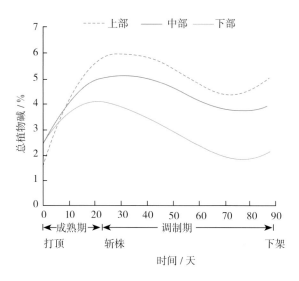

图 3-23　打顶至调制结束时白肋烟总植物碱含量的变化

李进平等对白肋烟烟碱的田间积累动态及其与海拔高度的关系进行了研究，结果表明：打顶时上部叶烟碱含量平均为 1%，然后急剧上升。烟碱含量的日平均增量，在打顶后第一个 10 天为 0.175%，第二个 10 天为 0.163%，第三个 10 天为 0.133%，30 天后日增量急降。打顶至斩株期间烟碱平均日增量 0.15%，二次曲线方程 $y = 0.20x - 0.0015x^2 + 0.97$ 可以用作描述白肋烟打顶后烟碱积累的数学模型。海拔高度增加，烟碱积累速率降低。

黄文昌等对鄂烟 1 号在相同栽培条件下不同叶位叶片的化学成分含量的变化规律进行研究，结果表明：①不同叶位叶片的无机非金属元素中，Cl 和 P 随着叶位的变化，其含量变化波动较小，其中 Cl 的变化最小，且这两种元素的含量变化与叶位均不存在相关性。②不同叶位叶片的无机金属元素中，Zn 的变化程度最大，K、Mn、Ca 及 Mg 的含量变化均较小。在无机金属元素中，Zn 与叶位呈显著相关性，K、Mn、Ca 及 Mg 与叶位均呈极显著相关。③不同叶位叶片的有机成分含量中，烟碱的含量变化最大，总氮和总糖的含量变化程度小。烟碱与叶位呈极显著相关性，总氮和总糖与叶位不存在相关性。图 3-24 为鄂烟 1 号不同叶位烟碱、总氮、总糖含量变化图。

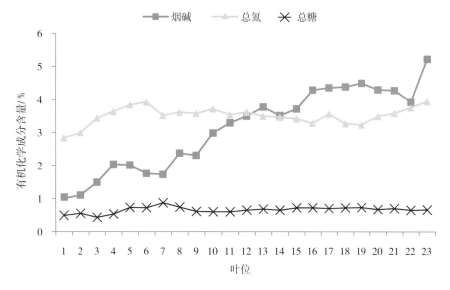

图 3-24　鄂烟 1 号不同叶位烟叶叶片的有机化学成分含量

(六) 生物碱组成及烟碱转化率

生物碱是烟草中重要的一类化学成分，生物碱含量和组成比例对白肋烟感官品质和安全性有重要影响。在正常情况下，烟碱含量占总生物碱含量的93%以上，降烟碱含量一般不超过总生物碱含量的3%，在栽培品种的烟株群体中，一些植株会因为基因突变形成烟碱去甲基酶，烟碱在此酶的作用下脱去甲基，形成降烟碱，导致烟碱含量相应显著降低，降烟碱含量相应增加，这种具有烟碱向降烟碱转化能力的烟株称为转化株。与烟碱相比，降烟碱是仲胺类生物碱，具有较大的不稳定性，在烟叶调制和陈化过程中降烟碱易发生氧化、酰化和亚硝化反应，分别生成麦斯明、酰基降烟碱和 *N*-亚硝基降烟碱（NNN）等，这些化学成分影响烟叶香味品质，增加有害物质含量，使烟叶安全性降低。

应用气相色谱GC检测4种生物碱成分。不同产地白肋烟烟叶中所含生物碱物质的种类相同，但各生物碱成分含量却有所差异。在生物碱所有成分中烟碱的平均含量最高，假木贼碱的平均含量最低。

1. 湖北恩施白肋烟生物碱组成及烟碱转化率分析

湖北恩施 B_2F 烟叶，烟碱含量的变化幅度为4.436%～5.763%，平均含量为4.916%；总生物碱的变化范围为4.808%～6.348%，平均值为5.689%。巴东地区的样品烟碱转化率分别为25.075%和2.977%。湖北恩施 C_3F 烟叶，烟碱含量的变化幅度为3.985%～4.391%，平均含量为4.138%；总生物碱的变化范围为4.236%～4.812%，平均值为4.493%。近几年，湖北烟草科学研究院一直致力于白肋烟的低烟碱转化改良，通过10多年对低烟碱转化株系的筛选及繁育，目前已在全省推广鄂烟1号LC及鄂烟3号LC低烟碱转化品种，2014年起湖北白肋烟群采用低烟碱转化改良品种。

2. 四川达州白肋烟生物碱组成及烟碱转化率分析

四川达州 B_2F 烟叶，烟碱含量的变化幅度为2.922%～6.765%，平均含量为5.669%；总生物碱的变化范围为4.163%～7.157%，平均值为6.093%。供试的10个地点的样品中，偏高的可能与供试品种YNBS 1未改良有一定的关系。3个供试的品种，TN90烟叶的烟碱和生物碱含量显著高于YNBS 1和TN86品种。云南宾川 C_3F 烟叶，烟碱含量的变化范围为2.297%～5.069%，平均含量为2.955%；总生物碱的变化范围为2.514%～5.566%，平均值为3.224%。供试样品中有58.33%的样品烟碱转化率小于3%，为非转化株；所有取样点的样品烟碱转化率小于10%，说明云南宾川白肋烟中部叶存在烟碱转化问题，但烟碱转化问题较小。

3. 重庆万州白肋烟生物碱组成及烟碱转化率分析

重庆万州 B_2F 烟叶，烟碱含量的变化幅度为4.785%～6.033%，平均含量为5.289%；总生物碱的变化范围为5.308%～7.370%，平均值为6.256%。供试的样品中有12.50%的样品烟碱转化率小于3%，为非转化株；75.00%的样品烟碱转化率在3%～20%。

4. 云南宾川白肋烟生物碱组成及烟碱转化率分析

云南宾川 B_2F 烟叶，烟碱含量的变化幅度为2.580%～5.255%，平均含量为3.541%；总生物碱的变化范围为2.723%～5.607%，平均值为3.828%。供试的12个地点的样品中有75.00%的样品烟碱转化率小于3%，为非转化株；25.00%的样品烟碱转化率大于3%，为低转化株，说明云南宾川白肋烟上部叶存在烟碱转化问题，但烟碱转化问题较小。

5. 不同产区白肋烟的生物碱组成及烟碱转化率分析

国内各产区和美国烟叶烟碱和生物碱含量都较高，特别是四川、重庆和湖北地区，生物碱总量在4.50%以上，云南烟叶生物碱含量较低，马拉维烟叶生物碱含量更低，B_2F 和 C_3F 烟叶生物碱含量分别为2.977%和2.898%。湖北地区烟叶烟碱转化率平均水平较高，是由于巴东地区样品烟碱转化率过高造成的。四川烟叶除鄂烟1号样品外，其他种植的达白系列上部和中部叶烟碱转化率均小于2.00%，烟碱转化问题很小，这与近几年来达州地区严格对白肋烟品种进行优化改良有直接的关系。重庆样品按照地区分为两类：响水和普子。两地区种植的烟叶品种均为鄂烟系列，但响水地区烟碱转化率均值为18.875%，烟碱转化问题严重；而普子地区烟碱转化率均值为3.659%，烟碱转化问题较小。这可能与当地所种植的鄂烟系列品种未改良且烟碱转化性状不稳定有关。云南样品烟碱转化率较小，烟碱转化问题不突出，但也存在一定比例的烟碱转化现象，在实际生产中应加以注意。美国和马拉维烟叶烟碱转化都较小。

二、国产马里兰烟烟叶质量状况

（一）国产马里兰烟烟叶中常规化学成分分布情况

马里兰烟具有纤维素和果胶含量高，而总糖烟碱含量低的特点，优质马里兰烟不仅要求各种化学成分的含量适宜，而且更要求各种化学成分之间的比例协调。通常衡量优质马里兰烟主要化学成分的指标和适宜含量如下：

烟碱含量：一般在0.5% ～ 4.5%；总氮含量：一般在2.0% ～ 4.5%；总糖含量：一般在2%以下，以1.0% ～ 1.5%较适宜；蛋白质含量：一般在8% ～ 12%，以10%较适宜；氯含量：一般在1%以下；氮碱比：一般在2% ～ 4%，以3%左右较适宜。

五峰1号为湖北省烟草公司宜昌市公司选育的马里兰烟新品种，该品种的选育历史为：1997—2002年，宜昌市公司先后从青州烟草研究所引进Md10、Md40、Md201、Md341、Md872和MdBL等种质资源，进行优异种质资源筛选；2003年开始系统选育，从Md609自然变异群体中选择出优异单株材料50份；2004—2005年进行株系比较试验，筛选出长势整齐一致、综合性状显著优于对照（Md609）的株系材料5份；2006—2007年进行品系比较试验，筛选出综合性状显著优于对照的"Md609.3"新品系。2008年，对"Md609.3"新品系进行中间试验和示范，结果显示，"Md609.3"品系株形、叶型好，生长势强，整齐一致，抗逆抗病性较强，成熟期适中，综合农艺性状和经济性状良好，烟叶化学成分协调，评吸结果优良，田间表现较常规栽培品种纯度高，烟叶质量评价较好，适宜示范种植。2009年开始示范推广，经湖北省烟草专卖局组织专家组田间鉴评，"Md609.3"新品系性状稳定，田间性状整齐一致，综合性状表现突出。2010年，通过全国烟草品种审定委员会组织的全国农业评审，将"Md609.3"新品系定名为"五峰1号"。2011年12月13日，马里兰烟新品种"五峰1号"通过全国烟草品种审定委员会审定。

五峰1号田间生长势强，遗传性状较对照品种稳定，群体整齐一致。株形筒形，叶片长椭圆形，叶面平展，叶色深绿。株高较高，茎围较粗，节距较大，茎叶角度中等，有效叶数较多。叶片较长，叶片宽度中等。抗黑胫病和根黑腐病，TMV、CMV和PVY等花叶病毒病发生率与对照相当，气候斑点病、野火病、角斑病、空茎病和赤星病等发生率与对照相当，但五峰1号病情指数较低，病害危害程度相对较小。五峰1号适应性较对照好，田间通气透光性较强，抗逆抗病性略优于对照。烟叶产量中等，下部叶发育充分，上部叶开片好，叶片身份适中，低次烟、霉变烟、杂色及含青烟相对较少，上中等烟率高。原烟颜色为红黄色，弹性强，光泽鲜明，叶片结构疏松，厚度薄至适中。五峰1号烟叶化学成分协调，马里兰烟香型风格显著，香气质较好，香气量较足，杂气较轻，刺激性有，余味尚舒适，浓度、劲头中等，燃烧性强，灰色灰白，烟气质量均衡，烟叶的可用性较好。施氮量中等，磷钾肥需求量较大，适宜有机质含量充足、磷钾含量丰富的缓坡地栽培。抗逆性较强，较耐旱，不耐涝，适宜烟叶生长前期雨水充沛、生长后期光照充足的阳坡地种植。大田生育期适中，适宜低山和半高山烟区种植。成熟较集中，适宜现行采收晾制方式。

对湖北五峰马里兰烟样品的常规化学成分检测结果进行统计分析，结果如表3-21所示。从表3-21中可以看出，马里兰烟常规化学成分中，氯含量变异系数最大，为43.04%，含量分布在0.11% ～ 0.96%，相差约 8 倍，其次为钾和总糖，变异系数分别为 23.18% 和 21.81%，钾含量分布在 2.26% ～ 5.66%，总糖分布在 0.31% ～ 1.43%。马里兰烟总植物碱分布在 2.94% ～ 6.34%，平均含量为 4.86%，变异系数为 13.08%，总氮分布在 2.98% ～ 5.94%，平均含量为 4.39%，变异系数为 12.83%。从检测结果看，五峰马里兰烟烟碱和总氮含量较高，与美国马里兰烟相比，平均含量高出 2 ～ 3 倍，主要与国内生产方式及工业公司的需求有关。

表 3-21　五峰马里兰烟烟叶中常规化学成分分布情况

成分	含量范围 /%	平均值 /%	中位数 /%	偏度系数	标准偏差 /%	变异系数 /%
总植物碱	2.94 ～ 6.34	4.86	4.86	−0.24	0.64	13.08
总氮	2.98 ～ 5.94	4.39	4.36	0.32	0.56	12.83
总糖	0.31 ～ 1.43	0.55	0.54	2.91	0.12	21.81
氯	0.11 ～ 0.96	0.48	0.48	0.09	0.20	43.04
钾	2.26 ～ 5.66	3.48	3.22	0.50	0.81	23.18
蛋白质	6.64 ～ 9.51	8.11	7.95	−0.01	0.86	10.63

（二）国产马里兰烟烟叶烟碱转化及 5 种烟碱分布情况

对湖北五峰 36 份马里兰烟烟碱转化进行检测，其中，烟碱转化率小于等于 3% 的为 12 份，占比为 33.3%，烟碱转化率介于 3% ～ 20% 为 17 份，占比为 47.2%，转化率大于 20% 为 7 份，占比为 19.5%。结果表明，马里兰烟中转化及高转化株系占比较高，非转化株系仅占 1/3。湖北省烟草科学研究院研究表明，降低晾晒烟的烟碱转化率，可明显提高烟叶的香吃味及 TSNAs 含量，马里兰烟非转化株系筛选方面有待进一步研究。

对五峰马里兰烟 5 种生物碱含量检测结果进行统计分析，结果如表 3-22 所示。从表 3-22 中可以看出马里兰烟 5 种生物碱中，平均含量按照高低顺序排序为烟碱＞降烟碱＞新烟草碱＞假木贼碱＞麦斯明，马里兰烟生物碱以烟碱及降烟碱为主，占比接近 95%，假木贼碱及麦斯明含量较低，分别占总烟碱的 0.35% 及 0.54%。

表 3-22　马里兰烟烟叶 5 种生物碱含量分布情况

生物碱	含量范围 / (mg · g^{-1})	平均值 / (mg · g^{-1})	中位数 / (mg · g^{-1})	偏度系数	标准偏差 / (mg · g^{-1})	变异系数 /%	占总烟碱比例 /%
烟碱	23.54 ～ 84.99	39.22	35.18	1.76	16.20	41.31	75.92
降烟碱	0.61 ～ 26.94	9.61	6.80	1.05	7.17	74.63	18.60
麦斯明	0.06 ～ 0.36	0.18	0.17	0.54	0.08	44.39	0.35
新烟草碱	1.09 ～ 4.19	2.37	2.04	0.35	1.15	48.41	4.59
假木贼碱	0.17 ～ 0.52	0.28	0.26	0.93	0.10	36.23	0.54
总烟碱	27.98 ～ 96.63	51.67	44.56	0.98	19.69	38.12	

5 种生物碱中，降烟碱的含量差异最大，变异系数达 74.63%，含量范围为 0.61 ～ 26.96 mg/g，相差达到 44 倍。其他 4 种生物碱含量较集中，变异系数介于 36% ～ 48%。马里兰烟总植物碱含量范围为 27.98 ～ 96.63 mg/g，平均值为 51.67 mg/g。

三、不同产区烟叶中常规化学成分的比较

(一) 常规化学成分间的平均值比较

按前面的平均值统计结果,将不同产区的白肋烟和马里兰烟烟叶中常规化学成分间的平均值放在一起,进行比较,结果如表3-23所示,图示比较分析结果如图3-25至图3-27所示。

表3-23 不同产区的白肋烟和马里兰烟常规化学成分平均值

	云南宾川	四川达州宣汉、万源	重庆罗天	湖北恩施	湖北鹤峰	湖北巴东	湖北宜昌五峰
还原糖/%	0.145	0.821	0.297	0.220	0.313	0.235	0.633
总糖/%	0.418	1.149	0.660	0.607	0.815	0.590	1.090
总植物碱/%	4.385	5.232	4.367	5.508	5.448	4.880	4.456
总氮/%	4.510	4.466	4.057	4.479	4.538	4.760	4.345
钾/%	4.060	4.598	3.917	5.044	4.538	3.935	4.787
氯/%	0.845	0.733	0.410	0.747	0.615	0.420	0.373
蛋白质/%	7.910	8.064	7.100	7.638	7.500	7.855	8.106
硝酸盐/%	1.939	1.330	0.885	1.522	1.057	1.515	1.337
糖碱比	0.100	0.255	0.175	0.123	0.150	0.121	0.417
钾氯比	5.598	9.849	11.151	7.110	7.889	10.771	13.357
氮碱比	1.067	0.976	1.038	0.885	0.841	0.976	1.107
两糖比	0.350	0.594	0.456	0.362	0.381	0.404	0.522
施木克值	0.053	0.145	0.093	0.080	0.109	0.075	0.186

注:糖碱比=总糖/总烟碱,钾氯比=钾/氯,氮碱比=总氮/总烟碱,两糖比=还原糖/总糖,施木克值=总糖/蛋白质。

从表3-23中的平均值统计可知总体情况,总糖和还原糖含量较低,总植物碱和总氮含量都在4.3%以上,钾含量都在3.9%以上,氯含量都低于0.85%,蛋白质含量都在7.1%以上,硝酸盐含量都在0.89%以上,糖碱比都在0.10%以上,钾氯比都在7.1%以上,氮碱比都在0.84%以上,两糖比在0.35~0.60,施木克值在0.053~0.186。

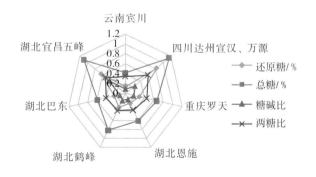

图3-25 不同产区的白肋烟和马里兰烟的糖类
含量与关系

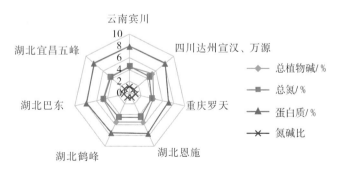

图3-26 不同产区的白肋烟和马里兰烟的
氮碱比关系

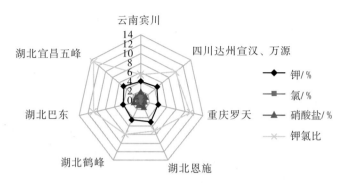

图 3-27　不同产区的白肋烟和马里兰烟的钾氯比关系

（二）不同部位烟叶中常规化学成分间的平均值比较

按前面的平均值统计结果，将不同产区的白肋烟和马里兰烟烟叶中常规化学成分间的平均值放在一起，进行比较，结果如图 3-28 所示。

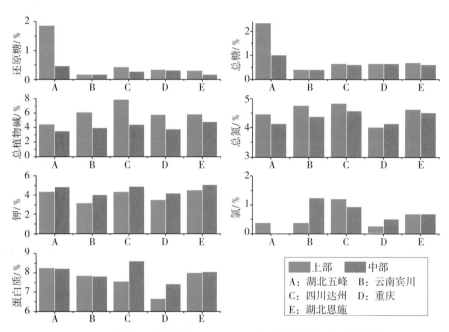

图 3-28　不同产区的白肋烟和马里兰烟上中部的常规化学成分情况

从图 3-28 中可知总体趋势，马里兰烟和白肋烟烟叶中的总糖与还原糖含量较低；总植物碱、总氮、蛋白质及氧化钾较高，上部叶的烟碱含量普遍比中部叶的高，最高达 7.82%；云南宾川的中部叶和四川达州的上部叶的氯含量都超过 1%，不利于烟叶燃烧。

（三）5 种生物碱的平均值比较

对不同产区的白肋烟和马里兰烟中 5 种生物碱含量进行描述性统计，各产区烟叶中 5 种生物碱含量范围如表 3-24 所示，各产区烟叶中 5 种生物碱平均值情况如图 3-29 所示，各种生物碱占 5 种生物碱总量比例统计情况如图 3-30 所示。

表 3-24　不同产区的白肋烟和马里兰烟中 5 种生物碱含量范围

单位：mg·g⁻¹

地区	烟碱	降烟碱	麦斯明	新烟草碱	假木贼碱
云南宾川	30.88 ～ 41.44	0.79 ～ 2.16	0.032 ～ 0.053	1.28 ～ 2.41	0.10 ～ 0.19
四川达州宣汉、万源	19.12 ～ 71.13	0.76 ～ 10.53	0.024 ～ 0.184	0.99 ～ 3.13	0.12 ～ 0.29
重庆罗天	22.13 ～ 43.12	0.89 ～ 3.01	0.057 ～ 0.096	0.90 ～ 2.34	0.11 ～ 0.29
湖北恩施	17.12 ～ 84.12	1.79 ～ 14.11	0.064 ～ 0.279	2.63 ～ 3.75	0.251 ～ 0.395
湖北巴东	39.69 ～ 40.40	4.36 ～ 10.29	0.121 ～ 0.178	2.77 ～ 3.51	0.282 ～ 0.345
湖北鹤峰	34.92 ～ 68.23	3.66 ～ 21.58	0.066 ～ 0.226	2.38 ～ 3.45	0.252 ～ 0.427
湖北宜昌五峰	5.50 ～ 84.99	0.61 ～ 26.94	0.062 ～ 0.360	0.39 ～ 4.19	0.055 ～ 0.516

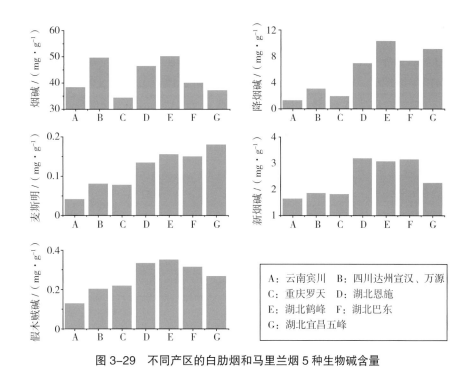

A：云南宾川　　B：四川达州宣汉、万源
C：重庆罗天　　D：湖北恩施
E：湖北鹤峰　　F：湖北巴东
G：湖北宜昌五峰

图 3-29　不同产区的白肋烟和马里兰烟 5 种生物碱含量

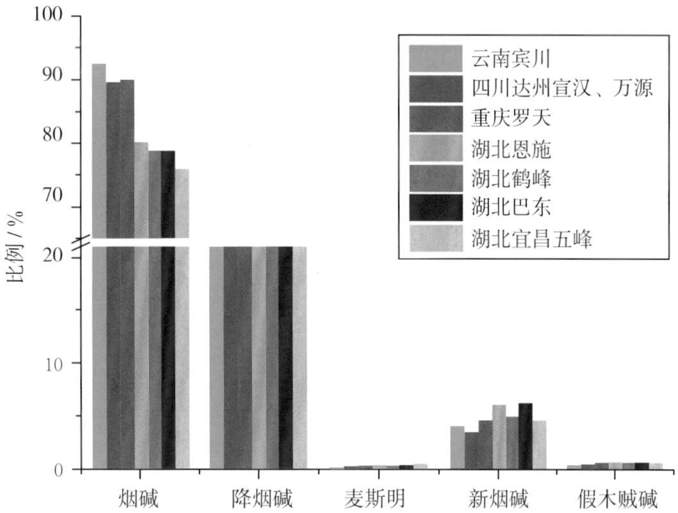

图 3-30　不同产区的白肋烟和马里兰烟 5 种生物碱总量比例

从图 3-30 中可知，在马里兰烟和白肋烟烟叶的 5 种生物碱中，烟碱所占比例最高，在 75.87% ～ 92.41%；降烟碱所占比例次之（除了云南宾川产地外），新烟草碱所占比例排在第 3 位，假木贼碱所占比例排在第 4 位，麦斯明所占比例排在最后。

四、不同产区烟叶中 TSNAs 含量分布情况

（一）白肋烟烟叶中 TSNAs 含量分布情况

1. 湖北白肋烟烟叶中 TSNAs 含量分布情况

对从湖北恩施建始县、巴东县及鹤峰县收集的白肋烟烟叶样品的 TSNAs 含量进行检测，结果如表 3-25 和表 3-26 所示。从表 3-25 中可知，湖北产白肋烟上部烟叶 4 种 TSNAs 含量差异较为显著，变异系数在 37.70% ～ 56.16%。TSNAs 总量平均为 10 034.05 ng/g，含量分布在 3282.32 ～ 13 878.51 ng/g。4 种 TSNAs 中 NNN 含量最高，平均含量为 4877.48 ng/g，含量分布在 1381.34 ～ 7761.75 ng/g，占总 TSNAs 的 48.60%；其次为 NAT，平均含量为 4642.82 ng/g，含量分布在 1688.68 ～ 6908.28 ng/g，占总 TSNAs 的 46.3%；NNK 和 NAB 含量较低，分别占总 TSNAs 的 3.7% 和 1.4%，其中，NNK 平均含量为 376.54 ng/g，含量分布在 142.92 ～ 648.03 ng/g，NAB 含量最低，平均含量为 137.2 ng/g，含量分布在 69.39 ～ 195.19 ng/g。

表 3-25　湖北白肋烟烟叶中 TSNAs 含量分布情况（上部叶）

组分	含量范围 /(ng·g⁻¹)	平均值 /(ng·g⁻¹)	中位数 /(ng·g⁻¹)	偏度系数	标准偏差 /(ng·g⁻¹)	变异系数 / %
NNK	142.92 ～ 648.03	376.54	335.71	0.53	208.13	55.28
NAT	1688.68 ～ 6908.28	4642.82	4246.24	−0.76	2250.51	48.47
NNN	1381.34 ～ 7761.75	4877.48	4239.83	−0.55	2739.22	56.16
NAB	69.39 ～ 195.19	137.2	139.25	−0.56	51.72	37.70
TSNAs 总量	3282.32 ～ 13 878.51	10 034.05	10 492.42	−1.51	4710.73	46.95

由表 3-26 可知，湖北产白肋烟中部烟叶 4 种 TSNAs 含量差异较为显著，变异系数在 34.30% ～ 81.46%。TSNAs 总量平均为 15 687.30 ng/g，含量分布在 7748.87 ～ 28 336.06 ng/g。4 种 TSNAs 中 NNN 含量最高，平均含量为 10 651.40 ng/g，含量分布在 2861.77 ～ 21 995.10 ng/g，占总 TSNAs 的 67.9%；其次为 NAT，平均含量为 4594.50 ng/g，含量分布在 2414.95 ～ 5948.89 ng/g，占总 TSNAs 的 29.3%；NNK 和 NAB 含量较低，分别占总 TSNAs 的 2.2% 和 0.6%，其中，NNK 平均含量为 346.91 ng/g，含量分布在 153.23 ～ 653.86 ng/g，NAB 含量最低，平均含量为 94.49 ng/g，含量分布在 39.82 ～ 119.10 ng/g。

表 3-26　湖北白肋烟烟叶中 TSNAs 含量分布情况（中部叶）

组分	含量范围 /(ng·g⁻¹)	平均值 /(ng·g⁻¹)	中位数 /(ng·g⁻¹)	偏度系数	标准偏差 /(ng·g⁻¹)	变异系数 / %
NNK	153.23 ～ 653.86	346.91	272.96	1.42	215.05	61.99
NAT	2414.95 ～ 5948.89	4594.50	4493.85	−1.21	1576.08	34.30
NNN	2861.77 ～ 21 995.10	10 651.40	4989.84	0.83	8676.65	81.46
NAB	39.82 ～ 119.10	94.49	85.66	−0.84	41.57	43.99
TSNAs 总量	7748.87 ～ 28 336.06	15 687.30	11 297.40	1.32	8988.58	57.30

2. 四川白肋烟烟叶中 TSNAs 含量分布情况

对从四川达州收集的白肋烟烟叶样品的 TSNAs 含量进行检测，结果如表 3-27 和表 3-28 所示。由表 3-27 可知，四川产白肋烟上部烟叶 4 种 TSNAs 含量差异较为显著，变异系数在 20.78% ~ 57.63%。TSNAs 总量平均为 27 328.58 ng/g，含量分布在 18 443.79 ~ 41 904.58 ng/g。4 种 TSNAs 中 NNN 含量最高，平均含量为 18 048.57 ng/g，含量分布在 10 795.58 ~ 29 966.74 ng/g，占总 TSNAs 的 66.0%；其次为 NAT，平均含量为 8930.07 ng/g，含量分布在 7371.29 ~ 11 409.85 ng/g，占总 TSNAs 的 29.3%；NNK 和 NAB 含量较低，分别占总 TSNAs 的 0.8% 和 0.4%，其中，NNK 平均含量为 232.81 ng/g，含量分布在 143.46 ~ 382.82 ng/g，NAB 含量最低，平均含量为 117.14 ng/g，含量分布在 101.47 ~ 145.18 ng/g。

表 3-27　四川白肋烟烟叶中 TSNAs 含量分布情况（上部叶）

组分	含量范围 /(ng·g⁻¹)	平均值 /(ng·g⁻¹)	中位数 /(ng·g⁻¹)	偏度系数	标准偏差 /(ng·g⁻¹)	变异系数 /%
NNK	143.46 ~ 382.82	232.81	172.16	1.64	130.70	56.14
NAT	7371.29 ~ 11 409.85	8930.07	8009.06	1.57	2171.10	24.31
NNN	10 795.58 ~ 29 966.74	18 048.57	10 795.58	1.61	10 402.22	57.63
NAB	101.47 ~ 145.18	117.14	104.76	1.70	24.34	20.78
TSNAs 总量	18 443.79 ~ 41 904.58	27 328.58	21 637.37	1.61	12 723.78	46.56

由表 3-28 可知，四川产白肋烟中部烟叶 4 种 TSNAs 含量差异较为显著，变异系数在 50.93% ~ 81.30%。TSNAs 总量平均为 46 569.60 ng/g，含量分布在 9635.51 ~ 72 885.13 ng/g。4 种 TSNAs 中 NNN 含量最高，平均含量为 29 688.11 ng/g，含量分布在 5801.84 ~ 49 445.65 ng/g，占总 TSNAs 的 63.8%；其次为 NAT，平均含量为 16 226.47 ng/g，含量分布在 3595.36 ~ 36 756.42 ng/g，占总 TSNAs 的 34.8%；NNK 和 NAB 含量较低，分别占总 TSNAs 的 1.0% 和 0.4%，其中，NNK 平均含量为 446.93 ng/g，含量分布在 172.04 ~ 825.93 ng/g，NAB 含量最低，平均含量为 208.09 ng/g，含量分布在 66.27 ~ 373.16 ng/g。

表 3-28　四川白肋烟烟叶中 TSNAs 含量分布情况（中部叶）

组分	含量范围 /(ng·g⁻¹)	平均值 /(ng·g⁻¹)	中位数 /(ng·g⁻¹)	偏度系数	标准偏差 /(ng·g⁻¹)	变异系数 /%
NNK	172.04 ~ 825.93	446.93	492.01	0.21	240.63	53.84
NAT	3595.36 ~ 36 756.42	16 226.47	10 118.94	0.79	13 193.14	81.30
NNN	5801.84 ~ 49 445.65	29 688.11	28 828.70	-0.53	15 119.46	50.93
NAB	66.27 ~ 373.16	208.09	248.71	0.06	123.40	59.30
TSNAs 总量	9635.51 ~ 72 885.13	46 569.60	66 471.94	-0.46	23 836.99	51.19

3. 重庆白肋烟烟叶中 TSNAs 含量分布情况

对从重庆万州收集的白肋烟烟叶样品的 TSNAs 含量进行检测，结果如表 3-29 和表 3-30 所示。由表 3-29 可知，重庆产白肋烟上部烟叶 4 种 TSNAs 含量差异较为显著，变异系数在 47.18% ~ 81.71%。TSNAs 总量平均为 8695.35 ng/g，含量分布在 3301.41 ~ 13962.64 ng/g。4 种 TSNAs 中 NNN 含量最高，平均含量为 4686.61 ng/g，含量分布在 2129.56 ~ 7023.11 ng/g，占总 TSNAs 的 53.9%；其次为 NAT，平均含量为 3471.41 ng/g，含量分布在 1092.05 ～ 5149.50 ng/g，占总 TSNAs 的 39.9%；NNK 和 NAB 含量较低，分别占总 TSNAs 的 4.3% 和 1.9%，其中，NNK 平均含量为 372.84 ng/g，含量分布在 88.52 ～ 609.93 ng/g，NAB 含量最低，平均含量为 164.50 ng/g，含量分布在 64.19 ～ 301.07 ng/g。

表 3-29　重庆白肋烟烟叶中 TSNAs 含量分布情况（上部叶）

组分	含量范围 /(ng·g⁻¹)	平均值 /(ng·g⁻¹)	中位数 /(ng·g⁻¹)	偏度系数	标准偏差 /(ng·g⁻¹)	变异系数 /%
NNK	88.52 ～ 609.93	372.84	302.12	-0.69	104.48	66.83
NAT	1092.05 ～ 5149.50	3471.41	2901.84	1.98	2007.74	47.18
NNN	2129.56 ～ 7023.11	4686.61	4799.79	1.64	2180.55	49.39
NAB	64.19 ～ 301.07	164.50	153.94	0.85	1103.39	59.62
TSNAs 总量	3301.41 ～ 13 962.64	8695.35	7942.07	1.77	3279.70	81.71

由表 3-30 可知，重庆产白肋烟中部烟叶 4 种 TSNAs 含量差异较为显著，变异系数在 48.88% ～ 74.05%。TSNAs 总量平均为 8786.24 ng/g，含量分布在 2511.36 ～ 12 048.77 ng/g。4 种 TSNAs 中 NNN 含量最高，平均含量为 5448.79 ng/g，含量分布在 1987.68 ～ 8084.51 ng/g，占总 TSNAs 的 62.0%；其次为 NAT，平均含量为 2894.43 ng/g，含量分布在 1092.05 ～ 5149.50 ng/g，占总 TSNAs 的 32.9%；NNK 和 NAB 含量较低，分别占总 TSNAs 的 3.7% 和 1.4%，其中，NNK 平均含量为 324.03 ng/g，含量分布在 81.39 ～ 84.92 ng/g，NAB 含量最低，平均含量为 119.00 ng/g，含量分布在 41.02 ～ 196.69 ng/g。

表 3-30　重庆白肋烟烟叶中 TSNAs 含量分布情况（中部叶）

组分	含量范围 /(ng·g⁻¹)	平均值 /(ng·g⁻¹)	中位数 /(ng·g⁻¹)	偏度系数	标准偏差 /(ng·g⁻¹)	变异系数 /%
NNK	81.39 ～ 584.92	324.03	303.16	1.19	73.14	49.05
NAT	964.36 ～ 5013.63	2894.43	3087.28	1.85	1087.04	69.11
NNN	1987.68 ～ 8084.51	5448.79	5122.49	1.07	1659.73	74.05
NAB	41.02 ～ 196.69	119.00	119.82	1.83	57.10	48.88
TSNAs 总量	2511.36 ～ 12 048.77	8786.24	6998.05	1.69	4699.18	60.19

4. 云南白肋烟烟叶中 TSNAs 含量分布情况

对从云南宾川收集的白肋烟烟叶样品的 TSNAs 含量进行检测，结果如表 3-31 和表 3-32 所示。由表 3-31 可知，云南产白肋烟上部烟叶 4 种 TSNAs 含量差异较为显著，变异系数在 39.21% ～ 70.33%。TSNAs 总量平均为 7244.78 ng/g，含量分布在 3968.97 ～ 10 520.60 ng/g。4 种 TSNAs 中 NNN 含量最高，平均含量为 3951.44 ng/g，含量分布在 2037.01 ～ 5865.88 ng/g，占总 TSNAs 的 54.5%；其次为 NAT，平均含量为 2931.64 ng/g，含量分布在 1740.46 ～ 4122.81 ng/g，占总 TSNAs 的 40.5%；NNK 和 NAB 含量较低，分别占总 TSNAs 的 3.8% 和 1.2%，其中，NNK 平均含量为 276.94 ng/g，含量分布在 141.74 ～ 412.14 ng/g，NAB 含量最低，平均含量为 84.75 ng/g，含量分布在 49.75 ～ 119.77 ng/g。

表 3-31　云南白肋烟烟叶中 TSNAs 含量分布情况（上部叶）

组分	含量范围 /(ng·g⁻¹)	平均值 /(ng·g⁻¹)	中位数 /(ng·g⁻¹)	偏度系数	标准偏差 /(ng·g⁻¹)	变异系数 / %
NNK	141.74 ～ 412.14	276.94	258.12	1.21	97.57	53.76
NAT	1740.46 ～ 4122.81	2931.64	2813.04	−0.79	2523.88	50.13
NNN	2037.01 ～ 5865.88	3951.44	4158.93	0.84	2015.62	66.29
NAB	49.75 ～ 119.77	84.75	90.11	1.35	63.72	39.21
TSNAs 总量	3968.97 ～ 10 520.60	7244.78	6987.06	1.44	3090.19	70.33

由表 3-32 可知，云南产白肋烟中部烟叶 4 种 TSNAs 含量差异较为显著，变异系数在 50.72% ～ 74.26%。TSNAs 总量平均为 8208.76 ng/g，含量分布在 4950.58 ～ 10 466.95 ng/g。4 种 TSNAs 中 NNN 含量最高，平均含量为 3535.67 ng/g，含量分布在 2048.21 ～ 5023.13 ng/g，占总 TSNAs 的 43.1%；其次为 NAT，平均含量为 2961.88 ng/g，含量分布在 2150.63 ～ 4773.14 ng/g，占总 TSNAs 的 36.1%；NNK 和 NAB 含量较低，分别占总 TSNAs 的 1.9% 和 1.2%，其中，NNK 平均含量为 163.22 ng/g，含量分布在 85.56 ～ 340.88 ng/g，NAB 含量最低，平均含量为 97.99 ng/g，含量分布在 43.66 ～ 152.31 ng/g。

表 3-32　云南白肋烟烟叶中 TSNAs 含量分布情况（中部叶）

组分	含量范围 /(ng·g⁻¹)	平均值 /(ng·g⁻¹)	中位数 /(ng·g⁻¹)	偏度系数	标准偏差 /(ng·g⁻¹)	变异系数 / %
NNK	85.56 ～ 340.88	163.22	142.16	1.84	76.30	50.72
NAT	2150.63 ～ 4773.14	2961.88	2804.47	0.95	2033.89	74.26
NNN	2048.21 ～ 5023.13	3535.67	3419.94	1.33	1045.72	61.94
NAB	43.66 ～ 152.31	97.99	106.24	1.67	51.26	48.29
TSNAs 总量	4950.58 ～ 10 466.95	8208.76	7449.98	1.06	3921.48	55.71

5. 不同产区白肋烟烟叶中 TSNAs 含量比较

对不同产区白肋烟上部烟叶 4 种 TSNAs 的平均含量进行对比分析，结果如表 3-33 和表 3-34 所示。由表 3-33 可知，4 种 TSNAs 含量存在显著差异，变异系数在 22.71% ～ 85.96%。4 种 TSNAs 中 NAT 和 NNN 的含量较高，这两种 TSNAs 占 TSNAs 总量的 96.7%，4 种 TSNAs 由高到低的排列顺序为 NNN ＞ NAT ＞ NNK ＞ NAB。4 个白肋烟产区 NNK 含量分布在 232.81 ～ 376.54 ng/g，平均含量为 314.78 ng/g。其中，四川样品的 NNK 含量最低，湖北样品的 NNK 含量最高，不同产区 NNK 含量从低到高顺序为四川＜云南＜重庆＜湖北。4 个白肋烟产区 NAT 含量分布在 2931.64 ～ 8930.07 ng/g，平均含量为 4993.99 ng/g。其中，云南产区样品的 NAT 含量最低，四川产区样品的 NAT 含量最高，不同产区 NAT 含量从低到高顺序为云南＜重庆＜湖北＜四川。4 个白肋烟产区 NNN 含量分布在 3951.44 ～ 18 048.57 ng/g，平均含量为 7891.03 ng/g。其中，云南产区样品的 NNN 含量最低，四川产区样品的 NNN 含量最高，不同产区 NNN 含量从低到高顺序为云南＜重庆＜湖北＜四川。4 个白肋烟产区 NAB 含量分布在 84.75 ～ 164.50 ng/g，平均含量为 125.90 ng/g。其中，云南产区样品的 NAB 含量最低，重庆产区样品的 NAB 含量最高，不同产区 NAB 含量从低到高顺序为云南＜四川＜湖北＜重庆。4 个白肋烟产区 TSNAs 总量分布在 7244.78 ～ 27 328.58 ng/g，平均含量为 13 325.69 ng/g。其中，云南产区样品的 TNSAs 总量最低，四川产区样品的 TNSAs 总量最高，不同产区

TNSAs 总量从低到高顺序为云南＜重庆＜湖北＜四川。

表 3-33　不同产区白肋烟烟叶中 TSNAs 含量比较（上部叶）

	NNK/(ng · g⁻¹)	NAT/(ng · g⁻¹)	NNN/(ng · g⁻¹)	NAB/(ng · g⁻¹)	TSNAs 总量 /(ng · g⁻¹)
湖北	376.54	4642.82	4877.48	137.2	10 034.05
四川	232.81	8930.07	18 048.57	117.14	27 328.58
云南	276.94	2931.64	3951.44	84.75	7244.78
重庆	372.84	3471.41	4686.61	164.5	8695.35
平均值	314.78	4993.99	7891.03	125.90	13 325.69
标准偏差	71.49	2719.53	6783.45	33.60	9404.49
变异系数 / %	22.71	54.46	85.96	26.69	70.57

由表 3-34 可知，对不同产区白肋烟中部烟叶 4 种 TSNAs 的平均含量进行对比分析，结果表明，4 种 TSNAs 含量存在显著差异，变异系数在 36.69%～96.96%。4 种 TSNAs 中 NAT 和 NNN 的含量较高，这两种 TSNAs 占 TSNAs 总量的 95.9%，4 种 TSNAs 由高到低的排列顺序为 NNN＞NAT＞NNK＞NAB。4 个白肋烟产区 NNK 含量分布在 163.22～446.93 ng/g，平均含量为 320.27 ng/g。其中，云南样品的 NNK 含量最低，四川样品的 NNK 含量最高，不同产区 NNK 含量从低到高顺序为云南＜重庆＜湖北＜四川。4 个白肋烟产区 NAT 含量分布在 2894.43～16 226.47 ng/g，平均含量为 46 669.32 ng/g。其中，重庆产区样品的 NAT 含量最低，四川产区样品的 NAT 含量最高，不同产区 NAT 含量从低到高顺序为重庆＜云南＜湖北＜四川。4 个白肋烟产区 NNN 含量分布在 3535.67～29 688.11 ng/g，平均含量为 12 330.99 ng/g。其中，云南产区样品的 NNN 含量最低，四川产区样品的 NNN 含量最高，不同产区 NNN 含量从低到高顺序为云南＜重庆＜湖北＜四川。4 个白肋烟产区 NAB 含量分布在 94.49～208.09 ng/g，平均含量为 129.89 ng/g。其中，湖北产区样品的 NAB 含量最低，四川产区样品的 NAB 含量最高，不同产区 NAB 含量从低到高顺序为湖北＜云南＜重庆＜四川。4 个白肋烟产区 TSNAs 总量分布在 8208.76～46 569.60 ng/g，平均含量为 19 812.98 ng/g。其中，云南产区样品的 TSNAs 总量最低，四川产区样品的 TSNAs 总量最高，不同产区 TSNAs 总量从低到高顺序为云南＜重庆＜湖北＜四川。

表 3-34　不同产区白肋烟烟叶中 TSNAs 含量比较（中部叶）

	NNK/(ng · g⁻¹)	NAT/(ng · g⁻¹)	NNN/(ng · g⁻¹)	NAB/(ng · g⁻¹)	TSNAs 总量 /(ng · g⁻¹)
湖北	346.91	4594.5	10651.4	94.49	15 687.3
四川	446.93	16 226.47	29 688.11	208.09	46 569.6
云南	163.22	2961.88	3535.67	97.99	8208.76
重庆	324.03	2894.43	5448.79	119	8786.24
平均值	320.27	6669.32	12 330.99	129.89	19 812.98
标准偏差	117.52	6419.73	11 955.65	53.24	18 158.42
变异系数 / %	36.69	96.26	96.96	40.99	91.65

（二）马里兰烟烟叶中 TSNAs 含量分布情况

对从湖北五峰县收集的马里兰烟烟叶样品的 TSNAs 含量进行检测，结果如表 3-35 和表 3-36 所示。由表 3-35 可知，湖北产马里兰烟上部烟叶 4 种 TSNAs 含量差异较为显著，变异系数在 42.32% ～ 77.91%。TSNAs 总量平均为 16 582.45 ng/g，含量分布在 3139.26 ～ 32 022.25 ng/g。4 种 TSNAs 中 NNN 含量最高，平均含量为 13 667.57 ng/g，含量分布在 2184.30 ～ 26 238.55 ng/g，占总 TSNAs 的 82.4%；其次为 NAT，平均含量为 2653.09 ng/g，含量分布在 838.46 ～ 5365.13 ng/g，占总 TSNAs 的 15.9%；NNK 和 NAB 含量较低，分别占总 TSNAs 的 1.2% 和 0.4%，其中，NNK 平均含量为 191.29 ng/g，含量分布在 90.62 ～ 280.20 ng/g，NAB 含量最低，平均含量为 70.49 ng/g，含量分布在 25.87 ～ 138.37 ng/g。

表 3-35　湖北马里兰烟烟叶中 TSNAs 含量分布情况（上部叶）

组分	含量范围 /(ng·g^{-1})	平均值 /(ng·g^{-1})	中位数 /(ng·g^{-1})	偏度系数	标准偏差 /(ng·g^{-1})	变异系数 /%
NNK	90.62 ～ 280.20	191.29	203.54	−0.25	80.96	42.32
NAT	838.46 ～ 5365.13	2653.09	1510.57	0.68	2066.99	77.91
NNN	2184.30 ～ 26 238.55	13 667.57	13 248.94	0.26	8910.42	65.19
NAB	25.87 ～ 138.37	70.49	64.29	1.23	41.86	59.38
TSNAs 总量	3139.26 ～ 32 022.25	16 582.45	14 702.88	0.39	10 915.86	65.83

从表 3-36 中知，湖北产马里兰烟中部烟叶 4 种 TSNAs 含量差异较为显著，变异系数在 68.56% ～ 91.53%。TSNAs 总量平均为 17 886.95 ng/g，含量分布在 4211.51 ～ 39 177.69 ng/g。4 种 TSNAs 中 NNN 含量最高，平均含量为 12 698.20 ng/g，含量分布在 3394.01 ～ 33 526.59 ng/g，占总 TSNAs 的 71.0%；其次为 NAT，平均含量为 5677.25 ng/g，含量分布在 2797.27 ～ 15 631.32 ng/g，占总 TSNAs 的 31.7%；NNK 和 NAB 含量较低，分别占总 TSNAs 的 1.6% 和 0.5%，其中，NNK 平均含量为 287.39 ng/g，含量分布在 149.58 ～ 645.06 ng/g，NAB 含量最低，平均含量为 81.24 ng/g，含量分布在 22.83 ～ 240.66 ng/g。

表 3-36　湖北马里兰烟烟叶中 TSNAs 含量分布情况（中部叶）

组分	含量范围 /(ng·g^{-1})	平均值 /(ng·g^{-1})	中位数 /(ng·g^{-1})	偏度系数	标准偏差 /(ng·g^{-1})	变异系数 /%
NNK	149.58 ～ 645.06	287.39	184.65	1.39	197.04	68.56
NAT	2797.27 ～ 15631.32	5677.25	3646.29	2.41	4489.71	79.08
NNN	3394.01 ～ 33 526.59	12 698.20	8225.58	1.48	10 647.59	83.85
NAB	22.83 ～ 240.66	81.24	64.71	2.1	74.36	91.53
TSNAs 总量	4211.51 ～ 39 177.69	17 886.95	13 872.91	0.66	12 547.08	70.15

（三）白肋烟单料烟主流烟气中 TSNAs 的释放情况

1. 湖北白肋烟单料烟主流烟气中 TSNAs 的释放情况

以湖北恩施建始县、巴东县及鹤峰县等地收集的白肋烟烟叶样品为原料制作成无嘴卷烟（每支卷烟 0.8 g），考察主流烟气中 TSNAs 的释放量，对检测结果进行统计分析，结果如表 3-37 和表 3-38 所示。由表 3-37 可知，湖北白肋烟上部叶单料烟 4 种 TSNAs 释放量差异较为显著，变异系数在 34.96% ～ 95.83%。TSNAs 总释放量平均为 1728.51 ng/cig，释放量分布在 437.53 ～ 3616.62 ng/cig。4 种 TSNAs 中 NAT 释放量最高，平均释放量为 904.00 ng/cig，释放量分布在 240.55 ～ 2162.54 ng/cig，占总 TSNAs 释放量的 52.3%；其次为 NNN，平均释放量为 657.56 ng/cig，释放量分布在 126.44 ～ 1136.32 ng/cig；NNK 和 NAB 释放量较低，其中，NNK 平均释放量为 57.78 ng/cig，释放量分布在 28.70 ～ 75.23 ng/cig，NAB 释放量为 109.17 ng/cig，释放量分布在 41.84 ～ 242.52 ng/cig。

表 3-37　湖北白肋烟上部叶单料烟主流烟气中 TSNAs 的释放量

组分	含量范围 /(ng·cig⁻¹)	平均值 /(ng·cig⁻¹)	中位数 /(ng·cig⁻¹)	偏度系数	标准偏差 /(ng·cig⁻¹)	变异系数 /%
NNK	28.70 ～ 75.23	57.78	65.40	−1.52	20.20	34.96
NAT	240.55 ～ 2162.54	904.00	765.07	1.64	866.31	95.83
NNN	126.44 ～ 1136.32	657.56	774.64	−0.35	419.99	63.87
NAB	41.84 ～ 242.52	109.17	84.67	1.77	90.63	83.18
TSNAs 总量	437.53 ～ 3616.62	1728.51	1504.36	1.24	1344.24	77.77

由表 3-38 可知，湖北白肋烟中部叶单料烟 4 种 TSNAs 释放量差异较为显著，变异系数在 41.70% ～ 83.49%。TSNAs 总释放量平均为 2349.12 ng/cig，释放量分布在 1129.05 ～ 4001.81 ng/cig。4 种 TSNAs 中 NNN 释放量最高，平均释放量为 1296.10 ng/cig，释放量分布在 240.55 ～ 2162.54 ng/cig，占总 TSNAs 释放量的 55.2%；其次为 NAT，平均释放量为 894.81 ng/cig，释放量分布在 241.00 ～ 1348.08 ng/cig；NNK 和 NAB 释放量较低，其中，NNK 平均释放量为 74.00 ng/cig，释放量分布在 50.40 ～ 118.74 ng/cig，NAB 释放量为 84.21 ng/cig，释放量分布在 24.65 ～ 116.31 ng/cig。

表 3-38　湖北白肋烟中部叶单料烟主流烟气中 TSNAs 的释放量

组分	含量范围 /(ng·cig⁻¹)	平均值 /(ng·cig⁻¹)	中位数 /(ng·cig⁻¹)	偏度系数	标准偏差 /(ng·cig⁻¹)	变异系数 /%
NNK	50.40 ～ 118.74	74.00	69.59	1.62	30.86	41.70
NAT	241.00 ～ 1348.08	894.81	932.33	−1.17	469.37	52.45
NNN	585.99 ～ 2908.24	1296.10	878.02	1.92	1082.07	83.49
NAB	24.65 ～ 116.31	84.21	91.65	−1.65	40.96	48.64
TSNAs 总量	1129.05 ～ 4001.81	2349.12	2158.82	1.03	1199.29	51.05

2. 四川白肋烟单料烟主流烟气中 TSNAs 的释放情况

以四川达州等地收集的白肋烟烟叶样品为原料制作成无嘴卷烟（每支卷烟 0.8 g），考察主流烟气中 TSNAs 的释放量，对检测结果进行统计分析，结果如表 3-39 和表 3-40 所示。从表 3-39 中可知，四川白肋烟上部叶单料烟 4 种 TSNAs 释放量差异较为显著，变异系数在 22.91% ～ 37.87%。TSNAs 总释放量平均为 3266.44 ng/cig，释放量分布在 2417.81 ～ 3831.71 ng/cig。4 种 TSNAs 中 NAT 释放量最高，平均释放量为 1808.22 ng/cig，释放量分布在 867.68 ～ 1808.74 ng/cig，占总 TSNAs 释放量的 53.4%；其次为 NNN，平均释放量为 1727.46 ng/cig，释放量分布在 1432.32 ～ 2243.06 ng/cig；NNK 和 NAB 释放量较低，其中 NNK 平均释放量为 78.82 ng/cig，释放量分布在 47.12 ～ 106.38 ng/cig，NAB 释放量为 120.14 ng/cig，释放量分布在 70.69 ～ 151.65 ng/cig。

表 3-39 四川白肋烟上部叶单料烟主流烟气中 TSNAs 的释放量

组分	含量范围 /(ng·cig⁻¹)	平均值 /(ng·cig⁻¹)	中位数 /(ng·cig⁻¹)	偏度系数	标准偏差 /(ng·cig⁻¹)	变异系数 / %
NNK	47.12 ～ 106.38	78.82	82.95	−0.61	29.84	37.87
NAT	867.68 ～ 1808.74	1808.22	1340.03	−0.04	470.28	35.10
NNN	1432.32 ～ 2243.06	1727.46	1506.99	1.68	448.08	25.94
NAB	70.69 ～ 151.65	120.14	138.09	−1.54	43.36	36.09
TSNAs 总量	2417.81 ～ 3831.71	3266.44	3549.81	−1.46	748.33	22.91

由表 3-40 可知，四川白肋烟中部叶单料烟 4 种 TSNAs 释放量差异较为显著，变异系数在 44.32% ～ 70.63%。TSNAs 总释放量平均为 4271.24 ng/cig，释放量分布在 1450.26 ～ 9037.04 ng/cig。4 种 TSNAs 中 NNN 释放量最高，平均释放量为 2225.35 ng/cig，释放量分布在 597.38 ～ 5539.93 ng/cig，占总 TSNAs 释放量的 52.1%；其次为 NAT，平均释放量为 1753.42 ng/cig，释放量分布在 428.39 ～ 4029.98 ng/cig；NNK 和 NAB 释放量较低，其中，NNK 平均释放量为 115.22 ng/cig，释放量分布在 45.29 ～ 182.14 ng/cig，NAB 释放量为 177.26 ng/cig，释放量分布在 45.84 ～ 386.36 ng/cig。

表 3-40 四川白肋烟中部叶单料烟主流烟气中 TSNAs 的释放量

组分	含量范围 /(ng·cig⁻¹)	平均值 /(ng·cig⁻¹)	中位数 /(ng·cig⁻¹)	偏度系数	标准偏差 /(ng·cig⁻¹)	变异系数 / %
NNK	45.29 ～ 182.14	115.22	119.05	−0.26	51.07	44.32
NAT	428.39 ～ 4029.98	1753.42	1449.39	1.20	1107.96	63.19
NNN	597.38 ～ 5539.93	2225.35	1547.60	1.35	1562.81	70.23
NAB	45.84 ～ 386.36	177.26	156.31	1.08	125.19	70.63
TSNAs 总量	1450.26 ～ 9037.04	4271.24	3299.82	1.03	2333.10	54.62

3. 重庆白肋烟单料烟主流烟气中 TSNAs 的释放情况

以重庆万州等地收集的白肋烟烟叶样品为原料制作成无嘴卷烟（每支卷烟 0.8 g），考察主流烟气中 TSNAs 的释放量，对检测结果进行统计分析，结果如表 3-41 和表 3-42 所示。从表 3-41 中可知，重庆白肋烟上部叶单料烟 4 种 TSNAs 释放量差异较为显著，变异系数在 29.81% ～ 82.10%。TSNAs 总释放量平均为 1228.94 ng/cig，释放量分布在 838.19 ～ 1784.65 ng/cig。4 种 TSNAs 中 NNN 释放量最高，平均释放量为 687.71 ng/cig，释放量分布在 5362.95 ～ 826.17 ng/cig，占总 TSNAs 释放量的 55.9%；其次为 NAT，平均释放量为 556.30 ng/cig，释放量分布在 356.05 ～ 793.77 ng/cig；NNK 和 NAB 释放量较低，其中，NNK 平均释放量为 63.86 ng/cig，释放量分布在 20.18 ～ 137.21 ng/cig，NAB 释放量为 70.92 ng/cig，释放量分布在 40.22 ～ 119.14 ng/cig。

表 3-41　重庆白肋烟上部叶单料烟主流烟气中 TSNAs 的释放量

组分	含量范围 /(ng·cig⁻¹)	平均值 /(ng·cig⁻¹)	中位数 /(ng·cig⁻¹)	偏度系数	标准偏差 /(ng·cig⁻¹)	变异系数 / %
NNK	20.18 ～ 137.21	63.86	56.77	1.02	16.48	82.10
NAT	356.05 ～ 793.77	556.30	491.19	0.95	173.16	40.18
NNN	362.95 ～ 826.17	687.71	508.51	−0.44	189.54	33.21
NAB	40.22 ～ 119.14	70.92	81.42	1.90	47.28	56.82
TSNAs 总量	838.19 ～ 1784.65	1228.94	1117.48	0.52	668.10	29.81

由表 3-42 可知，重庆白肋烟中部叶单料烟 4 种 TSNAs 释放量差异较为显著，变异系数在 20.18% ～ 80.85%。TSNAs 总释放量平均为 1963.94 ng/cig，释放量分布在 798.69 ～ 2697.28 ng/cig。4 种 TSNAs 中 NNN 释放量最高，平均释放量为 957.55 ng/cig，释放量分布在 391.42 ～ 1592.65 ng/cig，占总 TSNAs 释放量的 48.8%；其次为 NAT，平均释放量为 718.05 ng/cig，释放量分布在 294.74 ～ 1098.66 ng/cig；NNK 和 NAB 释放量较低，其中，NNK 平均释放量为 83.12 ng/cig，释放量分布在 33.27 ～ 180.52 ng/cig，NAB 释放量为 65.22 ng/cig，释放量分布在 40.54 ～ 83.21 ng/cig。

表 3-42　重庆白肋烟中部叶单料烟主流烟气中 TSNAs 的释放量

组分	含量范围 /(ng·cig⁻¹)	平均值 /(ng·cig⁻¹)	中位数 /(ng·cig⁻¹)	偏度系数	标准偏差 /(ng·cig⁻¹)	变异系数 / %
NNK	33.27 ～ 180.52	83.12	64.12	1.94	30.12	80.85
NAT	294.74 ～ 1098.66	718.05	692.13	1.05	173.90	59.04
NNN	391.42 ～ 1592.65	957.55	888.20	0.62	209.10	38.38
NAB	40.54 ～ 83.21	65.22	63.32	0.36	10.34	20.18
TSNAs 总量	798.69 ～ 2697.28	1963.94	1898.95	0.56	396.75	25.44

4. 云南白肋烟单料烟主流烟气中 TSNAs 的释放情况

以云南宾川等地收集的白肋烟烟叶样品为原料制作成无嘴卷烟（每支卷烟 0.8 g），考察主流烟气中 TSNAs 的释放量，对检测结果进行统计分析，结果如表 3-43 和表 3-44 所示。由表 3-43 可知，云南白肋烟上部叶单料烟 4 种 TSNAs 释放量差异较为显著，变异系数在 36.93% ～ 64.64%。TSNAs 总释放量平均为 1950.50 ng/cig，释放量分布在 1068.35 ～ 3232.74 ng/cig。4 种 TSNAs 中 NAT 释放量最高，平均释放量为 1068.98 ng/cig，释放量分布在 558.12 ～ 1898.35 ng/cig，占总 TSNAs 释放量的 54.8%；其次为 NNN，平均释放量为 708.18 ng/cig，释放量分布在 365.21 ～ 1672.11 ng/cig；NNK 和 NAB 释放量较低，其中，NNK 平均释放量为 67.92 ng/cig，释放量分布在 51.95 ～ 83.89 ng/cig，NAB 释放量为 105.42 ng/cig，释放量分布在 62.97 ～ 191.35 ng/cig。

表 3-43　云南白肋烟上部叶单料烟主流烟气中 TSNAs 的释放量

组分	含量范围 /(ng·cig⁻¹)	平均值 /(ng·cig⁻¹)	中位数 /(ng·cig⁻¹)	偏度系数	标准偏差 /(ng·cig⁻¹)	变异系数 / %
NNK	51.95 ～ 83.89	67.92	62.12	0.87	21.73	55.10
NAT	558.12 ～ 1898.35	1068.98	973.04	1.22	281.45	36.93

组分	含量范围 /(ng·cig⁻¹)	平均值 /(ng·cig⁻¹)	中位数 /(ng·cig⁻¹)	偏度系数	标准偏差 /(ng·cig⁻¹)	变异系数 /%
NNN	365.21 ~ 1672.11	708.18	594.76	1.93	309.75	63.19
NAB	62.97 ~ 191.35	105.42	88.90	0.84	30.83	64.64
TSNAs 总量	1068.35 ~ 3232.74	1950.50	2055.62	1.46	778.45	60.17

由表 3-44 可知，云南白肋烟中部叶单料烟 4 种 TSNAs 释放量差异较为显著，变异系数在 29.81% ~ 77.87%。TSNAs 总释放量平均为 1787.97 ng/cig，释放量分布在 1099.76 ~ 2987.18 ng/cig。4 种 TSNAs 中 NAT 释放量最高，平均释放量为 924.86 ng/cig，释放量分布在 471.58 ~ 1678.13 ng/cig，占总 TSNAs 释放量的 51.7%；其次为 NNN，平均释放量为 734.13 ng/cig，释放量分布在 415.98 ~ 1052.28 ng/cig；NNK 和 NAB 释放量较低，其中，NNK 平均释放量为 52.13 ng/cig，释放量分布在 25.44 ~ 101.31 ng/cig，NAB 释放量为 76.85 ng/cig，释放量分布在 32.46 ~ 121.25 ng/cig。

表 3-44　云南白肋烟中部叶单料烟主流烟气中 TSNAs 的释放量

组分	含量范围 /(ng·cig⁻¹)	平均值 /(ng·cig⁻¹)	中位数 /(ng·cig⁻¹)	偏度系数	标准偏差 /(ng·cig⁻¹)	变异系数 /%
NNK	25.44 ~ 101.31	52.13	49.84	0.87	23.33	59.80
NAT	471.58 ~ 1678.13	924.86	1078.65	1.99	521.55	77.87
NNN	415.98 ~ 1052.28	734.13	688.19	0.62	108.33	29.81
NAB	32.46 ~ 121.25	76.85	69.32	1.21	20.01	36.88
TSNAs 总量	1099.76 ~ 2987.18	1787.97	2020.54	1.08	641.33	40.90

5. 不同产区白肋烟单料烟主流烟气中 TSNAs 的释放比较

对不同产区白肋烟单料烟主流烟气中 4 种 TSNAs 的平均释放量进行对比分析，结果如表 3-45 和表 3-46 所示。从表 3-45 中可知，不同产区白肋烟上部叶单料烟主流烟气中 4 种 TSNAs 释放量存在显著差异，变异系数在 13.20% ~ 55.21%。4 种 TSNAs 中 NAT 和 NNN 的释放量较高，4 种 TSNAs 释放量由高到低的排列顺序为 NAT ＞ NNN ＞ NAB ＞ NNK。4 个产区 NNK 释放量分布在 57.78 ~ 78.82 ng/cig，平均含量为 67.10 ng/cig，不同产区主流烟气中 NNK 释放量从低到高顺序为湖北＜重庆＜云南＜四川。4 个产区主流烟气中 NAT 的释放量分布在 556.30 ~ 1808.22 ng/cig，平均含量为 1084.38 ng/cig，不同产区 NAT 释放量从低到高顺序为重庆＜湖北＜云南＜四川。4 个产区主流烟气中 NNN 的释放量分布在 657.56 ~ 1727.46 ng/cig，平均释放量为 945.22 ng/cig，不同产区 NNN 释放量从低到高顺序为湖北＜重庆＜云南＜四川。4 个产区主流烟气中 NAB 释放量分布在 70.92 ~ 120.14 ng/cig，平均释放量为 101.41 ng/cig，不同产区 NAB 释放量从低到高顺序为重庆＜云南＜湖北＜四川。4 个产区主流烟气 TSNAs 总释放量分布在 1228.94 ~ 3266.44 ng/cig，平均释放量为 2043.60 ng/cig，不同产区 TNSAs 总释放量从低到高顺序为重庆＜湖北＜云南＜四川。

表 3-45　不同产区白肋烟上部叶单料烟主流烟气中 TSNAs 的释放比较

	NNK/(ng·g⁻¹)	NAT/(ng·g⁻¹)	NNN/(ng·g⁻¹)	NAB/(ng·g⁻¹)	TSNAs 总量 /(ng·g⁻¹)
湖北	57.78	904	657.56	109.17	1728.51
四川	78.82	1808.22	1727.46	120.14	3266.44

	NNK/(ng · g^{-1})	NAT/(ng · g^{-1})	NNN/(ng · g^{-1})	NAB/(ng · g^{-1})	TSNAs 总量 /(ng · g^{-1})
云南	67.92	1068.98	708.18	105.42	1950.5
重庆	63.86	556.3	687.71	70.92	1228.94
平均值	67.10	1084.38	945.22	101.41	2043.60
标准偏差	8.86	527.76	521.90	21.27	869.28
变异系数 / %	13.20	48.67	55.21	20.97	42.53

由表 3-46 可知，不同产区白肋烟中部叶单料烟主流烟气中 4 种 TSNAs 释放量存在显著差异，变异系数在 32.29% ～ 51.06%。4 种 TSNAs 中 NAT 和 NNN 的释放量较高，4 种 TSNAs 释放量由高到低的排列顺序为 NNN ＞ NAT ＞ NAB ＞ NNK。4 个产区 NNK 释放量分布在 52.13% ～ 115.22 ng/cig，平均含量为 81.11 ng/cig，不同产区主流烟气中 NNK 释放量从低到高顺序为云南＜湖北＜重庆＜四川。4 个产区主流烟气中 NAT 的释放量分布在 718.05 ～ 1753.42 ng/cig，平均含量为 1072.79 ng/cig，不同产区 NAT 释放量从低到高顺序为重庆＜湖北＜云南＜四川。4 个产区主流烟气中 NNN 的释放量分布在 734.13 ～ 2225.35 ng/cig，平均释放量为 1303.28 ng/cig，不同产区 NNN 释放量从低到高顺序为云南＜重庆＜湖北＜四川。4 个产区主流烟气中 NAB 释放量分布在 65.22 ～ 177.26 ng/cig，平均释放量为 100.89 ng/cig，不同产区 NAB 释放量从低到高顺序为重庆＜云南＜湖北＜四川。4 个产区主流烟气 TSNAs 总释放量分布在 1787.97 ～ 4271.24 ng/cig，平均释放量为 2593.07 ng/cig，不同产区 TSNAs 总释放量从低到高顺序为云南＜重庆＜湖北＜四川。

表 3-46　不同产区白肋烟中部叶单料烟主流烟气中 TSNAs 的释放比较

	NNK/(ng · g^{-1})	NAT/(ng · g^{-1})	NNN/(ng · g^{-1})	NAB/(ng · g^{-1})	TSNAs 总量 /(ng · g^{-1})
湖北	74	894.81	1296.1	84.21	2349.12
四川	115.22	1753.42	2225.35	177.26	4271.24
云南	52.13	924.86	734.13	76.85	1787.97
重庆	83.12	718.05	957.55	65.22	1963.94
平均值	81.11	1072.79	1303.28	100.89	2593.07
标准偏差	26.19	462.84	656.69	51.51	1143.06
变异系数 / %	32.29	43.14	50.39	51.06	44.08

（四）马里兰烟单料烟主流烟气中 TSNAs 的释放情况

以从湖北五峰县收集的马里兰烟烟叶样品为原料制作成无嘴卷烟（每支卷烟 0.8 g），考察主流烟气中 TSNAs 的释放量，对检测结果进行统计分析，结果如表 3-47 和表 3-48 所示。由表 3-47 可知，湖北马里兰烟上部叶单料烟 4 种 TSNAs 释放量差异较为显著，变异系数在 43.18% ～ 87.82%。TSNAs 总释放量平均为 2852.32 ng/cig，释放量分布在 447.46 ～ 6139.78 ng/cig。4 种 TSNAs 中 NNN 释放量最高，平均释放量为 2145.07 ng/cig，释放量分布在 276.28 ～ 4680.48 ng/cig，占总 TSNAs 释放量的 75.2%；其次为 NAT，平均释放量为 570.05 ng/cig，释放量分布在 110.30 ～ 1208.25 ng/cig；NNK 和 NAB 释放量较低，其中，NNK 平均释放量为 63.20 ng/cig，释放量分布在 42.20 ～ 103.70 ng/cig，NAB 释放量为 74.00 ng/cig，释放量分布在 17.53 ～ 171.75 ng/cig。

表 3-47　湖北马里兰烟上部叶单料烟主流烟气中 TSNAs 的释放量

组分	含量范围 /(ng·cig⁻¹)	平均值 /(ng·cig⁻¹)	中位数 /(ng·cig⁻¹)	偏度系数	标准偏差 /(ng·cig⁻¹)	变异系数 / %
NNK	42.20 ～ 103.70	63.20	47.20	1.02	27.29	43.18
NAT	110.30 ～ 1208.25	570.05	551.63	0.39	472.09	82.82
NNN	276.28 ～ 4680.48	2145.07	2172.38	0.84	1647.51	76.80
NAB	17.53 ～ 171.75	74.00	60.07	0.91	64.99	87.82
TSNAs 总量	447.46 ～ 6139.78	2852.32	3046.48	0.76	2172.73	76.17

由表 3-48 可知，湖北马里兰烟中部叶单料烟 4 种 TSNAs 释放量差异较为显著，变异系数在 58.60% ～ 78.63%。TSNAs 总释放量平均为 2876.01 ng/cig，释放量分布在 825.36 ～ 5978.39 ng/cig。4 种 TSNAs 中 NNN 释放量最高，平均释放量为 1865.09 ng/cig，释放量分布在 281.87 ～ 3936.05 ng/cig，占总 TSNAs 释放量的 64.8%；其次为 NAT，平均释放量为 814.31 ng/cig，释放量分布在 156.14 ～ 2275.81 ng/cig；NNK 和 NAB 释放量较低，其中，NNK 平均释放量为 102.32 ng/cig，释放量分布在 40.92 ～ 229.27 ng/cig，NAB 释放量为 94.29 ng/cig，释放量分布在 20.33 ～ 188.77 ng/cig。

表 3-48　湖北马里兰烟中部叶单料烟主流烟气中 TSNAs 的释放量

组分	含量范围 /(ng·cig⁻¹)	平均值 /(ng·cig⁻¹)	中位数 /(ng·cig⁻¹)	偏度系数	标准偏差 /(ng·cig⁻¹)	变异系数 / %
NNK	40.92 ～ 229.27	102.32	84.59	1.20	59.96	58.60
NAT	156.14 ～ 2275.81	814.31	838.03	1.59	640.31	78.63
NNN	281.87 ～ 3936.05	1865.09	1520.00	0.36	1425.60	76.43
NAB	20.33 ～ 188.77	94.29	87.14	0.46	57.91	61.41
TSNAs 总量	825.36 ～ 5978.39	2876.01	2264.46	0.50	1988.95	69.16

第四章

白肋烟种植过程中烟碱转化株控制技术

第一节 烟碱转化株鉴别技术和标准

在栽培烟草中，烟碱是最主要的生物碱，正常情况下烟碱含量占总生物碱含量的93%以上。但在烟株群体中，个别植株会因为基因突变而形成烟碱去甲基能力，烟碱在烟碱去甲基酶的作用下脱去甲基而转化成降烟碱，导致烟碱含量显著降低，降烟碱含量相应增加。在转化株的调制过程中，降烟碱极易发生亚硝化反应形成 N- 亚硝基降烟碱（NNN），它是烟叶中主要的烟草特有 N- 亚硝胺（TSNAs）之一。降烟碱的酰基化形成一系列含有 1～8 个碳原子酰基部分的降烟碱衍生物。降烟碱的氧化还可产生麦斯明。这些产物可改变烟叶和烟气化学成分组成和协调性，进而对烟叶的香味品质产生不利影响。具有不同烟碱转化能力的白肋烟品系，农艺性状无显著差异，但烟叶香味品质随降烟碱含量增加显著下降，转化型烟叶一般白肋烟风格下降，香味不正，口腔残留严重。这些结果表明由烟碱转化导致降烟碱含量增高对烟叶品质和安全性有重要影响，从群体中去除转化株是降低烟叶和产品中 TSNAs 含量及提高和改善烟叶香味品质的有效途径。转化株的烟碱转化主要是在烟叶调制过程中发生的，所以转化株的早期鉴别首先需要对转化株的烟碱转化进行诱导，以便早期表达转化性状。因此，研究转化株的早期诱导和鉴别方法，科学制定转化株的鉴别标准具有十分重要的意义。

一、烟碱转化株乙烯利早期诱导技术

国外未经纯化的白肋烟品种一般在群体中含有15%～20%的转化株，其中约一半转化株的烟碱转化率在20%以上。我国白肋烟由于在品种选育和种子繁育过程中没有进行降烟碱含量的测定和选择，所以群体中存在大量转化株。因此，通过对转化株鉴别和清除，进行品种的改良是当务之急。群体中的转化株必须在烟叶生长的早期阶段被鉴别和清除，以保证新品种选育、良种繁育或杂交种制种中严格选取非转化株进行杂交或自交。转化株的烟碱转化主要是在烟叶调制过程中发生的，所以转化株的早期鉴别首先需要对转化株的烟碱转化进行诱导，以便早期表达转化性状。前期研究中发明了采用乙烯利（2- 氯乙基磷酸）处理诱导转化株的烟碱转化性状在绿叶中早期表达的方法，研究发现乙烯对烟碱转化有显著的诱导作用。

以白肋烟 TN90 为材料，研究了乙烯利处理转化株早期鉴定结果与调制后烟叶烟碱转化率的一致性。在移栽后 30 天选 58 棵正常烟株挂牌定株，摘取 1 片下部叶，进行乙烯利处理，进行生物碱含量测定，计算烟碱转化率。在烟株成熟后，按常规方法进行半整株晾制，38 天后采样进行第二次生物碱含量测定，计算烟碱转化率。

在另一个试验中，以常规品种 TN90 为材料，研究了早期鉴定的不同转化程度烟株自交后代的表现，以确定根据早期鉴定结果，进行品种改良的效果。在移栽后 40 天选择 35 株生长正常的烟株挂牌定株，每株取 1 片叶进行乙烯利处理，测定烟碱转化率。根据转化程度分为高转化株、低转化株和非转化株 3 个类型，每个类型选择代表性烟株分别自交留种，于下个季节分别种植，得到 3 个类型的自交后代群体，并按同样的方法进行转化株的鉴定。

烟碱转化能力用烟碱转化率表示，即降烟碱含量占烟碱与降烟碱含量之和的百分比，可由下式计算：

烟碱转化率（%）＝ [降烟碱含量 /（烟碱含量 + 降烟碱含量）]× 100%。

根据烟碱转化率将烟株分为非转化株（烟碱转化率低于 5%）、低转化株（烟碱转化率为 5%～20%）和高转化株（烟碱转化率大于 20%）。

（一）早期鉴定结果与调制后烟叶烟碱转化率比较

在移栽后 1 个月选取 58 棵烟株进行定株，每株取 1 片叶采用乙烯利处理方法进行转化株的诱导鉴定，结果发现 21 株烟叶的烟碱转化率超过 5%，为烟碱转化株，占总测定株数的 36.2%，其中，10 株的烟碱转化率超过 20%，为高转化株，占总测定株数的 17.2%。在烟叶成熟后，按正常方式进行半整株晾制，干叶期对田间定株的烟株进行第二次取样，测定烟碱和降烟碱含量，计算烟碱转化率。结果表明，在所测烟株群体中有 13 株烟叶的烟碱转化率达到 5% 以上。从图 4–1 中可以看出，通过乙烯利处理早期鉴定的转化株包括了所有 13 株在调制后自然形成的转化株，而且两次测定所得的烟碱转化率的株间分布趋势具有较高的一致性，说明通过诱导方法早期鉴定转化株是十分有效的。

结果还表明，早期转化株的诱导后所得到的烟碱转化率一般高于烟叶自然晾制后的烟碱转化率，进一步说明乙烯利处理可以刺激和促进具有烟碱去甲基能力烟株的烟碱向降烟碱转化，这对提高转化株鉴定的准确性和有效性十分有利。更有意义的是，采用乙烯利处理方法进行诱导，可以鉴别出一些在正常晾制条件下无法有效鉴别的低转化株。其中，有 5 个低转化株只在早期诱导条件下才被鉴别出来，因此，通过乙烯利处理可以有效地鉴别低转化株，从而提高鉴定的效果。

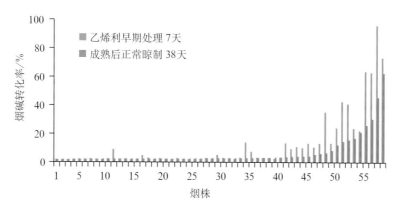

图 4–1　乙烯利早期诱导后与调制后烟叶烟碱转化率的比较

（二）不同时期进行转化株诱导鉴定的效果

烟草从育苗到移栽再到现蕾开花要经历漫长的生长发育过程，为了明确不同生育阶段烟株的烟叶对乙烯利诱导处理的反应，在定株条件下于不同时期取样进行烟碱转化的诱导，结果表明，不同生育时期进行烟碱转化诱导可以取得较为一致的定性结果，高转化株在 5 个时期测定所得到的烟碱转化率均在 90%

以上，低转化株的烟碱转化率在30%～43%，而非转化株各时期测定烟碱转化率均在3%以下（图4-2）。同时，在育苗期取样进行转化株诱导可以得到较高的烟碱转化率，但由于苗期叶片小，生物碱测定难度较大。

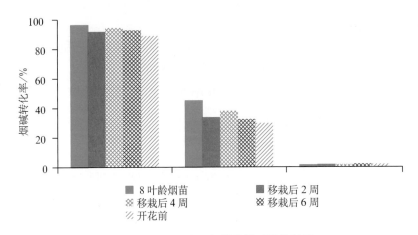

图 4-2　不同时期进行转化株诱导的效果

（三）不同叶位叶片进行烟碱转化诱导的效果

为了明确不同叶位的烟叶对乙烯利处理诱导烟碱转化的反应，以高转化株为材料，在移栽后第7周同时对所有部位的烟叶取样，双数叶片在乙烯利处理后保湿晾制，单数叶片喷清水后保湿晾制，10天后测定烟碱转化率。结果如图4-3所示，虽然不同叶位的叶片生理年龄和发育程度存在很大差异，但在乙烯利处理后均可以使烟碱转化得到充分的诱导，基本达到基因型所规定的最大烟碱转化程度，说明任何部位的烟叶都可用来进行转化株的鉴别。但考虑到烟碱转化是与烟叶的衰老过程相伴随的，下部叶片发育时间较长，诱导所需时间较短，对烟叶产量影响小，所以以选用下部叶为宜。结果还表明，随着叶位的升高，在自然晾制条件下烟叶的烟碱转化率呈明显的下降趋势，这主要与不同部位叶片的成熟度有关。

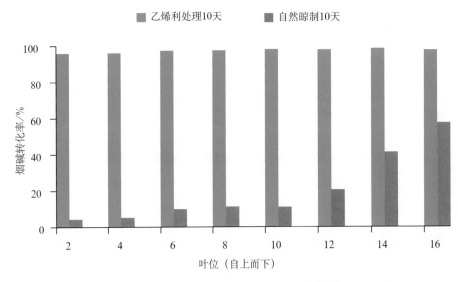

图 4-3　高转化株不同部位叶片诱导后的烟碱转化率

（四）早期鉴定后不同类型烟株的后代表现

目前对烟株群体进行转化株早期鉴定的目的主要是在杂交种的制种中，选用非转化株进行杂交制种，或在良种的繁育中，去除群体中的转化株，留取非转化株进行种子生产。为了验证早期转化株的鉴定和清除对后代大田群体烟株的净化作用，对白肋烟 TN90 进行了转化株的早期鉴定，并进一步研究了早期鉴定后不同类型烟株在自交后代的表现。图 4-4 为早期诱导后不同烟株的烟碱转化率，按烟碱转化率的高低将烟株分为非转化株、低转化株和高转化株，分别选取有代表性的烟株进行自交，次年对各类型烟株的自交后代进行种植，对各自交群体的烟株进行转化株的鉴定。由表 4-1 可知，高转化株的自交后代群体 100% 均为高转化株，进一步说明烟碱转化性状为显性基因控制，且遗传比较稳定；低转化株后代群体出现分离现象，约有 28.5% 的高转化株、31.3% 的低转化株和 40.2% 的非转化株，说明控制烟碱转化的基因处于杂合状态；非转化株的后代群体有 91.4% 的烟株仍为非转化株，虽然出现了少数转化株，但转化程度较低，说明通过转化株的早期鉴定，严格选用非转化株进行种子生产，对降低后代群体烟碱转化株比例、降低烟叶烟碱转化率是十分有效的。

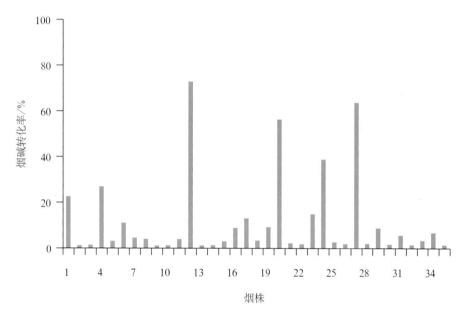

图 4-4　白肋烟 TN90 早期诱导后不同烟株的烟碱转化率

表 4-1　乙烯利处理早期鉴定后不同转化程度烟株自交后代的表现

母代		自交后代					
鉴定植株	株数	平均烟碱含量 /%	平均降烟碱含量 /%	平均烟碱转化率 /%	总转化株比例 /%	高转化株比例 /%	非转化株比例 /%
高转化株	35	0.41	2.23	84.5	100.0	100.0	0
低转化株	36	1.74	0.86	33.2	59.8	28.5	40.2
非转化株	35	2.48	0.11	4.4	8.6	0	91.4

二、烟碱转化株无机盐早期诱导鉴别技术

我国白肋烟由于在品种选育和种子繁育过程中没有进行降烟碱含量的测定和选择，所以群体中存在

大量转化株。因此，通过对转化株鉴别和清除，进行品种的改良是当务之急。群体中的转化株必须在烟叶生长的早期阶段被鉴别和清除，以保证新品种选育、良种繁育或杂交种制种中严格选取非转化株进行杂交或自交。转化株的烟碱转化主要是在烟叶调制过程中发生的，所以转化株的早期鉴别首先需要对转化株的烟碱转化进行诱导，以便早期表达转化性状。目前采用的诱导转化株的烟碱转化性状在绿叶中早期表达的方法是采用乙烯利处理。虽然乙烯对烟碱转化有显著的诱导作用，但由于乙烯利为植物生长调节剂，使用不当易造成效果不稳定，且成本较高，不利于环保，很有必要研究筛选温和的、稳定的、有效的、低廉的、环境友好型的材料和方法。试验研究了无机盐类的碳酸氢钠、氯化钠等对白肋烟烟碱转化的诱导作用，其对转化株的鉴定效果及作用机制，为在育种和生产中有效鉴别转化株提供新方法。

（一）无机盐处理转化株早期离体烟叶对其烟碱转化的诱导

40 棵盆栽转化型烟株共分为 5 个主处理：喷洒清水（对照）、乙烯利（0.2%）及 3 种无机盐（碳酸氢钾、氯化钠、碳酸钠），3 种无机盐处理分为 2 个副处理（1.0% 和 1.2%）。在移栽后 1 个月每株取 1 片叶分别按既定的无机盐和浓度处理进行烟碱转化的诱导。处理 4 天后，分别进行烟碱和降烟碱的测定。由表 4-2 可知，碳酸氢钾和氯化钠均表现出显著的诱导烟碱转化的作用，处理 4 天后烟叶外观变黄，烟碱转化率达到 80% 以上，其中，以 1.2% 的浓度为佳，1.2% 的碳酸氢钾水溶液处理的烟叶烟碱转化率和乙烯利处理的相当，接近 90%，因此，碳酸氢钾可以代替乙烯利在群体烟株转化株的早期诱导鉴定中使用。试验表明，碳酸钠诱导烟碱转化的作用不明显。

表 4-2　无机盐处理对转化株离体烟叶烟碱转化的诱导作用

处理		烟碱 / %	降烟碱 / %	（烟碱 + 降烟碱）/ %	烟碱转化率 / %
无机盐	浓度				
CK（水）	100%	2.32	0.28	2.60	10.8
KHCO$_3$	1.0%	0.35	2.10	2.45	85.7
	1.2%	0.27	2.39	2.66	89.8
NaCl	1.0%	0.46	2.04	2.50	81.6
	1.2%	0.25	1.98	2.23	88.8
Na$_2$CO$_3$	1.0%	1.96	0.45	2.41	18.7
	1.2%	1.85	0.35	2.20	15.9
乙烯利	0.2%	0.26	2.22	2.48	89.5

（二）碳酸氢钾和氯化钠处理对烟碱转化株早期诱导鉴定的效果

将未经纯化的白肋烟 TN90 在大田种植，移栽后 1 个月定株 100 株。其中，50 株用 1.2% 碳酸氢钾处理进行转化株早期鉴定，另外 50 株用 1.2% 氯化钠进行早期鉴定。结果分别发现 18 株和 21 株烟叶的烟碱转化率达到 5%，为烟碱转化株（图 4-5、图 4-6）。在烟叶成熟后，按正常方式进行半整株晾制，干叶期对田间定株的烟株进行第二次取样，测定烟碱和降烟碱含量，计算烟碱转化率。结果表明，在所测 2 个烟株群体中分别有 12 株和 16 株烟叶的烟碱转化率达到 5% 以上。从两次测定结果的比较可以看出，通过碳酸氢钾和氯化钠处理早期鉴定的转化株包括了所有在调制后自然形成的转化株，而且两次测定所得的烟碱转化率的株间分布趋势具有较高的一致性，说明通过诱导方法早期鉴定转化株是十分有效的。

结果还表明，转化株早期诱导后所得到的烟碱转化率一般高于烟叶自然晾制后的烟碱转化率，进一步说明碳酸氢钾和氯化钠处理可以诱导和促进具有烟碱去甲基能力烟株的烟碱向降烟碱转化，这对提高转化株鉴定的准确性和有效性十分有利。更有意义的是，采用碳酸氢钾和氯化钠处理方法进行诱导，可以鉴别出一些在正常晾制条件下无法有效鉴别的低转化株。试验中，两个群体中分别有 7 个和 5 个低转化株只在早期诱导条件下才被鉴别出来，因此，通过碳酸氢钾和氯化钠处理可以有效地鉴别低转化株，从而提高鉴定的效果。

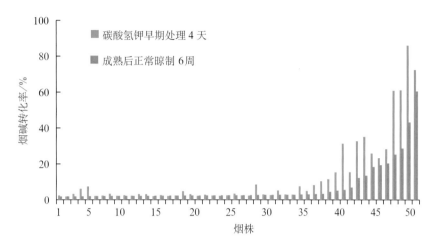

图 4-5　碳酸氢钾早期诱导后与调制后烟叶烟碱转化率的比较

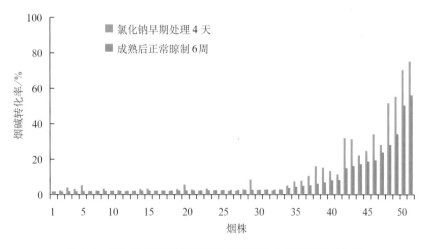

图 4-6　氯化钠早期诱导后与调制后烟叶烟碱转化率的比较

（三）碳酸氢钠诱导烟碱转化与叶片内源乙烯释放的关系

由于碳酸氢钠诱导转化株烟碱转化的过程和烟叶外观变黄相连，而且大量研究表明乙烯利具有显著的诱导转化株烟碱转化的作用，因此认为碳酸氢钾诱导烟碱转化与促进烟叶内源乙烯的释放有关。

1. 碳酸氢钠处理对叶片内源乙烯释放的影响

以白肋烟 TN90 高转化株为材料，研究碳酸氢钠处理对叶片乙烯释放的影响及去除乙烯对烟碱转化的影响。将同一叶片同样面积的鲜烟叶圆片分为两等份，一份喷 1.2% 的碳酸氢钠，另一份喷清水作为对照，分别置于广口玻璃瓶中，用橡胶盖盖紧，按时用气体取样针管取空气样品测定乙烯浓度，乙烯测定采用气相色谱法。结果表明（图 4-7），烟叶在碳酸氢钠处理 2 h 内，乙烯释放量急速增加，且在 6 h 左右达到最大值，此后缓慢下降。清水处理的对照，在最初的 2 h 乙烯释放也显著增加，但远低于碳酸氢钠处理的叶片，6 h 后乙烯浓度逐渐下降，48 h 内碳酸氢钠处理叶片所释放的乙烯浓度均高于对照，说明碳酸氢钠可显著促进叶片内源乙烯的合成和释放。

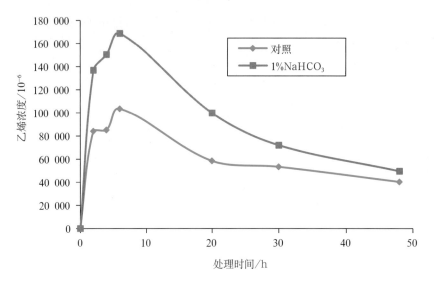

图 4-7　碳酸氢钠处理对叶片内源乙烯释放的影响

2. 乙烯释放抑制剂 AVG 处理对碳酸氢钠诱导烟碱转化作用的影响

为了进一步明确碳酸氢钠诱导转化株烟碱转化的作用机制，在 1.2% 的碳酸氢钠处理溶液中加入 10^{-4} mol/L AVG，以 1.2% 的碳酸氢钠不加 AVG 和用清水处理为对照，研究其烟碱转化率的影响。AVG 是乙烯合成的抑制剂，根据乙烯合成受抑情况下的烟碱转化率变化可以明晰乙烯在诱导烟碱转化中的作用。结果表明（图 4-8），用 1.2% 碳酸氢钠处理的转化株叶片 4 天后烟碱转化率达到 87%，而经 1.2% 碳酸氢钠加 AVG 的处理的叶片烟碱转化率仅为 50%，与用清水处理的对照接近，充分说明碳酸氢钠促进烟叶内源乙烯合成增加是诱导烟碱转化的重要原因。

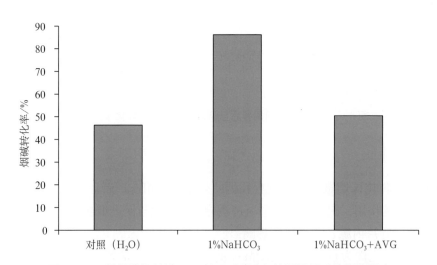

图 4-8　乙烯释放抑制剂 AVG 处理对碳酸氢钠诱导烟碱转化的影响

三、烟碱转化株鉴别标准及有效性

　　白肋烟烟碱转化株比例较高，不同转化株的烟碱转化能力也差别较大，对栽培品种自然群体的烟株进行转化株筛选，发现在具有转化能力的植株中，转化程度几乎呈连续分布，因此不同转化株的遗传背景也不尽相同。正常的非转化株为纯合隐性基因，烟碱转化的发生是显性突变的结果，由于烟碱转化是显性基因控制，并具有加性效应，因此，亲本材料转化株的多少和转化程度高低将直接影响杂交种后代表现。转化株的鉴别标准是决定品种改良和纯化的关键，以往曾根据经验将烟碱转化率大于5%的烟株定为转化株，后将此标准降低为3%，但仍缺乏科学依据，一些烟碱转化率低于3%的烟株被证明具有转化株的性状表现，影响了品种改良的效果。前期研究表明，烟碱转化率高于2.5%作为转化株的鉴别标准具有更大的科学性，且烟碱转化株低于2.5%的烟株在不同叶位间和叶点间比较稳定，而烟碱转化率高于2.5%的烟株表现出叶位间和叶点间有较大变异。为了进一步确定新的烟碱转化株鉴别标准的可靠性和有效性，于2009年和2010年采用转化株早期诱导鉴别方法研究了不同程度转化株自交后代株系烟碱转化率的株间变异和分布，由于低转化株烟碱转化基因为杂合，后代会出现株间分离，研究以根据自交后代的分离情况对转化株和非转化株进行科学判断，为今后白肋烟亲本选择和品种改良提供依据。

　　在四川达州烟草科研所大田生长条件下，材料为达所26，其为白肋烟杂交种达白1号和达白2号共同的父本，共种植200株，移栽后30天定株编号，每株取中部1片烟叶进行转化株的诱导鉴定，计算每株的烟碱转化率，选择具有不同烟碱转化能力的具有代表性的烟株套袋自交，所获种子在四川达州烟草科研所按株系进行种植，在移栽后30天对每个株系不同烟株进行烟碱转化诱导，测定烟碱转化率的株间分布。

（一）达所26自然群体单株烟碱转化率测定和选择

　　达所26是杂交种达白1号和达白2号的共同父本，其化学组成和含量对杂交种表现有重要影响。前期研究表明，达所26是杂交种烟碱转化基因的重要贡献者。2009年采用乙烯利处理对达所26进行了转化株的早期诱导和鉴定。由图4-9可知，达所26自然群体烟碱含量为0.395%～3.344%，平均为2.124%，变异系数为23.40%；降烟碱含量为0.007%～2.636%，平均为0.143%，变异系数高达241.28%；烟碱转化

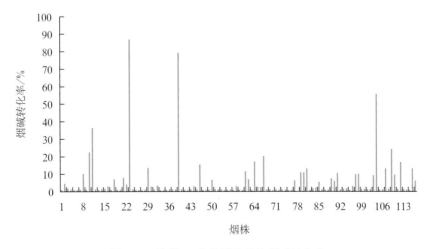

图 4-9　达所 26 自然群体单株烟碱转化率

率为 0.321% ～ 86.964%，平均为 6.066%，变异系数为 209.16%，表明该自交系烟碱转化问题突出，且烟碱转化率存在较大的株间变异。统计表明，群体中烟碱转化率小于 2.5% 的烟株占 64.10%，烟碱转化率在 2.5% ～ 3.0 % 的烟株占 2.56%，烟碱转化率在 3% ～ 20% 的烟株占 27.35%，烟碱转化率在 20% ～ 50% 的烟株占 3.42%，烟碱转化率大于 50% 的烟株占 2.56%。根据烟株的烟碱转化率大小，选择不同区间具有代表性的烟株套袋自交，获得不同株系种子。

（二）自交后代不同株系烟碱转化率的株间变异和分布

1. 母代 PNC < 2.5 烟株自交后代烟碱转化率的株间变异和分布

在对达所 26 转化株早期鉴定的基础上，选择不同程度烟碱转化能力的烟株分别套袋自交制种，得到 15 份株系种子于 2010 年在四川达州烟草科研所种植，每个小区 40 株，在团棵期每个株系随机取 20 株分别进行烟碱转化化学诱导和生物碱的测定。

母代烟株达所 26-3、达所 26-14、达所 26-84 和达所 26-99 的烟碱转化率均在 2.5% 以下（表 4-3），其自交后代群体烟碱转化率的株间分布如图 4-10 所示。4 个株系烟碱转化率分布较为一致，均不超过 2.5%，变异幅度分别为 0.345% ～ 0.918%、0.474% ～ 1.322%、0.344% ～ 1.603% 和 0.258% ～ 1.967%，变异系数较小，分别为 30.32%、32.07%、35.84% 和 56.06%，性状稳定，烟碱转化能力较低。

表 4-3　自交后代不同株系烟碱转化率分组分析

母本			自交后代					
分组	株号	烟碱转化率 /%	PNC<2.5 比例 /%	2.5<PNC<3.0 比例 /%	3<PNC<20 比例 /%	20<PNC<50 比例 /%	PNC>50 比例 /%	平均烟碱转化率 /%
PNC<2.5	达所 26-3	1.978	100	0	0	0	0	0.617
	达所 26-14	1.695	100	0	0	0	0	0.783
	达所 26-84	2.394	100	0	0	0	0	0.941
	达所 26-99	1.525	100	0	0	0	0	0.935
2.5<PNC<3.0	达所 26-30	2.964	55	10	35	0	0	2.828
	达所 26-65	2.890	75	0	20	5	0	2.528
	达所 26-66	2.556	90	0	10	0	0	1.395
3<PNC<20	达所 26-22	4.163	60	0	40	0	0	3.511
	达所 26-29	13.546	40	5	40	15	0	9.083
	达所 26-50	6.741	45	10	40	5	0	5.262
	达所 26-58	3.306	60	5	30	5	0	3.249
20<PNC<50	达所 26-67	20.418	20	0	65	15	0	11.040
	达所 26-109	24.352	15	10	50	25	0	12.770
PNC>50	达所 26-23	89.964	0	0	0	0	100	72.223
	达所 26-104	55.685	0	0	0	30	70	53.662

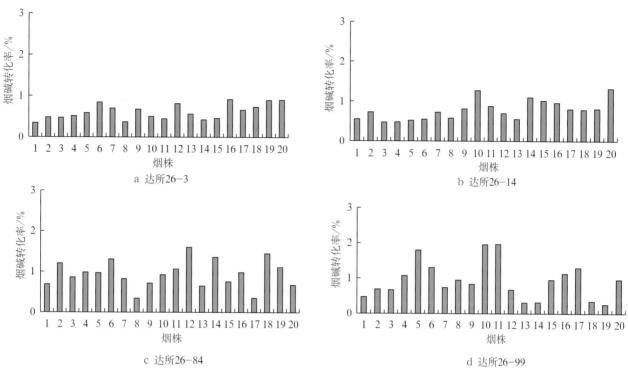

图 4-10　母代 PNC<2.5 烟株自交后代烟碱转化率的株间分布

2. 母代 2.5<PNC<3.0 烟株自交后代烟碱转化率的株间变异和分布

母代烟株达所 26-30、达所 26-65 和达所 26-66 烟碱转化率分别为 2.964%、2.890% 和 2.556%，介于 2.5% ～ 3.0%（表 4-3），自交后代烟碱转化率的分布如图 4-11 所示。3 个株系的烟碱转化率变异幅度分

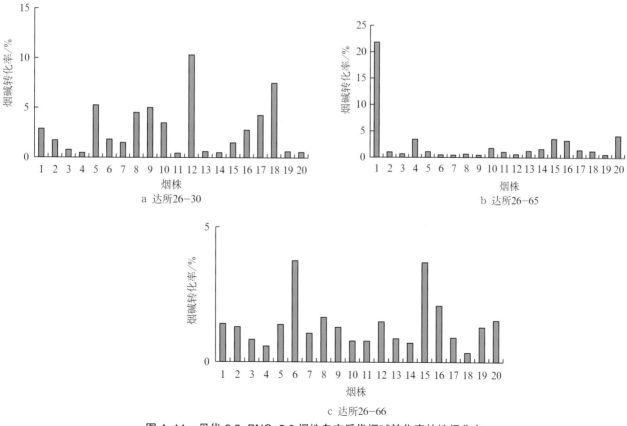

图 4-11　母代 2.5<PNC<3.0 烟株自交后代烟碱转化率的株间分布

别为 0.439% ～ 10.331%、0.466% ～ 21.834% 和 0.394% ～ 3.757%，变异系数分别为 94.59%、185.34% 和 64.49%。烟碱转化性状分离明显，表明烟碱转化率在 2.5% ～ 3.0% 的烟株性状不稳定，是转化株的表现，后代群体中可分离出不同程度的烟碱转化株。

3. 母代 3<PNC<20 烟株自交后代烟碱转化率的株间变异和分布

所选择的 4 个自交烟株的烟碱转化率在 3% ～ 20%（表 4-3），其自交后代烟碱转化率的株间分布如图 4-12 所示。烟碱转化率变异范围很大，分别为 0.774% ～ 9.419%、0.384% ～ 31.886%、0.205% ～ 21.494% 和 0.393% ～ 23.514%，变异系数分别为 77.54%、106.43%、118.11% 和 157.99%，株间变异较大，表明烟碱转化性状分离明显，群体中出现较高比例的转化株。

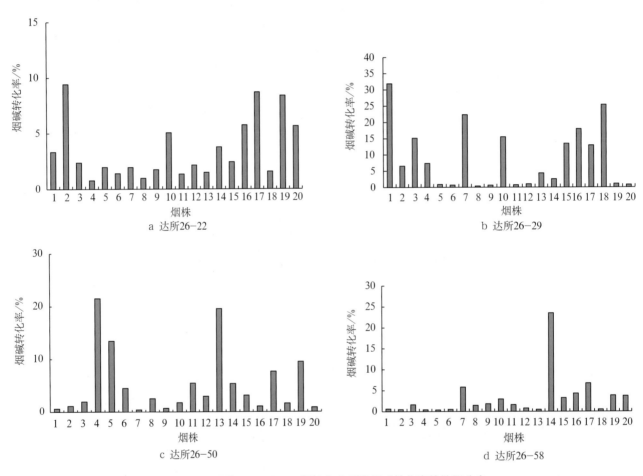

图 4-12　母代 3<PNC<20 烟株自交后代烟碱转化率的株间分布

4. 母代 20<PNC<50 烟株自交后代烟碱转化率的株间变异和分布

母代烟株达所 26-67 和达所 26-109 烟碱转化率分别为 20.418% 和 24.352%，在 20% ～ 50% 范围内（表 4-3）。2 个株系自交后代烟碱转化率的株间分布如图 4-13 所示，其烟碱转化率变异幅度分别为 0.738% ～ 30.438% 和 0.611% ～ 41.813%，变异系数较大，分别为 79.16% 和 93.84%，株间变异也较大。

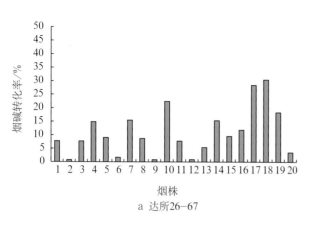
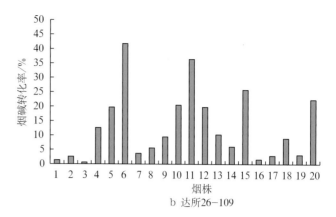

a 达所26-67

b 达所26-109

图 4-13　母代 20<PNC<50 烟株自交后代烟碱转化率的株间分布

5. 母代 PNC>50 烟株自交后代烟碱转化率的株间变异和分布

母代烟株达所 26-23 和达所 26-104 自交后代烟碱转化率的株间分布如图 4-14 所示。其烟碱转化率分布较为整齐一致，烟碱转化率变异幅度分别为 50.607% ～ 88.989% 和 37.916% ～ 68.659%，变异系数分别为 19.05% 和 14.57%，变异性最小，可以稳定遗传和表达。

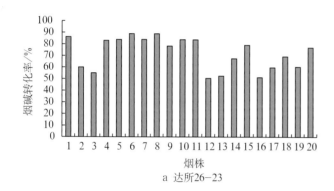
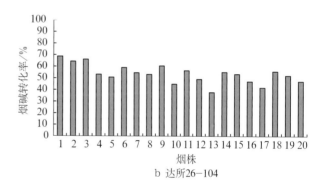

a 达所26-23

b 达所26-104

图 4-14　母代 PNC>50 烟株自交后代烟碱转化率的株间分布

6. 自交后代不同株系烟碱转化率分组分析

由表 4-3 可知，母代 PNC<2.5 烟株自交后代烟碱转化率全部小于 2.5%，转化程度较低，烟碱转化率较为稳定，在减少后代群体烟碱转化能力方面取得了显著的改良效果，制种过程中对其进行选择的压力较小。母代 2.5<PNC<3 的达所 26-30、达所 26-65 和达所 26-65 烟株自交后代分别出现烟碱转化性状分离现象。由此可知，如果把转化株的鉴别标准定在 2.5%，将有利于提高鉴别的有效性。母代 3<PNC<20 的 4 个烟株自交后代中烟碱转化率在 3% ～ 20% 的烟株相对较多。20<PNC<50 的母本自交后代中烟碱转化问题较突出，烟碱转化率大于 3% 的烟株占 75% 以上。母代烟株 PNC>50 的达所 26-23 自交后代烟碱转化率大于 50% 的烟株占 100%，达所 26-104 的占 70%，具有较强的烟碱转化能力。这进一步说明了严格进行母本选择对于后代种群纯化和改良的重要性。

第二节　烟碱转化率与各生物碱含量之间的关系

一、白肋烟自然群体和纯化群体生物碱含量的差异性

烟草生物碱包括主要生物碱和微量生物碱，主要生物碱为烟碱、降烟碱、假木贼碱和新烟草碱4种。普通烟草（*N. tabacum*）属于烟碱积累型，在正常情况下，烟碱含量占总生物碱含量的93%以上。由于烟碱直接影响烟叶的生理强度，并对香味品质有正面影响，因此烟碱在总生物碱中较高的比例是优质烟叶的重要特征。降烟碱含量一般不超过总生物碱含量的3%，但在烟株群体中，一些烟株会因为基因突变而形成烟碱去甲基能力，导致烟碱含量显著降低，降烟碱含量相应增加，这种具有烟碱向降烟碱转化能力的烟株称为转化株。与烟碱相比，降烟碱具有较大的不稳定性，在烟叶调制和陈化过程中易发生氧化、酰化和亚硝化反应，分别生成麦斯明、含1～8个碳原子的酰基降烟碱和 *N*-亚硝基降烟碱（NNN）等。白肋烟由于调制后烟叶为棕色，无法从外观上对转化型植株进行鉴别，在栽培品种中烟碱转化问题相当普遍，21世纪以来引起国内外烟草界的广泛关注。关于生物碱含量和组成比例，以往均采用群体混合样品研究，缺乏对单株烟叶样品生物碱含量的测定和对转化株的鉴别，由于不同白肋烟混合样品中转化型烟叶的比例和转化程度有较大差异，造成样品间生物碱组成比例及相互之间关系的不一致。试验测定和分析白肋烟主栽品种单株调制后烟叶的生物碱含量，研究自然群体和去除转化株后的纯化群体生物碱组成比例和相互关系，旨在深入认识生物碱合成机制，并根据生物碱之间的关系制定科学的转化株和非转化株鉴别标准，从而有效清除生产上转化株，纯化烟株群体，优化生物碱组成提供理论依据。

选用我国白肋烟主栽品种达白1号、鄂烟1号、TN90，2007年在四川达州设置品种比较试验。单株样品，每个品种取50株挂牌编号，每株取中上部调制后烟叶1～2片，分株测定叶片的主要生物碱含量。每株取1片调制烟叶混合后组成自然群体混合样品；根据转化株鉴定结果去除转化株烟叶后的混合样品为纯化群体混合样品。

（一）不同群体混合样品生物碱含量和组成比例

白肋烟达白1号和鄂烟1号所测群体中存在大量转化株，比例分别为52%和72%，而TN90为14%，转化株相对较少，且转化程度较低。由表4-4可知，在达白1号和鄂烟1号的纯化群体中，降烟碱含量低于新烟草碱，高于假木贼碱，降烟碱占总生物碱的比例分别为2.81%和1.80%，新烟草碱所占比例分别为4.95%和3.19%；而在自然群体中，两个品种的降烟碱含量均居第2位，降烟碱占总生物碱的比例分别达到20.59%和11.20%，远高于新烟草碱的5.22%和3.59%。另外，在自然群体中烟碱占总生物碱的比例出现大幅度下降。TN90尽管自然群体的降烟碱含量也高于纯化群体，但由于群体中转化株较少，两个群体降烟碱含量均低于新烟草碱含量。因此群体中转化株的比例和转化程度直接影响各生物碱的组成比例。

表4-4　白肋烟自然群体和纯化群体烟叶混合样品生物碱含量和组成差异

品种	群体	生物碱平均含量/%				占总生物碱比例/%			
		烟碱	降烟碱	新烟草碱	假木贼碱	烟碱	降烟碱	新烟草碱	假木贼碱
达白1号	纯化群体	4.97	0.15	0.27	0.025	91.8	2.81	4.95	0.46
	自然群体	4.02	1.12	0.28	0.026	73.73	20.59	5.22	0.47

续表

品种	群体	生物碱平均含量 / %				占总生物碱比例 / %			
		烟碱	降烟碱	新烟草碱	假木贼碱	烟碱	降烟碱	新烟草碱	假木贼碱
鄂烟 1 号	纯化群体	7.82	0.15	0.26	0.036	94.6	1.80	3.19	0.44
	自然群体	7.35	0.96	0.31	0.04	84.9	11.20	3.59	0.46
TN90	纯化群体	7.74	0.13	0.30	0.04	94.22	1.58	3.69	0.48
	自然群体	7.61	0.19	0.31	0.05	93.35	2.39	3.75	0.58

（二）不同群体单株样品总生物碱含量与各生物碱含量的关系

1. 纯化群体单株总生物碱含量与主要生物碱含量之间的关系

根据转化株鉴定结果，选取非转化株研究总生物碱含量与各生物碱含量的关系，结果如图 4-15 至图 4-17 所示。由图 4-15 至图 4-17 可知，随着总生物碱含量增加，烟碱含量、新烟草碱含量、降烟碱含量和假木贼碱含量均表现为直线增加，但不同生物碱含量与总生物碱含量之间相关性有一定差异，总生物碱含量与烟碱含量相关性最高，与假木贼碱含量、新烟草碱含量、降烟碱含量相关性相对较小，各品种表现相同的趋势，相关系数如表 4-5 所示。随着生物碱含量增加，各生物碱含量增加的斜率也不尽相同，烟碱含量的斜率最大，其他依次为新烟草碱含量、降烟碱含量和假木贼碱含量，斜率的大小与各生物碱的含量有关，含量水平越低，其斜率越小，因此，随着生物碱含量的提高，不同生物碱含量之间的绝对差值越大。

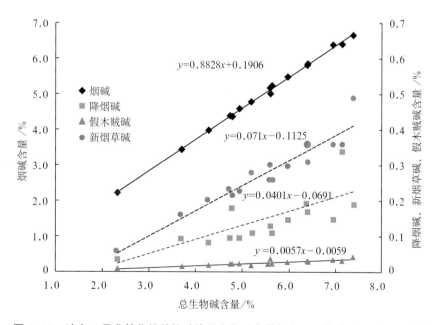

图 4-15　达白 1 号非转化株单株叶片总生物碱含量与主要生物碱含量之间的关系

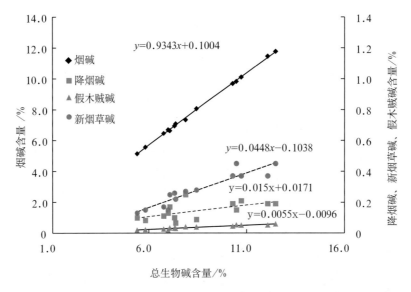

图 4-16　鄂烟 1 号非转化株单株叶片总生物碱含量与主要生物碱含量之间的关系

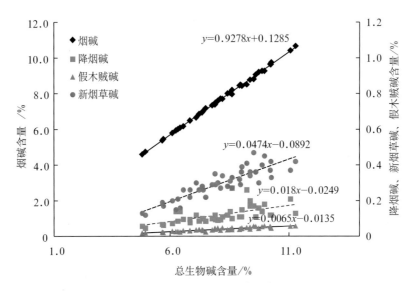

图 4-17　TN90 非转化株单株叶片总生物碱含量与主要生物碱含量之间的关系

表 4-5　白肋烟两种群体单株样品生物碱含量之间的相关系数

群体	品种	相关系数			
		降烟碱	新烟草碱	假木贼碱	总生物碱
纯化群体	达白 1 号	烟碱	0.661	0.940	0.921	0.999
		降烟碱	—	0.572	0.630	0.714
		新烟草碱	—	—	0.954	0.959
		假木贼碱	—	—	—	0.932
	鄂烟 1 号	烟碱	0.550	0.911	0.953	0.999
		降烟碱	—	0.420	0.579	0.608
		新烟草碱	—	—	0.961	0.936

续表

群体	品种		相关系数			
			降烟碱	新烟草碱	假木贼碱	总生物碱
纯化群体	鄂烟1号	假木贼碱	—	—	—	0.956
	TN90	烟碱	0.521	0.853	0.894	0.999
		降烟碱	—	0.640	0.582	0.601
		新烟草碱	—	—	0.938	0.886
		假木贼碱	—	—	—	0.912
自然群体	达白1号	烟碱	−0.562	0.421	0.481	0.607
		降烟碱	—	0.44	0.352	0.369
		新烟草碱	—	—	0.929	0.921
		假木贼碱	—	—	—	0.911
	鄂烟1号	烟碱	0.034	0.511	0.771	0.931
		降烟碱	—	0.463	0.552	0.438
		新烟草碱	—	—	0.708	0.859
		假木贼碱	—	—	—	0.921

2. 自然群体单株样品总生物碱含量与主要生物碱含量之间的关系

在自然群体中由于不同程度地存在转化株，造成生物碱含量比例发生变化，总生物碱含量与各生物碱含量之间的关系也相应改变。图 4-18 和图 4-19 表明，随着总生物碱含量的增加，烟碱含量和降烟碱含量虽然呈上升趋势，但线性关系减弱，特别是降烟碱含量分布散乱。相关分析表明，达白 1 号烟碱含量和降烟碱含量与总生物碱含量的相关系数（r）分别为 0.607 和 0.369，后者未达到显著水平。同样，鄂烟 1 号降烟碱含量与总生物碱含量之间的直线关系也不显著。在自然群体中总生物碱含量与新烟草碱含量和假木贼碱含量仍呈显著的直线关系，说明总生物碱和二者的关系与烟碱转化无关。

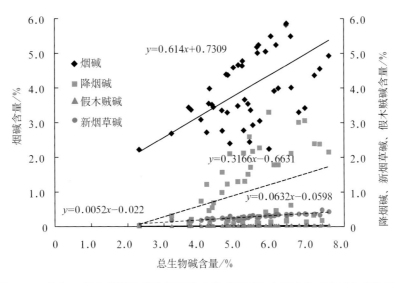

图 4-18　达白 1 号自然群体单株样品总生物碱含量与主要生物碱含量之间的关系

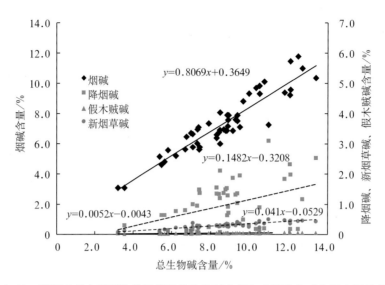

图 4-19 鄂烟 1 号自然群体单株样品总生物碱含量与主要生物碱含量之间的关系

（三）不同群体单株样品生物碱含量之间的相互关系

不同品种纯化群体和自然群体单株烟叶样品的生物碱含量相关系数如表 4-6 所示。在纯化群体中，烟碱含量与新烟草碱含量和假木贼碱含量的相关性较高，达极显著，烟碱含量与降烟碱含量相关系数相对较小，但也呈显著正相关。降烟碱含量与新烟草碱含量和假木贼碱含量一般呈显著正相关，假木贼碱含量和新烟草碱含量呈极显著正相关。

达白 1 号和鄂烟 1 号自然群体中由于存在大量转化株，烟碱含量与其他生物碱含量之间的关系发生较大变化，达白 1 号的烟碱含量和降烟碱含量呈现显著的负相关，这是因为随着转化株烟碱转化程度的增加，烟碱含量和降烟碱含量呈相反变化。烟碱含量与新烟草碱含量和假木贼碱含量呈正相关，但相关系数较小，且烟碱转化株比例较高的达白 1 号的相关系数小于转化株比例较低的鄂烟 1 号。新烟草碱含量与假木贼碱含量的相关性较高，且不受群体的影响，在自然群体中依然表现出显著的正相关。

表 4-6 白肋烟两种群体单株样品生物碱含量之间的相关系数

群体	品种		相关系数			
			降烟碱	新烟草碱	假木贼碱	总生物碱
纯化群体	达白 1 号	烟碱	0.661	0.940	0.921	0.999
		降烟碱	—	0.572	0.630	0.714
		新烟草碱	—	—	0.954	0.959
		假木贼碱	—	—	—	0.932
	鄂烟 1 号	烟碱	0.550	0.911	0.953	0.999
		降烟碱	—	0.420	0.579	0.608
		新烟草碱	—	—	0.961	0.936
		假木贼碱	—	—	—	0.956
	TN90	烟碱	0.521	0.853	0.894	0.999
		降烟碱	—	0.640	0.582	0.601
		新烟草碱	—	—	0.938	0.886
		假木贼碱	—	—	—	0.912

续表

群体	品种		相关系数			
			降烟碱	新烟草碱	假木贼碱	总生物碱
自然群体	达白1号	烟碱	−0.562	0.421	0.481	0.607
		降烟碱	—	0.44	0.352	0.369
		新烟草碱	—	—	0.929	0.921
		假木贼碱	—	—	—	0.911
	鄂烟1号	烟碱	0.034	0.511	0.771	0.931
		降烟碱	—	0.463	0.552	0.438
		新烟草碱	—	—	0.708	0.859
		假木贼碱	—	—	—	0.921

二、白肋烟烟碱转化率与新烟草碱含量／降烟碱含量比值的关系

烟碱转化导致降烟碱含量增高对烟叶品质和安全性有重要影响。烟碱转化性状属于显性遗传，因此在育种和制种过程中去除转化株可有效减少后代群体的烟碱转化率。烟碱转化主要发生在白肋烟的调制阶段，通过遗传改良途径去除烟碱转化株，必须对留种烟株或亲本材料在开花前进行转化性状诱导和转化株鉴别。目前主要采用乙烯利处理或碳酸氢钠水溶液处理方法使转化株的烟碱转化性状早期表达，但转化株的标准目前仍没有科学的定论，影响了品种的改良效果。以往曾根据经验将烟碱转化率大于5%的烟株定为转化株，后将此标准降低为3%，但仍缺乏科学依据。试验系统研究了早期诱导烟叶和调制后烟叶烟碱转化率与主要生物碱含量及新烟草碱含量／降烟碱含量比值的关系，以期通过烟碱转化率与生物碱含量之间关系的变化，确定更为科学的烟碱转化株的鉴别标准，为在育种和制种过程中更有效地鉴别和去除转化株纯化烟株群体提供理论依据。

试验在四川达州烟草科研所进行，品种为当地主栽品种达白1号和鄂烟1号。移栽后20天，选取达白1号和鄂烟1号各100株挂牌定株，对鄂烟1号每株取中部烟叶1片采用乙烯利处理进行烟碱转化诱导，以使转化株在早期表达转化性状。经诱导变黄叶片用于生物碱含量测定。烟株成熟后对达白1号和鄂烟1号分别整株砍收，全板晾房晾制，晾制结束后每株取中部叶1片，供烘干后进行生物碱含量测定。根据生物碱含量测定结果计算烟碱转化率，并计算新烟草碱含量／降烟碱含量比值。

（一）烟碱转化率与生物碱含量之间的关系

1. 早期诱导烟叶烟碱转化率与生物碱含量之间的关系

不同烟株烟碱转化能力有较大差异。随着烟碱转化率的增加，烟碱含量下降，降烟碱含量上升；但新烟草碱含量和假木贼碱含量变化趋势平缓。相关分析表明，烟碱转化率与烟碱含量呈极显著负相关，而与降烟碱含量呈极显著正相关；新烟草碱含量和假木贼碱含量与烟碱转化率无显著相关关系。烟碱转化率低于10%时，新烟草碱含量高于降烟碱含量；烟碱转化率高于10%时，降烟碱含量超过新烟草碱含量。由图4-20可知，所测烟株的烟碱转化率主要分布在小于5%和大于60%范围内，主要是因为烟株进行化学处理后，转化株的烟碱转化受到诱导，而非转化株的烟碱转化不受化学诱导的影响。

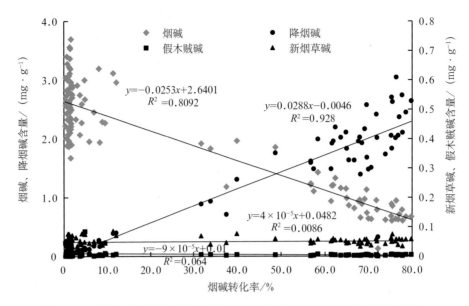

图 4-20　鄂烟 1 号早期诱导烟叶烟碱转化率与单个生物碱含量之间的关系

2. 调制后烟叶烟碱转化率与生物碱含量之间的关系

图 4-21 和图 4-22 分别是达白 1 号和鄂烟 1 号调制后烟叶烟碱转化率与生物碱含量之间的关系。由于在生长发育过程中，特别是在打顶后生物碱的积累，调制后烟叶总生物碱含量显著高于早期诱导烟叶。由图 4-21 和图 4-22 可知，随着烟株烟碱转化率的增加，烟碱含量呈下降趋势，降烟碱含量持续上升，新烟草碱含量和假木贼碱含量与烟株的烟碱转化率无相关关系。相关分析表明，达白 1 号和鄂烟 1 号调制后烟叶烟碱含量与烟碱转化率的相关系数（*r*）分别为 –0.791 和 –0.713，降烟碱含量和烟碱转化率呈极显著正相关，相关系数分别为 0.981 和 0.984。烟碱转化率与新烟草碱含量和假木贼碱含量相关性不显著。达白 1 号烟叶在烟碱转化率低于 11% 时，鄂烟 1 号烟叶烟碱转化率低于 8% 时，新烟草碱含量高于降烟碱含量，烟碱转化率进一步增高的烟株降烟碱含量超过新烟草碱含量。

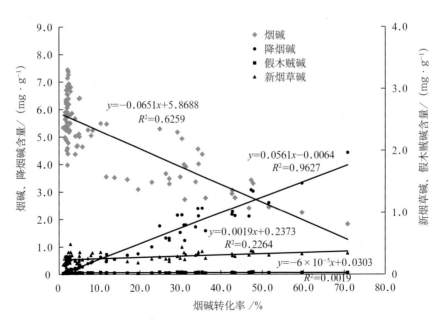

图 4-21　达白 1 号调制后烟叶生物碱含量与烟碱转化率之间的关系

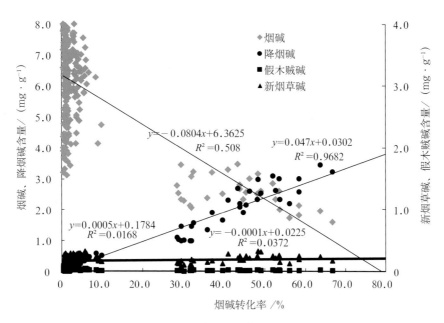

图 4-22 鄂烟 1 号调制后烟叶生物碱含量与烟碱转化率之间的关系

（二）烟碱转化率与新烟草碱含量／降烟碱含量比值的关系

1. 烟株开花前烟碱转化率与新烟草碱含量／降烟碱含量比值的关系

在正常的非转化株中，新烟草碱含量和降烟碱含量相对差异较小，随着烟碱转化率的提高，降烟碱含量逐渐超过新烟草碱含量，导致二者比值发生明显变化。鄂烟 1 号早期诱导烟叶的烟碱转化率与新烟草碱含量／降烟碱含量比值（$Anat/Nnic$）关系如图 4-23 所示。由图 4-23 可知，烟碱转化率与 $Anat/Nnic$ 呈极显著的幂函数关系，但当分段研究烟碱转化率与 $Anat/Nnic$ 的关系时发现，在 $Anat/Nnic$ 大于 0.8 时，烟碱转化率随着 $Anat/Nnic$ 的增大无显著变化，即烟碱转化率与 $Anat/Nnic$ 无显著关系，是非转化株的表现；当 $Anat/Nnic$ 小于 0.8 时，烟碱转化率随着 $Anat/Nnic$ 的减小显著增加，且增加幅度逐渐增大。根据方程 $y=1.6049x^{-1.005}$，当 x 趋向于 0.8 时，烟碱转化率为 2.5%。因此可以将 $Anat/Nnic$ 等于 0.8、烟碱转化率为 2.5% 作为早期转化株鉴定中确定烟碱转化株的鉴别指标。

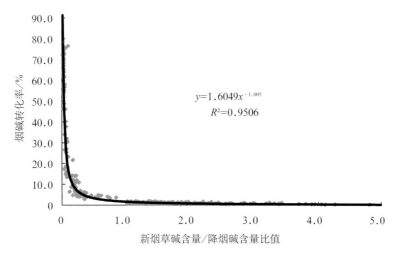

图 4-23 鄂烟 1 号早期诱导烟叶烟碱转化率与新烟草碱含量／降烟碱含量比值之间的关系

2. 烟叶调制后烟碱转化率与新烟草碱含量 / 降烟碱含量比值的关系

达白 1 号和鄂烟 1 号调制后烟叶烟碱转化率与 *Anat/Nnic* 之间的关系分别如图 4–24 和图 4–25 所示。调制后烟叶烟碱转化率与 *Anat/Nnic* 之间也呈极显著的幂函数关系，随着烟碱转化率的增加，*Anat/Nnic* 逐渐下降。当分段研究烟碱转化率与 *Anat/Nnic* 的关系时发现，两个品种调制后烟叶的 *Anat/Nnic* 大于 1.1 时，烟碱转化率无显著变化，当 *Anat/Nnic* 比值小于 1.1 时，随着 *Anat/Nnic* 的降低，烟碱转化率显著增加，且增加幅度逐渐加快。根据达白 1 号 *Anat/Nnic* 与烟碱转化率的幂函数关系 $y=3.6067x^{-1.008}$，当 x 趋向于 1.1 时，烟碱转化率为 2.9%；根据鄂烟 1 号 *Anat/Nnic* 与烟碱转化率的幂函数关系 $y=3.0401x^{-1.116}$，当 x 趋向于 1.1 时，烟碱转化率为 2.8%。因此，调制后烟叶烟碱转化株的鉴别标准要高于早期诱导后的烟叶。

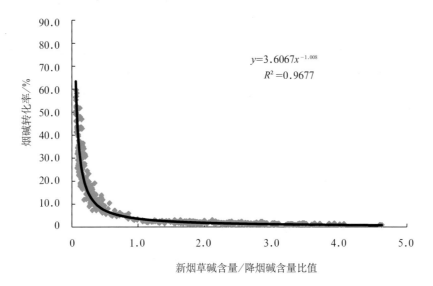

图 4–24　达白 1 号调制后烟叶烟碱转化率与新烟草碱含量 / 降烟碱含量比值之间的关系

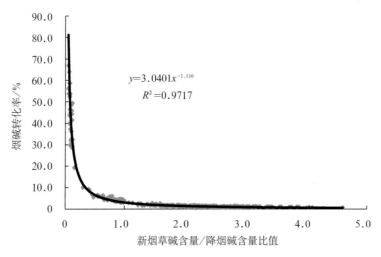

图 4–25　鄂烟 1 号调制后烟叶烟碱转化率与新烟草碱含量 / 降烟碱含量比值之间的关系

三、不同叶位和叶点间烟碱转化率的差异

生物碱是烟草组分中不可缺少的次生代谢产物，生物碱的组成和含量对烟叶的品质和安全性有重

要影响。烟碱向降烟碱转化可导致降烟碱含量异常升高，进而影响烟叶香味品质，并促进主要烟草特有亚硝胺之一亚硝基降烟碱的形成和积累。烟碱转化是白肋烟生产中的突出问题，由于烟碱转化是显性性状，且无法从外观上进行鉴别，白肋烟群体中不同程度地存在转化株，通过遗传育种和分子生物手段对品种进行改良是目前国际烟草农业领域研究的重点。我国白肋烟的烟碱转化问题十分严重，在育种和制种过程中去除转化株，对现有品种进行烟碱转化性状改良是当务之急。烟碱转化主要发生在白肋烟的调制阶段，通过遗传改良途径去除烟碱转化株，必须对留种烟株或亲本材料在开花前进行转化性状诱导和转化株鉴别。目前主要采用乙烯利处理或碳酸氢钠水溶液处理方法使转化株的烟碱转化性状提早表达，但转化株的标准目前仍没有科学的定论，影响了品种的改良效果。以往曾根据经验将烟碱转化率大于5%的烟株定为转化株，后将此标准降低为3%。Jack等认为烟碱转化在一定程度上表现出嵌合特征，因此不同叶位和叶点的烟碱转化率可能存在差异，并对转化株的鉴别效果造成影响。试验系统研究了不同类型转化株进行转化诱导后烟叶烟碱转化率在叶位间和叶点间的分布，为更科学地制定烟碱转化株的鉴别标准和更有效地鉴别和去除转化株提供依据。

试验在四川达州烟草科研所进行，品种为鄂烟1号。试验地面积0.15 hm²，土壤为棕壤，土壤肥力中等，按常规方法育苗、移栽和进行肥水管理。移栽后20天，选取鄂烟1号100株挂牌定株，对鄂烟1号每株取中部烟叶1片采用乙烯利处理方法进行烟碱转化诱导，以使转化株在早期表达转化性状。经诱导变黄叶片用于生物碱含量测定。

根据不同烟株烟碱转化率的高低，选择4类烟株于烟株打顶后进一步采用乙烯利诱导方法测定不同叶位叶片和单个叶片不同叶点的烟碱转化率，4类烟株分别为：烟碱转化率低于2%（非转化株）、3%～5%（低转化株）、30%～50%（中转化株）和大于90%（高转化株）。每类选择5株，逐叶取样，从下往上依次编号，诱导后测定生物碱含量；另在不同类型烟株中各取最大烟叶2片，将烟叶分成48个部分，分别测定各部分的生物碱含量。

（一）不同转化类型烟株不同叶位叶片烟碱转化率的分布

1. 非转化株不同叶位叶片烟碱转化率的差异

由图4-26和图4-27可知，非转化株不同部位烟叶烟碱转化率差异较小，分布较为一致，烟碱转化率均不超过2.0%。所选烟株表现相同的分布规律，因此在非转化株群体中，不管取烟株任何叶位均不会影响烟碱转化株的鉴别效果。

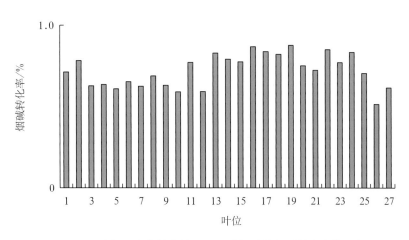

图4-26　鄂烟1号非转化株1不同叶位叶片烟碱转化率的分布

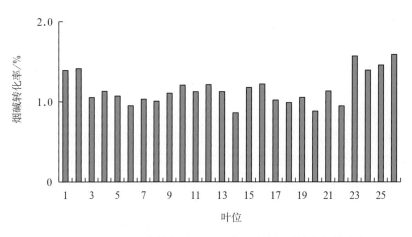

图 4-27　鄂烟 1 号非转化株 2 不同叶位叶片烟碱转化率的分布

2. 低转化株不同叶位叶片烟碱转化率的分布

由图 4-28 可知，同一烟株不同叶位间烟碱转化率有一定差异，烟碱转化率的分布范围为 2.45% ～ 4.76%。其中有 5 个叶位的叶片低于 3% 的转化株标准，其他叶片烟碱转化率大于 3%，表明低转化株的烟碱转化存在一定的嵌合特征，由于不同部位叶片烟碱转化率存在差异，取样部位的不同将直接影响烟碱转化株的鉴别效果。

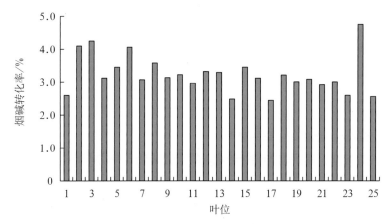

图 4-28　低转化株不同叶位烟碱转化率的分布

3. 中转化株不同叶位叶片烟碱转化率的差异

由图 4-29 和图 4-30 可知，不同叶位烟叶烟碱转化率有显著差异。中转化株 1 的烟碱转化率分布范围为 9.1% ～ 66.9%，中转化株 2 的烟碱转化率分布范围为 2.51% ～ 90.60%。表明在中转化株中烟碱转化性状表现明显的嵌合特征，取样叶位不同将会得到不同烟碱转化率测定结果，进而影响对烟株的定性。从各部位烟叶烟碱转化率的测定结果来看，最低的烟碱转化率低于 3% 的现行标准，但仍在 2.5% 以上，因此如果将转化株的鉴别标准定在 2.5%，对任何部位叶片取样进行转化株的鉴定都将能保证其准确性。

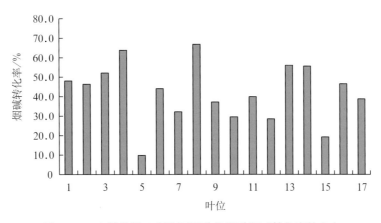

图 4-29　中转化株 1 烟株不同叶位烟叶烟碱转化率的分布

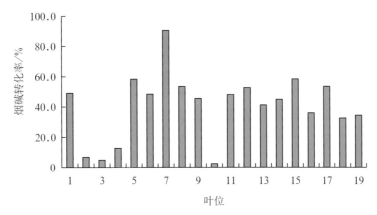

图 4-30　中转化株 2 烟株不同叶位烟叶烟碱转化率的分布

4. 高转化株不同叶位叶片烟碱转化率的分布

由图 4-31 可知，同一烟株不同叶位烟碱转化率之间差异较小，各叶片均表现出较高的烟碱转化率，在 85.0% ～ 95.1% 范围内波动，说明高转化株不存在烟碱转化嵌合特征，测定结果将不受取样部位的影响。

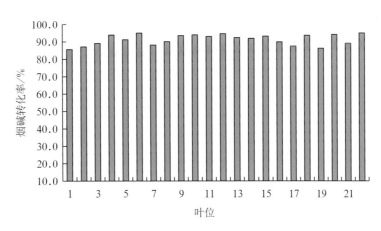

图 4-31　高转化株烟株不同叶位烟碱转化率的差异

（二）同一叶片不同叶点烟碱转化率的差异

1. 非转化株同一叶片不同叶点烟碱转化率的差异

将同一叶片分成 48 个等份，测定不同叶点的烟碱转化率。由图 4-32 可知，非转化株同一叶片不同位点烟碱转化率分布比较一致，基本上在 0.50%～1.63% 变化，变异幅度较小。因此，在非转化株群体中，烟碱转化率较为稳定，在叶片的任何部分取样都不会影响鉴别效果。

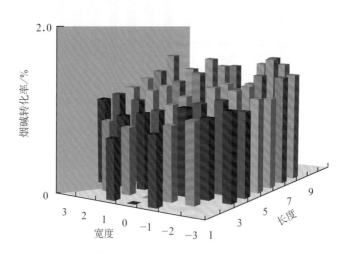

图 4-32　非转化株同一叶片不同叶点烟碱转化率的差异

2. 低转化株同一叶片不同叶点烟碱转化率的差异

由图 4-33 可知，同一叶片不同位点烟碱转化率分布具有明显差异，烟碱转化率变化范围在 2.6%～7.0%，变异幅度较大，按照 3% 的转化株鉴别标准，出现了非转化和低转化两种转化类型的烟株。由此可知，在低转化株群体中，烟碱向降烟碱转化存在嵌合特征，如果取同一叶片不同位点的样品，可能会影响烟碱转化株的鉴定结果，降低转化株的鉴别标准有利于提高鉴别的有效性。

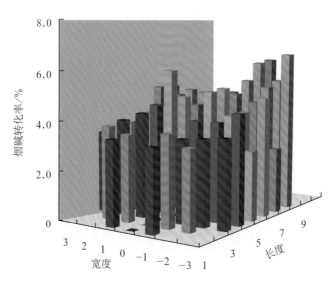

图 4-33　低转化株同一叶片不同叶点烟碱转化率的差异

3. 中转化株同一叶片不同叶点烟碱转化率的差异

由图 4-34 可知，中转化株同一叶片不同叶点间烟碱转化率差异较大，分布范围为 2.650%～

66.875%，表明烟碱转化存在嵌合特征。在进行转化株鉴定时，取不同叶片部分进行烟碱转化率测定，所得结果将有较大差异，因此将整片叶混合测定具有较大的代表性。中转化株不同叶点最低的烟碱转化率低于3%的现行标准，所以降低转化株的鉴别标准，对提高鉴别效果十分必要。

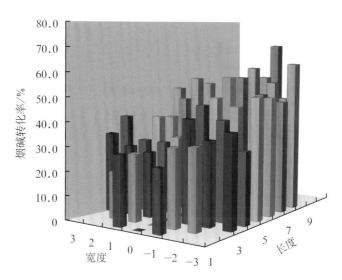

图 4-34　中转化株同一叶片不同叶点烟碱转化率的差异

4. 高转化株同一叶片不同叶点烟碱转化率的分布

由图 4-35 可知，同一叶片不同叶点的烟碱转化率较为整齐一致，烟碱转化率均在 86.5% 以上。因此在高转化株中，烟碱转化不存在嵌合特征。烟碱转化率的鉴定效果将不受取样位点的影响。

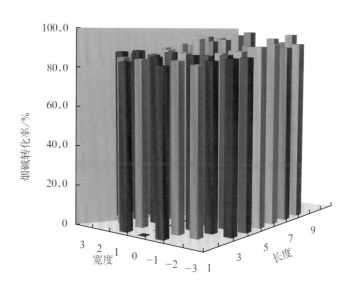

图 4-35　高转化株同一叶片不同叶点烟碱转化率的差异

第三节　白肋烟烟碱转化性状改良技术示范应用

国内白肋烟普遍存在烟碱转化问题，烟碱转化主要发生在烟叶的晾制阶段，由显性基因控制。研究表明，白肋烟烟叶衰老过程中的烟碱转化是细胞色素 P450 类的 *CYP82E4* 基因显性表达的结果，因此转化性状可通过种子繁育在不同世代间进行传递和积累。由于白肋烟群体中转化株出现频率高，对烟叶品质和安全性影响大，目前是国际烟草界的研究热点，美国已制定了针对转化株鉴别和清除的育种规程和标准。

一、达白杂交种及亲本烟碱转化率分析

中国白肋烟大部分采用利用胞质雄性不育系培育的 F_1 代杂交种，多数存在严重的烟碱转化问题。四川是中国白肋烟重要产区，达白系列品种是四川达州烟草科研所先后培育的杂交种，主要包括达白 1 号、达白 2 号和达白 3 号。其中，达白 1 号由于具有较强的地区适应性和较高的质量潜力，已确定为四川白肋烟生产主栽品种，达白 2 号也开始在生产上应用。为了明确达白系列品种生物碱组成和含量的合理性，研究采用转化株早期诱导鉴别方法对各杂交种及相应亲本材料的生物碱含量进行了定株测定，以明确各品种及其亲本材料转化株的比例和转化率分布，为通过亲本选择，改良杂交种，优化生物碱组成，提高烟叶质量水平和安全性提供理论依据。

试验设在四川达州烟草科研所科研基地，试验地面积 0.13 hm²。杂交种达白 1 号、达白 2 号和达白 3 号各种植 200 株。3 个杂交种的亲本材料达所 26、达所 27、MSKY14、MSVA509、KY14 和 VA509 各种植 100～150 株。按常规方法进行育苗、移栽和田间管理，采用半整株晾制。

（一）达白系列品种早期诱导后烟碱转化率株间分布

达白 1 号在 2003 年通过全国品种审定，母本为以 MS104gr 为雄性不育来源转育成的 MSKY14，父本为达所 26。该品种为少叶型，具有优良的农艺性状和质量潜力。对达白 1 号生长早期烟叶进行转化诱导和转化株鉴定，发现达白 1 号群体中存在一定量的烟碱转化率大于 3% 的转化株，不同烟株烟碱转化率的分布如图 4–36 所示。分析表明，群体中总转化株比例为 10.9%，多为低转化株，占 7.3%，烟碱转化率大于 20% 的高转化株比例为 3.6%，所测群体平均烟碱转化率为 3.74%（表 4–7）。

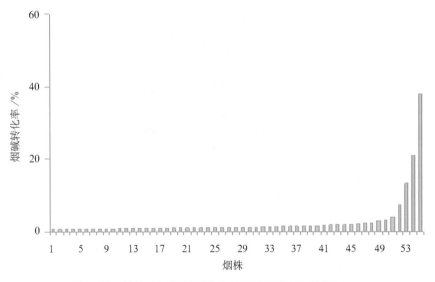

图 4–36 达白 1 号不同烟株早期诱导后的烟碱转化率

表 4-7　不同品种白肋烟群体转化株比例和烟碱转化率

品种	转化株比例 /%			非转化株比例 /%	烟碱平均含量 /%	降烟碱平均含量 /%	平均烟碱转化率 /%
	总转化株	低转化株	高转化株				
达白 1 号	10.9	7.3	3.6	89.1	1.56	0.06	3.74
达白 2 号	23.7	16.3	7.4	76.3	1.87	0.09	4.59
达白 3 号	100.0	20.0	80.0	0	1.06	0.66	38.30

　　达白 2 号是 2007 年通过全国品种审定的利用雄性胞质不育性培育的 F_1 代杂交种，母本为 MSVA509，父本为达所 26。对该品种早期诱导后烟叶的生物碱组成和含量进行定株测定，得到不同烟株的烟碱转化率分布如图 4-37 所示，可以看出，达白 2 号群体中存在一定的转化株，总转化株比例为 23.7%，烟碱转化率大于 20% 的高转化株比例占 7.4%，平均烟碱转化率为 4.59%（表 4-7）。

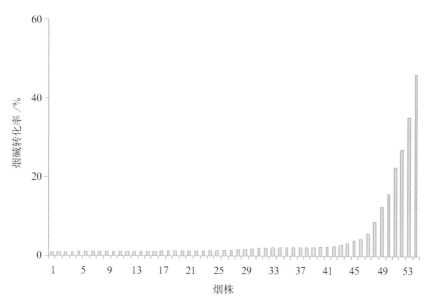

图 4-37　达白 2 号不同烟株早期诱导后的烟碱转化率

　　达白 3 号也是利用胞质雄性不育系培育的杂交种，母本为 MSKY14，父本为达所 27。对达白 3 号早期生长烟叶单株采样，测定生物碱含量，计算烟碱转化率。如图 4-38 所示，达白 3 号烟碱转化问题十分突出，所测群体 100% 烟株为转化株，而且烟碱转化率较高，其中，高转化株比例高达 80.0%，群体平均烟碱转化率达 38.30%（表 4-7）。因此，对该品种生物碱组成极不合理，需要进行系统改良。

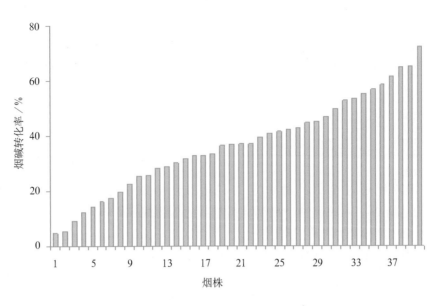

图 4-38 达白 3 号不同烟株早期诱导后的烟碱转化率

（二）达白系列杂交种亲本早期诱导后烟碱转化率分布

1. 达所 26 烟碱转化率株间分布

达所 26 是杂交种达白 1 号和达白 2 号的共同父本，其化学组成和含量对杂交种表现有重要影响。在达所 26 移栽后随机选取 140 棵烟株进行定株，对取样后的烟叶进行转化诱导，测定生物碱含量和烟碱转化率，发现群体中存在一定数量的转化株，不同烟株烟碱转化率的分布如图 4-39 所示。分析表明，总转化株比例为 53.2%，其中，低转化株居多，占群体总数的 34.1%，高转化株占 19.1%（表 4-8）。因此，在制种过程中对达所 26 进行转化株鉴别和亲本选择是必需的。

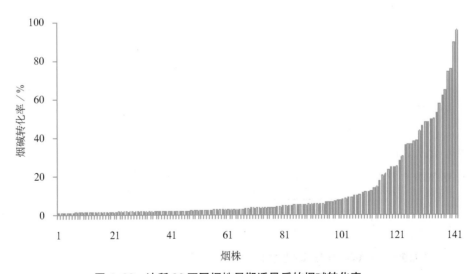

图 4-39 达所 26 不同烟株早期诱导后的烟碱转化率

表4-8　不同杂交种亲本群体转化株比例和烟碱转化率

品种	转化株比例 /%			非转化株比例 /%	烟碱平均含量 /%	降烟碱平均含量 /%	平均烟碱转化率 /%
	总转化株	低转化株	高转化株				
达所 26	53.2	34.1	19.1	46.8	1.33	0.12	11.93
达所 27	98.6	2.0	96.6	1.4	0.22	1.05	84.27
KY14	30.2	20.8	9.4	69.8	1.93	0.08	6.36
MSKY14	37.5	31.2	6.3	62.5	1.41	0.06	5.62
VA509	11.6	11.6	0	88.4	1.46	0.03	1.88
MSVA509	11.1	11.1	0	88.9	1.38	0.03	1.91

2. 达所 27 烟碱转化率株间分布

达所27是达白3号的父本，在移栽后选择144棵烟株定株，取样和诱导后进行生物碱含量测定，得到不同烟株的烟碱转化率分布如图4-40所示。可以清晰地看出，达所27烟碱转化问题十分突出，几乎群体中所有烟株都是转化株，而且绝大多数为高转化株，占群体总数的96.6%，近80%烟株的烟碱转化率超过80%，平均烟碱转化率达84.27%（表4-8）。因此，该亲本材料需要进行系统改良。

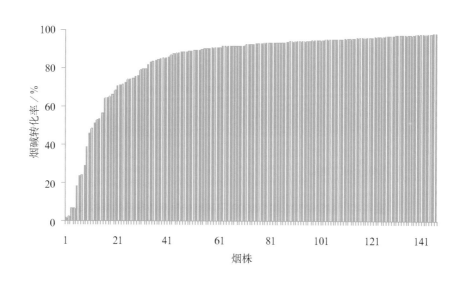

图4-40　达所27不同烟株早期诱导后的烟碱转化率

3. MSKY14 和 KY14 烟碱转化率株间分布

不育系MSKY14是达白1号的母本，KY14是MSKY14的保持系，对两个群体烟叶生长早期的烟碱转化率分别测定（图4-41），表明群体中多为非转化株，但均存在一定比例的转化株，转化株比例分别为37.5%和30.2%，多为低转化株。在制种过程中需要对亲本进行选择。

4. MSVA509 和 VA509 烟碱转化率株间分布

不育系MSVA509是达白2号和达白3号的母本，VA509是MSVA509的保持系，对两个群体烟叶生长早期的烟碱转化率分别测定（图4-42），表明其烟碱转化问题较小，群体中非转化株占绝对优势，非转化株比例分别为88.9%和88.4%（表4-8），仅存在少量低转化株，在制种过程中对其进行选择的压力较小。

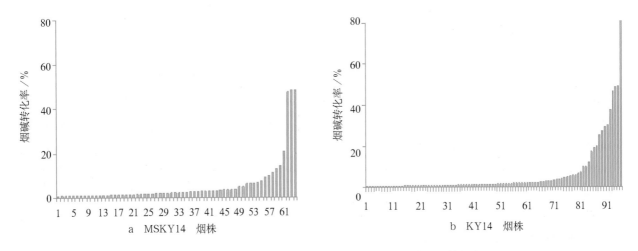

图 4-41　MSKY14 和 KY14 不同烟株早期诱导后的烟碱转化率

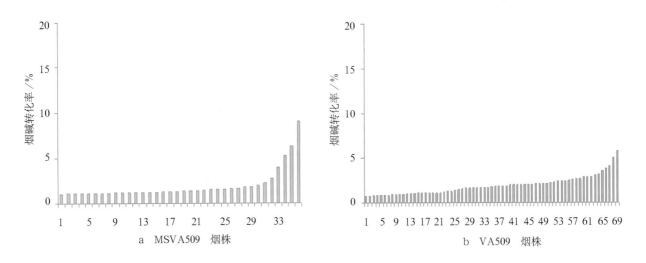

图 4-42　MSVA509 和 VA509 不同烟株早期诱导后的烟碱转化率

二、达白杂交种亲本改良及低烟碱转化杂交种的增质减害效果

由烟碱转化导致降烟碱含量增高对烟叶品质和安全性都有重要影响。对烟碱转化性状进行系统改良是降低烟叶和产品中 TSNAs 含量、提高和改善烟叶香味品质的有效途径。烟碱转化由显性基因控制。白肋烟烟叶衰老过程中的烟碱转化是细胞色素 P450 类的 *CYP82E4* 基因显性表达的结果，转化基因编码形成烟碱去甲基酶，其催化烟碱向降烟碱转化。具有烟碱转化能力的烟株在绿叶中即可开始烟碱转化，但在收获前转化程度较低，烟碱转化主要发生在调制过程的前 3 个星期，变黄末期后变化较小。为了从烟草群体中有效地鉴别和去除转化株，可采用乙烯利处理或碳酸氢钠处理方法诱导转化株的烟碱转化性状在开花前表达。四川是中国白肋烟的主要产区之一，所用品种主要是利用细胞质雄性不育系配置的杂交种，包括达白 1 号、达白 2 号和达白 3 号等。这些杂交种均不同程度地存在烟碱转化问题，其中以达白 3 号最为严重，所测群体中烟碱转化株比例接近 100%，进一步检查发现，达白 1 号与达白 2 号的父本达所 26 和达白 3 号的父本达所 27 是杂交种烟碱转化基因的主要贡献者。通过对四川白肋烟亲本材料转化性状的鉴定、选择和组配，改良了亲本和杂交种，探讨了改良杂交种烟碱转化性状的改良效果，旨在为改良

杂交种的推广应用提供依据。

在四川达州大田生长条件下，对达白1号的母本MSKY14（胞质不育系）、达白2号和达白3号的母本MSVA509、达白1号和达白2号的父本达所26、达白3号的父本达所27进行烟碱转化株的早期诱导和鉴别。选择各亲本材料非转化株套袋自交，所获种子按株系种植，开花前进行转化株的早期鉴定，根据鉴定结果，继续选择非转化株套袋自交，所获种子继续种植，重复进行转化株的早期鉴定和选择。

在对3个杂交种父本、母本转化株早期鉴定的基础上，严格选取双亲的非转化株进行杂交制种，得到改良杂交种达白1号NN、达白2号NN和达白3号NN；同时还有目的地选择达白1号非转化母本分别与中转化株和低转化株的父本进行杂交制种，得到达白1号NM和达白1号NL两份杂交种，以确定亲本转化株对后代杂交种中转化株产生的贡献。

在四川达州白肋烟产区进行了系统的对比试验。按常规方法进行育苗、移栽和田间管理。烟叶团棵期定株进行转化株诱导鉴定，测定单株烟碱转化率。成熟后半整株晾制，调制完成后按杂交种取上中部烟叶混合样。

（一）达白系列杂交种亲本的选择和改良

1. 对达所26的选择和改良

达白1号、达白2号和达白3号分别是由KY14胞质雄性不育系（MSKY14）与达所26、VA509胞质雄性不育系（MSVA509）与达所26、MSKY14与达所27配制的杂交种。由于催化烟碱向降烟碱转化的烟碱去甲基酶由显性基因控制，所以亲本材料烟碱转化株的比例和转化能力的高低对所配制的杂交种转化株的多少和分布有直接影响。

采用乙烯利处理对达所26进行了转化株的早期诱导和鉴定，由表4-9可知，群体中存在大量转化株，总转化株比例为53.2%，其中，低转化株占群体总数的15.6%，高转化株占15.6%。根据早期鉴定结果，选择了达所26-12、达所26-30和达所26-39这3个非转化株分别进行套袋自交，所获种子按株系种植，在烟株开花前同样用乙烯利处理方法进行诱导和转化株鉴定。结果表明，3个非转化株的后代出现了9%～15%的转化株，但与达所26的自然群体相比，转化株的比例和转化株的转化程度都大幅度降低。

在对3个株系早期鉴定的基础上，进一步分别选择2株非转化株进行套袋自交，所获种子按株系种植，并对后代不同烟株进行转化株的早期鉴定（表4-9），结果表明，达所26-12的2个非转化株自交后代1个全部为非转化株，另1个96.5%为非转化株；达所26-30的2个自交后代有1个达到100.0%为非转化株，另1个95.0%为非转化株；达所26-39的2个自交后代1个97.0%为非转化株，另一个95.0%为非转化株。非转化株后代出现的转化株一般为低转化株，说明通过连续选择，可以有效降低后代群体中转化株的出现比例。

表 4-9　达白杂交种亲本材料在不同选择世代的烟碱转化株比例

群体	非转化株比例/%	低转化株比例/%	中转化株比例/%	高转化株比例/%	总转化株比例/%	平均烟碱转化率/%
达所26	46.8	19.6	18.0	15.6	53.2	20.6
达所26-12	91.0	5.0	4.0	0	9.0	2.8
达所26-30	85.0	8.0	5.0	2.0	15.0	3.1
达所26-39	88.0	6.0	4.0	2.0	12.0	3.2
达所26-12-24	100.0	0	0	0	0	1.9
达所26-12-33	96.5	3.5	0	0	3.5	2.2

续表

群体	非转化株 比例 /%	低转化株 比例 /%	中转化株 比例 /%	高转化株 比例 /%	总转化株 比例 /%	平均烟碱 转化率 /%
达所 26–30–6	100.0	0	0	0	0	1.8
达所 26–30–29	95.0	5.0	0	0	5.0	1.9
达所 26–39–10	95.0	5.0	0	0	5.0	2.2
达所 26–39–23	97.0	3.0	0	0	3.0	2.0
达所 27	4.0	22.0	35.6	38.4	96.0	60.5
达所 27–11	81.0	10.6	7.0	1.4	19.0	3.5
达所 27–45	75.0	11.5	8.5	5.0	25.0	4.3
达所 27–11–16	90.0	6.0	4.0	0	10.0	2.2
达所 27–11–30	92.0	4.0	4.0	0	8.0	2.3
达所 27–45–3	95.0	5.0	0	0	5.0	2.0
达所 27–45–25	88.0	8.0	4.0	0	12.0	2.4
KY14	88.0	10.0	2.0	0	12.0	2.4
KY14–9	100.0	0	0	0	0	1.7
KY14–16	100.0	0	0	0	0	1.8
MSKY14–6 × KY14–9–13	98.0	2.0	0	0	2.0	1.9
VA509	92.0	8.0	0	0	8.0	2.0
VA509–17	100.0	0	0	0	0	1.8
VA509–28	98.0	2.0	0	0	2.0	1.9
MSVA509 × VA509–17–15	100.0	0.0	0	0	0	2.0

2. 对达所 27 的选择和改良

对达所 27 自然群体进行转化株的早期诱导和鉴定，发现群体中转化株比例高达 96.0%，且主要为烟碱转化率在 20% 以上的中转化株和高转化株。根据早期鉴定结果，选择了达所 27–11、达所 27–45 2 个非转化株分别进行套袋自交，所获种子按株系种植，在烟株开花前同样用乙烯利处理方法进行诱导和转化株鉴定。结果表明，2 个非转化株的后代分别出现 19.0% 和 25.0% 的转化株，但转化株的转化程度较低。

在对 2 个株系早期鉴定的基础上，进一步分别选择 2 株非转化株进行套袋自交，所获种子按株系种植，并对后代不同烟株进行转化株的早期鉴定（表 4–9），结果表明，达所 27–11 的 2 个自交后代所测烟株非转化株比例分别为 90.0% 和 92.0%；达所 27–45 的 2 个自交后代有 1 个达到 95.0% 为非转化株，另 1 个 88.0% 为非转化株。进一步说明通过连续选择，非转化性状的稳定性得到了较大改进，为生产上进行大面积制种进行杂交种改良提供了条件。

3. 对 KY14 和 VA509 的选择和改良

白肋烟 KY14 和 VA509 是达白杂交种母本胞质不育系的保持系，对其进行改良是降低母本不育系烟碱转化株比例的前提。从 2 个品种原始群体烟碱转化株的早期鉴别结果可知，其烟碱转化株比例和转化程度均较低。分别选择 2 株非转化株进行自交，后代株系或全部为非转化株，或仅出现个别低转化株。选择母本不育系的非转化株和父本非转化株杂交，所得的后代均为 98.0% 以上的非转化株（表 4–9）。

（二）达白改良杂交种烟碱转化株比例和烟碱转化率的降低效果

为了对杂交种的烟碱转化性状进行改良，首先对父母本进行转化株的早期鉴定，根据鉴定结果，严格选取非转化株进行杂交制种，得到改良杂交种达白1号NN、达白2号NN、达白3号NN。为了更好地说明鉴定和选择亲本植株的重要性，还选择达白1号非转化母本分别与中转化株和低转化株的父本进行杂交制种，得到达白1号NM和达白1号NL两份杂交种。

在四川白肋烟产区按照规范化的生产技术设置不同杂交组合的对比试验，烟叶团棵期定株取样，测定生物碱含量和烟碱转化率。表4-10为3个改良杂交种与相应常规杂交种烟碱转化株比例和烟碱转化率的比较。结果表明，改良杂交种达白1号NN、达白2号NN、达白3号NN的总转化株比例分别为4.65%、4.76%和6.52%，分别比相应的常规杂交种降低18.75、7.74和72.20个百分点，分别降低80.1%、61.9%和91.7%（图4-43至图4-48）。在改良种中，所出现的转化株也绝大多数烟碱转化率较低，因此改良种的平均烟碱转化率比相应的常规种大幅降低。试验还表明，在亲本中有转化株存在时，所配置的杂交种后代群体中转化株的比例显著增加。当父本为中转化株、母本为非转化株时，群体中总转化株比例达33.26%；当父本为低转化株、母本为非转化株时，后代群体中总转化株比例为16.33%，进一步说明了严格进行亲本选择对于杂交种纯化和改良的重要性。

表4-10 不同杂交种群体转化株比例和烟碱转化率

群体	转化株比例 /%			非转化株比例 /%	烟碱平均含量 /%	降烟碱平均含量 /%	平均烟碱转化率 /%
	总转化株	低转化株	中、高转化株				
达白1号	23.40	17.02	6.38	76.60	2.09	0.094	4.30
达白1号NN	4.65	4.65	0	95.35	2.18	0.038	1.71
达白2号	12.50	12.50	0	87.50	2.28	0.080	3.39
达白2号NN	4.76	4.76	0	95.24	2.22	0.039	1.73
达白3号	78.72	19.15	59.57	21.28	0.98	1.430	59.34
达白3号NN	6.52	4.35	2.17	93.48	2.18	0.043	1.93
达白1号NM	33.26	25.94	7.32	66.74	1.89	0.120	5.97
达白1号NL	16.33	14.29	2.04	83.67	2.01	0.083	3.97

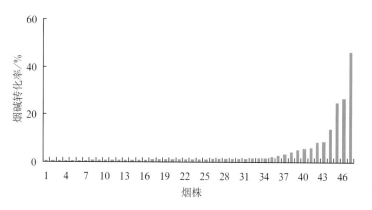

图4-43 达白1号不同烟株诱导后的烟碱转化率

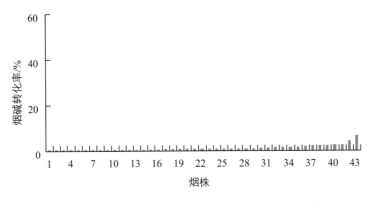

图4-44 达白1号NN不同烟株诱导后的烟碱转化率

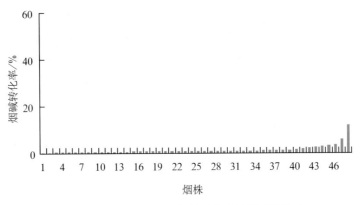

图4-45 达白2号不同烟株诱导后的烟碱转化率

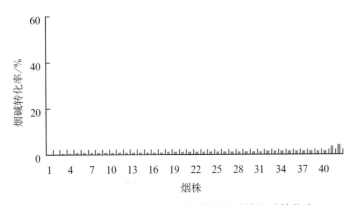

图4-46 达白2号NN不同烟株诱导后的烟碱转化率

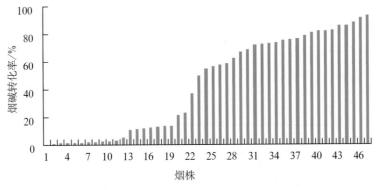

图4-47 达白3号不同烟株诱导后的烟碱转化率

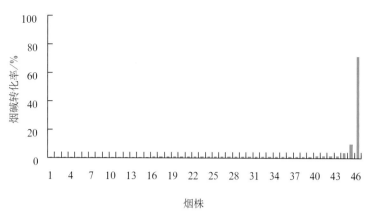

图 4-48　达白 3 号 NN 不同烟株诱导后的烟碱转化率

表 4-11 为改良杂交种与常规杂交种晾制后混合样品的生物碱含量和烟碱转化率的比较，结果表明，3 个改良杂交种混合样品的烟碱转化率分别为 3.00%、2.20% 和 2.63%，分别比相应常规种的 10.89%、7.62% 和 51.81% 降低 72.5%、71.1% 和 94.9%。因此，杂交种改良使烟叶的降烟碱含量和烟碱转化率大幅度降低，烟叶生物碱组成得到充分优化。

表 4-11　改良杂交种与常规种晾制后混合烟样烟碱转化率的差异

品种	烟碱 / %	降烟碱 / %	（烟碱 + 降烟碱）/ %	烟碱转化率 / %
达白 1 号	6.30	0.77	7.07	10.89
达白 1 号 NN	5.50	0.17	5.67	3.00
达白 2 号	5.82	0.48	6.30	7.62
达白 2 号 NN	5.34	0.12	5.46	2.20
达白 3 号	4.40	4.73	9.13	51.81
达白 3 号 NN	8.14	0.22	8.36	2.63

三、达白系列改良杂交种的增质减害效果

对烟碱转化性状进行系统改良是降低烟叶和产品中 TSNAs 含量、提高和改善烟叶香味品质的有效途径。通过对四川达白杂交种亲本材料转化性状的鉴定，严格选择非转化株亲本进行杂交，配制出了改良杂交种，有效降低了群体中的转化株比例。试验进一步对改良杂交种和常规杂交种调制后混合烟叶样品的经济性状、化学成分、烟草特有 N – 亚硝胺含量和感官质量进行比较，以探讨改良杂交种烟碱转化性状的改良效果，为改良杂交种的推广应用提供依据。在四川达州白肋烟产区进行了系统的对比试验。按常规方法进行育苗、移栽和田间管理。烟叶团棵期定株进行转化株诱导鉴定，测定单株烟碱转化率。

（一）改良杂交种与常规杂交种调制后烟叶感官质量的比较

将所配置的改良杂交种和常规杂交种烟叶在正常晾制后取混合样卷制成单料烟进行感官评吸，按风格程度、香气质、香气量、浓度、杂气、劲头、余味 7 项分别打分，所得结果如表 4-12 所示。结果表明，改良杂交种达白 1 号 NN、达白 2 号 NN、达白 3 号 NN 的香味品质与相应的常规种相比得到明显改善，其中，以风格程度、香气质、香气量和杂气较为突出，表现为白肋烟风格更为明显，香气纯净，香气量增加，杂气减少。

表 4-12   不同达白系列杂交种单料烟的感官评吸质量

单位：分

杂交种	风格程度	香气质	香气量	浓度	杂气	劲头	余味	燃烧性	灰色	总分
达白 1 号	6.5	5.0	6.5	5.5	5.5	6.0	5.0	5.5	6.0	51.5
达白 1 号 NN	7.5	6.2	7.0	6.0	6.0	6.5	6.5	6.0	5.5	57.2
达白 2 号	6.6	5.5	6.3	6.0	5.5	5.5	5.0	5.5	6.0	51.9
达白 2 号 NN	7.0	6.6	6.8	6.0	6.0	6.2	6.0	5.5	6.0	56.1
达白 3 号	5.5	4.0	5.3	5.6	4.3	5.5	4.5	5.5	6.2	46.4
达白 3 号 NN	7.0	6.5	6.5	6.0	6.0	6.5	5.9	5.5	6.0	55.9

（二）改良杂交种与常规杂交种调制后烟叶中 TSNAs 含量的比较

对改良杂交种调制后烟叶进行 TSNAs 含量的测定（表 4-13），结果表明，常规种达白 1 号、达白 2 号和达白 3 号的 TSNAs 总含量分别为 12.53 μg/g、8.07 μg/g 和 13.85 μg/g，以 NNN 含量最高，NAT 含量其次。改良杂交种达白 1 号 NN、达白 2 号 NN、达白 3 号 NN 的 TSNAs 总含量比相应常规杂交种分别降低 38.5%、29.2% 和 50.8%，TSNAs 总含量的降低主要是由 NNN 含量的降低引起的，达白 1 号 NN、达白 2 号 NN、达白 3 号 NN 的 NNN 含量比相应常规杂交种分别降低 61.3%、49.6% 和 71.0%，其他几种 TSNAs 含量相差相对较小，且缺乏规律性。

表 4-13   不同达白杂交种晾制后烟叶的 TSNAs 含量比较

单位：μg·g⁻¹

杂交种	NNK	NNN	NAT	NAB	TSNAs
达白 1 号	0.58	7.71	4.21	0.026	12.53
达白 1 号 NN	0.46	2.98	4.23	0.041	7.71
达白 2 号	0.39	4.54	3.11	0.025	8.07
达白 2 号 NN	0.41	2.29	2.98	0.032	5.71
达白 3 号	0.49	10.72	2.59	0.050	13.85
达白 3 号 NN	0.43	3.11	3.24	0.035	6.82

（三）改良杂交种与常规杂交种调制后烟叶经济性状的比较

表 4-14 是改良杂交种调制后烟叶的经济性状的分析，对产量、产值、均价、上等烟比例和中等烟比例均进行差异性分析发现，产量以达白 3 号 NN、达白 1 号 NH 较高，同其他处理差异显著。产值达白 1 号 NN、达白 3 号 NN 显著高于其他处理。均价和上等烟比例各处理间无显著差异。中等烟比例达白 1 号、达白 1 号 NN 和达白 2 号显著低于其他处理。各个处理间经济性状间差别并无明显规律，表明烟碱转化对达白系列白肋烟的经济性状的影响不大。

表 4-14   改良杂交种对调制后烟叶经济性状的影响

品种	产量/（kg·亩⁻¹）	产值/（元·亩⁻¹）	均价/（元·kg⁻¹）	上等烟比例/%	中等烟比例/%
达白 1 号	133.42	1123.40	8.42	10.24	70.13
达白 1 号 NN	128.23	1196.39	9.33	11.12	72.22

品种	产量 / (kg·亩⁻¹)	产值 / (元·亩⁻¹)	均价 / (元·kg⁻¹)	上等烟比例 / %	中等烟比例 / %
达白 2 号	117.22	998.71	8.52	9.86	73.13
达白 2 号 NN	124.42	1138.44	9.15	8.56	80.11
达白 3 号	123.63	1146.05	9.27	9.31	79.56
达白 3 号 NN	136.32	1209.16	8.87	9.24	80.21
达白 1 号 NH	138.37	1141.55	8.25	10.21	81.13
达白 1 号 NL	113.90	986.37	8.66	10.33	80.66
达白 1 号 LN	129.91	1100.34	8.47	9.98	79.13

（四）改良杂交种与常规杂交种调制后烟叶常规化学成分的比较

总糖是晾制过程中烟叶饥饿代谢的呼吸消耗基质，白肋烟晾制时间越长，总糖消耗就越多，调制得当的白肋烟很少有糖分，国产白肋烟的总糖含量明显高于进口白肋烟，为美国白肋烟的 2～3 倍，总糖含量在适宜范围内越低越好，还原糖均宜在 1% 以下。表 4-15 是各个杂交种调制后中上部烟叶混合样的糖、钾和总氮的含量，达白系列对照和改良品种调制后的烟叶总糖含量在 1.21%～1.52% 变化，还原糖含量在 0.62%～0.76% 变化，彼此间差异不显著。

钾含量的高低对烟叶的品质有很大影响，主要表现在提高烟叶的燃烧性和吸湿性，增加阴燃时间，改善烟叶的颜色和身份，提高烟叶的香吃味。工业降低焦油的一项有效途径是提高烟叶燃烧性，能够提高烟叶燃烧性的技术措施都有助于降低烟叶的焦油产生量。由表 4-15 可知，各个处理间钾含量无显著差别，因此烟碱转化对钾含量的影响不大。

氮碱比是衡量白肋烟烟叶质量的一个重要指标，优质白肋烟的氮碱比为 0.5～1.0，接近于 1.0 最好。由表 4-15 可知，总氮含量达白 3 号 NN 最高，与达白 1 号和达白 2 号 NN 差异显著。各品种调制后中上部混合样烟叶的氮碱比差异不显著。

表 4-15　改良杂交种对调制后烟叶常规化学成分的影响

品种	总糖 / %	还原糖 / %	钾 / %	总氮 / %	氮碱比
达白 1 号	1.21	0.71	4.09	3.80	0.66
达白 1 号 NN	1.28	0.68	3.21	4.41	0.74
达白 2 号	1.37	0.62	3.64	4.70	0.82
达白 2 号 NN	1.23	0.72	4.07	3.84	0.67
达白 3 号	1.24	0.67	4.31	4.83	1.11
达白 3 号 NN	1.52	0.72	4.08	6.05	0.97
达白 1 号 NH	1.34	0.66	3.65	5.02	0.97
达白 1 号 NL	1.42	0.76	3.48	5.33	0.98
达白 1 号 LN	1.49	0.63	4.01	5.58	0.96

第五章

国产白肋烟、马里兰烟种植过程中降低 TSNAs 的技术

第一节　生化调控技术应用

烟叶中 TSNAs 主要通过两种前体物质，烟碱和亚硝酸盐合成转化而来。研究从 TSNAs 合成代谢途径入手，广泛筛选能有效抑制其合成代谢的生化调节物质（主要是抑制其前体物质的合成），并进行相应的配方试验，摸索最佳的施用参数，开发出降 TSNAs 效果稳定、施用方法便捷、应用综合效果好而且安全无残留的烟叶减害剂。

烟草品种为白肋烟鄂烟 1 号、马里兰烟五峰 1 号；减害剂有如下 3 种：YCL2〔SA（水杨酸）+IAA（α-吲哚乙酸）〕、YCL3〔SA+NAA（萘乙酸）〕和 Z5（SA+IAA +NAA），以不施减害剂为对照。

一、烟叶化学源减害剂研制

（一）不同配方减害剂对烟叶烟碱累积量的影响

表 5-1 是减害剂二元组合 YCL2、YCL3 的配方实验的施用效果，这几种处理相比于对照也有很明显的降烟碱效果。可以看出，YCL2_10 的烟碱累积量比 YCL2_20 的少，YCL3_20 的烟碱累积量比 YCL3_10 的少，但 YCL3_20 由于浓度较高会造成叶面药害，所以，最终选择 YCL2_10 和 YCL3_10 为二元组合的最佳配方。

表 5-1　YCL2 和 YCL3 不同配方对烟叶烟碱累积量的影响

烟叶减害剂	叶位	烟碱 / %	烟叶减害剂	叶位	烟碱 / %
YCL2_10	上	3.43	YCL3_10	上	3.45
	中	3.23		中	3.30
	下	2.66		下	2.48
YCL2_20	上	4.86	YCL3_20	上	2.82
	中	4.00		中	2.77
	下	3.04		下	1.66
CK	上	4.23			
	中	4.18			
	下	3.42			

将减害剂三元组合 Z1 ～ Z8 进行田间施用实验，结果如表 5-2 所示，各种组合均有显著降低烟叶烟碱含量的效果，而且当 SA 为 400×10^{-6} 时对中上部叶的降烟碱效果尤为明显，但田间观察显示喷施 Z6 ～ Z8 这 3 个组合后对烟叶还是存在轻微的叶面药害。从 8 个处理相比来看，Z5 不仅达到显著降低烟碱的目的，而且烟碱含量最接近工业所需求的适宜含量水平，故 Z5（400×10^{-6} SA+ 10×10^{-6} IAA+ 10×10^{-6} NAA）是 SA、IAA、NAA 三元组合中较适宜的组合。

表 5-2　使用不同组合的减害剂对烟叶烟碱含量的影响

处理	上部叶烟碱 / %	中部叶烟碱 / %	下部叶烟碱 / %
Z1（200×10^{-6} SA+10×10^{-6} IAA+10×10^{-6} NAA）	3.91	3.59	2.53
Z2（200×10^{-6} SA+10×10^{-6} IAA+20×10^{-6} NAA）	3.52	3.21	2.15
Z3（200×10^{-6} SA+20×10^{-6} IAA+10×10^{-6} NAA）	3.73	3.25	2.24
Z4（200×10^{-6} SA+20×10^{-6} IAA+20×10^{-6} NAA）	3.50	3.38	2.12
Z5（400×10^{-6} SA+10×10^{-6} IAA+10×10^{-6} NAA）	3.12	2.99	2.78
Z6（400×10^{-6} SA+10×10^{-6} IAA+20×10^{-6} NAA）	2.88	2.85	2.84
Z7（400×10^{-6} SA+20×10^{-6} IAA+10×10^{-6} NAA）	2.73	2.70	2.68
Z8（400×10^{-6} SA+20×10^{-6} IAA+20×10^{-6} NA）	2.52	2.43	2.36
Z9 不施减害剂（CK）	4.67	3.88	3.15

（二）减害剂不同施用时期对烟叶烟碱含量的影响

由表 5-3 可知，除了 YCL2_1b 之外，其他处理均有较显著的降低烟碱效果，同一时期上的降低烟碱幅度普遍存在 YCL3 > Z5 > YCL2 的趋势，同一配方上的降幅普遍存在 "_n" > "_1b"，即 "打顶后当天施用" > "打顶前一天施用" 的趋势，即适宜的施用时期为打顶当天施用。

表 5-3　减害剂不同施用时期对烟叶烟碱含量的影响

处理	上部叶烟碱 / %	中部叶烟碱 / %	下部叶烟碱 / %
T1（YCL2_1b）	3.92	3.49	3.38
T2（YCL2_n）	3.61	3.32	2.84
T3（YCL3_1b）	3.59	3.24	2.36
T4（YCL3_n）	2.38	2.43	2.25
T5（Z5_1b）	3.72	3.37	3.09
T6（Z5_n）	3.34	3.02	2.69
T7（CK）	4.56	4.21	3.52

（三）施用不同减害剂对烟叶调制后 TSNAs 的含量的影响

实验结果如表 5-4 所示，施用 YCL2、YCL3、Z5 分别可使上部烟叶 TSNAs 的含量下降幅度达到 25.71%、34.47% 和 36.05%，其中，NNK 下降幅度达到 41.13%、23.34% 和 24.25%；中部叶 TSNAs 的含量下降幅度达到 34.39%、23.68% 和 36.60%，其中，NNK 下降幅度达到 38.00%、14.89% 和 17.29%，3 种减害剂中 Z5 对烟叶 TSNAs 的含量的降幅是最大的，YCL2 次之。

表 5-4　施用减害剂对白肋烟调制后烟叶 TSNAs 含量的影响

叶位	处理	NNN / （μg·g⁻¹）	NAT / （μg·g⁻¹）	NAB / （μg·g⁻¹）	NNK / （μg·g⁻¹）	TSNAs / （μg·g⁻¹）	TSNAs 降幅 / %	NNK 降幅 / %
上部叶	YCL2	77.6836	12.8855	0.6183	0.5372	91.7246	25.71	41.13
	YCL3	65.1238	14.3857	0.7015	0.6995	80.9105	34.47	23.34
	Z5	61.3262	16.2428	0.6941	0.6913	78.9543	36.05	24.25
	CK	100.6028	20.8571	1.0955	0.9126	123.4679	—	—
中部叶	YCL2	84.8302	12.1891	0.4872	0.6566	98.1631	34.39	38.00
	YCL3	91.3087	20.8762	1.1003	0.9014	114.1866	23.68	14.89
	Z5	72.5960	20.4926	0.8943	0.8760	94.8589	36.60	17.29
	CK	122.7996	24.4348	1.3226	1.0591	149.6161	—	—

（四）施用减害剂对烟叶感官评吸质量的影响

评吸结果如表 5-5 所示，减害剂 YCL2、YCL3 和 Z5 均能在不同程度上改善或稳定烟叶感官评吸质量，主要表现在改善特征香气、减少杂气、提高细腻度和降低刺激性等方面，而且尤其以 Z5 的改善效果最佳，YCL2 次之。

表 5-5　施用减害剂对白肋烟中部叶感官质量的影响

单位：分

处理	特征 香气	丰满 程度	杂气	浓度	劲头	浓劲 协调	细腻	刺激	干燥	干净 程度	总分 （不含劲头）
YCL2	6.5	6.0	5.5	6.0	6.0	6.0	6.0	6.0	6.0	6.0	54.0
YCL3	6.0	6.0	5.5	6.0	6.0	6.0	6.0	6.0	5.5	5.5	52.5
Z5	6.5	6.0	6.0	6.0	6.0	6.0	6.0	6.5	6.0	6.0	55.0
CK	6.0	6.0	5.0	6.0	6.5	6.0	5.0	5.5	5.5	5.5	50.5

（五）施用不同减害剂对烟叶产值量的影响

测量结果如表 5-6 所示，与对照相比，Z5、YCL2 均具有增加烟叶产值量的趋势，其中，Z5 能使亩产量和亩产值分别增加 10.07% 和 13.75%，烟叶均价和上中等烟率也稳中有升。

表 5-6　施用不同减害剂对白肋烟烟叶产值量的影响

处理	亩产量 /（kg·亩⁻¹）	亩产值 /（元·亩⁻¹）	均价 /（元·kg⁻¹）	上中等烟率 / %
YCL2	195.90	2083.92	10.64	87.27
YCL3	190.46	2049.00	10.76	90.12
Z5	211.09	2270.62	10.76	90.40
CK	191.78	1996.07	10.41	86.39

综合上述烟叶烟碱、TSNAs 及感官评吸和产值量指标来看，Z5 和 YCL2 是比较适宜于降低烟叶中 TSNAs 的含量的配方。

（六）化学源减害剂安全性评价及残留分析

军事医学科学院放射与辐射医学研究所对化学源减害剂 YCL2 和 Z5 进行安全性评价检测，分别进行了动物口服急性毒性实验（GB 15193.5—2003）、鼠伤寒沙门氏菌回复突变实验（GBZ/T 240.8—2011）和小鼠骨髓微核实验（GB 15193.3—2003）等方面的评价，结果表明，Z5 的小鼠急性毒性半数致死量 LD50 为 1682.64 mg/kg，YCL2 的小鼠急性毒性半数致死量 LD50 为 1600.44 mg/kg；两种减害剂均无细菌致突变性；两种减害剂诱发小鼠骨髓微核率与空白对照组相比均无明显差异。两种减害剂的施用浓度为 10×10^{-6}，仅为其 LD50 的 6‰左右，因而施用本减害剂安全可靠。

连续多年的减害剂残留检测表明，调制后烟叶中两种减害剂各组分的数值范围均为纳克级，其中, SA 组分范围为 0.0005 ～ 0.2600 μg/g，IAA 组分范围为 0.159 ～ 2.073 μg/g，NAA 均未检出，数值范围与对照没有显著差异，而且 SA 与 IAA 含量均不超过烟叶内源 SA 和 IAA 的含量水平（资料表明：烟叶内源 SA 含量水平在 1.0 ～ 8.4 μg/g 范围，内源 IAA 含量水平在 1.33 ～ 6.22 μg/g 范围）。

二、烟叶植物源减害剂的研制

根据烟叶中 TSNAs 合成的基本原理及一些植物材料所含天然有机物的基本特性，探索提取植物源材料的粗提物对白肋烟烟叶中 TSNAs 含量的影响，筛选最有应用前景的植物源材料。

（一）不同植物源减害剂对晾制后白肋烟烟叶中 TSNAs 含量的影响

施用不同烟叶减害剂对晾制后烟叶中 TSNAs 含量的影响如表 5–7 所示。从上部叶看，Z5 对 NNK 和 TSNAs 含量的综合降幅较佳，分别达到了 60.83% 和 45.45%；其次是 M12.5%，分别达到了 62.84% 和 23.35%，其他两种也较显著。从中部叶看，NNK 含量降幅最大的是 M12.5%，TSNAs 含量降幅最大的是 Z5，综合 NNK 和 TSNAs 含量降幅分析，Z5、H 均较好。所以结合上部叶和中部叶分析，所筛选的植物源减害剂中 H12.5%、M12.5% 均有较好的降低 TSNAs 含量效果。

表 5-7　施用不同烟叶减害剂对烟叶 TSNAs 含量的影响

叶位	处理	NNN / (μg · g⁻¹)	NAT/ (μg · g⁻¹)	NAB/ (μg · g⁻¹)	NNK/ (μg · g⁻¹)	TSNAs/ (μg · g⁻¹)	NNK 降幅 / %	TSNAs 降幅 / %
上部叶	Z5	129.2423	20.8907	1.4542	2.3344	153.9216	60.83	45.45
	H12.5%	186.1656	35.4518	2.3323	4.1052	228.0549	31.12	19.18
	M12.5%	178.8199	33.1455	2.0840	2.2149	216.2644	62.84	23.35
	M25.0%	178.7468	34.7172	2.2334	3.1636	218.8609	46.92	22.43
	不施药（CK）	225.5602	47.1377	3.5020	5.9602	282.1601	—	—
中部叶	Z5	133.4611	24.2771	1.6006	2.8958	162.2345	30.16	27.76
	H12.5%	134.8953	35.2451	2.3565	2.5212	175.0180	39.19	22.07
	M12.5%	177.1025	30.3797	1.8044	1.7320	211.0186	58.23	6.04
	M25.0%	166.3320	39.2163	2.6028	3.0876	211.2387	25.53	5.94
	不施药（CK）	176.7605	40.7491	2.9317	4.1461	224.5873	—	—

（二）不同植物源减害剂对晾制后白肋烟感官质量的影响

如表 5–8 所示，减害剂 Z5、M、H 在香气特征、丰满度、杂气、劲头、浓度、劲浓比、细腻度等方面均有显著的改善，评吸总得分提高了 5 分以上。

表 5-8　白肋烟单料烟感官质量评价表

单位：分

处理	香气特征	丰满度	杂气	劲头	香气浓度	浓劲协调	细腻度	刺激性	干燥感	余味	总分
Z5	5.5	5.5	5.8	5.5	5.5	5.2	6.0	6.2	5.8	5.8	56.8
M25.0%	5.2	5.2	5.5	5.0	5.2	5.0	5.8	6.2	5.5	5.7	54.3
H12.5%	5.1	5.3	5.1	5.1	5.2	5.1	5.7	6.1	5.6	5.5	53.8
CK	4.3	4.3	5.0	4.2	4.2	4.5	5.3	5.8	5.5	5.0	48.1

（三）不同植物源减害剂对烟叶产值量的影响

由表 5-9 可知，几种烟叶减害剂对白肋烟产量、产值和上中等烟率都没有显著影响，即植物源减害剂不会显著影响产值量，也不会影响烟叶等级结构。

表 5-9　不同烟叶减害剂对白肋烟烟叶产值量的影响

处理	亩产量 / (kg·亩$^{-1}$)	亩产值 / (kg·亩$^{-1}$)	均价 / (元·kg^{-1})	上等烟率 / %	中等烟率 / %	上中等烟率 / %
Z5	151.29	2454.15	16.22	38.42	44.91	83.32
H12.5%	149.53	2455.77	16.42	40.39	42.63	83.01
M12.5%	150.44	2416.22	16.06	34.48	45.37	79.84
M25.0%	149.63	2457.54	16.42	43.60	40.62	84.22
不施药（CK）	149.57	2430.36	16.25	37.23	43.26	80.49

（四）植物源减害剂的安全性

1. 荷叶

荷叶，又称莲花茎、莲茎。莲科莲属多年生草本挺水植物，古称芙蓉、菡萏、芙蕖。属睡莲科多年生具根茎的水生植物，喜温暖、喜水，一般分布在中亚、西亚、北美、印度、中国、日本等亚热带和温带地区。中国早在 3000 多年即有栽培。

荷叶可食用也可入药，研究表明荷叶含有丰富的生物碱、黄酮甙、有机酸等化合物。具有消暑利湿、健脾升阳、散瘀止血的功效。卫生部（现卫生计生委）于 2002 年发布了《既是食品又是药品的物品名单》，将荷叶列入药食同源食品名录。

2. 马齿苋

马齿苋，中文别名为马力苋、马苋菜、马齿菜、马蛇子菜、五行草、长寿菜，拉丁学名为 *Portulaca oleracea* L.，植物分类学上属被子植物门、双子叶植物纲、原始花被亚纲、中央种子目、马齿苋亚目、马齿苋科、马齿苋属，是一年生肉质草本植物。叶肥厚多汁，无毛，茎常带紫红色或紫色并呈匍匐状斜生，叶互生或近对生，叶面呈楔状长圆形、倒卵形或匙形；夏季开花，花小型，黄色；果圆锥形。广泛分布于全世界温带和热带地区，中国各地均有极广泛的分布。

马齿苋是一味清热解毒的传统中药，又是一种包括我国在内世界不少国家人们经常食用的食物，分布于全国各地，以及世界范围内的温带、亚热带、热带地区，资源丰富，来源广泛。现代研究表明，马齿苋含有丰富的去甲肾上腺素类物质和 α- 亚麻酸、维生素 E、胡萝卜素、生物碱、黄酮等多种营养成分与植物活性物质，具有抗菌、降血脂、松弛肌肉、抗炎及促进伤口愈合等作用，还具有较强的抗衰老、抗氧化作用。马齿苋作为卫生计生委认定的药食同源野生植物之一，在我国已有千百年的利用史。近年来科学研究发现，它既是一种保健功能食品，又具有重大的药用价值。卫生部（现卫生计生委）于 2002 年发布《既是食品又是药品的物品名单》，将马齿苋列入药食同源食品名录。

三、烟叶减害剂大面积应用

鉴于所研发的烟叶减害剂 Z5、YCL2 具有显著降低 TSNAs 含量的效果，对烟叶品质也有较好的改善作用，并且安全无残留，经上海烟草集团北京卷烟厂与湖北省烟草公司协商，决定在恩施市崔坝白肋烟基地单元和五峰县傅家堰马里兰烟基地单元进行大面积应用。2013—2015 年，减害剂累计推广达 12 万亩。

（一）恩施市白肋烟产区的应用效果

如表 5-10 所示，Z5 使白肋烟上部叶中 TSNAs 含量下降 31.82%（其中，NNK 降幅为 29.05%），中部叶 TSNAs 含量下降 39.80%（其中，NNK 降幅为 26.51%）。

表 5-10　施用减害剂 Z5 对白肋烟调制后烟叶中 TSNAs 含量的影响

叶位	处理	NNN / ($\mu g \cdot g^{-1}$)	NAT / ($\mu g \cdot g^{-1}$)	NAB / ($\mu g \cdot g^{-1}$)	NNK / ($\mu g \cdot g^{-1}$)	TSNAs / ($\mu g \cdot g^{-1}$)	TSNAs 降幅 /%	NNK 降幅 /%
上部叶	Z5	5.3230	2.4789	0.0982	0.1495	8.0496	31.82	29.05
	CK	8.2515	3.2095	0.1339	0.2107	11.8056	—	—
中部叶	Z5	2.7281	0.4871	0.0330	0.0758	3.3240	39.80	26.51
	CK	4.2737	1.1068	0.0380	0.1032	5.5216	—	—

（二）五峰县马里兰烟产区的应用效果

如表 5-11 所示，YCL2 可使马里兰烟上部叶中 TSNAs 含量下降 32.15%（其中，NNK 降幅为 14.70%），中部叶 TSNAs 含量下降 52.11%（其中，NNK 降幅为 71.49%）。

表 5-11　施用减害剂 YCL2 对马里兰烟调制后烟叶中 TSNAs 含量的影响

叶位	处理	NNN / ($\mu g \cdot g^{-1}$)	NAT / ($\mu g \cdot g^{-1}$)	NAB / ($\mu g \cdot g^{-1}$)	NNK / ($\mu g \cdot g^{-1}$)	TSNAs / ($\mu g \cdot g^{-1}$)	TSNAs 降幅 /%	NNK 降幅 /%
上部叶	YCL2	2.8788	1.7368	0.0974	0.6100	5.3230	32.15	14.70
	CK	5.2154	1.8366	0.0777	0.7151	7.8448	—	—
中部叶	YCL2	3.7374	0.6594	0.0368	0.3944	4.8281	52.11	71.49
	CK	6.5370	2.0667	0.0937	1.3834	10.0808	—	—

四、烟叶减害剂对 TSNAs 合成代谢的调控机制

通过盆栽试验，从 TSNAs 前体物质（烟碱和亚硝酸盐）合成代谢途径中关键酶系的酶活性分析、关键酶的基因表达分析两方面入手，对减害剂（Z5、YCL2、YCL3）降低 TSNAs 含量的机制进行了全面的剖析。减害机制的研究将为进一步改善其施用技术、挖掘其减害潜力提供重要理论依据，具有十分重要的意义。

（一）技术路线

研究的技术路线如图 5-1 所示。

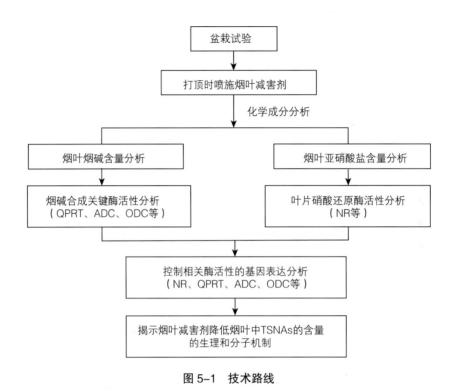

图 5-1　技术路线

（二）施用减害剂对 TSNAs 合成相关代谢酶活性的影响

1. 叶片中硝酸还原酶（NR）活性

如图 5-2 所示，喷施了烟叶减害剂 1 天后，所有喷施烟叶减害剂处理的 NR 活性均显著低于对照，而在第 8 天后，处理与对照 NR 活性水平趋于接近。

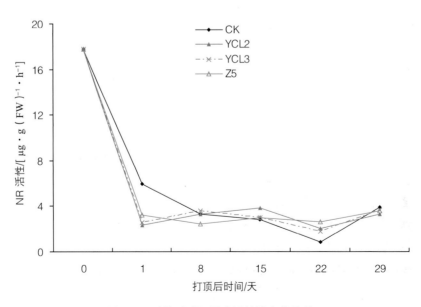

图 5-2　叶片硝酸还原酶活性的变化趋势

2. 根系中 QPRT 酶活性

如图 5-3 所示，喷施减害剂之后第 1～第 8 天，YCL2、YCL3 处理的 QPRT 酶活性和对照处于同一水平，而 Z5 处理的 QPRT 酶活性显著低于对照。喷施第 15 天之后，所有处理和对照的 QPRT 酶活性趋于接近。

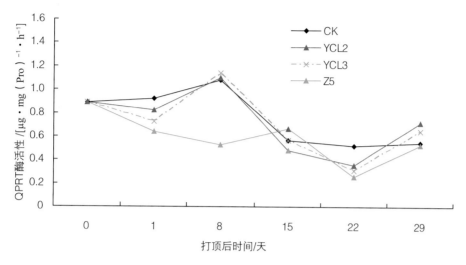

图 5-3　根系中 QPRT 酶活性的变化趋势

3. 根系中 ADC 酶活性

如图 5-4 所示，在打顶后第 1～第 22 天这段时间内，除了 Z5 处理在打顶后第 15 天开始迅速下降之外，其他各处理的 ADC 酶活性维持在一个相对稳定的水平。从打顶后第 22 天直至采收，所有处理及对照的 ADC 酶活性开始持续上升。各减害剂处理的 ADC 酶活性整体上均低于对照，而且以减害剂 Z5 的 ADC 酶活性最低。

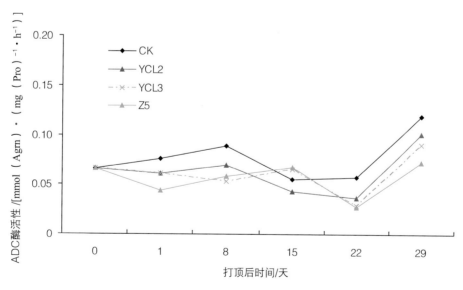

图 5-4　根系中 ADC 酶活性的变化趋势

4. 根系中 ODC 酶活性

如图 5-5 所示，喷施 1 天后，减害剂处理均能够显著降低 ODC 酶活性，以减害剂 Z5 降低幅度最大，第 8 天之后所有处理与对照都趋向同一稳定水平。

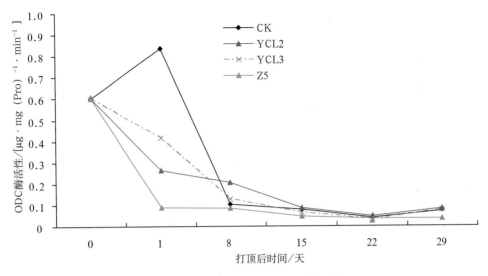

图 5-5　根系中 ODC 酶活性的变化趋势

（三）烟叶减害剂对叶片中硝酸还原酶及根系中烟碱合成关键酶基因表达的影响

1. 减害剂对叶片中硝酸还原酶基因表达的影响

如图 5-6 所示，施用减害剂 1 天后，叶片中硝酸还原酶基因的表达被显著抑制，表达水平分别为对照的 5.51%、0.47% 和 4.79%，这也揭示了施用减害剂降低硝酸还原酶的活性的机制。

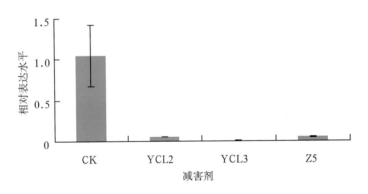

图 5-6　减害剂对叶片中硝酸还原酶基因表达的影响

2. 减害剂对根系中控制烟碱合成关键酶基因表达的影响

如图 5-7 所示，YCL2 和 YCL3 处理对 *QPRT* 基因的表达没有显著影响，Z5 能够显著下调 *QPRT* 基因的表达，其下调幅度为 96%，这种趋势和 QPRT 酶的活性变化趋势是一致的；各减害剂对 *ADC* 基因表达无显著影响；YCL2、YCL3 和 Z5 能够显著下调 *ODC* 基因的表达，其下调的幅度分别为 100%、55% 和 68%。这说明施用减害剂能够有效地抑制根系中烟碱合成关键酶基因的表达，进而抑制 QPRT、ODC 等酶的活性。

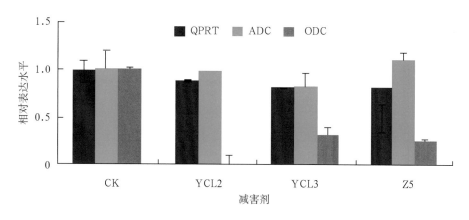

图 5-7　减害剂对根系中烟碱合成关键酶基因表达的影响

（四）烟叶减害剂对叶片中烟碱及亚硝酸盐累积量的影响

1. 烟叶减害剂对上、中部叶片中亚硝酸盐累积量的影响

如图 5-8 所示，所有的处理均能显著降低烟叶中亚硝酸盐的积累量，YCL2、YCL3 和 Z5 分别使上部叶亚硝酸盐含量降低 20.00%、36.52% 和 28.12%，使中部叶亚硝酸盐含量降低 16.48%、35.03% 和 25.50%。这应该是由于减害剂能够下调硝酸还原酶基因表达水平，从而降低叶片中硝酸还原酶活性所导致的。

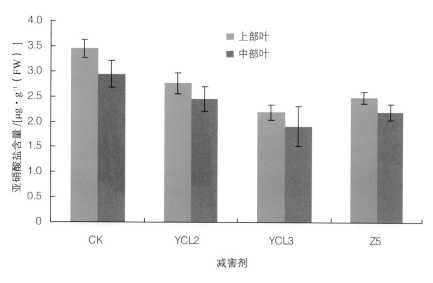

图 5-8　烟叶减害剂对上、中部叶片中亚硝酸盐累积量的影响

2. 烟叶减害剂对上、中部叶片中烟碱累积量的影响

如图 5-9 所示，YCL2、YCL3 和 Z5 均能够显著降低上、中部叶片中烟碱的累积量，上部叶降低幅度分别为 22.17%、27.47% 和 37.77%，中部叶降低幅度分别为 15.58%、22.76% 和 33.06%。这应该是由于减害剂能够下调烟碱合成关键酶基因表达水平，从而降低相关酶活性所导致的。

减害剂（Z5、YCL2 和 YCL3）是通过抑制烟草叶片中硝酸还原酶、根系中 QPRT 基因和 ODC 基因表达来降低这几种关键酶的活性，从而降低了烟叶中的烟碱和亚硝酸盐的含量，并最终实现显著降低烟叶中 TSNAs（尤其是 NNK）的累积量的效果。

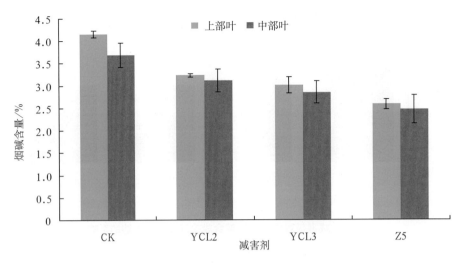

图 5-9　烟叶减害剂对上、中部叶片中烟碱累积量的影响

第二节　栽培技术应用

本节探索了不同栽培模式对烟叶中 TSNAs 累积量的影响，建立了一套有利于降低烟叶中 TSNAs 含量的栽培模式，同时还研究了肥料中氮素形态对烟叶中 TSNAs 累积量的影响。

一、不同栽培模式对烟叶中 TSNAs 累积量的影响

根据不同起垄方式和移栽方式，设置如下 3 个处理（图 5-10）。

a 双波浪栽培

b 横波浪栽培

c 纵波浪栽培　　　　　　　　　　　　　　　　　　d 常规栽培（CK）

图 5-10　双波浪、横波浪和纵波浪的起垄和移栽实施实景

T1：双波浪栽培。起垄时，分别起垄高 10 cm 的低垄、垄高 25 cm 的高垄，垄面宽均为 40 cm，且高低垄穿插排列，垄轴中心距（即行距）为白肋烟 120 cm、马里兰烟 130 cm；移栽时在垄面偏轴线 10 cm 且呈品字形交错移栽。

T2：横波浪栽培。低垄高垄穿插排列，行距为白肋烟 120 cm、马里兰烟 130 cm；沿轴线移栽。

T3：纵波浪栽培。全部起高垄 25 cm，行距为白肋烟 120 cm、马里兰烟 130 cm；偏轴线 10 cm 移栽。

T4：对照，常规栽培。

每个处理 3 个重复小区，随机区组排列，80 株 / 区，每小区 6 垄。其他生产操作按现行生产技术规范进行。

（一）不同栽培模式对白肋烟晾制后烟叶中 TSNAs 含量的影响

如表 5-12 所示，白肋烟检测结果显示横波浪栽培和纵波浪栽培分别能使上部烟叶中 TSNAs 含量降低 10.33%、24.32%（其中，NNK 分别下降了 8.28%、18.73%），中部烟叶中 TSNAs 含量降低 21.58%、29.50%（其中，NNK 分别下降了 9.55%、24.09%）。

表 5-12　新栽培模式对白肋烟中 TSNAs 含量的影响

叶位	处理	NNN / ($\mu g \cdot g^{-1}$)	NAT / ($\mu g \cdot g^{-1}$)	NAB / ($\mu g \cdot g^{-1}$)	NNK / ($\mu g \cdot g^{-1}$)	TSNAs / ($\mu g \cdot g^{-1}$)	TSNAs 降幅 / %	NNK 降幅 / %
上部	横波浪栽培	16.4541	5.8915	0.2895	0.4784	23.1134	10.33	8.28
	纵波浪栽培	15.9431	3.0243	0.1171	0.4239	19.5083	24.32	18.73
	常规栽培（CK）	21.3251	3.7165	0.2132	0.5216	25.7764	—	—
中部	横波浪栽培	18.9712	7.8761	0.1224	0.7264	27.6961	21.58	9.55
	纵波浪栽培	18.7783	5.1043	0.4090	0.6097	24.9013	29.50	24.09
	常规栽培（CK）	28.5829	5.6485	0.2851	0.8031	35.3196	—	—

（二）不同栽培模式对马里兰烟晾制后烟叶中 TSNAs 含量的影响

如表 5-13 所示，马里兰烟检测结果显示横波浪栽培和纵波浪栽培分别能使上部烟叶中 TSNAs 含量降低 24.37%、56.22%（其中，NNK 分别下降了 14.85%、30.10%），中部烟叶中 TSNAs 含量降低 23.25%、31.66%（其中，NNK 分别下降了 9.43%、16.43%）。

表 5-13　新栽培模式对马里兰烟 TSNAs 含量的影响

叶位	处理	NNN /（μg·g⁻¹）	NAT /（μg·g⁻¹）	NAB /（μg·g⁻¹）	NNK /（μg·g⁻¹）	TSNAs /（μg·g⁻¹）	TSNAs 降幅 /%	NNK 降幅 /%
上部	横波浪栽培	1.8595	0.8026	0.0443	0.3985	3.1048	24.37	14.85
	纵波浪栽培	0.9393	0.4976	0.0330	0.3272	1.7970	56.22	30.10
	常规栽培（CK）	2.2743	1.2930	0.0697	0.4680	4.1050	—	—
中部	横波浪栽培	2.6984	0.8796	0.0303	0.5001	4.1083	23.25	9.43
	纵波浪栽培	2.3164	0.8354	0.0449	0.4615	3.6582	31.66	16.43
	常规栽培（CK）	3.7697	1.0189	0.0119	0.5522	5.3526	—	—

（三）不同栽培模式对白肋烟光合代谢的影响

1. 不同栽培模式对烟叶田间光合旺长期光合效率的影响

选择旺长期晴天上午 10 时左右检测，结果如图 5-11 所示。可以看到，几种高光效栽培模式的烟叶光合效率均有显著改善，从下部叶的光合效率看，双波浪的高垄、低垄和纵波浪分别比对照高 70.08%、60.86% 和 45.91%；从中部叶的光合效率看，双波浪的高垄、低垄和纵波浪分别比对照高 24.68%、19.46% 和 20.39%；从上部叶的光合效率看，双波浪的高垄、低垄和纵波浪分别比对照高 9.49%、9.00% 和 2.77%。可见，高光效栽培模式能有效提高烟草田间光合效率。

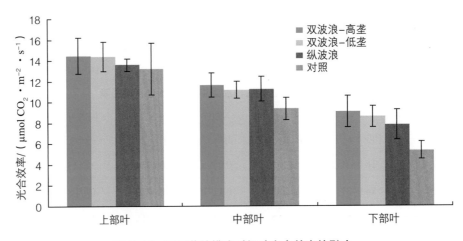

图 5-11　不同栽培模式对烟叶光合效率的影响

2. 不同栽培模式下烟叶光合效率动态变化

选择旺长期的晴天，9:00—17:00 连续监测，结果如图 5-12 所示。从叶位上看，上部叶光合速率最高，并随着叶位下移而减弱；从时间动态上看，烟叶叶片光合效率在 9 时左右达到最高峰，并随着时间推移而逐渐下降；从处理之间的比较看，总体趋势上，就上部叶而言是双波浪 - 高垄 > 常规栽培 > 双波浪 -

低垄，就中部叶和下部叶而言是双波浪－高垄＞双波浪－低垄＞常规栽培，而且就双波浪的高垄和低垄平均值而言是双波浪栽培模式＞常规栽培模式。

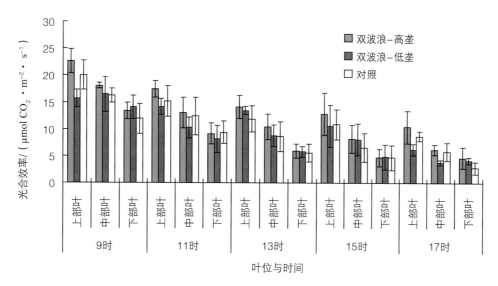

图 5-12　不同栽培模式下光合效率的动态变化

（四）田间遮光处理对烟叶中 TSNAs 合成前体亚硝酸盐含量的影响

表 5-14 是遮光 15 天后（即采收前 15 天）检测烟叶活体中硝酸盐含量的结果。可见，遮光处理下无机态的硝酸盐、亚硝酸盐含量均较高，而且硝酸还原酶活性也较强。因此，光照不足会导致 TSNAs 合成前体亚硝酸盐的累积，这在一定程度上会直接促进烟叶中 TSNAs 的累积。

表 5-14　遮光 15 天后烟叶活体中主要含氮化合物的含量

处理	亚硝酸盐 / ($\mu g \cdot g^{-1}$)	硝酸盐 / ($\mu g \cdot g^{-1}$)	硝酸还原酶活性 / ($\mu g \cdot g^{-1} \cdot h^{-1}$)
遮光	6.35	385.81	63.45
对照	5.01	135.46	50.15

（五）不同栽培模式对烟叶田间成熟后单叶重的影响

田间成熟后采收前取样测单叶干重，结果如表 5-15 所示。与对照相比，双波浪栽培模式的各叶位平均单叶重均有明显增加。其中，高垄与低垄的上部叶单叶重分别增加 17.13%、49.59%，中部叶分别增加 16.21%、11.91%，下部叶分别增加 23.80%、13.29%。可见，高垄的上部叶单叶重增幅不如低垄，但其中下部叶单叶重增幅均优于低垄。

表 5-15　不同栽培模式对烟叶田间成熟后单叶重的影响

处理	叶位	平均单叶重 / ($g \cdot 片^{-1}$)	增幅 /%
双波浪－高垄	上部叶	5.94	17.16
	中部叶	7.18	16.18
	下部叶	7.01	23.85

处理	叶位	平均单叶重 /（g·片⁻¹）	增幅 /%
双波浪－低垄	上部叶	7.58	49.51
	中部叶	6.92	11.97
	下部叶	6.41	13.25
常规栽培（CK）	上部叶	5.07	—
	中部叶	6.18	—
	下部叶	5.66	—

（六）不同栽培模式对烟叶产值量的影响

测量结果如表 5-16 所示，可见各新栽培模式均有明显的增产趋势，纵波浪栽培模式的产量最高。与对照相比，二者亩产量分别增加 5.51%、11.75%，亩产值分别增加 7.20%、13.39%，上等烟率有明显增加。

表 5-16　不同新栽培模式对烟叶产值量的影响

处理	亩产量 /（kg·亩⁻¹）	亩产值 /（元·亩⁻¹）	均价 /（元·kg⁻¹）	上等烟率 /%
横波浪栽培	162.87	2016.75	12.38	43.92
纵波浪栽培	172.50	2133.07	12.36	44.00
常规栽培（CK）	154.36	1881.23	12.19	34.31

（七）不同栽培模式对白肋烟烟叶感官评吸质量的影响

不同栽培模式下，上部叶和中部叶的感官评吸质量如表 5-17 所示。纵波浪栽培的评吸质量有显著的改善效果，在特征香气、香气浓度、浓劲协调、细腻度、刺激性、干燥感和干净程度等指标上均有改善表现。

表 5-17　不同栽培模式对白肋烟调制后烟叶感官评吸质量的影响

单位：分

叶位	处理	特征香气	丰满度	杂气	香气浓度	劲头	浓劲协调	细腻度	刺激性	干燥	干净程度	总分（除劲头）
上部叶	横波浪栽培	5.0	5.5	5.0	6.0	6.5	6.0	5.5	5.5	5.0	5.0	48.5
	纵波浪栽培	6.5	6.0	6.0	6.5	6.5	6.5	5.5	5.5	5.5	6.0	54.0
	常规栽培（CK）	6.0	6.0	6.0	6.0	7.0	5.5	5.5	5.0	5.0	5.5	50.5
中部叶	横波浪栽培	5.0	5.5	5.0	5.5	6.0	5.5	5.5	6.0	5.5	5.5	49.0
	纵波浪栽培	6.5	6.0	5.0	6.5	6.0	6.5	5.5	6.0	5.5	6.0	53.5
	常规栽培（CK）	6.0	6.0	5.0	6.5	6.0	6.0	5.5	5.5	5.0	5.5	50.5

结合各烟叶品类的 TSNAs 含量、产量、感官评吸质量结果可以看出，纵波浪栽培是较好的高光效栽培模式。

二、不同氮素形态比例的施肥措施对烟叶中 TSNAs 累积的影响

以白肋烟为材料进行实验，根据肥料中不同氮素形态及硝态氮和铵态氮的不同配比，设置如下 7 个处理：① 100% NO_3^--N；② 100% NH_4^+-N；③ 50% NO_3^--N + 50% NH_4^+-N；④ 30% NO_3^--N + 70% NH_4^+-N；⑤ 70% NO_3^--N + 30% NH_4^+-N；⑥ 100% CO（NH_2）$_2$；⑦ CK，常规复合肥（烟草专用复合肥 37% NO_3^--N + 63% NH_4^+-N）。施肥水平按每亩施纯氮 15 kg/ 亩的标准执行，具体施肥量如表 5–18 所示，育苗、移栽及采收调制等其他操作按当前技术规程执行。

表 5–18　不同处理的具体施肥量

单位：g·株 $^{-1}$

处理	底肥						追肥				
	KNO_3	（NH_4）$_2SO_4$	CO（NH_2）$_2$	过磷酸钙	硫酸钾	磷酸二氢钾	KNO_3	Ca（NO_3）$_2$	（NH_4）$_2SO_4$	CO（NH_2）$_2$	硫酸钾
T1，100%NO_3^--N	77.78	—	—	125.00	—	—	2.01	32.53	—	—	—
T2，100%NH_4^+-N	—	50.00	—	—	—	68.18	—	—	21.43	—	24.35
T3，50%NO_3^--N +50% NH_4^+-N	38.89	25.00	—	83.24	—	22.78	16.67	—	10.71	—	6.10
T4，30%NO_3^--N +70% NH_4^+-N	23.33	35.00	—	44.94	—	43.67	10.00	—	15.00	—	11.70
T5，70%NO_3^--N +30% NH_4^+-N	54.44	15.00	—	121.54	—	1.89	23.33	—	6.43	—	0.51
T6，100% CO（NH_2）$_2$	—	—	22.53	—	4.26	68.18	—	—	—	9.66	20.09
T7，常规复合肥（CK）	—	—	—	—	—	—	—	—	—	—	—

由表 5–19 可知，在相同施氮量水平下，不同的氮素形态比例对烟叶中 TSNAs 含量有显著影响。几个处理中，100% NO_3^--N 处理的烟叶中 TSNAs 累积量最高，100% NH_4^+-N 处理的烟叶中 TSNAs 累积量最低。将各处理的 TSNAs 含量按 NH_4^+-N 含量比例做线型图，如图 5–13 所示。总体趋势上，烟叶中 TSNAs 的累积量会随着氮素中 NH_4^+-N 比例的下降而增加。此外，从表 5–19 中还值得注意的是，尿素态氮的施用不利于降低烟叶中 TSNAs 含量，尤其是 NNK 含量。

表 5–19　不同氮素形态的施肥措施对白肋烟晾制后烟叶中 TSNAs 含量的影响（中部叶）

处 理	NNN/（μg·g^{-1}）	NAT/（μg·g^{-1}）	NAB/（μg·g^{-1}）	NNK/（μg·g^{-1}）	TSNAs/（μg·g^{-1}）	TSNAs 降幅 /%	NNK 降幅 /%
T1，100%NO_3^--N	95.1145	34.6353	1.2606	1.8236	132.8341	−96.44	−57.40
T2，100%NH_4^+-N	26.8493	10.9443	0.3800	0.9660	39.1395	42.12	16.62
T3，50% NO_3^--N +50% NH_4^+-N	51.0114	8.4331	0.3111	0.9521	60.7078	10.22	17.82
T4，30% NO_3^--N +70% NH_4^+-N	73.8108	11.6810	0.3979	1.1497	87.0394	−28.72	0.77

处 理	NNN/ （μg·g⁻¹）	NAT/ （μg·g⁻¹）	NAB/ （μg·g⁻¹）	NNK/ （μg·g⁻¹）	TSNAs/ （μg·g⁻¹）	TSNAs 降幅/%	NNK 降幅/%
T5，70% NO₃⁻-N +30% NH₄⁺-N	56.3828	8.7190	0.3322	0.9360	66.3701	1.85	19.21
T6，100% CO（NH₂）₂	57.8562	17.3629	0.5710	2.7534	78.5434	−16.15	−137.65
T7，常规复合肥（CK）	54.9973	11.0883	0.3769	1.1586	67.6211	—	—

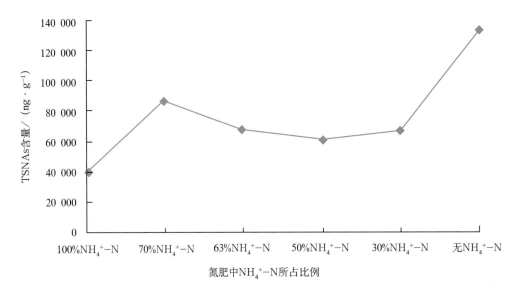

图 5-13　不同的氮素形态比例对白肋烟晾制后烟叶 TSNAs 含量的影响

三、不同采收时间对烟叶中 TSNAs 累积的影响

在烟叶成熟的同一天，分 9 时采收和 16 时采收，检测结果如表 5-20 所示。与常规生产技术中的 9 时采收相比，16 时采收可在一定程度上降低白肋烟晾制后烟叶中 TSNAs 含量，降幅达 10.81%（其中，NNK 含量降幅达 5.47%）。

表 5-20　不同采收时间对白肋烟晾制后烟叶中 TSNAs 含量的影响（中部叶）

采收时间	NNN/ （μg·g⁻¹）	NAT/ （μg·g⁻¹）	NAB/ （μg·g⁻¹）	NNK/ （μg·g⁻¹）	TSNAs/ （μg·g⁻¹）	TSNAs 降幅/%	NNK 降幅/%
9 时采收	119.9017	19.2755	1.1355	0.5661	140.8788	—	—
16 时采收	103.3777	20.6660	1.0780	0.5351	125.6568	10.81	5.47

产区示范的检测结果如表 5-21 所示，证实了同样的结果。与 9 时采收相比，16 时采收可在一定程度上降低白肋烟晾制后烟叶中 TSNAs 含量，降幅达 3.18%（其中，NNK 含量降幅达 14.29%）。

表 5-21 不同采收时间对白肋烟晾制后烟叶中 TSNAs 含量的影响（中部叶）

采收时间	NNN/（μg·g⁻¹）	NAT/（μg·g⁻¹）	NAB/（μg·g⁻¹）	NNK/（μg·g⁻¹）	TSNAs/（μg·g⁻¹）	TSNAs 降幅 /%	NNK 降幅 /%
9 时采收	45.9581	8.1465	0.3638	1.5172	55.9856	—	—
16 时采收	44.2977	8.2529	0.3566	1.3003	54.2075	3.18	14.29

第三节　调制技术应用

烟叶晾制进程及各晾制阶段化学成分的累积与温湿度条件关系密切，研究探索晾制期间不同温湿度条件对烟叶中 TSNAs 累积的影响规律，并将现有晾房通过热源内置式改造和利用太阳能改造，进行晾制比较试验，为改善高山区晾晒烟晾制技术提供技术参考。

一、晾制过程中白肋烟中 TSNAs 累积量的动态变化

由图 5-14 可知，白肋烟在晾制过程中其 TSNAs 累积量是先逐步增加，然后又迅速下降的，其变化曲线呈不规则的抛物线形，在晾制时间达到第 6 周（42 天）时达到最大值，而且上部叶和中部叶的变化规律相似，晾制结束后（第 8 周，即 56 天）中部叶的 TSNAs 累积量高于上部叶。

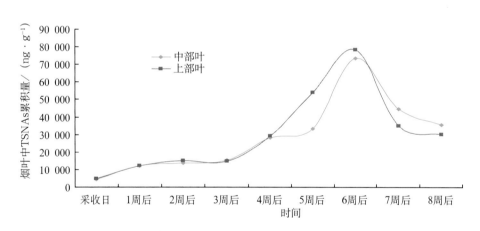

图 5-14 晾制过程中白肋烟 TSNAs 累积量的动态变化

二、晾制湿度对烟叶的影响

根据各晾制阶段的湿度设置 3 个处理：①高湿条件；②中湿条件；③低湿条件。具体设置参数如表 5-22 所示，采收、装棚及下架剥叶等其他操作按现行技术规程执行。

表 5-22 各处理在不同晾制阶段的湿度设置

调制阶段	湿度设置		
	中湿	低湿	高湿
凋萎期	80%	70%	95%
变黄、变褐期	70%	60%	80%
干筋期	50%	40%	60%

（一）不同晾制湿度对烟叶中 TSNAs 含量的影响

如表 5–23 所示，从上部叶看，相对于中湿晾制（标准晾制），高湿晾制能使 TSNAs 总量增加 20.43%、NNK 增加 19.71%，低湿晾制能使 TSNAs 减少 38.14%、NNK 减少 4.20%；从中部叶看，高湿晾制能使 TSNAs 总量增加 12.31%、NNK 增加 68.91%，低湿晾制能使 TSNAs 总量减少 51.99%、NNK 减少 40.13%。可见，湿度越高，烟叶中 TSNAs 和 NNK 累积量越多。

表 5–23　晾制湿度对晾制后烟叶中 TSNAs 含量的影响

单位：$\mu g \cdot g^{-1}$

叶位	处理	NNN	NAT	NAB	NNK	TSNAs
上部叶	高湿晾制	11.7305	23.0881	1.0538	0.6822	36.5545
	中湿晾制	15.7734	13.4384	0.5717	0.5699	30.3534
	低湿晾制	6.5019	11.2355	0.4921	0.5460	18.7753
中部叶	高湿晾制	12.1396	25.1813	1.1240	1.5762	40.0212
	中湿晾制	17.2715	16.7272	0.7017	0.9332	35.6335
	低湿晾制	5.5595	10.5474	0.4415	0.5587	17.1071

（二）不同晾制湿度对晾制后烟叶感官评吸质量的影响

如表 5–24 所示，无论是上部叶还是中部叶，在中湿条件下晾制能获得最好的感官评吸质量，主要表现在特征香气、丰满度、细腻度等。优劣顺序是中湿＞低湿＞高湿。

表 5–24　晾制湿度对晾制后烟叶感官评吸质量的影响

单位：分

叶位	湿度	特征香气	丰满度	杂气	浓度	劲头	浓劲协调	细腻度	刺激性	干燥感	干净程度	总分
上部	高湿	5.0	5.0	5.0	5.0	6.0	5.0	5.0	5.0	5.0	5.0	51.0
	中湿	5.5	5.5	5.5	6.0	6.0	6.0	6.0	5.5	5.5	6.0	57.5
	低湿	5.5	5.0	5.5	5.5	6.0	6.0	5.5	5.5	5.5	5.5	55.5
中部	高湿	5.0	5.0	4.5	5.0	5.0	5.5	5.5	6.0	5.0	5.0	51.5
	中湿	5.5	5.5	6.0	5.5	5.0	6.0	6.0	6.0	5.5	6.0	57.0
	低湿	5.5	5.5	5.5	5.5	5.0	6.0	5.5	6.0	5.5	6.0	56.0

（三）不同晾制湿度对烟叶产量的影响

如表 5–25 所示，与中湿条件相比，高湿条件下烟叶产量明显下降，减产幅度达 25.10%，而低湿条件产量基本相当。从烟叶等级结构看，高湿会显著降低上等烟率，从而使产值显著下降。低湿条件下，亩产量虽然变化不大，但是上等烟率也明显下降，从而不利于烟叶最终产量的形成。

表 5–25　不同晾制湿度对烟叶产量的影响

处理	亩产量 /（kg·亩⁻¹）	亩产值 /（元·亩⁻¹）	均价 /（元·kg⁻¹）	上等烟率 / %	中等烟率 / %	上中等烟率 / %
高湿条件	102.55	955.00	9.31	3.43%	29.46%	32.89%
中湿条件（CK）	136.92	1771.95	12.94	67.59%	28.11%	95.70%
低湿条件	136.82	1671.66	12.22	45.33%	44.14%	89.47%

三、改造晾房的晾烟效果

（一）热源内置式改造晾房的晾烟效果

具体改造方案如下：选取地势及通风环境相似的两栋标准晾房。其中一栋为热源内置式增温排湿晾房，工程示意图（图 5-15）及实施方法如下。另一栋为普通晾房作为对照。按照热源内置式增温排湿晾房的施工图纸对晾房进行技术改造工作。

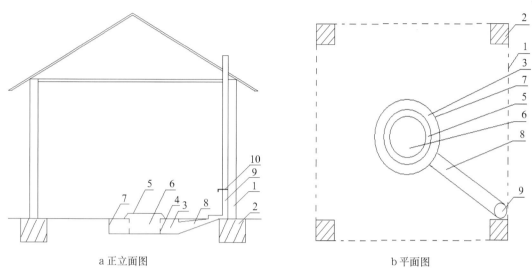

a 正立面图　　　　　　　　　　　　　　　b 平面图

1—晾房；2—底座；3—散热腔；4—耐热砖；5—安全护盖；6—燃烧灶腔；7—燃烧灶；8—排烟出口端；9—烟囱；10—调风阀片

图 5-15　工程示意图

如图 5-15 所示，该热源内置式增温晾房采用耐热砖 4、耐热砖 7 在晾房 1 地面下砌筑燃烧灶，燃烧灶 7 由燃烧灶腔 6、安全护盖 5 和散热腔 3 组成。为有利于烟气流动，散热腔的排烟出口端 8（连通烟囱 9）地平面应高于里侧地平面，在烟囱 9 内距地面 1.5 ～ 2.0 m 高度处装有调风阀片 10，安全护盖 5 盖于燃烧灶腔 6 之上，露于地面，安全护盖既有安全防护作用，又直接向晾房空间散热。当晾制期间遭遇连阴雨导致晾房内空气湿度较大时，关闭门窗，启用本设计，选择干柴或煤炭等燃料在燃烧灶腔 6 点火燃烧，盖上安全护盖 5，散热腔 3 通过其环形通道向晾房地面空间传热，残余烟气经过烟囱 9 时，可以通过烟囱的壁面向晾房内释放余热，这样实现晾房增温排湿，从而保障烟叶晾制进程。同时，可根据晾房内具体温湿度情况，通过调节烟囱内的调风阀片 10 的开合程度来调节烟囱 9 的排风量，以控制燃烧灶内的燃烧速度，进而达到调节增温排湿的速度。

选择同一田块的烟株分别在这两间晾房内进行晾制，田间栽培技术及采收装棚按现行技术规程执行，遇连阴雨或晾房内湿度超过 90% 即开始生火，实现增温排湿。

1. 温湿度调控设施对晾房内温湿度的影响

变黄、变褐期的温湿度记载显示，每次启用增温排湿设施，可实现升温 3 ～ 6℃，湿度可由 98% 降至 90%，晾制进程可缩短 8 ～ 9 天。

2. 热源内置式增温排湿晾房对烟叶中 TSNAs 含量的影响

烟叶调制成熟后，取中部叶进行 TSNAs 含量检测，结果如表 5-26 所示。可以看出 TSNAs 各主要成分均有显著下降，TSNAs 含量下降幅度达到 34.75%，其中，NNK 下降了 48.80%。

表 5-26　采用热源内置式增温排湿晾房晾制对烟叶中部叶中 TSNAs 含量的影响

单位：$\mu g \cdot g^{-1}$

处理	NNN	NAT	NAB	NNK	TSNAs
改造晾房	3.2425	1.3185	0.0480	0.0891	4.6981
对照晾房（CK）	3.4179	3.5169	0.0910	0.1740	7.1998

3. 热源内置式增温排湿晾房对烟叶产值量的影响

热源内置式增温排湿晾房能有效减少晾制期间因低温潮湿带来的烟叶霉变，对晾制后烟叶的产值量有了较好的提升，结果如表 5-27 所示。

表 5-27　热源内置式增温排湿晾房产值量的比较

处理	亩产量 /（kg·亩$^{-1}$）	亩产值 /（元·亩$^{-1}$）	均价 /（元·kg^{-1}）	上中等烟率 /%
增温 - 上层	155.60	1714.23	11.02	92.11
增温 - 下层	155.43	1714.34	11.03	90.89
CK- 上层	143.82	1547.58	10.76	89.80
CK- 下层	140.39	1502.26	10.70	82.62

注："上层"和"下层"分别指普通晾房结构内两层半整株挂杆晾制的上层烟株的烟叶和下层烟株的烟叶。

结果表明，热源内置式晾房可以显著减少棚烂损失，产量、产值、均价及上中等烟率均有明显提升。不同设施内上下层产量、产值相差不大，与对照相比，此增温晾房在产量上平均可增加13.41 kg/亩，增幅为9.44%，在产值上平均可增加 189.37 元 / 亩，增幅为12.42%，均价增加 0.29 元 /kg，上中等烟率也平均增加 5.29%。

4. 热源内置式增温排湿晾房对晾制后烟叶评吸质量的影响

温湿度条件的改善可以有效提升烟叶的内在品质，热源内置式晾房晾制的烟叶与对照晾房烟叶评吸质量比较结果如表 5-28 所示，可以看到，采用此热源内置式增温排湿晾房可以使烟叶的杂气明显减少。

表 5-28　技术实施后烟叶感官质量评吸比较

单位：分

处理	特征香气	丰满度	杂气	浓度	劲头	浓劲协调	细腻度	刺激性	干燥感	干净程度	总分（除劲头）
增温 - 上叶	6.0	6.0	6.0	6.0	6.5	5.5	6.0	5.5	5.5	5.5	52.0
增温 - 中叶	6.5	6.0	6.0	6.0	7.0	5.0	5.5	5.0	5.0	5.5	50.5
CK- 上叶	6.0	6.0	5.5	6.0	7.0	5.5	6.0	5.5	5.5	5.5	51.5
CK- 中叶	6.5	6.0	5.5	6.0	7.5	5.0	5.5	5.0	5.0	5.5	50.0

注："增温 - 上叶"和"增温 - 中叶"分别为热源内置式增温排湿晾房晾制的上部叶与中部叶；"CK- 上叶"和"CK- 中叶"分别为普通晾房晾制的上部叶与中部叶。

（二）太阳能改造晾房的晾烟效果

具体改造方案如下：在"89"式标准晾房中加装由平板型空气集热器和低功率风机和风管组成的集热调湿设施，围护用三夹板进行密封，周围做成可开关门窗，集热器面积为 12 m^2，具体改造施工如图 5-16 和图 5-17 执行；对照晾房采用现有的晾制技术进行晾制，不加装辅助的增温调湿设施。晾房内的装烟密度为 1100 株烟 / 间晾房。

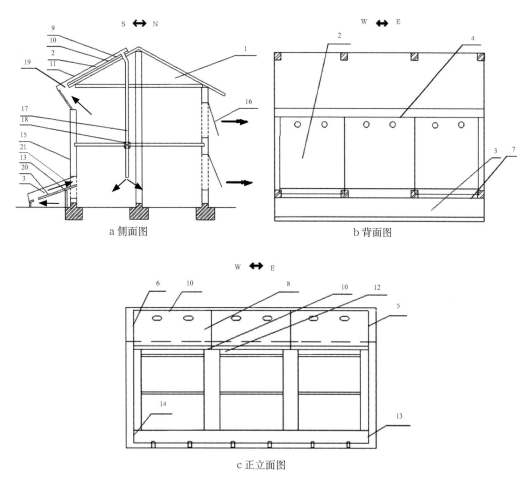

a 侧面图　　　　　　　　　b 背面图

c 正立面图

1—晾房；2—第一集热器；3—第二集热器；4—北支撑板；5—东支撑板；6—西支撑板；7—南支撑板；8—中支撑板；9—第一底部保温板；10—第一集热板；11—第一阳光板；12—南支撑板；13—东支撑板；14—西支撑板；15—围护幕；16—围护窗；17—出风管路；18—风机；19—进气口；20—第二底部集热板；21—第二阳光板

图 5-16　太阳能式改造晾房的主体结构

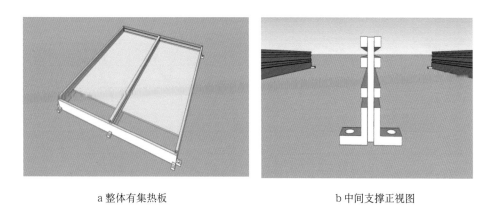

a 整体有集热板　　　　　　　b 中间支撑正视图

图 5-17　太阳能改造晾房模块化设计后的集热器拼装简图

　　选择同一田块的烟株分别在这两间晾房内进行晾制，田间栽培技术及采收装棚按现行技术规程执行，晾制期间具体操作如下。

　　①在晴好天气：早晨晾房门窗打开，充分通风，晾房内外空气进行充分的交换；上午进行增温（此时利用较好的太阳光照强度进行增温，加速烟叶内水分散失至空气中）；下午将晾房门窗打开，与外界空

气进行充分的交换（将室内高湿空气迅速排出）；傍晚时将晾房门窗关闭，在夜间利用循环系统对室内高湿空气进行强排至第 2 天。

②在阴雨天气：将晾房门窗关闭，利用循环系统强排晾房内高湿空气。

1. 太阳能改造晾房的增温排湿效果分析

如图 5-18 和图 5-19 所示，取晾制期内 10 天为分析点（9 月 15 日至 9 月 24 日），其中，前 3 天和后 4 天为连续晴天，中间 3 天为连续阴雨天气。10 天内对照晾房 24 小时均温为 15.13℃，在 2010 年所搭建的 3 间连栋太阳能增温晾房内，24 小时均温为 18.35℃，均温增加 3.22℃，在 2011 年用模块化设计后搭建的太阳能增温晾房 24 小时均温为 17.56℃，均温增加 2.43℃。晾房内相对湿度方面，对照晾房 24 小时平均相对湿度为 87.86%，在 2010 年所搭建的 3 间连栋太阳能增温晾房内，24 小时平均相对湿度为 76.46%，平均相对湿度降低了 11.40 个百分点；在 2011 年用模块化设计后搭建的太阳能增温晾房 24 小时平均相对湿度为 77.33%，平均相对湿度降低了 10.53 个百分点。结果表明，本套系统能有效提升晾制期晾房内环境温度，且降低晾房内相对湿度。

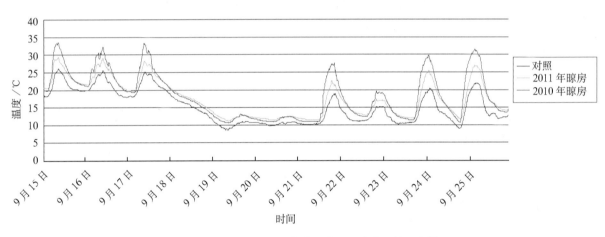

图 5-18　晾制期间太阳能增温排湿系统增温效果比较

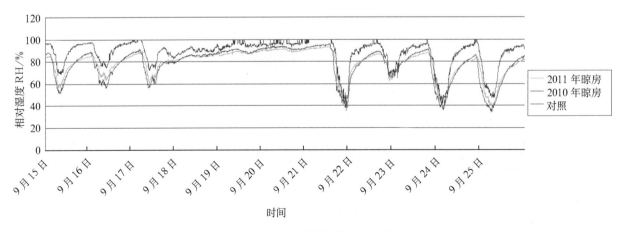

图 5-19　晾制期间太阳能增温排湿系统排湿效果比较

2. 太阳能增温排湿晾制对白肋烟中 TSNAs 累积量的影响

如表 5-29 所示，应用太阳能增温排湿晾房可以使白肋烟中 TSNAs 累积量得到明显降低，上部叶降幅达 21.24%（其中，NNK 降幅达 42.19%），中部叶降幅达 27.48%（其中，NNK 降幅达 68.74%）。

表 5-29　太阳能增温排湿晾制对白肋烟中 TSNAs 累积量的影响

单位：$\mu g \cdot g^{-1}$

叶位	处理	NNN	NAT	NAB	NNK	TSNAs
上部	太阳能晾房	22.6333	4.5314	0.5026	0.2392	27.9064
	对照	28.2563	6.1654	0.5987	0.4137	35.4341
中部	太阳能晾房	17.1873	6.3009	0.5664	0.2556	24.3101
	对照	22.3665	9.6745	0.6656	0.8177	33.5242

3. 太阳能增温排湿晾制对白肋烟晾制周期的影响

如表 5-30 所示，太阳能增温排湿设施能有效缩短白肋烟的晾制周期 7 ～ 8 天。

表 5-30　太阳能增温排湿设施对白肋烟晾制周期的影响

单位：天

处理	凋萎期	变黄期	变褐期	干筋期	总天数
2010 年太阳能增温晾房	6	7	11	13	37
2011 年太阳能增温晾房	6	8	11	13	38
对照	7	8	13	17	45

4. 太阳能增温排湿晾制对烟叶产值量的影响

测量结果如表 5-31 所示，太阳能增温晾制可减少晾制带来的产量损失达 20 kg/ 亩以上。上中等烟率和均价也有所增加，亩产值可增加 300 元以上。2011 年模块化设计后的太阳能增温排湿设施在提升产值量方面的效果与 2010 年所搭建太阳能增温排湿设施相当。

表 5-31　太阳能增温排湿晾制白肋烟的产值量比较

处理	亩产量 / (kg · 亩$^{-1}$)	亩产值 / (元 · 亩$^{-1}$)	均价 / (元 · kg^{-1})	上中等烟率 /%
2010 年太阳能晾房	154.53	1800.3	11.65	88.91
2011 年太阳能晾房	157.08	1793.9	11.42	88.65
对照晾房	134.56	1465.4	10.89	81.30

5. 太阳能增温排湿设施对烟叶品质的影响

加装了太阳能增温排湿设施的晾房能够明显改善晾制后烟叶的品质，与对照晾房所晾制烟叶的评吸结果比较如表 5-32 所示。

表 5-32　太阳能增温排湿晾制白肋烟的评吸结果

单位：分

处理	特征香气	丰满度	杂气	浓度	劲头	浓劲协调	细腻	刺激	干燥	干净程度
对照 - 上层	6.0	6.0	5.5	6.0	6.5	6.0	5.5	5.5	5.5	6.0
处理 - 上层	6.5	6.5	5.5	6.0	6.5	6.0	5.0	5.5	5.5	6.0

处理	特征香气	丰满度	杂气	浓度	劲头	浓劲协调	细腻	刺激	干燥	干净程度
对照 – 下层	6.0	6.0	5.5	6.0	6.5	6.0	5.5	5.5	5.5	6.0
处理 – 下层	6.5	6.0	5.5	6.0	6.0	6.0	5.5	5.5	5.5	6.0

注：处理为太阳能增温排湿晾房，对照为普通晾房。

评吸结果比较的整体评述为：处理 – 上层好于对照 – 上层，处理 – 上层在特征香气、丰满度等几个方面都要好于对照 – 上层，且烟气成团性好；处理 – 下层好于对照 – 下层，处理 – 下层的特征香气好于对照 – 下层、劲头小于对照 – 下层，且烟气成团性好。

（三）太阳能改造晾房及热源内置式改造晾房在马里兰烟晾制的应用效果

如表 5-33 所示，应用太阳能增温排湿晾房可以使马里兰烟的上部叶和中部叶中 TSNAs 含量分别降低 28.28%、31.98%，其中，NNK 分别降低 17.40%、15.56%。应用热源内置式改造晾房可以使马里兰烟的上部叶和中部叶中 TSNAs 含量分别降低 32.32%、38.18%，其中，NNK 分别降低 24.85%、27.61%。

表 5-33　应用太阳能改造晾房及热源内置式改造晾房对马里兰烟 TSNAs 含量的影响

叶位	处理	NNN/ ($\mu g \cdot g^{-1}$)	NAT/ ($\mu g \cdot g^{-1}$)	NAB/ ($\mu g \cdot g^{-1}$)	NNK/ ($\mu g \cdot g^{-1}$)	TSNAs/ ($\mu g \cdot g^{-1}$)	TSNAs 降幅 / %	NNK 降幅 / %
上部叶	太阳能晾房晾制	3.1268	0.3983	0.0330	0.3130	3.8710	28.28	17.40
	热源内置晾房晾制	2.9784	0.3567	0.0330	0.2848	3.6528	32.32	24.85
	普通晾房晾制	4.2130	0.7822	0.0230	0.3789	5.3972	—	—
中部叶	太阳能晾房晾制	2.3675	0.4064	0.0232	0.2987	3.0958	31.98	15.56
	热源内置晾房晾制	2.1795	0.3592	0.0187	0.2561	2.8135	38.18	27.61
	普通晾房晾制	3.7655	0.4041	0.0279	0.3538	4.5512	—	—

第四节　白肋烟新品引种与马里兰烟烟碱转化率改良

一、白肋烟品种 TN90LC 引种培育

TN90LC 是从美国引进的白肋烟品种，通过云南省检验检疫局检疫，2010 年云南省烟草农业科学研究院在隔离检疫负压温室内隔离种植，采用洗涤法和萌芽法对 TN90LC 开展了烟草霜霉病检测及 1 个生长季的隔离试种检测，结果未发现疑似烟草霜霉病症状的病害发生，也未检测到烟草霜霉病孢子囊、孢子梗和卵孢子。

2011—2012 年进行省白肋烟区试小区试验，2012 年省白肋烟区试生产示范，2012—2013 年参加全国白肋烟品种区试小区试验，2013 年 8 月通过湖北省烟草专卖局组织的农业评审，2014 年进行全国白肋烟品种试验生产示范，2014 年 8 月通过全国烟草品种（系）农业评价，2015 年进行工业评价，2016 年通过

全国烟草品种审定委员会审定，审定编号为 201607。试验、示范以鄂烟 1 号为对照品种，对新品种的农艺性状、抗病性、经济性状及品质性状进行全面的比较鉴定。

（一）栽培及晾制技术要点

在中等肥力的地块上，一般栽植 1100 株 / 亩，行距 120 cm，株距 50 cm，每亩施纯氮 15.0 ～ 17.0 kg，氮、磷、钾配比为 1：1：2，70% 氮、钾肥及全部磷肥用作底肥，于栽前 20 天结合整土起垄穴施或条施入土壤内，余下的肥料于栽后 25 天一次性打孔穴施并淋水封口，现蕾后期打顶，单株留叶 21 ～ 23 片（需打掉底脚叶 2 片，顶叶 1 片，采收 18 ～ 20 片），及时抹杈，打顶后分片剥叶采收 2 ～ 3 次（8 ～ 10 片），余下的 30 天左右半整株斩株晾制；晾制期间温度以 19 ～ 25 ℃、平均相对湿度以 65% ～ 75% 为宜，晾制中后期应注意及时增温排湿，防止烂烟，待顶叶变为浅红棕色时，关闭晾房门窗，以加深烟叶色泽，促进香气形成，当全部烟叶的主脉干燥易折时，即可下架剥叶，晾制好的烟叶水分应严格控制在 16% ～ 17%，在避光防潮的条件下堆放，自然醇化一段时间，以增进烟叶的香味。

（二）主要农艺性状和植物学性状

综合多年区试、示范结果表明（表 5-34、表 5-35），TN90LC 株式塔形，株形较紧凑，叶形长椭圆，叶尖渐尖，叶肉组织结构稍粗糙，叶片身份适中，叶色黄绿，叶面稍皱，茎叶角度中等，花色粉红，花序较分散；平均打顶株高 129.2 cm，茎围 11.3 cm，节距 5.1 cm，有效叶数 22.6 片，腰叶长 76.6 cm，宽 34.6 cm，大田生育期 92.9 天左右，田间长势强，遗传性状稳定，群体整齐一致。

表 5-34　TN90LC 主要植物学性状

品种	株形	叶形	叶面	叶尖	叶耳	叶肉组织	叶片厚度	叶脉颜色	主脉粗细	叶色	花序特征	花色
TN90LC	塔形	长椭圆	稍皱	渐尖	小	稍粗糙	适中	乳白	稍粗	黄绿	较松散	粉红
鄂烟 1 号	塔形	长椭圆	平展	渐尖	中	细致	适中	乳白	稍粗	黄绿	松散	粉红

表 5-35　TN90LC 主要农艺性状

年份	试验	品种	株高 / cm	茎围 / cm	节距 / cm	叶数 / 片	中部叶 长 / cm	中部叶 宽 / cm	大田生育期 / 天
2011	省区试	TN90LC	131.5	10.7	4.3	23.9	76.3	31.8	96.5
		鄂烟 1 号	130.1	11.3	4.3	22.3	79.0	33.4	91.5
2012	省区试	TN90LC	128.6	11.4	5.1	24.4	79.9	35.0	82.5
		鄂烟 1 号	125.1	12.2	5.0	23.7	84.6	35.1	83.0
	省示范	TN90LC	119.8	12.4	5.5	22.9	83.6	37.6	87.0
		鄂烟 1 号	116.8	11.3	5.3	21.7	81.9	35.6	79.0
	全国区试	TN90LC	129.5	10.3	4.8	21.8	71.4	34.7	98.0
		鄂烟 1 号	126.4	10.6	4.5	21.4	74.6	35.3	96.5
2013	全国区试	TN90LC	134.3	10.9	5.0	21.6	71.4	34.2	96.8
		鄂烟 1 号	128.4	11.6	4.8	20.5	73.9	35.2	94.8

年份	试验	品种	株高 / cm	茎围 / cm	节距 / cm	叶数 / 片	中部叶		大田
							长 / cm	宽 / cm	生育期 / 天
2014	全国	TN90LC	131.7	12.0	5.8	20.9	77.1	34.4	96.3
	示范	鄂烟 1 号	127.4	12.7	5.6	20.1	78.5	35.0	94.0
平均值		TN90LC	129.2	11.3	5.1	22.6	76.6	34.6	92.9
		鄂烟 1 号	125.7	11.6	4.9	21.6	78.8	34.9	89.8

（三）转基因评价及抗病性

1. 转基因评价

经中国烟草进出口烟叶检测站测定，TN90LC 为非转基因烟草。

2. 抗病性

2011—2014 年云南省烟草农业科学研究院、贵州省烟草农业科学研究院和湖北省烟草科研所病害接种鉴定结果表明，TN90LC 中抗至抗黑胫病，抗 TMV，中感 CMV、PVY，中抗根结线虫病，感赤星病，中感青枯病，综合抗病能力与对照相当（表 5–36）。

表 5–36　病害人工接种鉴定结果

年份	试验 名称	品种	青枯病		黑胫病		TMV		CMV		PVY		根结线虫		赤星病	
			病指	抗性	病指	抗性	病指	抗性	病指	抗性	病指	抗性	病指	抗性	病指	抗性
2011	省区试	TN90LC			70.0	S										
		鄂烟 1 号			21.1	MR										
2012	省区试	TN90LC			0	R										
		鄂烟 1 号			10.0	R										
	全国 区试（贵）	TN90LC	45.2	MS	31.4	MR	68.3	S	48.1	MS	45.0	MS				
		鄂烟 1 号	36.0	MR	33.2	MR	48.1	MS	43.2	MS	72.2	S				
	全国 区试（云）	TN90LC			21.4	MR	0	I					32.9	MR	98.4	S
		鄂烟 1 号			20.4	MR	2.3	R					36.3	MR	99.5	S
2013	全国 区试（贵）	TN90LC	65.5	S	33.3	MR	69.7	S	42.9	MS	46.0	MS				
		鄂烟 1 号	38.3	MR	36.1	MR	42.2	MS	59.4	MS	75.8	S				
	全国 区试（云）	TN90LC			18.9	R	0	I					40.1	MR	82.6	S
		鄂烟 1 号			84.7	S	16.7	R					43.2	MR	84.7	S
2014	全国 示范（贵）	TN90LC	54.3	MS	29.5	MR	65.3	S	38.2	MR	4.1	R				
		鄂烟 1 号	42.1	MS	36.1	MR	48.7	MS	53.3	MS	63.4	S				

注：病害严重度分级标准依据国家标准 GB/T 23224—2008 分为 6 级：高抗或免疫 I：病指 0；抗 R：病指 0.1 ～ 20.0；中抗 MR：病指在 20.1 ～ 40.0；中感 MS：病指 40.1 ～ 60.0；感病 S：60.1 ～ 80.0；高感 HS：病指 80.1 ～ 100.0。省区试病害接种鉴定结果由湖北省烟草科研所烟草病虫害研究中心提供，全国区试病害接种鉴定结果由贵州省和云南省烟草农业科学研究院提供。

（四）主要经济性状

历年试验、示范结果表明，TN90LC 的平均产量为 175.9 kg/ 亩，产值为 2376.80 元 / 亩，均价为 15.20 元 /kg，上等烟率为 45.25%，上中等烟率为 86.06%，TN90LC 综合经济性状略低于对照（表 5–37）。

表 5-37　TN90LC 的主要经济性状

年份	试验名称	试点数	品种	亩产量 /（kg·亩⁻¹）	亩产值 /（元·亩⁻¹）	均价 /（元·kg⁻¹）	上等烟率 / %	上中等烟率 / %
2011	省区试	3	TN90LC	141.22	1727.38	12.19	43.91	85.26
			鄂烟 1 号	162.95	2023.45	12.40	43.42	84.61
2012	省区试	3	TN90LC	163.1	2453.6	15.0	41.5	86.2
			鄂烟 1 号	172.8	2621.1	15.2	42.0	86.7
	省示范	2	TN90LC	188.0	2896.97	15.41	45.1	86.6
			鄂烟 1 号	188.6	2880.65	15.25	42.0	88.1
	全国区试	6	TN90LC	197.65	1990.11	15.28	51.7	86.0
			鄂烟 1 号	193.79	2258.66	15.55	52.2	88.0
2013	全国区试	5	TN90LC	191.2	2218.14	16.29	43.3	86.9
			鄂烟 1 号	188.3	1942.31	16.52	45.0	87.3
2014	全国示范	4	TN90LC	174.3	2974.3	16.8	46.0	85.4
			鄂烟 1 号	169.5	2901.5	16.9	49.7	86.2
平均值			TN90LC	175.9	2376.8	15.2	45.25	86.06
			鄂烟 1 号	179.3	2437.9	15.3	45.72	86.82
			比 CK ± %	-1.90	-2.51	-0.93	-1.02	-0.87

（五）烟草中特有 N- 亚硝胺类化合物（TSNAs）

由表 5-38 可知，全国区试 TN90LC 原烟上部烟叶中 NNN 含量、TSNAs 含量分别比对照低 65.84% 和 64.76%，中部烟叶中 NNN 含量、TSNAs 含量分别比对照低 77.60% 和 68.11%，烟叶安全性好。同时，TN90LC 与美国白肋烟代表品种 Ky14 相比（表 5-39），NNN 降低了 6.81%，NNK 降低 21.95%，TSNAs 总量降低 13.96%。

表 5-38　TN90LC 烟草中特有 N- 亚硝胺类化合物含量

单位：µg·g⁻¹

试点	品种	部位	NNN	NAT	NAB	NNK	TSNAs
恩施	TN90LC	上部	10.6867	0.3273	3.7250	0.1508	14.8899
		中部	10.8059	0.3548	4.4937	0.1648	15.8192
	鄂烟 1 号	上部	15.3787	0.1994	2.1047	0.0849	17.7676
		中部	21.0070	0.2986	3.3566	0.1453	24.8075
建始	TN90LC	上部	11.0250	0.1216	1.8259	0.0566	13.0291
		中部	4.8167	0.1683	2.2867	0.0744	7.3461
	鄂烟 1 号	上部	35.7638	0.2029	2.8868	0.0949	38.9484
		中部	29.7836	0.0991	1.3334	0.0395	31.2555
达州	TN90LC	上部	34.5197	0.4843	5.8010	0.2475	41.0525
		中部	23.1436	0.7676	11.3739	0.4510	35.7360
	鄂烟 1 号	上部	57.3318	0.1649	38.1782	1.8043	113.9491
		中部	120.1263	0.9839	7.0103	0.2396	128.3601

续表

试点	品种	部位	NNN	NAT	NAB	NNK	TSNAs
宾川	TN90LC	上部	14.2641	0.1727	10.4963	0.2804	25.2135
		中部	7.2180	0.1673	5.4167	0.1458	12.9479
	鄂烟 1 号	上部	63.3511	0.1540	4.7058	0.1166	68.3275
		中部	45.5809	0.1069	4.2823	0.0856	50.0557
万州	TN90LC	上部	7.9449	0.1575	3.2477	0.1134	11.4635
		中部	7.9073	0.1517	3.0611	0.1204	11.2405
	鄂烟 1 号	上部	57.8181	0.1173	2.7593	0.1390	60.8337
		中部	24.0553	0.1827	1.7058	0.1122	26.0561
均值	TN90LC	上部	15.6881	0.2527	5.0192	0.1697	21.1297
	鄂烟 1 号	上部	45.9287	0.1677	10.1270	0.4479	59.9653
	比 CK ± %		−65.84	50.70	−50.44	−62.11	−64.76
	TN90LC	中部	10.7783	0.3220	5.3264	0.1913	16.6180
	鄂烟 1 号	中部	48.1106	0.3343	3.5377	0.1244	52.1070
	比 CK ± %		−77.60	−3.68	50.56	53.73	−68.11

表 5-39　同等条件下 TN90LC 与美国其他品种中 TSNAs 含量的比较

单位：µg·g⁻¹

品种	部位	NNN	NAT+NAB	NNK	TSNAs
TN90LC	中部	1.1720	0.9978	0.2745	2.4443
Burley18	中部	2.2020	1.9420	0.5080	4.6530
Burley26A	中部	2.9960	1.1970	0.3340	4.5280
Ky14	中部	1.2577	1.2320	0.3517	2.8410

（六）降烟碱转化率

由表 5-40 可知，TN90LC 平均降烟碱转化率为 4.40%，群体中无高转化株（降烟碱转化率＞20%），中转化株占 27.6%（降烟碱转化率为 5%～20%），低转化株占 72.4%（降烟碱转化率＜5%），群体中降烟碱含量较低。

表 5-40　TN90LC 生物碱含量及降烟碱转化率

单株	烟碱 /（mg·g⁻¹）	降烟碱 /（mg·g⁻¹）	新烟草碱 /（mg·g⁻¹）	假木贼碱 /（mg·g⁻¹）	总生物碱 /（mg·g⁻¹）	占总生物碱 / % 烟碱	降烟碱	新烟草碱	假木贼碱	降烟碱转化率 / %
1	16.526	0.322	0.115	0.0607	17.024	97.076	1.891	0.676	0.357	1.91
2	16.478	0.319	0.126	0.0625	16.986	97.012	1.878	0.742	0.368	1.90
3	17.731	0.828	0.185	0.0718	18.816	94.235	4.401	0.983	0.382	4.46
4	15.287	0.465	0.142	0.0548	15.949	95.850	2.916	0.890	0.344	2.95
5	12.593	0.620	0.224	0.0525	13.490	93.354	4.596	1.661	0.389	4.69

单株	烟碱 / (mg·g⁻¹)	降烟碱 / (mg·g⁻¹)	新烟草碱 / (mg·g⁻¹)	假木贼碱 / (mg·g⁻¹)	总生物碱 / (mg·g⁻¹)	占总生物碱 / %				降烟碱 转化率 / %
						烟碱	降烟碱	新烟草碱	假木贼碱	
6	15.465	0.914	0.141	0.0491	16.569	93.336	5.516	0.851	0.296	5.58
7	16.578	0.904	0.161	0.0839	17.727	93.519	5.100	0.908	0.473	5.17
8	20.282	0.839	0.260	0.0746	21.456	94.530	3.91	1.212	0.348	3.97
9	13.190	1.521	0.162	0.1243	14.997	87.949	10.142	1.080	0.829	10.34
10	22.387	1.202	0.312	0.1637	24.065	93.028	4.995	1.297	0.680	5.10
11	16.614	0.825	0.197	0.0754	17.711	93.804	4.658	1.112	0.426	4.73
12	16.679	1.547	0.334	0.0572	18.617	89.589	8.310	1.794	0.307	8.49
13	20.794	1.109	0.224	0.1170	22.244	93.481	4.986	1.007	0.526	5.06
14	18.488	1.019	0.231	0.0847	19.823	93.267	5.141	1.165	0.427	5.22
15	18.672	0.912	0.252	0.1056	19.942	93.633	4.573	1.264	0.530	4.66
16	22.505	0.283	0.332	0.0429	23.163	97.160	1.222	1.433	0.185	1.24
17	18.897	0.906	0.336	0.1153	20.254	93.299	4.473	1.659	0.569	4.58
18	17.826	0.842	0.240	0.0959	19.004	93.802	4.431	1.263	0.505	4.51
19	16.515	0.781	0.205	0.1133	17.614	93.759	4.434	1.164	0.643	4.52
20	18.704	0.792	0.216	0.0334	19.745	94.726	4.011	1.094	0.169	4.06
21	21.600	0.609	0.239	0.0369	22.485	96.064	2.708	1.063	0.164	2.74
22	20.782	0.857	0.359	0.1089	22.107	94.007	3.877	1.624	0.493	3.96
23	22.113	0.803	0.309	0.0997	23.325	94.805	3.443	1.325	0.427	3.50
24	16.979	0.758	0.241	0.1096	18.088	93.871	4.191	1.332	0.606	4.27
25	18.572	0.726	0.248	0.0842	19.630	94.609	3.698	1.263	0.429	3.76
26	17.838	0.491	0.221	0.0549	18.605	95.878	2.639	1.188	0.295	2.68
27	17.838	0.892	0.217	0.0776	19.025	93.763	4.689	1.141	0.408	4.76
28	18.952	1.029	0.342	0.0859	20.409	92.861	5.042	1.676	0.421	5.15
29	18.307	0.680	0.205	0.0683	19.260	95.050	3.531	1.064	0.355	3.58
均值	18.110	0.821	0.234	0.0815	19.246	94.046	4.324	1.204	0.426	4.40

（七）常规化学成分

由表 5-41 可知，TN90LC 平均上部叶烟碱含量为 5.75%，总氮含量为 5.11%，总糖含量为 0.55%，钾含量为 3.71%，氯含量为 0.72%，氮碱比为 0.90；中部叶烟碱含量为 4.78%，总氮含量为 4.70%，总糖含量为 0.59%，钾含量为 3.65%，氯含量为 0.63%，氮碱比为 1.00。TN90LC 烟碱含量、总氮含量高于对照，钾含量低于对照，内在化学成分含量较适宜协调。

表 5-41 TN90LC 常规化学成分

年份	试验名称	品种	上部叶 / %						中部叶 / %					
			烟碱	总氮	总糖	钾	氯	氮碱比	烟碱	总氮	总糖	钾	氯	氮碱比
2011	省区试	TN90LC	5.19	4.45	0.61	3.81	0.72	0.86	3.76	4.04	0.62	3.72	0.57	1.07
		鄂烟1号	5.76	4.73	0.62	3.32	0.78	0.82	4.44	4.35	0.62	3.20	0.61	0.98
2012	省区试	TN90LC	5.65	5.24	0.56	3.13	0.56	0.93	5.01	4.76	0.65	3.07	0.55	0.95
		鄂烟1号	5.00	4.91	0.60	3.48	0.52	0.98	3.61	4.45	0.66	4.47	0.48	1.23
	省示范	TN90LC	6.30	5.35	0.71	3.67	0.55	0.85	5.58	5.10	0.74	3.62	0.46	0.91
		鄂烟1号	5.24	4.91	0.67	4.39	0.67	0.94	4.14	4.52	0.65	4.68	0.46	1.09
	全国区试	TN90LC	6.25	5.41	0.41	3.97	0.77	0.87	4.82	4.86	0.41	4.07	0.66	1.01
		鄂烟1号	4.77	4.87	0.44	4.59	0.68	1.02	3.95	4.64	0.43	4.75	0.62	1.18
2013	全国区试	TN90LC	5.35	5.08	0.45	3.97	1.02	0.99	4.73	4.75	0.53	3.75	0.93	1.04
		鄂烟1号	4.22	4.59	0.48	4.27	0.94	1.17	4.01	4.54	0.44	4.57	0.89	1.23
平均值		TN90LC	5.75	5.11	0.55	3.71	0.72	0.90	4.78	4.70	0.59	3.65	0.63	1.00
		鄂烟1号	5.00	4.80	0.56	4.01	0.72	0.99	4.03	4.50	0.56	4.33	0.61	1.14

（八）烟叶外观质量

由表 5-42 可知，TN90LC 原烟外观质量较好，与对照相当。从平均情况来看，TN90LC 上部叶成熟度为 80% 成熟、20% 熟，颜色为 70% 浅红黄、30% 浅红棕，叶片结构为 90% 疏松、10% 尚疏松，身份为 80% 适中、10% 稍厚、10% 稍薄，叶面为 20% 展、80% 稍皱，光泽为 90% 亮、10% 中，颜色强度为 60% 中、40% 淡；TN90LC 中部叶成熟度为 80% 成熟、20% 熟，颜色为 80% 浅红黄、20% 浅红棕，叶片结构为 90% 疏松、10% 尚疏松，身份为 65% 适中、35% 稍薄，叶面为 55% 展、45% 稍皱，光泽为 25% 亮、75% 中，颜色强度为 40% 中、55% 淡、5% 差。

表 5-42 全国品种区试 TN90LC 外观质量

试点	部位	品种	颜色	成熟度	身份	叶片结构	叶面	光泽	颜色强度	阔度
试验站	中部	TN90LC	浅红棕 20% 浅红黄 80%	成熟 80% 熟 20%	适中 60% 稍薄 40%	疏松 80% 尚疏松 20%	展 50% 稍皱 50%	亮 20% 中 80%	中 50% 淡 50%	宽
		鄂烟1号	浅红棕 60% 浅红黄 40%	成熟 80% 熟 20%	适中 50% 稍薄 50%	疏松	展 60% 稍皱 40%	亮 40% 中 60%	中 50% 淡 50%	宽
	上部	TN90LC	浅红棕 30% 浅红黄 70%	成熟 80% 熟 20%	适中	疏松	展 30% 稍皱 70%	亮 15% 中 85%	中 80% 淡 20%	宽
		鄂烟1号	浅红黄 70% 浅红棕 30%	成熟 80% 熟 20%	适中	疏松	展 30% 稍皱 70%	中	中 20% 淡 80%	中
奉节	中部	TN90LC	浅红黄	成熟	适中 60% 稍薄 40%	疏松	展 50% 稍皱 50%	亮 20% 中 80%	淡	宽
		鄂烟1号	浅红棕 70% 浅红黄 30%	成熟	适中	疏松	展 90% 稍皱 10%	亮	中	宽
	上部	TN90LC	浅红棕 30% 浅红黄 70%	成熟 80% 熟 20%	适中	疏松	展 30% 稍皱 70%	中	中 20% 淡 80%	中

试点	部位	品种	颜色	成熟度	身份	叶片结构	叶面	光泽	颜色强度	阔度
奉节	上部	鄂烟1号	浅红棕20% 浅红黄50% 杂色30%	成熟50% 熟50%	适中70% 稍薄30%	疏松30% 松70%	稍皱	亮20% 中80%	淡30% 差70%	中
宾川	中部	TN90LC	浅红棕40% 浅红黄60%	成熟80% 熟20%	适中70% 稍薄30%	疏松	展80% 稍皱20%	亮50% 中50%	中40% 淡30% 差30%	宽
		鄂烟1号	浅红棕30% 浅红黄70%	成熟70% 过熟30%	适中60% 稍薄40%	疏松60% 尚疏松10% 松30%	稍皱	亮60% 中40%	中40% 淡60%	宽
	上部	TN90LC	浅红棕70% 浅红黄30%	成熟	适中70% 稍薄20% 稍厚10%	疏松60% 尚疏松40%	展20% 稍皱80%	亮30% 中70%	中40% 淡60%	宽
		鄂烟1号	浅红棕60% 红棕40%	成熟90% 熟10%	适中50% 稍厚50%	疏松50% 尚疏松50%	展70% 稍皱30%	亮50% 中50%	中60% 淡40%	宽
达州	中部	TN90LC	浅红棕20% 浅红黄80%	成熟70% 熟30%	适中60% 稍薄40%	疏松80% 尚疏松20%	展50% 稍皱50%	亮20% 中80%	中40% 淡60%	宽
		鄂烟1号	浅红棕60% 浅红黄40%	成熟80% 熟20%	适中50% 稍薄50%	疏松	展60% 稍皱40%	亮40% 中60%	中50% 淡50%	宽
	上部	TN90LC	浅红黄	成熟80% 熟20%	适中80% 稍薄20%	疏松85% 尚疏松15%	稍皱	亮15% 中85%	中20% 淡80%	宽
		鄂烟1号	浅红棕30% 浅红黄70%	成熟80% 熟20%	适中	疏松	展30% 稍皱70%	中	中20% 淡80%	宽60% 中40%
建始	中部	TN90LC	浅红黄	成熟80% 过熟20%	适中60% 稍薄40%	疏松	展50% 稍皱50%	亮20% 中80%	中50% 淡50%	宽
		鄂烟1号	浅红黄	成熟80% 熟20%	适中50% 稍薄50%	疏松	展60% 稍皱40%	亮40% 中60%	中50% 淡50%	宽
	上部	TN90LC	浅红棕	成熟80% 熟20%	适中80% 稍厚20%	疏松85% 尚疏松15%	稍皱	亮15% 中85%	中80% 淡20%	宽
		鄂烟1号	浅红棕30% 浅红黄70%	成熟80% 熟20%	适中80% 稍厚20%	疏松80% 尚疏松20%	展30% 稍皱70%	亮20% 中80%	中20% 淡80%	宽
万州	中部	TN90LC	浅红棕20% 浅红黄80%	成熟80% 过熟20%	适中60% 稍薄40%	疏松80% 尚疏松20%	展50% 稍皱50%	亮20% 中80%	中40% 淡60%	宽
		鄂烟1号	浅红棕60% 浅红黄40%	成熟80% 熟20%	适中50% 稍薄50%	疏松	展60% 稍皱40%	亮40% 中60%	中50% 淡50%	宽
	上部	TN90LC	浅红黄	成熟80% 熟20%	适中80% 稍薄20%	疏松85% 尚疏松15%	稍皱	亮15% 中85%	淡	宽
		鄂烟1号	浅红棕30% 浅红黄70%	成熟80% 熟20%	适中	疏松	展30% 稍皱70%	中	中20% 淡80%	宽

（九）烟叶品质评价

2012 年、2013 年全国品种区试 11 个试点（次）中部叶样品评吸结果表明（表 5-43），TN90LC 中部叶评吸质量 1 个试点（次）中偏上 +，3 个试点（次）为中等 +，3 个试点（次）为中等，3 个试点为中等 −，1 个试点较差，中部叶评吸质量与对照为同一质量档次，但略差于对照。

表 5-43　TN90LC 全国区试中部叶感官评吸

年份	试点	品种	风格程度	香气量	浓度	杂气	劲头	刺激性	余味	燃烧性	灰色	质量档次
2012	奉节	TN90LC	较显著	尚足	中等 +	有	中等 +	有	尚舒适	较强	灰白	中等 +
		鄂烟 1 号	较显著	尚足	中等 +	有	较大 −	有	尚舒适	较强	灰白	中等 +
	万州	TN90LC	有	尚足 −	中等 +	有 −	较大 −	有 −	尚舒适	较强	灰	中等
		鄂烟 1 号	较显著 −	尚足	中等 +	有	中等 +	有	尚舒适	较强	灰白	中偏上
	试验站	TN90LC	有	尚足 −	中等	有 −	中等 +	有	尚舒适 −	较强	灰	中等 −
		鄂烟 1 号	有 +	尚足	中等	有	中等	有	尚舒适	较强	灰	中等
	建始	TN90LC	有	有	中等	有 −	中等	有	微苦 +	较强	灰	中等 −
		鄂烟 1 号	较显著	尚足 +	较浓 −	有	较大	有 −	尚舒适	较强	灰	中偏上
	达州	TN90LC	有 +	尚足 +	中等 +	有	中等	有	尚舒适	较强	灰	中等 +
		鄂烟 1 号	有	尚足	中等	有	中等	有	尚舒适	较强	灰	中等
	宾川	TN90LC	微有	有 −	中等	略重	较小 +	有	微苦 +	较强	灰白	较差
		鄂烟 1 号	较显著	较足	中等 +	有 +	较大	有	较舒适	较强	灰白	较好
2013	万州	TN90LC	有	有	中等	中等 +	有	尚舒适	强	灰白	中等
		鄂烟 1 号	有 +	有 +	中等	中等 +	有	尚舒适	强	灰白	中等 +
	试验站	TN90LC	较显著 −	尚足	中等	有	中等	有	尚舒适	较强	灰白	中等 +
		鄂烟 1 号	有	尚足	中等	有	中等	有	尚舒适	较强	灰白	中等
	建始	TN90LC	较显著 −	尚足 +	中等	有 +	中等	有 +	尚舒适 +	较强	灰	中偏上 +
		鄂烟 1 号	较显著	尚足 +	中等	有 +	中等	有 +	尚舒适	较强	灰	较好 −
	达州	TN90LC	较显著	较足 −	较浓	有	大 −	略大	微苦	较强	灰	中等
		鄂烟 1 号	较显著	较足 −	较浓 −	有	较大	略大	微苦 +	较强	黑灰	中等
	宾川	TN90LC	有 +	尚足	中等	有	有	尚舒适 −	较强	黑灰	中等
		鄂烟 1 号	较显著	尚足	中等 +	有	中等	有	尚舒适	较强	灰	中等 +

由表 5-44 可知，TN90LC 中部叶感官均衡性较好，风格特色较显著，感官评吸较好，具体为：风格特征较明显，香气丰满度较好，杂气稍有，劲头较大，浓度较好，浓度劲头比例较协调，刺激性略强，干燥感低，细腻度较好，余味较干净，感官评吸与对照为同一质量档次，略优于对照。TN90LC 中部叶感官评吸质量与对照属同一质量档次。

表 5-44　TN90LC 建始点中部叶感官评吸

单位：分

试验名称	品种	香气特征	丰满度	浓劲比	杂气	劲头	浓度	刺激性	余味	细腻度	干燥感	总分
省区试	TN90LC	5.00	5.00	4.50	4.50	7.00	5.50	4.25	4.75	4.75	4.75	50.00
	鄂烟 1 号	5.00	4.75	5.25	4.50	6.00	5.00	5.00	4.75	4.25	4.50	49.00

续表

试验名称	品种	香气特征	丰满度	浓劲比	杂气	劲头	浓度	刺激性	余味	细腻度	干燥感	总分
省示范	TN90LC	5.25	5.00	5.25	5.00	6.25	5.75	5.25	5.00	5.00	5.00	52.75
	鄂烟 1 号	5.50	5.25	5.00	5.00	6.50	5.75	5.00	4.75	4.75	5.00	52.50
平均值	TN90LC	5.13	5.00	4.88	4.75	6.63	5.63	4.75	4.88	4.88	4.88	51.38
	鄂烟 1 号	5.25	5.00	5.13	4.75	6.25	5.38	5.00	4.75	4.50	4.75	50.75

二、马里兰烟品种五峰 1 号烟碱转化率的改良

对马里兰烟主栽品种五峰 1 号进行了改良，降低其烟碱转化率和烟叶的亚硝胺含量，提高烟叶的安全性。

（一）五峰 1 号群体结果

由表 5-45 可知，五峰 1 号群体平均烟碱含量为 16.86 mg/g，降烟碱含量为 2.69 mg/g，烟碱转化率为 15.06%。进一步分析群体中不同转化率烟株的比例发现，烟碱转化率低于 3% 的非转化烟株占 30.56%，烟碱转化率为 3% ～ 20% 的低转化株占 50.00%，烟碱转化率为 20% ～ 50% 的中转化株占 8.33%，烟碱转化率大于 50% 的高转化株占 11.11%。为此，认为五峰 1 号是一个以低转化株为主，同时存在一定量的中转化株和高转化株的品种。

表 5-45　五峰 1 号群体生物碱含量及烟碱转化率

株号	烟碱 /（mg·g⁻¹）	降烟碱 /（mg·g⁻¹）	烟碱转化率 /%
1	17.1809	0.6154	3.4578
2	13.8056	5.1859	27.3063
3	25.0494	0.4880	1.9109
4	21.8910	0.5121	2.2860
5	15.4860	1.0480	6.3384
6	16.5907	1.5620	8.6050
7	22.7035	0.8422	3.5771
8	11.0781	7.0856	39.0096
9	9.2878	9.3908	50.2758
10	19.0325	0.6512	3.3085
11	3.5647	14.2803	80.0244
12	17.4283	0.7140	3.9357
13	3.6581	11.3642	75.6492
14	20.8365	0.4004	1.8856
15	4.7301	11.5385	70.9249
16	21.0795	1.5549	6.8696
17	18.2057	2.1070	10.3730
18	19.7306	0.4386	2.1746
19	21.7197	1.0629	4.6653

211

株号	烟碱 /（mg·g⁻¹）	降烟碱 /（mg·g⁻¹）	烟碱转化率 /%
20	17.7080	1.0725	5.7106
21	11.9276	4.7394	28.4359
22	15.4225	0.8942	5.4804
23	15.2633	1.7961	10.5287
24	18.9800	0.4383	2.2569
25	16.4286	1.9395	10.5591
26	20.8903	0.4163	1.9540
27	16.5890	0.3853	2.2697
28	14.1275	2.9253	17.1545
29	20.5344	2.7447	11.7905
30	18.6231	0.4279	2.2459
31	20.3905	0.3735	1.7988
32	19.1689	1.4967	7.2426
33	21.2446	0.1760	0.8216
34	19.0922	3.1712	14.2439
35	20.4960	0.3966	1.8981
36	16.8556	2.6925	15.0563
平均	16.8556	2.6925	15.0563
最大值	25.0494	14.2803	80.0244
最小值	3.5647	0.1760	0.8216

根据表 5-45 的结果选择了 5 株烟碱转化率低于 2% 的单株进行自交套袋，种子混合后编号为五峰 1 号 LC-1（低转化选择一代），供下年继续选择。

（二）五峰 1 号 LC-1（低转化选择一代）群体检测结果

由表 5-46 可知，五峰 1 号 LC-1 群体的平均烟碱含量为 17.62 mg/g，降烟碱和烟碱转化率均为 0。100% 均为非转化株。根据检测结果选择了 10 株烟碱含量较低的单株进行自交套袋，种子混合后编号为五峰 1 号 LC-2（低转化选择二代），供下年继续选择。

表 5-46　五峰 1 号 LC-1 群体生物碱含量及烟碱转化率

株号	烟碱 /（mg·g⁻¹）	降烟碱 /（mg·g⁻¹）	烟碱转化率 /%
1	20.98	0	0
2	17.60	0	0
3	16.88	0	0
4	16.45	0	0
5	15.96	0	0
6	14.91	0	0
7	14.91	0	0

株号	烟碱 / (mg · g⁻¹)	降烟碱 / (mg · g⁻¹)	烟碱转化率 / %
8	18.58	0	0
9	16.21	0	0
10	22.15	0	0
11	16.90	0	0
12	18.45	0	0
13	14.40	0	0
14	18.70	0	0
15	16.49	0	0
16	16.30	0	0
17	19.80	0	0
18	19.06	0	0
19	14.81	0	0
20	16.92	0	0
21	17.43	0	0
22	23.26	0	0
23	16.63	0	0
24	16.73	0	0
25	20.00	0	0
26	16.55	0	0
27	17.42	0	0
28	14.93	0	0
29	14.03	0	0
30	18.12	0	0
31	16.79	0	0
32	17.45	0	0
33	20.36	0	0
34	18.75	0	0
35	19.34	0	0
36	19.96	0	0
平均	17.62	0	0
最大值	23.26	0	0
最小值	14.03	0	0

（三）改良效果比较

1. 农艺性状

由表 5-47 可知，改良后的五峰 1 号 LC 二代群体的烟株长势、长相与对照即未改良的五峰 1 号十分相似，差异幅度在 3% 以下。

213

表 5-47 农艺性状调查情况

品种	株高 / cm	叶数 / 片	茎围 / cm	中部叶长 / cm	中部叶宽 / cm
五峰 1 号 LC-2	133.40	25.67	11.15	67.47	34.80
五峰 1 号（CK1）	130.33	26.00	11.28	68.80	33.87
比 CK1± 量	3.07	−0.33	−0.13	−1.33	0.93
比 CK1±%	2.35	−1.28	−1.18	−1.94	2.76

2. 生物碱含量及烟碱转化率

由表 5-48 可知，改良后的五峰 1 号 LC 二代群体烟碱平均含量比对照增加 6.06%～8.36%，降烟碱含量则下降 85.90%～87.62%，烟碱转化率下降 84.81%～86.55%。

表 5-48 生物碱含量及烟碱转化率结果比较

品种	下部			中部			下部		
	烟碱 /（mg·g⁻¹）	降烟碱 /（mg·g⁻¹）	转化率 /%	烟碱 /（mg·g⁻¹）	降烟碱 /（mg·g⁻¹）	转化率 /%	烟碱 /（mg·g⁻¹）	降烟碱 /（mg·g⁻¹）	转化率 /%
五峰 1 号 LC-2	31.20	0.73	2.29	44.89	1.12	2.44	48.47	1.25	2.51
五峰 1 号（CK1）	28.79	5.90	17.00	42.32	8.14	16.13	44.74	8.84	16.50
比 CK1 增减量	2.41	−5.17	−14.71	2.57	−7.01	−13.68	3.73	−7.60	−14.00
比 CK1 增减比例 /%	8.36	−87.62	−86.55	6.06	−86.19	−84.86	8.34	−85.90	−84.81

3. 各部位中 TSNAs 含量

由表 5-49 可知，改良后的五峰 1 号 LC 的 TSNAs 总量比对照下降了 66.28%～72.90%，NNN 含量下降了 73.84%～79.85%，NAT 下降了 8.04%～12.31%，NNK 则比对照增加了 6.17%～18.12%，NAB 下部叶和上部叶分别比对照低 8.68% 和 10.38%，而中部叶比对照高 15.03%。

表 5-49 各部位中 TSNAs 含量的比较

部位	品种	NNN/（μg·g⁻¹）	NNK/（μg·g⁻¹）	NAT/（μg·g⁻¹）	NAB/（μg·g⁻¹）	TSNAs 总量 /（μg·g⁻¹）
下部叶	五峰 1 号 LC-2	2.1499	0.0413	0.8933	0.1242	3.2087
	五峰 1 号（CK1）	10.6704	0.0389	0.9966	0.1361	11.8419
	比 CK1 增减量	−8.5205	0.0024	−0.1033	−0.0119	−8.6332
	比 CK1 增减比例 /%	−79.85	6.17	−10.37	−8.68	−72.90
中部叶	五峰 1 号 LC-2	2.6451	0.0704	1.0166	0.1148	3.8469
	五峰 1 号（CK1）	11.5458	0.0623	1.1594	0.0998	12.8672
	比 CK1 增减量	−8.9007	0.0081	−0.1428	0.0150	−9.0203
	比 CK1 增减比例 /%	−77.09	13.00	−12.32	15.03	−70.10

续表

部位	品种	NNN/（μg·g⁻¹）	NNK/（μg·g⁻¹）	NAT/（μg·g⁻¹）	NAB/（μg·g⁻¹）	TSNAs 总量/（μg·g⁻¹）
上部叶	五峰 1 号 LC-2	3.3107	0.1050	1.2915	0.1019	4.8090
	五峰 1 号（CK1）	12.6532	0.0889	1.4043	0.1137	14.2601
	比 CK1 增减量	−9.3425	0.0161	−0.1128	−0.0118	−9.4511
	比 CK1 增减比例 /%	−73.84	18.11	−8.03	−10.38	−66.28

改良后马里兰烟五峰 1 号 LC 品系，大田生长健壮，发育充分，保持了原始品种的典型性状，与对照无明显差异，烟碱转化率为 2.29% ～ 2.51%，比对照下降了 84.81% ～ 86.62%，TSNAs 总量比对照下降了 66.28% ～ 72.90%，NNN 含量下降了 73.84% ～ 79.85%。

第五节 降低烟叶中 TSNAs 含量的技术集成及工业应用

一、白肋烟减害技术集成示范

选取白肋烟鄂烟 1 号为集成品种，两种方式进行比对：① T1（纵波浪栽培 + 减害剂 Z5 + 热源内置式改造晾房晾制）；② T2（普通栽培模式 + 不施减害剂 + 普通晾房），栽培技术按现行方案执行。

（一）调制后白肋烟中 TSNAs 含量

由表 5-50 可知，应用多项技术集成后，实现了白肋烟上部叶中 TSNAs 含量下降 61.60%（其中，NNK 含量降幅达 59.18%），中部叶中 TSNAs 含量下降了 58.51%（其中，NNK 含量降幅达 76.03%）。结合前面的数据可以发现，技术集成后的减害效果比单项技术有较大程度的提高，体现了集成叠加效应。

表 5-50 白肋烟应用降低烟叶中 TSNAs 含量技术集成后烟叶中 TSNAs 含量

叶位	处理	NNN/（μg·g⁻¹）	NAT/（μg·g⁻¹）	NAB/（μg·g⁻¹）	NNK/（μg·g⁻¹）	TSNAs/（μg·g⁻¹）	TSNAs 降幅 /%	NNK 降幅 /%
上部叶	纵波浪栽培 + 减害剂 Z5 + 热源内置式晾房晾制	3.2589	0.7516	0.1855	0.1097	4.3057	61.60	59.18
	普通栽培模式 + 不施减害剂 + 普通晾房（CK）	9.2157	1.4523	0.2753	0.2687	11.2121	—	—
中部叶	纵波浪栽培 + 减害剂 Z5 + 热源内置式晾房晾制	3.9216	1.0768	0.2014	0.0527	5.2525	58.51	76.03
	普通栽培模式 + 不施减害剂 + 普通晾房（CK）	10.5485	1.5907	0.3016	0.2199	12.6606	—	—

（二）调制后白肋烟内在常规化学成分含量

由表 5-51 可知，应用集成技术后，烟叶中烟碱含量下降，而且以 Z5 的含量较适宜，氮碱比、糖碱比、钾氯比也得到一定程度的改善。

表 5-51　白肋烟应用降低烟叶中 TSNAs 含量技术集成后中部叶内在化学成分含量占比

处理	总烟碱	总氮	总糖	钾	氯
纵波浪栽培 + 减害剂 Z5 + 热源内置式改造晾房晾制	3.12%	3.24%	0.58%	4.22%	0.16%
普通栽培模式 + 不施减害剂 + 普通晾房（CK）	4.19%	3.92%	0.43%	4.17%	0.22%

（三）调制后白肋烟产值量

由表 5-52 可知，应用集成技术后，可实现白肋烟亩产量增加 24.87 kg/ 亩，增幅为 16.20%；亩产值增加 525.45 元 / 亩，增幅为 21.73%；均价增加 0.75 元 /kg；上中等烟率增加了 11.87 个百分点。

表 5-52　白肋烟应用降低烟叶中 TSNAs 含量技术集成后测量结果

处理	亩产量 /（kg·亩⁻¹）	亩产值 /（元·亩⁻¹）	均价 /（元·kg⁻¹）	上等烟率 /%	中等烟率 /%	上中等烟率 /%
纵波浪栽培 + 减害剂 Z5 + 热源内置式改造晾房晾制	178.38	2943.29	16.50	41.81	51.53	93.34
普通栽培模式 + 不施减害剂 + 普通晾房（CK）	153.51	2417.84	15.75	45.27	36.20	81.47

二、马里兰烟减害技术集成示范

选取马里兰烟五峰 1 号为集成品种，两种方式进行比对：① T1（纵波浪栽培 + 减害剂 YCL2 + 热源内置式改造晾房晾制）；② T2（普通栽培模式 + 不施减害剂 + 普通晾房），栽培技术按现行方案执行。

（一）调制后马里兰烟中 TSNAs 含量

由表 5-53 可知，应用多项技术集成后，实现了马里兰烟上部叶中 TSNAs 含量下降 63.41%（其中，NNK 含量降幅达 57.10%），中部叶中 TSNAs 含量下降了 68.84%（其中，NNK 含量降幅达 60.38%），可见技术集成后，也体现了较好的集成叠加效应。

表 5-53　马里兰烟应用降低烟叶 TSNAs 含量技术集成后烟叶 TSNAs 含量

叶位	处理	NNN /（μg·g⁻¹）	NAT /（μg·g⁻¹）	NAB /（μg·g⁻¹）	NNK /（μg·g⁻¹）	TSNAs /（μg·g⁻¹）	TSNAs 降幅 /%	NNK 降幅 /%
上部叶	纵波浪栽培 + 减害剂 YCL2 + 热源内置式晾房晾制	1.0592	0.4356	0.0375	0.0553	1.5876	63.41	57.07
	普通栽培模式 + 不施减害剂 + 普通晾房（CK）	3.5924	0.5472	0.0705	0.1288	4.3389	—	—
中部叶	纵波浪栽培 + 减害剂 YCL2 + 热源内置式晾房晾制	1.1581	0.3355	0.0402	0.0692	1.6029	68.84	60.37
	普通栽培模式 + 不施减害剂 + 普通晾房（CK）	4.3096	0.6103	0.0498	0.1746	5.1443	—	—

（二）调制后马里兰烟内在常规化学成分含量

由表 5-54 可知，应用集成技术后，烟叶中烟碱含量下降，而且以 YCL2 的含量较适宜，氮碱比、糖碱比、钾氯比也得到一定程度的改善。

表 5-54　马里兰烟应用降低烟叶中 TSNAs 含量技术集成后中部叶内在化学成分含量占比

处理	总烟碱	总氮	总糖	钾	氯
纵波浪栽培 + 减害剂 YCL2 + 热源内置式改造晾房晾制	4.41%	4.46%	0.45%	2.73%	0.62%
普通栽培模式 + 不施减害剂 + 普通晾房（CK）	5.36%	4.29%	0.54%	2.68%	0.77%

（三）调制后马里兰烟产值量

由表 5-55 可知，应用集成技术后，可实现马里兰烟亩产量增加 14.65 kg/ 亩，增幅为 9.14%；亩产值增加 331.16 元 / 亩，增幅为 11.64%；均价增加 0.41 元 /kg；上等烟率增加了 4.38 个百分点；上中等烟率增加了 6.14 个百分点。

表 5-55　马里兰烟应用降低烟叶中 TSNAs 含量技术集成后测量结果

处理	亩产量 /（kg·亩⁻¹）	亩产值 /（元·亩⁻¹）	均价 /（元·kg⁻¹）	上等烟率 /%	中等烟率 /%	上中等烟率 /%
纵波浪栽培 + 减害剂 YCL2 + 热源内置式改造晾房晾制	174.85	3176.78	18.17	39.49	50.96	90.45
普通栽培模式 + 不施减害剂 + 普通晾房（CK）	160.20	2845.62	17.76	35.11	49.2	84.31

三、降低烟叶中 TSNAs 含量集成技术的工业应用

白肋烟样品为 2013 年采用降低烟叶中 TSNAs 含量集成技术生产的白肋烟中部叶（9 ~ 11 叶位）和未采用该技术的烟叶同部位、同等级取样，每个样品取样 2 kg；马里兰烟样品为 2013 年采用集成技术生产的马里兰烟中部叶（12 ~ 15 位叶）和未采用该技术的烟叶同部位、同等级取样，每个样品取样 2 kg；对两类烟叶样品的外观质量、物理特性、化学指标、感官质量等方面进行工业验证评价。样品信息如表 5-56 所示。

表 5-56　样品信息与评价编号

评价编号	原始编号	地区	部位	年份	类型	备注
BLY001	2013HBJS12002	湖北建始	中部	2013	白肋烟	对照样
BLY002	2013HBJS12004	湖北建始	中部	2013	白肋烟	减害集成 Z5
MLL001	MY4434002013013	宜昌五峰	中部	2013	马里兰烟	对照样
MLL002	MY4434002013039	宜昌五峰	中部	2013	马里兰烟	减害集成 YCL2

（一）原烟外观质量

由表 5-57 和表 5-58 可知，减害集成样品比对照样品在叶片身份上有一定提升，其他指标无明显差异。

表 5-57　白肋烟原烟的外观质量检测结果

评价编号	处理	成熟度	身份	叶片结构	叶面	光泽	颜色	均匀度 / %
BLY001	对照样 CK	成熟	适中	疏松 – 稍密	舒展	亮	浅红黄 – 红黄	85
BLY002	减害集成 Z5	成熟	稍厚	疏松	舒展	明亮	红黄	90

表 5-58　马里兰烟样品的外观质量测定结果

评价编号	处理	成熟度	叶片结构	身份	叶面	光泽	颜色	长度 / cm	均匀度 / %
MLL001	对照样 CK	成熟	疏松	适中	展	亮	中	78.3	85
MLL002	减害集成 YCL2	成熟	疏松	稍厚	展	亮	中	77.8	85

（二）原烟的主要物理特性

由表 5-59 可知，使用集成技术后，烟叶叶片厚度、单叶重均有一定提升，平衡含水率变化不大，马里兰烟填充值变化不大。

表 5-59　样品的主要物理性能检测结果

评价编号	处理	厚度 / mm	单叶重 / g	平衡含水率 / %	填充值 / (cm^3 · g^{-1})
BLY001	对照样 CK	0.109	7.45	13.04	4.72
BLY002	减害集成 Z5	0.120	8.25	13.26	5.79
MLL001	对照样 CK	0.099	7.45	12.11	4.52
MLL002	减害集成 YCL2	0.109	8.41	11.57	4.48

（三）原烟的常规理化成分

由表 5-60 可知，烟叶减害综合配套技术能有效降低烟叶中烟碱含量，使糖碱比、氮碱比更合理。

表 5-60　样品的常规理化成分检测结果

评价编号	处理	总糖 / %	总烟碱 / %	总氮 / %	钾 / %	氯 / %	糖碱比	氮碱比	施木克值
BLY001	对照样 CK	0.43	4.19	3.92	4.17	0.22	0.10	0.94	0.02
BLY002	减害集成 Z5	0.58	3.12	3.24	4.22	0.16	0.19	1.04	0.03
MLL001	对照样 CK	0.54	5.36	4.29	2.68	0.77	0.10	0.80	0.02
MLL002	减害集成 YCL2	0.45	4.83	4.46	2.73	0.62	0.09	0.92	0.02

注：糖碱比 = 总糖 / 总烟碱；氮碱比 = 总氮 / 总烟碱；施木克值 = 总糖 / 蛋白质，蛋白质（%）=6.25 × 总氮（%）。

（四）原烟中特有 *N*- 亚硝胺含量

由表 5-61 可知，减害集成 Z5 能有效降低白肋烟中 TSNAs 总量和 NNK 含量，TSNAs 总量降低 60.36%，NNK 含量降低 55.99%；减害集成 YCL2 对马里兰烟降低 TSNAs 总量和 NNK 含量也很有效，TSNAs 总量降低 71.88%，NNK 含量降低 75.22%。

表 5-61　样品的 N- 亚硝胺含量检测结果

评价编号	处理	NNN/ （μg·g⁻¹）	NAT/ （μg·g⁻¹）	NAB/ （μg·g⁻¹）	NNK/ （μg·g⁻¹）	TSNAs/ （μg·g⁻¹）	TSNAs 降幅 / %	NNK 降幅 / %
BLY001	对照样 CK	6.1596	1.8615	0.1023	0.1293	8.2528	—	—
BLY002	减害集成 Z5	1.7155	1.4205	0.0787	0.0569	3.2715	60.36	55.99
MLL001	对照样 CK	0.6748	0.7586	0.0271	0.1558	1.6163	—	—
MLL002	减害集成 YCL2	0.1520	0.2323	0.0316	0.0386	0.4545	71.88	75.22

（五）单料烟的感官质量

由表 5-62 可知，减害集成样品的香气特征明显优于对照样品，丰满度也有很大提升，劲头和浓度满足感增强，实验样品的余味干净舒适，其他方面与对照样品差异不明显。从总体得分看，实验样品的感官质量比对照样品有明显提升。

表 5-62　感官质量评价结果

单位：分

评价编号	处理	香气特征	丰满度	杂气	劲头	浓度	劲浓比	细腻度	刺激性	干燥感	余味	总分
BLY001	对照样 CK	5.0	5.0	5.0	5.5	5.0	5.5	6.0	5.0	5.5	5.0	52.5
BLY002	减害集成 Z5	5.5	6.0	5.0	5.5	5.5	6.0	6.0	5.0	5.5	6.0	56.0
MLL001	对照样 CK	4.3	4.3	5.0	4.2	4.2	4.5	5.3	5.8	5.5	5.0	48.1
MLL002	减害集成 YCL2	6.5	5.8	6.0	6.2	6.0	5.7	5.8	5.5	6.0	5.8	59.3

（六）减害集成白肋烟、马里兰烟中 NNK 含量分析（2010—2015 年）

从 2011 年开始，烟叶减害技术逐步在湖北恩施州的白肋烟种植基地和宜昌市五峰县的马里兰烟种植中推广。2010—2015 年上海烟草集团北京卷烟厂对采购恩施州的白肋烟和五峰县的马里兰烟烟叶进行全规格、全等级的 NNK 含量检测分析。

由表 5-63 可知，湖北烟叶基地 2010 年的白肋烟和马里兰烟中 NNK 平均含量远远高于 2011—2015 年的平均含量。2011—2015 年湖北烟叶基地的白肋烟和马里兰烟中 NNK 含量的平均值显著降低，白肋烟上部烟叶中 NNK 含量平均值从 1.4897 μg/g 降至 0.2170 μg/g，中部烟叶中 NNK 含量平均值从 1.8494 μg/g 降至 0.1368 μg/g，下部烟叶中 NNK 含量平均值从 1.6005 μg/g 降至 0.4311 μg/g，降低率为 85.43%、92.60% 和 73.06%。马里兰烟上部烟叶中 NNK 含量平均值从 0.5910 μg/g 降至 0.1698 μg/g，中部烟叶中 NNK 含量平均值从 2.2113 μg/g 降至 0.1900 μg/g，下部烟叶中 NNK 含量平均值从 1.1059 μg/g 降至 0.2893 μg/g，降低率为 71.27%、91.41% 和 73.84%。

表 5-63　湖北烟叶基地 2010—2015 年白肋烟、马里兰烟中 NNK 的含量

单位：μg·g⁻¹

烟叶类型	烟叶部位	烟叶等级	2010	2011	2012	2013	2014	2015
白肋烟	上部	B₂F	1.4897	0.7299	0.2525	0.1304	0.1956	0.2170
	中部	C₃F	1.8494	1.0759	0.0835	0.0551	0.1024	0.1368
	下部	X₁F	1.6005	1.0137	0.1120	0.2470	0.3935	0.4311

烟叶类型	烟叶部位	烟叶等级	年份					
			2010	2011	2012	2013	2014	2015
马里兰烟	上部	B_1	0.5910	0.3499	0.0922	0.0588	0.1414	0.1698
	中部	C_2	2.2113	2.1214	0.1395	0.0814	0.1422	0.1900
	下部	X_1	1.1059	0.7005	0.1838	0.1670	0.2506	0.2893

减害集成白肋烟、马里兰烟原料已全面应用于上海烟草集团北京卷烟厂某规格在线产品的叶组配方中，对上海烟草集团北京卷烟厂某规格产品烟气中 NNK 释放量及危害性指数进行逐年监测，结果如表 5-64 所示。烟气中 NNK 释放量从 2010 年的 39.44 ng/ 支降至 2015 年的 20.98 ng/ 支，选择性降低率为 48.13%，危害性指数从 16.1 降至 10.3，降低率为 36.02%。

表 5-64　2010—2015 年某规格产品中 NNK 释放量及危害性指数

年份	焦油量 /（mg・支$^{-1}$）	烟气中 NNK 释放量 /（ng・支$^{-1}$）	危害性指数
2010	7.6	39.44	16.1
2011	7.8	28.78	12.0
2012	8.3	23.46	10.9
2013	7.2	18.35	9.7
2014	7.6	22.44	10.7
2015	7.7	20.98	10.3

第六章

国产白肋烟、马里兰烟贮藏过程中降低 TSNAs 含量的技术

第一节 白肋烟贮藏后 TSNAs 含量的差异及与前体物的关系

烟草特有 $N-$ 亚硝胺是烟草生物碱和亚硝酸发生亚硝化反应生成的化合物，TSNAs 含量与烟草中的硝酸盐、烟碱含量有很大的关系，研究认为，烟草生物碱和硝酸盐是 TSNAs 的主要前体物，因此 TSNAs 含量和两类前体物含量的关系备受关注。采用不同烟草品种，不同部位烟叶和在不同年份调制的烟叶研究也表明，烟叶组织的 TSNAs 含量与亚硝酸盐水平呈正相关，但与生物碱相关性不显著。研究表明，烟草中仲胺类生物碱含量与 TSNAs 含量密切相关，特别是烟碱转化导致去甲基烟碱升高是导致 NNN 含量升高的主要因素，在相同的栽培和调制条件下，TSNAs 含量主要受烟碱转化程度和去甲基烟碱含量有关，而与硝酸盐含量不显著。因此，通过遗传改良去除转化株，抑制烟碱去甲基，可以有效降低烟叶中 NNN 含量和总 TSNAs 含量。

中国是白肋烟的重要产区，但针对中国不同产地和品种白肋烟中 TSNAs 的形成规律研究较少，不同产地由于生态条件、品种选用、栽培技术和调制方法有很大不同，对 TSNAs 的形成和积累也会造成很大影响。系统研究不同产地、不同品种烟叶中 TSNAs 的含量及其与前体物的关系，对于明晰造成 TSNAs 含量增高的深层原因，以便采取有针对性的措施降低烟叶中 TSNAs 含量，提高烟叶和制品的安全性具有重要意义。本研究通过收集中国 4 个主要白肋烟产区及美国、马拉维烟叶样品，测定 TSNAs 含量及生物碱含量和硝酸盐含量，在不同层次分析了 TSNAs 含量与前体物含量的关系，为采取农业措施降低 TSNAs 含量提供理论依据。

中国白肋烟烟叶样品分 4 个产地，分别为四川达州、湖北恩施、云南宾川和重庆万州，烟叶样品均为 2010 年晾制后的上二棚烟叶，四川烟叶由四川省烟草公司达州市公司提供，湖北烟叶由中国白肋烟实验站和湖北中烟工业公司提供，云南烟叶由云南省烟草公司大理州公司宾川白肋烟有限责任公司提供，重庆烟叶由重庆市烟草公司万州市公司提供。每个地区样品数 6～10 个。各地烟叶均为当地主栽品种，湖北烟叶为鄂烟 1 号和鄂烟 3 号，四川烟叶为达白 1 号和达白 2 号，云南烟叶为 TN96、TN90 和云白 1 号，重庆烟叶为鄂烟 1 号和鄂烟 3 号。美国烟叶和马拉维烟叶由湖北中烟工业公司和安徽中烟工业公司提供。

一、不同产地白肋烟中 TSNAs 含量、生物碱含量及硝酸盐含量的差异

(一) 不同产地白肋烟中 TSNAs 的含量

对中国不同产地白肋烟样品中 TSNAs 含量的测定表明，TSNAs 含量在产区间差异性明显。从表 6-1 可知，重庆和湖北一些样品中总 TSNAs 含量较高，进而提高了该区的平均水平。四川和云南烟叶含量水平普遍较低。分析表明，中国四川和云南白肋烟中总 TSNAs 含量与美国和马拉维烟叶没有显著性差异，但重庆和湖北烟叶总 TSNAs 含量与国外烟叶差异显著。虽然云南烟叶中 TSNAs 含量较低，但样品间变异性较大，降低 TSNAs 含量仍有较大潜力。四川烟叶样品间 TSNAs 含量水平一致性较大。

从单个亚硝胺成分来看，重庆和湖北烟叶中的 NNN 含量显著高于其他产区，分别是美国烟叶的 7.33 倍和 7.09 倍，是云南烟叶的 7.53 倍和 7.28 倍，但其他 3 种烟草中特有亚硝胺含量差异较小，说明这两个产区烟叶中 NNN 含量的增高是造成总 TSNAs 含量较高的主要原因。从各单个烟草中特有亚硝胺占总 TSNAs 含量的比例来看，重庆和湖北白肋烟中 NNN 含量所占比例最高，比云南烟叶分别高出 27.49 个和 25.32 个百分点。因此，对于这两个产区来说，降低烟叶中 NNN 含量是降低 TSNAs 含量的关键。NNK 含量除云南白肋烟相对较低外，其他产区较为接近，且与国外烟叶含量水平相当。

表 6-1　不同产地白肋烟晾制后 TSNAs 含量的比较

产地	项目	TSNAs 含量 / ($\mu g \cdot g^{-1}$)					占总 TSNAs 含量比例 /%			
		NNN	NAT	NAB	NNK	TSNAs	NNN	NAT	NAB	NNK
重庆	平均值	11.14	1.90	0.06	0.15	13.25	83.76	14.29	0.45	1.13
	最大值	17.84	2.57	0.10	0.17	20.68	91.49	13.18	0.51	0.87
	最小值	4.87	1.41	0.02	0.14	6.44	67.64	19.58	0.28	1.94
	变异系数 /%	59.20	29.83	56.54	12.79	45.82				
云南	平均值	1.48	1.03	0.04	0.08	2.63	56.27	39.16	1.52	3.04
	最大值	2.79	1.86	0.10	0.13	4.88	68.05	45.37	2.44	3.17
	最小值	0.30	0.57	0	0.04	0.91	33.33	63.33	0	4.44
	变异系数 /%	67.46	41.02	94.03	37.69	115.88				
湖北	平均值	10.77	2.08	0.13	0.22	13.20	81.59	15.76	0.98	1.67
	最大值	19.27	3.88	0.37	0.37	23.89	87.19	17.56	1.67	1.67
	最小值	3.09	1.80	0.05	0.16	5.10	71.86	41.86	1.16	3.72
	变异系数 /%	71.12	47.31	117.49	46.43	58.60				
四川	平均值	2.42	1.74	0.07	0.17	4.40	55.00	39.55	1.60	3.87
	最大值	3.80	2.51	0.13	0.32	6.76	57.58	38.03	1.97	4.85
	最小值	1.17	0.81	0	0.06	2.04	50.87	35.22	0	2.61
	变异系数 /%	41.72	39.22	73.72	55.30	35.08				
美国	平均值	1.52	1.32	0.04	0.18	3.06	49.67	43.14	1.31	5.88
	最大值	2.39	1.65	0.09	0.29	4.42	62.08	42.86	2.34	7.53
	最小值	0.93	0.87	0.02	0.11	1.93	48.19	45.08	1.04	5.70
	变异系数 /%	33.17	26.18	46.31	54.39	31.23				
马拉维	平均值	1.09	1.26	0.02	0.32	2.69	40.52	46.84	0.74	11.90

（二）不同产地白肋烟中生物碱含量

由表 6-2 可知，不同产区白肋烟中生物碱和硝酸盐两类 TSNAs 生物碱合成的前体物含量差异明显。重庆、湖北和四川白肋烟中总生物碱的含量较高，且差异不显著，云南白肋烟中总生物碱的含量较低，且与马拉维白肋烟较为接近，美国白肋烟中总生物碱含量低于重庆、湖北和四川烟叶，但高于云南和马拉维烟叶。总生物碱变异性以云南最高，美国次之，四川最低。

烟碱转化导致降烟碱含量增高是白肋烟生产中的重要问题。测定结果表明，烟叶降烟碱含量和烟碱转化率以重庆最高，其次为湖北烟叶，四川、云南、美国和马拉维烟叶降烟碱含量处于较低水平，且含量无显著差异，烟碱转化率以四川白肋烟最低，甚至低于美国和马拉维烟叶，且变异性较小，样品间稳定性好。云南烟叶烟碱转化率显著低于湖北和重庆烟叶，但略高于国外烟叶。

表 6-2　不同产地白肋烟晾制后烟叶中生物碱含量和硝酸盐含量的比较

| 产地 | 项目 | 生物碱含量 / % | | | | | | 硝酸盐 / (mg·kg⁻¹) | |
		烟碱	降烟碱	假木贼碱	新烟草碱	总生物碱	烟碱转化率	$NO_3^- - N$	$NO_2^- - N$
重庆	平均值	5.17	0.78	0.04	0.22	6.20	12.17	1837.3	1.91
	最大值	5.42	1.38	0.06	0.25	7.02	21.24	2294.0	2.10
	最小值	4.79	0.16	0.02	0.16	5.31	2.89	1405.9	1.70
	变异系数 / %	5.43	87.03	41.64	17.64	13.45	80.54	22.17	9.62
云南	平均值	3.44	0.14	0.03	0.13	3.74	4.07	3418.9	2.14
	最大值	5.26	0.38	0.04	0.20	5.61	11.15	5179.0	2.30
	最小值	2.43	0.07	0	0.11	2.69	2.20	2223.2	1.90
	变异系数 / %	31.39	71.92	36.02	23.11	29.43	74.21	29.89	8.28
湖北	平均值	5.26	0.61	0.05	0.20	6.12	10.39	3833.4	2.11
	最大值	5.94	1.70	0.06	0.30	6.85	25.08	7357.0	2.20
	最小值	4.49	0.16	0.04	0.14	5.27	2.84	2423.3	1.90
	变异系数 / %	8.81	117.51	21.87	34.73	8.42	110.47	61.71	8.26
四川	平均值	5.55	0.12	0.04	0.16	5.87	2.12	2333.0	2.41
	最大值	5.87	0.18	0.06	0.23	6.23	3.01	4652.4	2.60
	最小值	4.68	0.08	0.03	0.09	4.96	1.49	521.2	2.00
	变异系数 / %	8.13	17.33	24.95	28.36	8.17	14.27	68.03	9.02
美国	平均值	4.35	0.15	0.04	0.15	4.69	3.27	2169.1	2.19
	最大值	5.12	0.21	0.04	0.16	5.53	3.92	2323.2	2.30
	最小值	3.72	0.11	0.03	0.14	4.00	2.82	1974.3	2.00
	变异系数 / %	16.36	35.07	14.37	7.16	16.57	17.65	8.21	6.13
马拉维	平均值	3.76	0.11	0.02	0.08	3.97	2.84	662.67	2.80

（三）不同产地白肋烟中硝酸盐含量

由表 6-2 可知，不同产地白肋烟烟叶样品中亚硝酸盐含量均处于较低水平，且变异性较小，硝酸盐含量远高于亚硝酸盐含量，且在不同产区间和同一产区内差异较大。其中，以湖北烟叶中硝酸盐含量最高，其次为云南烟叶，其他依次为四川烟叶、美国烟叶、重庆烟叶，马拉维烟叶中硝酸盐含量最低。

二、白肋烟中 TSNAs 含量与前体物含量的关系

对所有白肋烟晾制后样品中 TSNAs 含量与生物碱含量和硝酸盐含量进行相关性分析，得到 TSNAs 与各前体物的相关系数如表 6–3 所示。结果表明，烟叶中总 TSNAs 含量与降烟碱含量和烟碱转化率呈极显著和显著的正相关关系，总 TSNAs 含量与新烟草碱含量和总生物碱含量也呈显著正相关，但与烟碱含量和硝酸盐含量相关不显著。NNN 含量与降烟碱含量相关系数高达 0.91，与烟碱转化率的相关系数也达极显著水平，表明烟碱转化导致降烟碱含量增高是造成 NNN 含量提高的直接原因，NNN 含量与新烟草碱含量、总生物碱含量也呈显著正相关，与 NO_3^-–N 相关系数较小。

表 6–3   白肋烟中 TSNAs 含量与生物碱含量、硝酸盐含量的相关系数

化合物	相关系数							
	NO_3^-–N	NO_2^-–N	烟碱	降烟碱	假木贼碱	新烟草碱	总生物碱	烟碱转化率
NNN	0.16	−0.32	0.29	0.91	0.27	0.67	0.57	0.88
NAT	0.52	0.01	0.37	0.15	0.31	0.26	0.38	0.13
NAB	0.69	0.09	0.22	0.06	0.14	−0.05	0.21	0.05
NNK	0.48	0.26	0.39	0.14	0.03	−0.05	0.38	0.10
TSNAs	0.24	−0.28	0.33	0.85	0.29	0.64	0.58	0.81

NNK 含量与 NO_3^-–N 含量呈显著的正相关关系，与烟碱和总生物碱随也呈正相关关系，但相关性不显著，表明 NNK 含量主要与烟株积累硝酸盐的能力有关。为了进一步明确 NNK 含量与硝酸盐含量的关系，选择四川和云南白肋烟样品分别研究 NNK 含量和硝酸盐含量的关系，结果表明，在同一产区采用遗传背景相同的品种进行栽培，调制后烟叶中 NNK 含量与硝酸盐含量相关性大为增加（图 6–1）。NAT 含量、NAB 含量与硝酸盐含量也呈显著的正相关关系，与有关生物碱的正相关未达显著性水平。

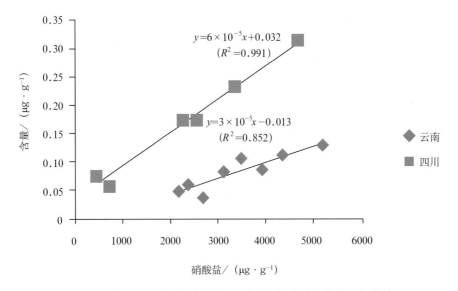

图 6–1   云南和四川两地白肋烟中 NNK 含量与硝酸盐含量之间的关系

三、不同白肋烟品种中 TSNAs 含量与生物碱含量和硝酸盐含量相关性

（一）不同白肋烟品种中 TSNAs 含量及其前体物含量

中国不同产地白肋烟主栽品种不同，对所有样品按品种进行分类，得出各主栽品种中 TSNAs 含量及对应的生物碱含量和硝酸盐含量如表6-4所示。结果表明，白肋烟各品种烟叶中 TSNAs 含量有较大差异，鄂烟1号、鄂烟3号的含量较高，TN90、TN86、云白1号含量较低。鄂烟1号和鄂烟3号烟碱转化问题较为突出，降烟碱含量显著高于其他品种，这是造成其 NNN 含量和总 TSNAs 含量较高的主要原因。各个品种的硝酸盐含量也有较大差异性，以云南种植的 TN90、TN86 和云白1号 3 个品种硝酸盐含量较高。

表6-4 不同白肋烟品种间生物碱含量、硝酸盐含量及 TSNAs 含量的比较

指标	平均值						
	鄂烟1号	鄂烟3号	TN90	TN86	云白1号	达白1号	达白2号
生物碱 / %							
烟碱	5.00	5.23	5.15	2.94	2.72	5.41	5.86
降烟碱	0.63	0.77	0.12	0.11	0.23	0.11	0.11
假木贼碱	0.04	0.05	0.04	0.04	0.02	0.04	0.05
新烟草碱	0.21	0.20	0.17	0.12	0.13	0.16	0.16
总生物碱	5.89	6.25	5.48	3.20	3.09	5.72	6.17
硝酸盐 / (mg · kg^{-1})							
NO$_3^-$-N	3172.31	1824.59	3323.45	3500.02	3352.43	2018.80	2961.53
NO$_2^-$-N	2.03	1.93	2.05	2.19	2.12	2.50	2.25
TSNAs/ (μg · g^{-1})							
NNN	11.17	10.31	1.70	1.42	1.36	2.26	2.75
NAT	2.79	1.80	0.85	1.24	0.79	1.43	2.36
NAB	0.10	0.08	0.01	0.05	0.03	0.05	0.10
NNK	0.20	0.15	0.07	0.09	0.08	0.16	0.20
TSNAs	14.26	12.33	2.63	2.81	2.26	3.90	5.41

（二）不同白肋烟品种中 TSNAs 含量与前体物含量的关系

对不同品种白肋烟样品的 TSNAs 含量与生物碱含量和硝酸盐含量进行相关分析，得到 TSNAs 含量与各前体物含量的相关系数如表 6-5 所示。结果表明，烟叶总 TSNAs 含量与降烟碱含量、新烟草碱含量呈极显著正相关关系，和烟碱转化率相关系数较高，表明烟碱转化程度与 TSNAs 含量增加有显著关系，总 TSNAs 含量与总生物碱含量也呈显著正相关，但与烟碱含量相关性不显著。NNN 含量与降烟碱含量相关性最高，与烟碱转化率的相关系数也达到极显著水平，表明烟碱转化导致降烟碱含量增高是造成 NNN 含量提高的直接原因，NNN 含量与总生物碱含量、新烟草碱含量也呈显著正相关，与硝酸盐含量无明显的相关关系，说明硝酸盐含量不是造成不同品种中 TSNAs 含量差异的原因。

表 6-5　不同白肋烟品种中 TSNAs 含量与生物碱含量、硝酸盐含量的相关系数

指标	NNN	NAT	NAB	NNK	TSNAs
烟碱	0.36	0.55	0.45	0.67	0.41
降烟碱	0.95	0.50	0.51	0.38	0.92
假木贼碱	0.40	0.57	0.58	0.57	0.44
新烟草碱	0.88	0.66	0.52	0.60	0.88
总生物碱	0.86	0.36	0.40	0.22	0.81
烟碱转化率	0.86	0.36	0.40	0.22	0.81
NO_3^--N	−0.40	−0.19	−0.28	−0.42	−0.38
NO_2^--N	−0.57	−0.10	−0.08	0.17	−0.52

（三）结论

中国白肋烟主要集中在湖北恩施、四川达州、重庆万州和云南宾川 4 个地区，不同产地由于气候、土壤等生态条件与品种、栽培条件及晾制设备和技术的不同，烟草中特有亚硝胺含量有显著差异，本研究研究结果表明，重庆白肋烟和湖北白肋烟中 TSNAs 含量相对较高，这可能是主栽品种的遗传背景和独特的生态条件共同作用的结果，湖北和重庆生产鄂烟 1 号和鄂烟 3 号面积较大，分析表明，这两个品种均不同程度地存在烟碱转化问题，烟株群体中转化株比例高，烟碱转化导致降烟碱含量和烟碱转化率升高。由于降烟碱是仲胺类生物碱，化学性质较不稳定，很容易在烟叶调制过程中发生亚硝化反应生成亚硝基降烟碱（NNN），进而使烟叶中总 TSNAs 含量增加，NNN 含量在总 TSNAs 含量中的比例也大幅提高。相关分析表明，烟草降烟碱含量、烟碱转化率与 NNN 含量和总 TSNAs 含量呈极显著的正相关关系。其他生物碱含量虽然也与相应的 TSNAs 含量和总 TSNAs 含量呈正相关，但相关性较小。因此，对现有主栽品种进行烟碱转化性状的系统改良，选育和应用低转化白肋烟品种进行栽培，是降低烟叶中 TSNAs 含量的紧迫任务。

TSNAs 含量的增高也与不同地区的生态条件有一定关系，白肋烟采用自然晾制方法调制，高温高湿的晾制环境会造成烟叶表面微生物繁殖加快，硝酸盐还原为亚硝酸盐的能力增强，进而促进生物碱亚硝化反应和 TSNAs 的形成。湖北恩施和重庆万州 2 个地区白肋烟晾制期间湿度偏大，更有利于 NNN 和 TSNAs 的形成。四川达州同样在白肋烟晾制阶段湿度较大，但由于所用品种全部更新为烟碱转化问题较轻的达白 1 号和达白 2 号，因此烟叶中 NNN 含量和总 TSNAs 含量处于较低水平，但仍高于云南，这与云南宾川白肋烟晾制期间湿度较低，烟叶晾制过程短有关。云南白肋烟主要采用美国品种，以 TN86 和 TN90 为主，这些品种虽也存在烟碱转化问题，但严重程度远低于国内未改良和纯化的品种，再加上烟叶晾制阶段空气湿度低，不利于微生物繁殖，因此 TSNAs 合成和积累较少。云南白肋烟生物碱含量水平普遍较低，这可能也是造成其 TSNAs 含量较低的另一个原因。

硝酸盐含量与 TSNAs 含量之间也存在密切关系，特别是在同一产区采用同一品种和相似的调制条件生产的白肋烟样品，NNK 含量与硝酸盐含量呈极显著的正相关，因此，在解决了品种的烟碱转化问题之后，硝酸含量是影响 TSNAs 形成和积累的关键因素。硝酸盐含量主要受氮肥运筹、土壤供肥特性、品种对氮素利用效率和利用模式等因素的综合影响，因此，采取积极措施，降低烟叶中硝酸盐积累，减少亚硝化反应底物，是降低烟叶中 TSNAs 含量的另一重要途径。

中国不同产区间烟叶中 NNN 含量和总 TSNAs 含量差异较大，NNK 含量、NAT 含量和 NAB 含量差异相对较小，烟叶降烟碱含量、烟碱转化率与 NNN 含量和总 TSNAs 含量呈极显著的正相关关系，烟碱转化导致降烟碱含量升高是造成国内一些产区 NNN 含量和总 TSNAs 含量较高的主要原因。NNK 含量、NAT 含量、NAB 含量与硝酸盐含量呈显著正相关，硝酸盐含量是影响烟草 TSNAs 合成和积累的另一重要因素。

第二节　白肋烟和晒烟贮藏过程中 TSNAs 含量的变化

烟叶中的 TSNAs 主要在调制和贮藏过程中形成和积累，目前研究多集中在烟叶调制期间 TSNAs 的形成。Burton 和 Cui（1998）等的研究表明，TSNAs 快速增长发生在调制过程烟叶的变黄末期，在调制的第 4～第 7 周含量大幅提高。白肋烟调制结束后的贮藏阶段也是 TSNAs 形成的重要时期，烟叶贮藏阶段其 TSNAs 含量比调制结束可提高 50% 以上。了解白肋烟和晒烟在贮藏过程中 TSNAs 含量的变化情况，有助于明晰造成 TSNAs 含量增高的原因，以便采取有针对性的措施降低烟叶中 TSNAs 含量，为提高烟叶及其制品的安全性提供理论依据。

烟叶由云南省烟草公司大理州公司宾川白肋烟有限责任公司提供，品种为 TN96、TN90 和云白 1 号。烟叶去梗后，切成 3 cm 大小的碎片，充分混匀后打包，进行第一次取样后置于自然条件下进行贮藏，之后每隔 4 个月取样 1 次，每次取样后将所取样品在冰柜中 −6 ℃冷冻存放，1 年后把所有样品同时进行冷冻干燥，磨碎供 TSNAs 含量和有关化学成分含量测定使用。

一、贮藏过程中 NNK 含量的变化

将自然贮藏的白肋烟和晒烟每隔 4 个月定期取样，1 年后同时测定烟叶中 TSNAs 的含量。随着贮藏时间的增加，白肋烟和晒烟中的 NNK 含量均呈不断增加趋势（图 6-2），且在 2012 年 4 月中旬至 8 月中旬增加达到显著水平，这个时期也正是温度较高的时期。

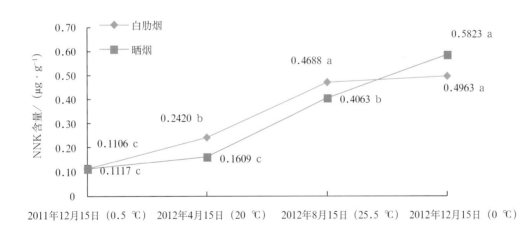

图 6-2　不同类型烟草中 NNK 含量的比较

注：同系列不标相同小写字母表示组间差异有统计意义（$P < 0.05$），下同。

二、贮藏过程中 NNN 含量的变化

由图 6-3 可知，在贮藏过程中，白肋烟和晒烟中的 NNN 含量总体呈不断增加趋势但晒烟在 1 年贮藏中每 4 个月的增加量均未达到显著水平，白肋烟在 2011 年 12 月中旬至 2012 年 4 月中旬增长量很少，未达到显著水平，2012 年 4 月中旬至 8 月中旬、8 月中旬至 12 月中旬 NNN 含量的增加量均达到显著水平，白肋烟中 NNN 含量在贮藏期间的增加幅度远大于晒烟，这与所用的白肋烟烟碱转化率较高有关，烟碱转化导致降烟碱含量升高，更有利于 NNN 的形成。

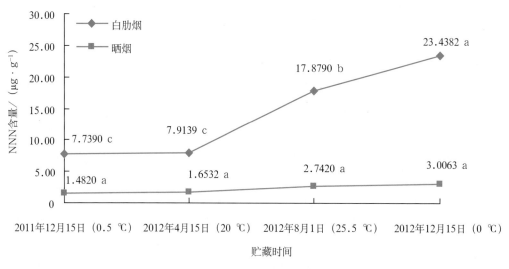

图 6-3　不同类型烟草中 NNN 含量的比较

三、贮藏过程中 NAT 含量、NAB 含量的变化

由图 6-4 可知，贮藏过程中白肋烟和晒烟中的 NAT 含量随贮藏时间增加均不断增加，同样表现为增加幅度先小后大再减小的趋势。在 2012 年 4 月中旬至 8 月中旬增加量最大且均达到了显著水平，分别增加了 116.8% 和 135.6%。此外，白肋烟中的 NAT 含量始终高于晒烟中的 NAT 含量。

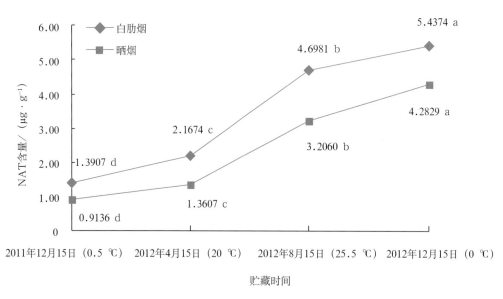

图 6-4　不同类型烟草中 NAT 含量的比较

由图 6-5 可知，白肋烟在 1 年的贮藏期中每 4 个月的增加量均达到了显著水平，以 4 月中旬到 8 月中旬的高温季节增加最为显著。晒烟中的 NAB 含量在 2011 年 12 月中旬至 2012 年 4 月中旬缓慢增加，未达到显著水平，在 2012 年 4 月中旬至 8 月中旬、8 月中旬至 12 月中旬的增加达到了显著水平，且在 12 月中旬时白肋烟和晒烟中的 NAB 含量较接近。

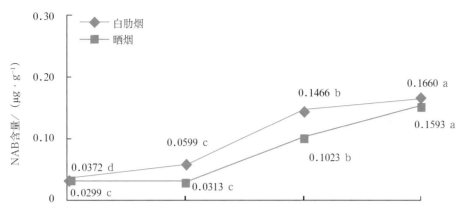

图 6-5　不同类型烟草中 NAB 含量的比较

四、贮藏过程中 TSNAs 总量的变化

烟叶中的 TSNAs 总量变化趋势如图 6-6 所示，白肋烟和晒烟在 2011 年 12 月中旬至 2012 年 4 月中旬缓慢增加，增加量均未达到显著水平，在 2012 年 4 月中旬至 8 月中旬迅速增加，增加量均达到显著水平，之后增速减缓。在贮藏期间，白肋烟的 TSNAs 总量始终高于晒烟中的 TSNAs 总量，这一差异可能主要是 NNN 含量差异较大引起的。

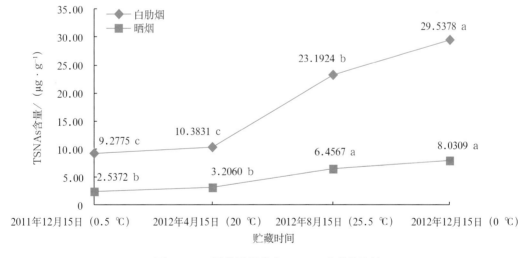

图 6-6　不同类型烟草中 TSNAs 含量的比较

经过 1 年的贮藏，烟叶中的 TSNAs 含量呈现大幅增加趋势，在自然贮藏的前 4 个月，贮藏环境平均温度为 5.17℃，在 4 月中旬至 8 月中旬的第二个贮藏阶段，平均温度增加到 25.67℃，日平均最高温度达到 32℃，有 47 天的温度大于 27℃而此期间的白肋烟和晒烟中的 TSNAs 含量增加量均较显著，白肋烟和晒烟中的 NNK 含量增幅分别为 93.7% 和 152.6%。在随后 4 个月中，环境温度降低为 15.94℃，仅有 2 天的日均温度超过了 27℃，此期间白肋烟和晒烟中的 TSNAs 含量的增幅明显降低。可见温度对贮藏中烟叶的 TSNAs 含量的变化有较大影响。

白肋烟和晒烟中的 TSNAs 含量均随着贮藏时间的增加而增加，且在外界温度较高即 4 月中旬至 8 月中旬，增幅最为明显，而各组分中 NNN 含量的变化最为显著，其中，以白肋烟中的变化幅度更甚。

第三节　白肋烟贮藏过程中温湿度对 TSNAs 形成的影响

白肋烟调制后的贮藏阶段也是 TSNAs 形成的重要时期，温度和湿度是贮藏环境的两个主要因素。前期研究结果表明，随着高温季节的贮藏，白肋烟叶中的 TSNAs 含量大幅度增加。De Roton 等（2004）报道贮藏在环境温度下的白肋烟粉碎样品，6 个月后 TSNAs 含量由 1.3 ～ 1.4 μg/g 增加到 8.1 ～ 9.5 μg/g，而贮藏在冰箱里的样品中 TSNAs 含量没有显著增加。Saito 等（2006）也报道随着温度的增加，白肋烟贮藏烟叶 TSNAs 含量和氮氧化物含量大幅增高。Bush 等在研究中发现，贮藏过程中湿度对 TSNAs 形成的影响与烟叶调制过程中湿度的影响截然不同，在贮藏过程中，烟叶中 TSNAs 含量在含水量为 7% ～ 11% 的干燥情况下增加最多，烟叶含水量大于 20% 时 TSNAs 含量几乎没有增加。国内白肋烟打叶复烤后烟叶含水率为 15% ～ 17%，一般要在库房中经过 2.5 ～ 3.0 年的自然陈化，因此环境温度和湿度对烟叶贮藏条件影响很大，夏季贮藏温度可达 45 ℃以上，干旱季节烟叶含水率可在 10% 以下，贮藏环境可直接影响烟叶中 TSNAs 的形成。该研究旨在揭示贮藏过程中温度和湿度影响烟草中特有亚硝胺形成的机制，为通过控制贮藏环境减少和抑制 TSNAs 形成提供理论依据。

一、不同类型烟草贮藏后 TSNAs 含量及对温度的响应

将白肋烟、烤烟、晒烟样品分别放置在 15 ℃、45 ℃下 36 天，分别测定烟叶中 TSNAs 的含量、生物碱含量及硝酸盐含量。

（一）温度对不同类型烟草中 TSNAs 含量的影响

1. 温度对不同类型烟草中 NNK 含量的影响
将白肋烟、烤烟、晒烟样品分别放置在 15 ℃、45 ℃下 36 天，测定烟叶中 NNK 的含量，如图 6-7 所

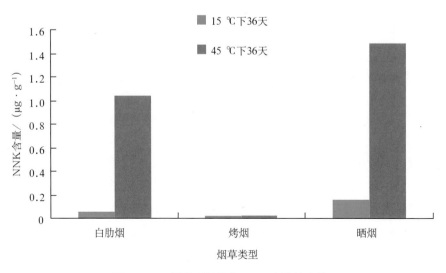

图 6-7　不同类型烟草中 NNK 含量的比较

示，与白肋烟、晒烟相比较，烤烟中 NNK 的含量较低，且对高温处理不表现响应。白肋烟、晒烟烟叶在 45℃下处理 36 天，与室温下烟叶相比，NNK 含量大幅度增加，远高于同类烟叶在室温条件下的含量。另外，晒烟无论在室温还是 45℃处理下，NNK 的含量均高于相同条件下白肋烟中的含量。

2. 温度对不同类型烟草中 NNN 含量的影响

由图 6-8 可知，烤烟中 NNN 的含量显著低于白肋烟和晒烟，且在 45℃下处理后含量不表现增加。白肋烟中 NNN 含量最高，其次为晒烟，二者在 45℃处理后 NNN 含量大幅度增加，45℃处理后的晒烟中 NNN 的含量是室温下的 7.22 倍。白肋烟在处理前后的 NNN 含量均高于晒烟。

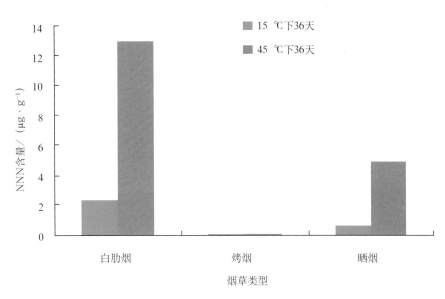

图 6-8　不同类型烟草中 NNN 含量的比较

3. 温度对不同类型烟草中 NAT 含量的影响

由图 6-9 可知，烤烟中在处理前后的 NAT 含量变化不明显，且含量较少。白肋烟在 45℃处理后的 NAT 含量是室温的 5.91 倍，晒烟在 45℃处理后的 NAT 含量是室温的 4.38 倍，变化均较大。

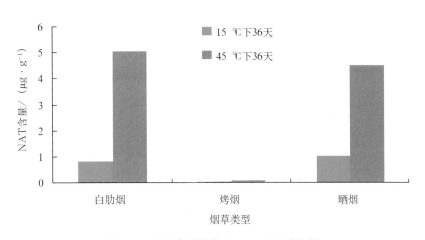

图 6-9　不同类型烟草中 NAT 含量的比较

4. 温度对不同类型烟草中 NAB 含量的影响

由图 6-10 可知，烤烟中的 NAB 含量较低。白肋烟、晒烟在两种温度处理下 NAB 含量差别较大，

45℃处理后的 NAB 含量与室温相比较,白肋烟 45℃处理后是室温的 16.11 倍,晒烟 45℃处理后是室温的 11.00 倍,增加幅度很明显。

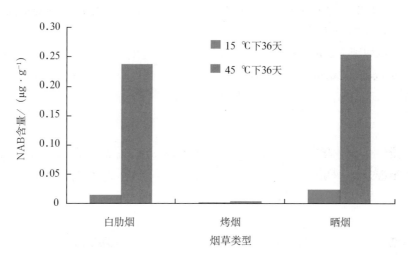

图 6-10　不同类型烟草中 NAB 含量的比较

5. 温度对不同类型烟草中总 TSNAs 含量的影响

根据 4 种 TSNAs 含量计算烟叶总 TSNAs 含量,结果如图 6-11 所示,烤烟中的总 TSNAs 含量在两种温度条件下变化不显著。白肋烟和晒烟则表现为在高温下总 TSNAs 含量大幅度增高,白肋烟和晒烟在 45℃处理后的总 TSNAs 含量分别是室温的 5.81 倍和 5.89 倍。白肋烟在室温和处理后的总 TSNAs 含量均高于晒烟。

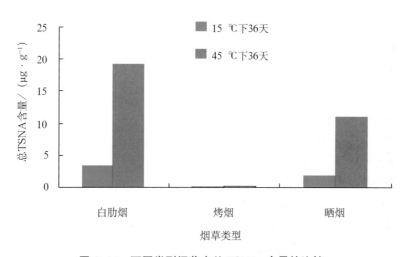

图 6-11　不同类型烟草中总 TSNAs 含量的比较

（二）不同类型烟草中生物碱含量的差异

不同类型烟草中生物碱含量有显著差异,白肋烟显著高于烤烟,但低于晒烟;白肋烟降烟碱含量显著高于烤烟和晒烟,烟碱转化率也高于其他两种类型烟草。将晒烟、白肋烟、烤烟样品分别放置在 15℃、45℃下 36 天,其生物碱含量变化如表 6-6 所示,烤烟、白肋烟、晒烟在两种情况下的生物碱变化幅度均很小,烤烟的烟碱转化率在 45℃下与室温相比略有降低,晒烟和白肋烟的烟碱转化率表现为升高。

表 6-6　不同类型烟草中生物碱含量的比较

生物碱	烤烟		白肋烟		晒烟	
	15℃	45℃	15℃	45℃	15℃	45℃
烟碱 /%	1.97	2.11	3.88	3.87	4.39	4.09
降烟碱 /%	0.05	0.05	0.34	0.38	0.10	0.14
假木贼碱 /%	0.01	0.01	0.02	0.02	0.02	0.02
新烟草碱 /%	0.10	0.11	0.29	0.29	0.22	0.21
烟碱转化率 /%	2.52	2.45	8.01	9.00	2.27	3.31

（三）不同类型烟草中硝酸盐含量和亚硝酸盐含量的差异

对 3 种类型烟草的硝酸盐和亚硝酸盐含量进行测定，结果如表 6-7 所示，结果表明，白肋烟中硝酸盐含量大幅度高于烤烟，二者相差 10 ~ 20 倍，高硝酸盐含量是白肋烟烟叶化学组成上的一个显著特点。在 2 个温度条件下处理 36 天，烤烟烟叶的亚硝酸盐含量变化较小，硝酸含量表现为在高温条件下增加。白肋烟和晒烟在 45℃处理后亚硝酸盐含量均升高，硝酸盐含量差异较小。

表 6-7　不同类型烟草中硝酸盐含量和亚硝酸盐含量的比较

指标	烤烟		白肋烟		晒烟	
	15℃	45℃	15℃	45℃	15℃	45℃
$NO_3^--N/$（$\mu g \cdot g^{-1}$）	57.60	153.12	1703.10	1686.10	1157.22	874.26
$NO_2^--N/$（$\mu g \cdot g^{-1}$）	1.23	1.20	1.49	2.24	1.64	3.95

二、不同温度对白肋烟贮藏过程中 TSNAs 含量的影响

将等量的白肋烟样品置于恒温恒湿箱中进行处理，温度分别设置为 10℃、27℃、30℃、45℃、60℃，相对湿度为 60%，各个样品分别放置 12 天、24 天、36 天。

（一）不同温度处理对白肋烟贮藏过程中 NNK 含量的影响

将白肋烟在 10℃、27℃、30℃、45℃和 60℃条件下分别处理 12 天、24 天和 36 天，然后进行测定分析，其 NNK 含量的变化趋势如图 6-12 所示。随着温度的增加，烟叶中 NNK 的含量均呈增加趋势，特别是温度达到 30℃以后，NNK 含量的增幅迅速加大。

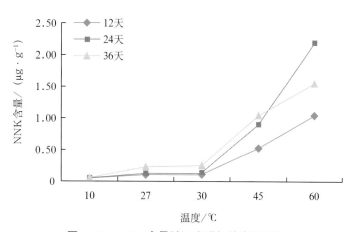

图 6-12　NNK 含量随温度增加的变化趋势

（二）不同温度处理对白肋烟贮藏过程中 NNN 含量的影响

由图 6-13 可知，在 10～45℃范围内，白肋烟中 NNN 的含量也随着温度的增加而增加，在 36 天的处理中，其 NNN 含量高于 12 天和 24 天的处理，即随着处理天数的增加，NNN 的含量也在不断增加。而且在 12 天、24 天和 36 天的处理中，在达到 45℃后，NNN 的含量均随着温度的升高有所下降。

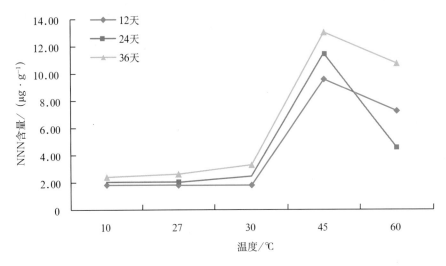

图 6-13　NNN 含量随温度增加的变化趋势

（三）不同温度处理对白肋烟贮藏过程中 NAT 含量的影响

对 NAT 含量进行测定分析，结果如图 6-14 所示。随着处理温度的提高及时间的延长，白肋烟中 NAT 含量呈持续增加趋势。尤其在 30℃以后，3 个处理中 NAT 含量均表现为显著的直线增加趋势。

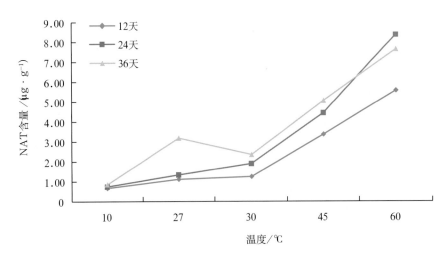

图 6-14　NAT 含量随温度增加的变化趋势

（四）不同温度处理对白肋烟贮藏过程中 NAB 含量的影响

由图 6-15 可知，白肋烟中 NAB 的含量随着温度的增加而不断增加，尤其表现在 30℃以后，增幅更为明显，3 个处理中均呈直线增加趋势，且随着处理时间的延长整体呈上升趋势。

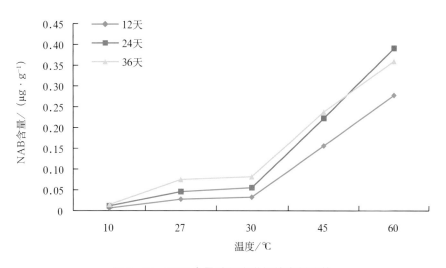

图 6-15 NAB 含量随温度增加的变化趋势

（五）不同温度处理对白肋烟贮藏过程中 TSNAs 总量的影响

由图 6-16 可知，在 10 ～ 45 ℃范围内白肋烟中 TSNAs 总量与 NNN 含量的变化较为一致，即均随着温度的增加呈明显增加趋势，尤其在 30 ～ 45 ℃，呈直线增加趋势，45 ℃之后增幅趋缓，另外，12 天、24 天和 36 天的处理中，36 天处理中的 TSNAs 总量明显高于其他处理。

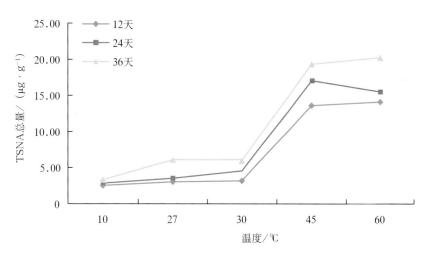

图 6-16 TSNAs 总量随温度增加的变化趋势

三、不同温度不同处理时间对白肋烟贮藏过程中 TSNAs 含量的影响

将等量的白肋烟样品置于恒温恒湿箱中进行处理，温度分别设置为 10 ℃、30 ℃、45 ℃和 60 ℃，相对湿度为 60%，分别放置 6 天、12 天、24 天和 36 天。

（一）不同温度不同处理时间对白肋烟贮藏过程中 NNK 含量的影响

由图 6-17 可知，10 ℃处理中，随着处理时间的延长，NNK 含量没有明显变化；在 30 ℃温度条件下，随时间延长，NNK 含量逐渐增加；45 ℃处理中 NNK 含量随处理天数的增加增加幅度较大，且在 24 天后有增速较缓的趋势；60℃处理下 NNK 含量呈现先迅速增加后降低的趋势。结果表明，烟叶贮藏温度增高时，烟叶中 NNK 的含量随处理时间的延长显著增加。

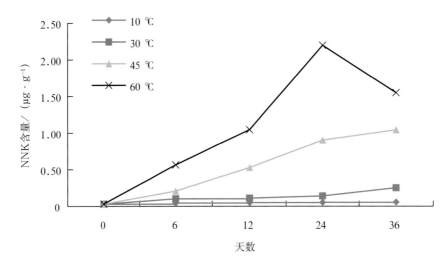

图 6-17　NNK 含量随天数增加的变化趋势

（二）不同温度不同处理时间对白肋烟贮藏过程中 NNN 含量的影响

由图 6-18 可知，10℃处理中，白肋烟中 NNN 的含量基本无变化；30℃时随着处理天数的增加而略有增加，增速较缓；45℃时 NNN 含量随着处理天数的增加呈现先迅速增加后增长速率较缓的趋势；60℃时 NNN 的含量随天数的增加迅速增加。

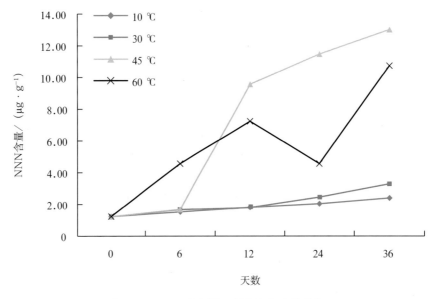

图 6-18　NNN 含量随天数增加的变化趋势

（三）不同温度不同处理时间对白肋烟贮藏过程中 NAT 含量的影响

由图 6-19 可知，10℃处理中，白肋烟中的 NAT 含量基本无变化；30℃时随着处理天数的增加略有增加，增速较缓；45℃处理中，NAT 含量随着处理天数的增加而快速增加，后增速趋于平缓；60℃处理下，NAT 的含量随天数的增加先快速增加后略有降低。

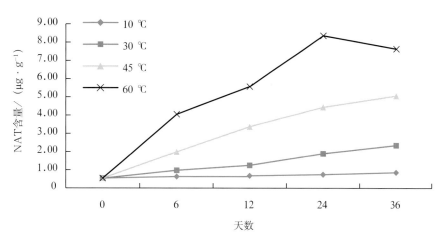

图 6-19　NAT 含量随天数增加的变化趋势

（四）不同温度不同处理时间对白肋烟贮藏过程中 NAB 含量的影响

由图 6-20 可知，10 ℃处理中，白肋烟的 NAB 含量变化较小；30 ℃时随着处理天数的增加显著增加；45 ℃处理中，NAB 含量随着处理天数的增加增加幅度较大，在 24 天后增速较平缓；60 ℃处理下，NAB 的含量先迅速增加，在 24 天后则呈现降低趋势。在各温度条件下，NAB 含量和处理天数的相关性较显著。

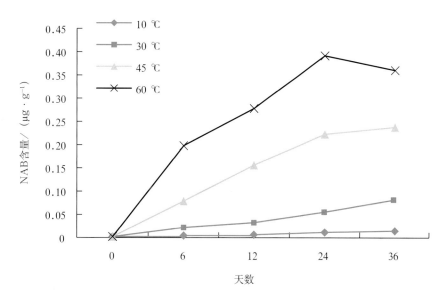

图 6-20　NAB 含量随天数增加的变化趋势

（五）不同温度不同处理时间对白肋烟贮藏过程中 TSNAs 总量的影响

由图 6-21 可知，TSNAs 总量在 10 ℃处理条件下变化较小；在 30 ℃时随着处理天数的增加直线升高；在 45 ℃处理中，TSNAs 总量随着处理天数的增加快速增高，且在处理 24 天后增幅趋缓；60 ℃条件下，TSNAs 总量的变化趋势与 45 ℃时相似，随着处理天数的增加迅速增加，且在处理 24 天后增幅趋缓。

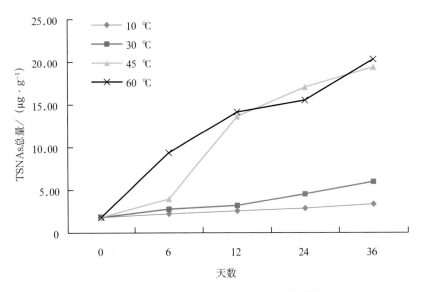

图 6-21 TSNAs 总量随天数增加的变化趋势

四、高温处理下不同产量白肋烟中硝态氮及 TSNAs 含量的变化

以云南宾川同一产区 5 个产量水平烟田的白肋烟样品为供试材料，将每个产量水平的白肋烟样品取等量的 20 g，一份置于 45 ℃的恒温恒湿箱内处理 12 天，一份置于恒定的 10 ℃环境下贮藏 12 天。

由表 6-8 可知，随着白肋烟产量水平的增加，调制后烟叶硝态氮含量显著增长，这与不同烟田营养状况、施肥量大小和土壤氮素有效供应水平密切相关。对不同硝态氮含量烟叶进行高温处理 12 天后，TSNAs 含量水平较未高温处理的对照烟叶相比均显著增加，但不同产量水平烟叶中 TSNAs 含量增加幅度有明显差异，随着产量水平和烟叶硝态氮含量的增加，高温处理后 TSNAs 的增加量相应增加。其中，总 TSNAs 增加量由最低产量水平的 0.182 μg/g 逐渐提高到最高产量水平烟叶的 2.882 μg/g，说明烟叶硝态氮含量对高温贮藏条件下 TSNAs 的形成密切相关，降低烟叶硝态氮含量有利于降低贮藏过程中 TSNAs 的含量。

表 6-8　不同产量白肋烟中 TSNAs 含量及硝态氮含量

产量 / (kg·hm^{-2})	温度 /℃	NO$_3^-$-N/ (μg·g^{-1})	NNN/ (μg·g^{-1})	NAT/ (μg·g^{-1})	NAB/ (μg·g^{-1})	NNK/ (μg·g^{-1})	TSNAs 总量 / (μg·g^{-1})	TSNAs 增加量 / (μg·g^{-1})
3355.60	10	1412.7	0.199	0.492	0.010	0.069	0.770	—
	45	1331.2	0.248	0.602	0.020	0.083	0.952	0.182
4225.80	10	2067.7	0.429	0.737	0.014	0.084	1.265	—
	45	1943.6	1.009	2.060	0.044	0.204	3.317	2.052
4488.90	10	2368.7	1.252	0.614	0.014	0.034	1.913	—
	45	2277.2	2.730	1.226	0.030	0.087	4.072	2.159
4650.36	10	2381.4	1.391	1.056	0.014	0.049	2.510	—
	45	2320.4	2.629	1.957	0.026	0.094	4.706	2.196

续表

产量 / （kg·hm⁻²）	温度 /℃	NO₃⁻-N/ （μg·g⁻¹）	NNN/ （μg·g⁻¹）	NAT/ （μg·g⁻¹）	NAB/ （μg·g⁻¹）	NNK/ （μg·g⁻¹）	TSNAs 总量 / （μg·g⁻¹）	TSNAs 增加量 / （μg·g⁻¹）
5120.40	10	2848.0	1.246	1.992	0.043	0.089	3.370	—
	45	2500.8	2.650	3.348	0.061	0.195	6.252	2.882

五、白肋烟烟叶含水率对贮藏过程中 TSNAs 含量的影响

基于在一定温度下密闭空间内的饱和盐溶液能使空气湿度恒定的特性，实验中空气湿度通过装有饱和盐溶液的密封干燥皿来控制。在 24.5℃条件下饱和 K_2CO_3 溶液能使空气湿度保持在 43%，通过控制其浓度来调节空气湿度。

（一）烟叶含水率对白肋烟贮藏过程中 TSNAs 含量的影响

烟叶含水率实验设 5 个处理，在 5 个干燥皿中分别加入饱和 K_2CO_3 溶液、3/4 饱和 K_2CO_3 溶液、1/2 饱和 K_2CO_3 溶液、1/4 饱和 K_2CO_3 溶液与蒸馏水各 300 mL，每个处理称 20 g 烟叶用报纸包起来放在干燥皿的瓷板上，密封干燥皿。将干燥皿置于 24.5℃培养箱中处理 4 天后测得烟叶相对含水率分别为 7.71%、11.23%、17.53%、25.12% 和 31.52%。然后将含水率恒定的烟叶转移至玻璃闪烁计数瓶中，置于 45℃培养箱中贮藏 15 天。

1. 烟叶含水率对白肋烟贮藏过程中 NNN 含量的影响

由图 6-22 可知，不同烟叶含水率下 NNN 含量存在较大差异，烟叶含水率为 7.71% 时 NNN 含量最高，为 17.53% 时 NNN 含量最低。随着烟叶含水率的增大，白肋烟贮藏过程中 NNN 含量逐渐下降，烟叶含水率增大到 17.53% 后再 NNN 含量继续增大，此时 NNN 含量趋于稳定，不再降低。

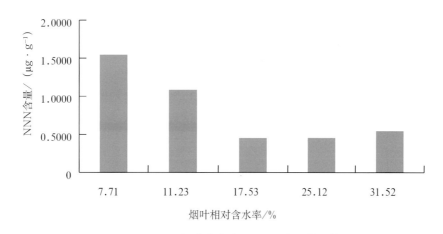

图 6-22　不同烟叶含水率下 NNN 含量的比较

2. 烟叶含水率对白肋烟贮藏过程中 NAT 含量的影响

由图 6-23 可知，不同烟叶含水率下 NAT 含量与 NNN 含量变化规律基本一致，烟叶含水率为 7.71% 时 NAT 含量最高，随着烟叶含水率的增大，白肋烟贮藏过程中 NAT 含量逐渐下降，烟叶含水率增大到 17.53% 后 NAT 含量趋于稳定，降低幅度较小。

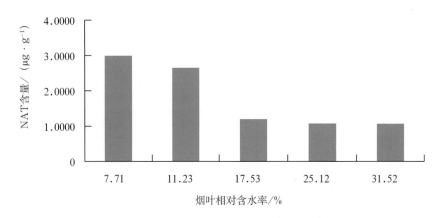

图 6-23　不同烟叶含水率下 NAT 含量的比较

3. 烟叶含水率对白肋烟贮藏过程中 NAB 含量的影响

由图 6-24 可知，不同烟叶含水率下 NAB 含量存在较大差异，烟叶含水率为 11.23% 时 NAB 含量最高，为 25.12% 时 NAB 含量最低，无明显规律。

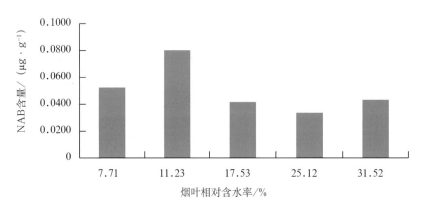

图 6-24　不同烟叶含水率下 NAB 含量的比较

4. 烟叶含水率对白肋烟贮藏过程中 NNK 含量的影响

由图 6-25 可知，不同烟叶含水率下 NNK 含量与 NAT 含量变化规律基本一致，烟叶含水率为 7.71% 时 NNK 含量最高，随着烟叶含水率的增大，白肋烟贮藏过程中 NNK 含量逐渐下降，烟叶含水率增大到 17.53% 后 NNK 含量趋于稳定，降低幅度减少。

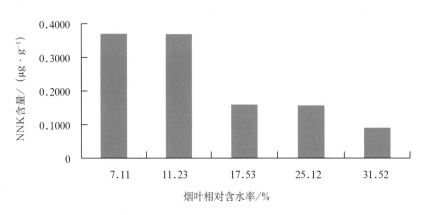

图 6-25　不同烟叶含水率下 NNK 含量的比较

5. 烟叶含水率对白肋烟贮藏过程中 TSNAs 总量的影响

由图 6-26 可知，烟叶含水率为 7.71% 时 TSNAs 总量最高，随着烟叶含水率的增大，白肋烟贮藏过程中 TSNAs 总量逐渐下降，烟叶含水率增大到 17.53% 后 TSNAs 总量再继续增大，TSNAs 总量趋于稳定，降低幅度较小。

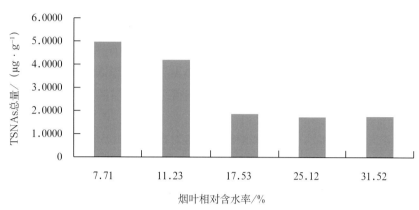

图 6-26　不同烟叶含水率下 TSNAs 总量的比较

（二）细化温度梯度的烟叶含水率对白肋烟高温贮藏过程中 TSNAs 含量的影响

由于含水率高的烟叶不宜长期贮存，进一步细化湿度梯度，设 6 个处理，溶液分别为饱和 K_2CO_3 溶液、9/10 饱和 K_2CO_3 溶液、8/10 饱和 K_2CO_3 溶液、7/10 饱和 K_2CO_3 溶液、6/10 饱和 K_2CO_3 溶液与 1/2 饱和 K_2CO_3 溶液各 300 mL。将初始含水率为 13.6% 的烟叶与不同饱和度的 K_2CO_3 溶液隔离放置于干燥皿中，置于 24.5 ℃培养箱中处理 4 天后烟叶相对含水率分别为 7.70%、8.90%、9.93%、12.30%、15.30% 和 17.53%。将含水率恒定的烟叶转移至玻璃闪烁计数瓶中，置于 45 ℃培养箱贮藏 15 天。

由表 6-9 可知，贮藏在高温条件下不同含水率的烟叶中 TSNAs 含量均显著高于贮藏在低温条件下的对照烟叶，这和前期研究的温度对白肋烟贮藏过程中 TSNAs 含量的影响的结果一致。在同样的高温贮藏条件下，随着烟叶含水率从 7.70% 增加到 17.53%，NNN 含量、NAT 含量、NNK 含量和 TSNAs 总量逐渐降低，NAB 含量变化趋势缺乏规律。

表 6-9　烟叶含水率对高温贮藏白肋烟中 TSNAs 含量的影响

烟叶含水率 /%	贮藏温度 /℃	NNN/ (μg · g⁻¹)	NAT/ (μg · g⁻¹)	NAB/ (μg · g⁻¹)	NNK/ (μg · g⁻¹)	TSNAs 总量 / (μg · g⁻¹)
13.60	10	0.5649	0.5969	0.0111	0.0354	1.2083
7.70	45	3.9603	4.9738	0.1180	0.2427	9.2947
8.90	45	3.5865	3.7928	0.0974	0.2313	7.7080
9.93	45	3.3725	3.6803	0.0983	0.1965	7.3476
12.30	45	2.9636	3.4408	0.0765	0.1619	6.6428
15.30	45	2.2050	2.5934	0.0561	0.0827	4.9373
17.53	45	2.1784	2.3011	0.0705	0.0817	4.6317

（三）不同含水率烟叶中添加硝酸盐和亚硝酸盐对其高温贮藏过程中 TSNAs 含量的影响

向低含水率烟叶中添加硝酸盐和亚硝酸盐实验设 3 个处理，每个处理称 20 g 烟叶，处理 1：喷 10 mL 清水；处理 2：将 1 g $NaNO_3$ 溶解于 10 mL 清水中喷在烟叶上；处理 3：将 0.1 g $NaNO_2$ 溶解于 10 mL 清水中喷在烟叶上。各处理烟叶用饱和 K₂CO₃ 溶液平衡水分 4 天后烟叶的相对含水率为 7.71%。向高含水率烟叶中添加硝酸盐和亚硝酸盐实验设 3 个处理，处理后烟叶用 1/2 饱和 K₂CO₃ 溶液平衡水分 4 天后烟叶的相对含水率为 17.53%。6 个处理烟叶分别转移至玻璃闪烁计数瓶中置于 60 ℃培养箱贮藏 15 天。

由表 6-10 可知，高温各处理烟叶的 4 种 TSNAs 含量及 TSNAs 总量均显著高于低温对照（烟叶贮藏在 10 ℃，含水率为 13.6%，TSNAs 总量为 2.8163 μg/g）。高温贮藏后，高湿条件下喷硝酸盐的烟叶中 TSNAs 含量与喷清水对照相比有少量增加，喷亚硝酸盐的烟叶中 TSNAs 含量大幅度增加，同时喷硝酸盐和亚硝酸盐的烟叶与喷清水对照相比 TSNAs 的增加量相当于单独喷硝酸盐和亚硝酸盐的增加量之和。低湿条件下，喷硝酸盐的效果与高湿条件下不同，4 种 TSNAs 含量和 TSNAs 总量大幅度增加。喷亚硝酸盐的烟叶中 TSNAs 含量与喷清水对照相比的增加量大于喷硝酸盐的增加量。

表 6-10   不同含水率烟叶中添加硝酸盐和亚硝酸盐对高温贮藏白肋烟中 TSNAs 含量的影响

烟叶含水率 / %	温度 /℃	处理	NNN/ (μg·g⁻¹)	NAT/ (μg·g⁻¹)	NAB/ (μg·g⁻¹)	NNK/ (μg·g⁻¹)	TSNAs 总量 / (μg·g⁻¹)
13.60	10	CK（无处理）	0.9835	1.7329	0.0338	0.0661	2.8163
7.71	60	CK（喷清水）	23.0712	52.4669	0.9223	0.6654	77.1258
		喷 1g NaNO₃	56.7317	134.8990	2.2770	1.0722	194.9799
		喷 0.1g NaNO₂	68.0400	157.9018	2.8097	1.2200	229.9715
17.53	60	CK（喷清水）	12.2663	20.0292	0.3796	0.5009	33.1760
		喷 1g NaNO₃	14.5731	25.7551	0.5886	0.5732	41.4901
		喷 0.1g NaNO₂	62.0125	141.9779	2.5583	0.8165	207.3652
		喷 1g NaNO₃+0.1g NaNO₂	59.2175	151.9829	2.7582	0.7998	214.7583

（四）结论

不同类型烟草贮藏过程中 TSNAs 的含量对高温的反应差异较大，烤烟在高温处理后 TSNAs 的增加不明显，而白肋烟和晒烟的增幅较大，这可能与不同类型烟草中的硝态氮含量不同有密切关系。与室温对比，45 ℃处理后的白肋烟和晒烟的 TSNAs 总含量及各成分含量均迅速增加，且白肋烟中总 TSNAs 含量高于晒烟。对于 TSNAs 的前体物生物碱和硝酸盐含量，不同类型烟草间，白肋烟的烟碱转化现象明显，其烟碱含量高于烤烟，低于晒烟，降烟碱含量和烟碱转化率显著高于其他两种类型烟草；白肋烟硝酸含量大幅度高于烤烟。45 ℃处理 36 天、白肋烟和晒烟亚硝酸盐含量升高，硝酸盐含量降低。烤烟的生物碱和亚硝酸盐含量变化不明显，硝酸盐含量表现升高。

白肋烟在不同温度梯度处理下放置不同天数，TSNAs 含量均表现为随着温度的增加，处理天数的增加而不断增加，结果表明，TSNAs 含量与温度、处理天数的相关性均较显著，这说明烟叶贮藏环境条件中温度对 TSNAs 的含量有很大的影响，控制贮藏过程中的温度可以有效降低 TSNAs 含量。

高温贮藏过程（45 ℃）中烟叶中 TSNAs 含量随着湿度的增加而降低，烟叶含水率增大到 17.53% 后再继续增大，TSNAs 总量趋于稳定，降低幅度较小。在 60 ℃的高温贮藏条件下，将湿度梯度进一步细化，随着烟叶含水率从 7.70% 增加到 18.70%，NNN 含量、NAT 含量、NNK 含量和 TSNAs 总量逐渐降低，NAB 含量变化趋势缺乏规律。分别在高湿和低湿条件下向白肋烟喷施亚硝酸盐溶液后，烟叶中 TSNAs 含量均大幅度增加。在高湿条件下向白肋烟喷施硝酸盐溶液，烟叶中 TSNAs 含量有少量的增加，而在低湿条件下喷施硝酸盐溶液后，烟叶中 TSNAs 含量大幅度增加。这可能是因为在高湿条件下硝酸盐是水溶态的，而在低湿条件下硝酸盐挥发出气体氮氧化物，更易于与生物碱生成烟草特有亚硝胺。但是烟叶水分高，霉菌繁殖快，易于霉变，且烟叶含水率大，受压力大，容易细胞破裂而"出油"，黏结成块，氧化变黑，会影响烟叶的外观质量和感官质量。在控制烟叶含水率保证烟叶不发生霉变的前提下，通过增大烟叶含水率可以有效地降低白肋烟贮藏过程中 TSNAs 的积累。

第四节　硝态氮对烟叶高温贮藏过程中 TSNAs 的形成的影响

TSNAs 的合成前体物是生物碱和亚硝酸盐，TSNAs 是仲胺类生物碱和亚硝酸盐反应生成的。已报道的实验均证明了在烟叶的调制过程中，TSNAs 的形成和积累与亚硝酸盐的含量密切相关，亚硝酸盐对其具有直接限制作用。另外，还有研究表明，生物碱与亚硝酸盐在 TSNAs 的形成与积累上有较显著的互作效应。

前期研究表明，不同类型烟叶贮藏过程中 TSNAs 的形成和积累有显著差异，在高温贮藏过程中，硝态氮含量较高的白肋烟中 TSNAs 的形成量远大于含量低的烤烟，为了进一步研究烟草硝态氮和生物碱含量对高温贮藏过程中 TSNAs 的形成的影响，实验中以硝态氮和生物碱含量差异较大的烟叶叶片和烟梗为材料在高温下贮藏研究其 TSNAs 的形成的差异性。该研究旨在揭示贮藏过程中烟草特有亚硝胺形成机制，为通过农艺和控制贮藏环境减少和抑制 TSNAs 的形成提供理论依据。

一、高温处理下不同施氮量下白肋烟中 TSNAs 含量及硝态氮含量的变化

在云南宾川白肋烟产区进行田间实验，土壤为壤土，中等肥力，土壤 pH 为 6.23，有机质含量为 22.8 g/kg，碱解氮含量为 50.2 mg/kg，速效磷含量为 12.4 mg/kg，速效钾含量为 54.1 mg/kg。设 4 个施氮量，分别为：120 kg/hm²、180 kg/hm²、240 kg/hm²、300 kg/hm²，其中，75% 的氮源为硝态氮。将新晾制的叶片分为两部分，一部分贮藏在冰箱中作为对照，另一部分在 45℃ 的恒温恒湿箱中贮藏 15 天。

由表 6-11 可知，随着施氮量增加，产量有不同程度的增加，随着施肥量从 120 kg/hm² 增加到 240 kg/hm²，产量从 2085 kg/hm² 增加到了 3279 kg/hm²，施肥量继续增加时，产量的增加量减小。10℃贮藏 15 天烟叶硝态氮含量随着施肥量和产量的增加而显著增加，TSNAs 含量随硝态氮增加而呈增加的趋势，但相关性较差。然而，在 45℃条件下贮藏 15 天的烟叶，随着硝态氮含量增加，TSNAs 含量显著增加，不同施氮肥量的烟叶与低温对照的差异均达到极显著水平，与对照相比，TSNAs 的净增加量随着硝态氮含量的增加而更多地增加，且呈显著正相关，相关系数达 0.98。这一结果表明，烟草中的硝态氮水平与烟叶高温条件下贮藏过程中 TSNAs 的形成密切相关。

表 6-11　高温处理下不同施氮量烟叶中 TSNAs 含量及硝态氮含量的变化

施氮肥量 / (kg·hm⁻²)	产量 / (kg·hm⁻²)	贮藏温度	NO_3^--N/ (μg·g⁻¹)	NNN/ (μg·g⁻¹)	NAT/ (μg·g⁻¹)	NAB/ (μg·g⁻¹)	NNK/ (μg·g⁻¹)	TSNAs/ 总量 (μg·g⁻¹)
120	2085	10℃	1331.2	0.1991	0.4917	0.0097	0.0689	0.7694
		45℃	1328.6	0.2475	0.6022	0.0197	0.0826	0.9520
		增加量	-2.6	0.0484	0.1105	0.0100	0.0137	0.1826

续表

施氮肥量 / (kg·hm⁻²)	产量 / (kg·hm⁻²)	贮藏温度	NO₃⁻-N/ (μg·g⁻¹)	NNN/ (μg·g⁻¹)	NAT/ (μg·g⁻¹)	NAB/ (μg·g⁻¹)	NNK/ (μg·g⁻¹)	TSNAs/ 总量(μg·g⁻¹)
180	2580	10℃	2000.8	0.5456	0.6922	0.0131	0.0793	1.3302
		45℃	1984.5	1.6495	1.3476	0.0236	0.1147	3.1354
		增加量	−16.3	1.1039	0.6554	0.0105	0.0354	1.8052
240	3279	10℃	2277.2	0.5516	0.6137	0.0136	0.0739	1.2528
		45℃	2253.2	2.2358	1.5256	0.0296	0.1568	3.9478
		增加量	−24.0	1.6842	0.9119	0.0160	0.0829	2.6950
300	3573	10℃	3184.4	0.6294	0.7372	0.0142	0.0843	1.4651
		45℃	3098.6	2.7302	2.3255	0.0443	0.2041	5.3041
		增加量	−85.8	2.1008	1.5883	0.0301	0.1198	3.8390

二、不同类型烟叶烟梗中 TSNAs 含量及硝酸盐含量的变化

为了探索硝态氮含量与高温贮藏过程中 TSNAs 形成的关系，将白肋烟和烤烟的叶片与叶梗分开，分别在高温（45℃）条件下贮藏15天，并以未进行高温处理的叶片和叶梗做对照进行比较。

由表 6-12 可知，无论白肋烟还是烤烟，相同温度下烟梗的硝态氮含量都显著高于叶片。经过高温处理后，叶片和叶梗中 TSNAs 含量均显著增加，高温处理后的 TSNAs 总量与低温对照相比差异均达到极显著水平。但叶梗中 TSNAs 的增加量显著高于叶片中的增加，其中，白肋烟烟梗中 TSNAs 含量增加 95.80%，而叶片中增加 106.66%；烤烟烟梗的差异更为明显，烤烟烟梗高温处理后 TSNAs 含量增加 367.05%，而叶片中增加 77.70%。

TSNAs 的前体物为生物碱和硝酸盐，在对高温处理下不同类型烟叶烟梗中 TSNAs 含量及硝态氮含量的变化的研究中，已知烟梗中的生物碱含量远低于烟叶中的含量，但硝态氮含量高于烟叶中的含量，高温处理后烟梗中 TSNAs 增加量显著大于叶片，说明烟梗中较高的硝态氮含量与贮藏过程中 TSNAs 形成的关系密切。

表 6-12　高温处理下白肋烟和烤烟烟梗中 TSNAs 含量及硝态氮含量的变化

单位：μg·g⁻¹

样品	贮藏温度	NO₃⁻-N	NNN	NAT	NAB	NNK	TSNAs 总量
白肋烟烟梗	10℃	13750.4	5.414	2.293	0.040	0.225	7.972
	45℃	12143.1	11.162	3.956	0.064	0.428	15.609
	增加量	−1607.3	5.748	1.663	0.024	0.203	7.637
白肋烟烟叶	10℃	3332.6	1.784	0.482	0.025	0.068	2.358
	45℃	2576.7	2.946	1.674	0.081	0.173	4.873
	增加量	−755.9	1.162	1.192	0.056	0.105	2.515

续表

样品	贮藏温度	NO$_3^-$-N	NNN	NAT	NAB	NNK	TSNAs 总量
烤烟烟梗	10 ℃	2008.2	0.122	0.044	0.001	0.009	0.176
	45 ℃	1854.4	0.243	0.528	0.010	0.040	0.822
	增加量	−153.8	0.121	0.484	0.009	0.031	0.646
烤烟烟叶	10 ℃	64.1	0.054	0.070	0.001	0.022	0.148
	45 ℃	42.2	0.092	0.127	0.005	0.039	0.263
	增加量	−21.9	0.038	0.057	0.004	0.017	0.115

三、不同氮素形态对烟草中硝态氮含量和 TSNAs 形成的影响

以烤烟品种豫烟 10 号（Y10）和白肋烟品种 TN90 为供试品种。每个品种设 3 个处理，分别为：① NO$_3^-$-N 100%（T1，氮素来源为 KNO$_3$）；② NO$_3^-$-N 50% + NH$_4^+$-N 50%[T2，氮素来源为 KNO$_3$ 和（NH$_4$）$_2$SO$_4$]；③ NH$_4^+$-N 100%[T3，氮素来源为（NH$_4$）$_2$SO$_4$]。调制后一份置于 45 ℃、相对湿度 60% 的恒温恒湿箱内处理 15 天，一份置于恒定的 10 ℃、相对湿度 60% 环境下贮藏 15 天作为对照。

（一）不同氮素形态对烟叶中硝态氮含量的影响

由图 6-27 可知，白肋烟的硝态氮含量是烤烟的数十到数百倍，白肋烟和烤烟各个时期的硝态氮含量均随着施硝态氮肥比例的增加而增加。从打顶后 10 天到成熟采收前白肋烟中部叶和 T3 处理上部叶硝态氮含量降低，T1 处理和 T2 处理上部叶硝态氮含量增加。调制后白肋烟硝态氮含量与成熟采收前相比除 T2 处理上部叶降低外其余均显著增加。烤烟的中部叶和上部叶硝态氮含量从打顶后 10 天到成熟采收前再到调制后呈降低趋势，调制后各处理含有较低的硝态氮含量。

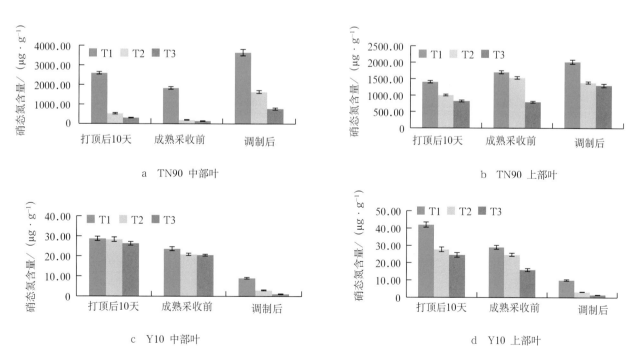

图 6-27　不同氮素形态对烟叶中硝态氮含量的影响

（二）不同氮素形态对烟叶高温贮藏过程中 TSNAs 形成的影响

调制后中部烟叶和上部烟叶分别在 45℃ 条件下贮藏 15 天后的 TSNAs 含量如表 6-13 和表 6-14 所示。烤烟中部叶的 NNN 含量、NAT 含量和 TSNAs 总量以施 100% 铵态氮的处理含量最高，施硝态氮和铵态氮各 50% 的处理 TSNAs 总量最低。烤烟上部叶的 NNN 含量和 TSNAs 总量以施硝态氮和铵态氮各 50% 的处理含量最高，施 100% 硝态氮的烤烟上部叶中 TSNAs 总量最低。烤烟中、上部叶的 NAB 含量均以施 100% 铵态氮的处理含量最高，以施 100% 硝态氮的处理含量最低。各处理间 NNK 含量差异大多不显著。

在 45℃ 条件下贮藏 15 天后的白肋烟 4 种 TSNAs 含量及其总量与低温对照相比均显著增加，且增加量均随着施硝态氮肥比例的增加而增加。在 45℃ 条件下贮藏 15 天后的烤烟 TSNAs 含量与低温对照相比也均有所增加，但增加量无明显规律。

表 6-13 不同氮素形态对中部烟叶中 TSNAs 含量的影响

单位：$\mu g \cdot g^{-1}$

TSNAs	处理	白肋烟（TN90）			烤烟（豫烟 10 号）		
		调制后	高温贮藏后	增加量	调制后	高温贮藏后	增加量
NNN	100% NO_3^--N	2.7670	3.9426	1.1756	0.0397	0.0559	0.0162
	50% NO_3^--N + 50% NH_4^+-N	0.4779	1.3724	0.8945	0.0379	0.0617	0.0238
	100% NH_4^+-N	0.3723	1.0096	0.6373	0.1388	0.1525	0.0137
NAT	100% NO_3^--N	2.5882	3.7595	1.1713	0.1735	0.1818	0.0083
	50% NO_3^--N + 50% NH_4^+-N	0.5452	1.4966	0.9514	0.1354	0.1983	0.0629
	100% NH_4^+-N	0.2708	0.6857	0.4149	0.2280	0.2307	0.0027
NAB	100% NO_3^--N	0.0917	0.1310	0.0393	0.0031	0.0044	0.0013
	50% NO_3^--N + 50% NH_4^+-N	0.0160	0.0458	0.0298	0.0034	0.0052	0.0018
	100% NH_4^+-N	0.0080	0.0231	0.0151	0.0051	0.0057	0.0006
NNK	100% NO_3^--N	0.2124	0.4232	0.2108	0.0136	0.0155	0.0019
	50% NO_3^--N + 50% NH_4^+-N	0.0494	0.1182	0.0688	0.0147	0.0158	0.0011
	100% NH_4^+-N	0.0301	0.0480	0.0179	0.0139	0.0143	0.0004
TSNAs 总量	100% NO_3^--N	5.6593	8.2563	2.5970	0.2299	0.2576	0.0277
	50% NO_3^--N + 50% NH_4^+-N	1.0885	3.0330	1.9445	0.1914	0.2810	0.0896
	100% NH_4^+-N	0.6812	1.7664	1.0852	0.3858	0.4082	0.0224

表 6-14　不同氮素形态对上部烟叶中 TSNAs 含量的影响

单位：$\mu g \cdot g^{-1}$

TSNAs	处理	白肋烟（TN90）			烤烟（豫烟 10 号）		
		调制后	高温贮藏后	增加量	调制后	高温贮藏后	增加量
NNN	100% NO_3^--N	0.8720	2.4762	1.6042	0.0371	0.1329	0.0958
	50% NO_3^--N + 50% NH_4^+-N	0.6524	1.6651	1.0127	0.0676	0.1020	0.0344
	100% NH_4^+-N	0.3838	0.8957	0.5119	0.0645	0.1079	0.0434
NAT	100% NO_3^--N	0.8082	1.8087	1.0005	0.1432	0.4140	0.2708
	50% NO_3^--N + 50% NH_4^+-N	0.6182	1.5783	0.9601	0.1879	0.2307	0.0428
	100% NH_4^+-N	0.2618	0.6611	0.3993	0.1375	0.2053	0.0678
NAB	100% NO_3^--N	0.0289	0.0708	0.0419	0.0033	0.0112	0.0079
	50% NO_3^--N + 50% NH_4^+-N	0.0182	0.0525	0.0343	0.0038	0.0070	0.0032
	100% NH_4^+-N	0.0086	0.0212	0.0126	0.0040	0.0062	0.0022
NNK	100% NO_3^--N	0.1223	0.3122	0.1899	0.0140	0.0144	0.0004
	50% NO_3^--N + 50% NH_4^+-N	0.0593	0.1386	0.0793	0.0133	0.0149	0.0016
	100% NH_4^+-N	0.0423	0.0661	0.0238	0.0132	0.0136	0.0004
TSNAs 总量	100% NO_3^--N	1.8314	4.6679	2.8365	0.1976	0.5725	0.3749
	50% NO_3^--N + 50% NH_4^+-N	1.3481	3.4345	2.0864	0.2726	0.3546	0.0820
	100% NH_4^+-N	0.6965	1.6441	0.9476	0.2192	0.3330	0.1138

（三）不同氮素形态下烟叶的常规化学成分

各处理下烟叶化学成分的测定结果如表 6-15 所示。白肋烟和烤烟的总糖和还原糖含量均表现为施硝态氮和铵态氮各 50% 的处理含量最高，施 100% 铵态氮的处理含量最低。白肋烟的烟碱、总氮和蛋白质含量均随着施硝态氮肥比例的增加而减少，且处理间多有显著性差异。烤烟中部叶烟碱含量和中、上部叶的总氮、蛋白质含量以施 100% 铵态氮的处理最高，施硝态氮和铵态氮各 50% 的处理最低，上部叶烟碱含量以施 100% 硝态氮的处理最高，施硝态氮和铵态氮各 50% 的处理最低。白肋烟中、上部叶的钾氯比均随着施硝态氮比例的增加而增加，烤烟中、上部叶的钾氯比均以施硝态氮和铵态氮各 50% 的处理最大，施 100% 铵态氮的处理最小。烟叶的整体化学成分协调性以施硝态氮和铵态氮各 50% 的处理较优，以施 100% 铵态氮的处理较差。

表 6-15　不同处理下烟叶化学成分的含量

品种	部位	处理	总糖	还原糖	烟碱	总氮	蛋白质	钾	氯
TN90	中部	100% NO_3^--N	1.18%	0.87%	3.29%	3.57%	19.15%	1.72%	0.10%
		50%NO_3^--N +50% NH_4^+-N	1.29%	0.89%	4.81%	4.05%	20.03%	2.17%	0.24%
		100% NH_4^+-N	1.07%	0.83%	6.56%	4.10%	23.11%	1.51%	0.23%
	上部	100% NO_3^--N	1.10%	0.83%	1.60%	3.65%	20.33%	2.41%	0.23%
		50%NO_3^--N+ 50%NH_4^+-N	1.35%	0.90%	3.21%	3.84%	21.08%	2.28%	0.23%
		100% NH_4^+-N	0.98%	0.78%	4.92%	4.50%	24.84%	1.59%	0.18%

续表

品种	部位	处理	总糖	还原糖	烟碱	总氮	蛋白质	钾	氯
Y10	中部	100% NO_3^-–N	22.81%	18.52%	3.23%	2.04%	9.11%	1.84%	0.12%
		50% NO_3^-–N+ 50% NH_4^+–N	23.49%	19.37%	2.51%	1.67%	7.52%	2.04%	0.12%
		100% NH_4^+–N	19.09%	16.41%	3.43%	2.21%	9.90%	0.84%	0.22%
	上部	100% NO_3^-–N	18.41%	16.05%	3.80%	2.23%	9.74%	1.77%	0.19%
		50% NO_3^-–N + 50% NH_4^+–N	22.18%	19.50%	3.17%	1.93%	8.47%	2.38%	0.16%
		100% NH_4^+–N	16.31%	14.02%	3.45%	2.68%	10.91%	0.83%	0.25%

四、直接添加硝酸盐和亚硝酸盐对高温贮藏烟叶中 TSNAs 含量的影响

（一）烤烟烟叶直接添加不同种类硝酸盐和亚硝酸盐的影响

在高温处理前分别将 4000 μg/g 的 3 种硝酸盐（NH_4NO_3、KNO_3、$NaNO_3$）和亚硝酸钠加入切碎的 50 g 烤烟中。置于恒温恒湿箱中进行处理，温度设定为 60℃，另设 10℃条件作为对照，相对湿度为 60%。处理 12 天。

由表 6-16 可知，烤烟中添加与白肋烟相当的高硝酸盐含量导致高温处理下的烤烟中 TSNAs 大幅度增加。然而，TSNAs 增加的程度随硝酸盐的不同而不同。硝酸钠对高温下烟叶中 TSNAs 的形成影响最显著，与不加硝酸盐的烤烟对照相比升高了 47 倍。硝酸钾也很有效。硝酸铵的影响最小，但仍使 TSNAs 含量比对照增加了 12 倍。当将同样浓度的亚硝酸钠加入切碎的烤烟中时，TSNAs 含量显著增加，于 60℃储存 12 天后与无处理对照相比 TSNAs 含量增加了 3063 倍。这些结果说明氮氧化物含量在高温贮藏条件下烟叶中 TSNAs 的生成过程中起到了关键作用。

表 6-16　烤烟中直接添加硝酸盐和亚硝酸盐对高温条件下烟叶中 TSNAs 形成的影响

单位：μg·g^{-1}

添加成分	NNN	NAT	NAB	NNK	TSNAs 总量
只加水	0.016	0.115	0.003	0.008	0.131
NH_4NO_3	0.317	1.160	0.080	0.140	1.698
KNO_3	0.749	2.404	0.155	0.727	4.036
$NaNO_3$	1.020	4.301	0.421	0.574	6.315
$NaNO_2$	82.760	184.760	17.190	116.090	400.810

（二）烤烟烟叶添加不同浓度的硝酸盐和亚硝酸盐的影响

为了进一步研究烟叶硝态氮含量和亚硝酸盐对烟叶贮藏过程中 TSNAs 形成的作用，在烤烟烟叶中添加不同浓度的硝酸钠。分别将 0.1 g、0.2 g、0.3 g、0.4 g 硝酸钠，0.05 g、0.10 g、0.15 g、0.20 g 亚硝酸钠溶于一定量蒸馏水和同量的蒸馏水均匀喷洒于 9 个等量 20 g 的烤烟样品中，待烟叶在自然环境中平衡水分后，置于恒温恒湿箱中进行处理，温度设定为 45℃，另设 10℃条件作为对照，相对湿度为 60%。处理 12 天。

由表 6-17 可知，经过高温处理后的烤烟中 TSNAs 含量均较常温处理下烤烟中的含量显著增加，将 0.1 g、0.2 g、0.3 g、0.4 g $NaNO_3$ 分别喷洒于等量烤烟中，烤烟烟叶硝态氮含量相应增加，烟叶中 TSNAs 含量也呈现明显增加的趋势，其中，NNN 含量从未添加处理烟叶的 0.092 μg/g 增加到添加 0.4 g $NaNO_3$ 烟样的 0.317 μg/g，

NNK 的含量从 0.039 μg/g 增加到 0.114 μg/g，TSNAs 总量从 0.263 μg/g 增加到 1.008 μg/g。

添加 $NaNO_2$ 的烟丝 TSNAs 含量均较对照样品大幅度增加。添加 $NaNO_2$ 的各处理之间进行比较，其中，NNK 含量、NNN 含量、NAT 含量、NAB 含量及 TSNAs 总量随着 $NaNO_2$ 添加量的增加而快速增加。由于亚硝酸盐是 TSNAs 的直接前体物，易于与生物碱发生亚硝化反应，因此，添加亚硝酸盐造成 TSNAs 含量的巨幅增加，每 20 g 烟丝添加 0.05 g 亚硝酸钠便使未添加处理烟叶样品的 TSNAs 总量由 0.263 μg/g 猛增到 44.833 μg/g，增加亚硝酸钠添加量，TSNAs 总量持续进一步增加。这一实验结果充分说明亚硝酸盐含量对贮藏过程中 TSNAs 形成起重要作用，亚硝酸盐的供应量是 TSNAs 生成的限制因素。

表 6-17　直接喷洒不同浓度硝酸盐和亚硝酸盐对烤烟贮藏过程中 TSNAs 各成分含量的影响

单位：μg·g^{-1}

添加成分	处理	NNN	NAT	NAB	NNK	TSNAs 总量
对照	10℃，12 天	0.054	0.070	0.001	0.022	0.148
	45℃，12 天	0.092	0.127	0.005	0.039	0.263
$NaNO_3$ （45℃，12 天）	0.1 g	0.132	0.259	0.010	0.058	0.459
	0.2 g	0.146	0.245	0.031	0.069	0.491
	0.3 g	0.259	0.331	0.050	0.081	0.722
	0.4 g	0.317	0.516	0.061	0.114	1.008
$NaNO_2$ （45℃，12 天）	0.05 g	6.733	31.492	0.395	6.214	44.833
	0.10 g	13.982	59.106	2.029	17.142	92.259
	0.15 g	29.296	154.387	7.856	40.233	231.771
	0.20 g	44.120	148.998	9.192	53.155	255.465

（三）白肋烟烟叶直接添加不同浓度的硝酸盐和亚硝酸盐的影响

为了证明白肋烟硝态氮含量对高温贮藏过程中 TSNAs 形成的影响，分别将 0.3 g、0.6 g、1.2 g 硝酸钠，0.3 g、0.6 g、1.2 g 亚硝酸钠溶于一定量蒸馏水和同量的蒸馏水均匀喷洒于 7 个等量 20 g 的白肋烟样品中，待烟叶在自然环境中平衡水分后，置于恒温恒湿箱中进行处理，温度设定为 45℃，另设 10℃条件作为对照，相对湿度为 60%。处理 12 天。

由表 6-18 可知，添加了不同浓度 $NaNO_3$ 和 $NaNO_2$ 的白肋烟烟叶，经过高温处理后，TSNAs 含量均迅速增加。添加 $NaNO_3$ 时，NNK 含量从 0.538 μg/g 增加到 1.384 μg/g，升高了 157.25%，TSNAs 总量从 14.513 μg/g 增加到 36.453 μg/g，升高了 151.17%。添加 $NaNO_2$ 时，增加幅度更为明显，NNK 含量从 0.538 μg/g 增加到 12.782 μg/g，升高了 23 倍，TSNAs 总量从 14.513 μg/g 增加到 286.007 μg/g，升高了将近 20 倍。

表 6-18　直接喷洒硝酸盐和亚硝酸盐对白肋烟贮藏过程中 TSNAs 各成分含量的影响

单位：μg·g^{-1}

添加成分	处理	NNN	NAT	NAB	NNK	TSNAs 总量
对照	10℃，12 天	5.142	3.359	0.087	0.324	8.912
	45℃，12 天	8.359	5.474	0.142	0.538	14.513
$NaNO_3$ （45℃，12 天）	0.3 g	14.204	8.027	0.209	0.882	23.322
	0.6 g	16.867	10.769	0.287	1.024	28.947
	1.2 g	20.912	13.798	0.359	1.384	36.453

添加成分	处理	NNN	NAT	NAB	NNK	TSNAs 总量
NaNO$_2$ （45℃，12 天）	0.3 g	51.284	41.741	1.142	4.247	97.114
	0.6 g	99.148	75.075	2.067	8.597	184.887
	1.2 g	169.412	110.128	3.685	12.782	286.007

五、隔离添加硝酸盐和亚硝酸盐对高温贮藏烟叶中 TSNAs 含量的影响

（一）烤烟烟叶中隔离添加不同种类硝酸盐和亚硝酸盐后的影响

分别将 0.5 g 的 NH$_4$NO$_3$、KNO$_3$、NaNO$_2$、NaNO$_3$ 与烤烟隔离并放置在密闭的容器内，60℃条件下放置 12 天。由表 6-19 可知，各硝酸盐虽与烤烟未直接接触，但各处理中 TSNAs 各成分含量均较烤烟对照样品有较大程度的增加。同样，在分离体系中放置亚硝酸钠，也造成 TSNAs 含量的急剧增加，高温处理12 天后 TSNAs 总量比对照增加约 500 倍，比放置硝酸盐增加 40 ～ 50 倍。但与在烟叶中直接添加硝酸盐和亚硝酸盐相比，TSNAs 的增加量显著降低。

表 6-19　隔离添加硝酸盐和亚硝酸盐对烤烟 TSNAs 各成分含量的影响

单位：μg·g^{-1}

添加成分	NNN	NAT	NAB	NNK	TSNAs 总量
对照	0.016	0.115	0.003	0.008	0.131
NH$_4$NO$_3$	0.617	0.943	0.175	0.126	1.860
KNO$_3$	0.684	0.796	0.041	0.059	1.580
NaNO$_3$	0.194	0.963	0.069	0.053	1.279
NaNO$_2$	13.767	49.211	2.644	3.937	69.559

（二）烤烟烟叶中隔离添加不同浓度硝酸盐和亚硝酸盐后的影响

将不同量的 NaNO$_3$、NaNO$_2$ 与等量（20 g）烤烟共同置于密闭的容器中，在 45℃恒温恒湿箱中处理12 天后进行检测，结果如表 6-20 所示。经过高温处理后的烤烟中的 TSNAs 含量均较常温处理下烤烟中的含量迅速增加，分别将 0.1 g、0.2 g、0.3 g、0.4 g NaNO$_3$ 与等量（20 g）烤烟置于密闭的容器中，总体来看，容器中放置 NaNO$_3$ 各处理的烤烟中 TSNAs 含量均显著高于未做处理烤烟中的含量，且随着硝酸盐添加量的增加，烟叶中 TSNAs 含量相应增加。

分别将 0.05 g、0.10 g、0.15 g、0.20 g NaNO$_2$ 与等量（20 g）烤烟置于密闭的容器中，添加过 NaNO$_2$的烤烟中 TSNAs 含量均较未做处理的样品中的含量有很大幅度的增加。对照样品中 TSNAs 总量为 0.263μg/g，在与亚硝酸盐共处体系中，烟叶中 TSNAs 总量上升到 2.798 ～ 4.238 μg/g。同样，本次实验烟叶中TSNAs 含量增加幅度相对偏小，这与处理温度相对偏低有关。总之，高温处理后烟叶中 TSNAs 含量的增加幅度与体系中硝酸盐和亚硝酸盐浓度有密切关系，表明高温条件下气态氮氧化物的生成是导致 TSNAs含量升高的直接因素。降低烟叶和环境中硝态氮含量，减少高温条件下气态氮氧化物的生成，是抑制烟叶贮藏过程中 TSNAs 形成和积累的有效途径。

表 6-20　隔离添加不同浓度硝酸盐和亚硝酸盐对烤烟贮藏过程中 TSNAs 形成的影响

单位：µg · g^{-1}

添加成分	处理	NNN	NAT	NAB	NNK	TSNAs 总量
对照	10℃，12 天	0.054	0.070	0.001	0.022	0.148
	45℃，12 天	0.092	0.127	0.005	0.039	0.263
NaNO$_3$ （45℃，12 天）	0.1 g	0.117	0.195	0.006	0.031	0.350
	0.2 g	0.179	0.199	0.010	0.044	0.431
	0.3 g	0.219	0.239	0.012	0.043	0.512
	0.4 g	0.255	0.360	0.018	0.067	0.700
NaNO$_2$ （45℃，12 天）	0.05 g	0.511	2.004	0.002	0.281	2.798
	0.10 g	0.642	2.589	0.007	0.378	3.615
	0.15 g	0.729	2.814	0.012	0.486	4.040
	0.20 g	0.932	2.786	0.020	0.501	4.238

（三）白肋烟烟叶中隔离添加不同浓度硝酸盐和亚硝酸盐后的影响

将不同量的 NaNO$_3$、NaNO$_2$ 与等量的白肋烟（20 g）隔离放置于密闭的容器中，在 45℃恒温恒湿箱中处理 12 天后进行检测，结果如表 6-21 所示。经过高温处理后烟叶中 TSNAs 含量均迅速增加，添加 NaNO$_3$ 时，NNK 含量从 0.538 µg/g 增加到 0.892 µg/g，升高了 65.80%，TSNAs 总量从 14.513 µg/g 增加到 22.995 µg/g，升高了 58.44%。添加 NaNO$_2$ 时，增加幅度更为明显，NNK 含量从 0.538 µg/g 增加到 3.359 µg/g，升高了 6 倍，TSNAs 总量从 14.513 µg/g 增加到 87.470 µg/g，同样升高了 6 倍。

表 6-21　隔离添加硝酸盐和亚硝酸盐对白肋烟贮藏过程中 TSNAs 形成的影响

单位：µg · g^{-1}

添加成分	处理	NNN	NAT	NAB	NNK	TSNAs 总量
对照	10℃，12 天	5.142	3.359	0.087	0.324	8.912
	45℃，12 天	8.359	5.474	0.142	0.538	14.513
NaNO$_3$ （45℃，12 天）	0.3 g	9.332	6.324	0.177	0.679	16.512
	0.6 g	10.278	7.956	0.232	0.779	19.245
	1.2 g	13.398	8.412	0.293	0.892	22.995
NaNO$_2$ （45℃，12 天）	0.3 g	19.542	13.896	0.374	1.428	35.240
	0.6 g	31.087	25.795	0.588	2.186	59.656
	1.2 g	48.487	34.597	1.027	3.359	87.470

六、烟叶贮藏过程中氮氧化物的变化

氮氧化物（NO$_x$，Nitrogen oxides）是自然界常见的一类化合物，已报道卷烟烟气中主要存在 3 种氮氧化物：一氧化氮（NO）、二氧化氮（NO$_2$）和一氧化二氮（N$_2$O），其中，NO 为主要成分。烟气中 NO$_x$ 主要是由烟草中的硝酸盐、亚硝酸盐及蛋白质和氨基酸等经高温热解而成。NO$_x$ 是卷烟烟气中的主要有害成分之一，烟气中的 NO 和 NO$_2$ 除了可以直接参与人机体内的自由基代谢外，还能与烟草生物碱反应生成烟草中特有亚硝胺（TSNAs）。调制过程中，烟叶暴露于微量的 NO$_x$ 中即可生成 TSNAs，而明火烘烤能够产生一定浓度的燃烧副产物 NO_x，能明显地促进烟叶烘烤过程中 TSNAs 的形成。

　　研究表明，贮藏条件能够影响烟叶中 TSNAs 的形成，尤其是高温贮藏后烟叶中 TSNAs 的含量显著提高，增加幅度与硝态氮含量、贮藏温度、烟叶含水率密切相关，这与高温促进烟叶氮氧化物的挥发，进而与生物碱反应生成 TSNAs 有关。为证明烟叶高温贮藏过程中气态氮氧化物的产生是烟草中特有亚硝胺形成的成因，利用真空干燥器设置了密闭的环境，检测和分析了贮藏温度、贮藏时间、烟叶含水率及硝酸盐含量等条件下环境中气态 NO_x 的差异，旨在进一步揭示烟叶贮藏过程中 TSNAs 的形成机制，为研发抑制烟叶贮藏过程中 TSNAs 形成的有效技术提供依据。

（一）贮藏温度、时间及含水率对烟叶氮氧化物形成的影响

　　将白肋烟 TN86 的中部叶 40 g 置于真空干燥器中密封，分别置于 10℃、20℃、30℃、40℃和50℃恒温恒湿箱中，设置相对湿度 60%，处理 48 h，测定 NO_x 含量，结果如图 6-28 所示。随着烟叶贮藏温度从 10℃增加到 50℃，干燥器内 NO、NO_2 和 NO_x 浓度均明显增加，运用指数方程能较好地拟合 NO 和 NO_x 对贮藏温度的反应（R^2 大于 0.97）。烟叶挥发的 NO 和 NO_x 浓度随着温度的提高而升高。白肋烟在 50℃处理 48 h 后，干燥器内 NO 的浓度达到 3.28 cm^3/m^3，为 10℃处理的 42 倍。贮藏温度从 10℃到 30℃，NO_2 的浓度差异不显著，温度升高到 40℃时，NO_2 的浓度开始显著增加。研究结果表明，高温条件有利于烟叶中 NO 等气态氮氧化物的挥发。

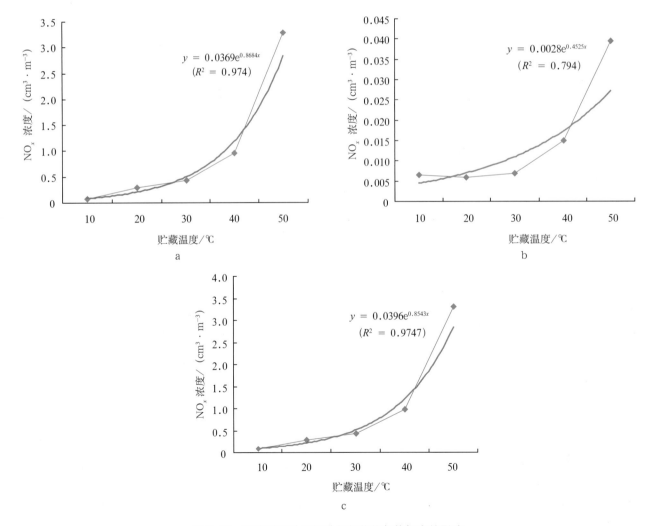

图 6-28　温度对白肋烟烟叶氮氧化物气体挥发的影响

　　将白肋烟放置于密闭干燥器中，在50℃条件下经过不同的贮藏时间后氮氧化物气体的浓度变化如图6-29所示。密闭的白肋烟样品经过50℃、2 h的处理后，干燥器内 NO_x 可以达到 0.2 cm^3/m^3。随着贮藏时间的增加，烟叶样品挥发出的 NO、NO_2 和 NO_x 浓度逐渐升高，NO 和 NO_x 的浓度均存在显著的差异，采用二项式方程能较好地拟合氮氧化物浓度随着处理时间变化的关系（R^2 均大于 0.9）。干燥器内 NO_2 的浓度较低，贮藏时间多于24 h后，NO_2 的浓度才显著提高。

　　将已知低含水率（4.23% 和 6.20%）、中等含水率（11.03% 和 12.29%）和高含水率（18.17% 和 20.53%）的烟叶分别放置到真空干燥器中，密封置于30℃恒温恒湿箱内培养24 h后，抽取干燥器内的氮氧化物气体进行测定，结果如表6-22所示。结果表明，烟叶含水率从 4.23% 增加到 6.20%，30℃处理24 h后，挥发出的 NO 和 NO_x 浓度有所降低。当烟叶含水率提高到 11.0% 和 12.29% 时，处理24 h后干燥器内 NO、NO_2 和 NO_x 浓度明显增加。而含水率高于 18.17% 以后，烟叶挥发出的 NO 和 NO_x 浓度呈下降趋势，当含水率为 20.53% 时，干燥器中 NO_x 的浓度与含水率 4.23% 和 12.29% 时相比分别降低了 32% 和 57%，说明较高的含水率不利于烟叶中硝酸盐或亚硝酸盐挥发出 NO_x。

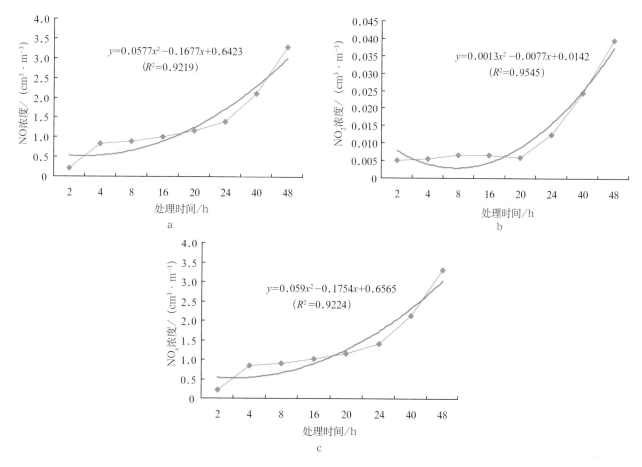

图6-29　贮藏时间对白肋烟烟叶氮氧化物气体挥发的影响

表6-22　白肋烟含水率对烟叶氮氧化物气体挥发的影响

烟叶含水率 / %	氮氧化物气体的浓度 / ($cm^3 \cdot m^{-3}$)		
	NO	NO_2	NO_x
4.23	0.234 ± 0.012	0.0059 ± 0.001	0.240 ± 0.010
6.20	0.229 ± 0.004	0.0055 ± 0.002	0.235 ± 0.006

烟叶含水率 / %	氮氧化物气体的浓度 / ($cm^3 \cdot m^{-3}$)		
	NO	NO_2	NO_x
11.03	0.361 ± 0.015	0.0180 ± 0.005	0.379 ± 0.010
12.29	0.370 ± 0.017	0.0165 ± 0.004	0.387 ± 0.014
18.17	0.164 ± 0.005	0.0053 ± 0.001	0.170 ± 0.005
20.53	0.159 ± 0.011	0.0061 ± 0.000	0.165 ± 0.013

烟叶中挥发出的氮氧化物以 NO 为主,占 90% 以上。将白肋烟样品置于不同处理温度下,烟叶挥发出的 NO、NO_2 和 NO_x 浓度均随着温度的升高而显著增加,50 ℃处理后 NO 的浓度与对照 10 ℃相比增加了 42 倍,说明高温能够促进烟叶 NO_x 的挥发。此外,随着高温贮藏时间的延长,烟叶 NO_x 浓度明显升高,说明处理过程中烟叶可以不断地挥发出氮氧化物气体。此外,高含水率(18.17% 和 20.53%)、中等含水率(11.03% 和 12.29%)和低含水率(4.23% 和 6.20%)3 组烟叶在 30 ℃处理 24 h 后,含水率为 11.03% ~ 12.29% 的烟叶 NO_x 挥发量显著高于其他处理,低含水率处理其次,含水率 20.53% 的烟叶挥发出 NO_x 的浓度最低,与 TSNAs 随含水率的变化规律基本吻合。

(二)隔离添加硝酸盐和亚硝盐对高温贮藏条件下氮氧化物的影响

为验证硝酸盐在高温贮藏条件下可生成氮氧化物,将混合均匀的 $NaNO_3$ 和 $NaNO_2$ 一份放入密闭的干燥器内,一份与白肋烟叶隔离放置于密闭的干燥器内,在 30 ℃、45 ℃条件下存放 24h,如图 6-30 所示,检测干燥器内的氮氧化物含量,结果如表 6-23 所示。

图 6-30　氮氧化物捕集装置

表 6-23　硝酸盐对高温贮藏条件下氮氧化物的影响

处理		NO 含量 / ($cm^3 \cdot m^{-3}$)	NO_2 含量 / ($cm^3 \cdot m^{-3}$)
空气对照	30 ℃,24 h	0.002	0.002
$NaNO_3 + NaNO_2$		0.009	0.003
$NaNO_3 + NaNO_2 +$ 烟叶		0.070	0.003
空气对照	45 ℃,24 h	0.002	0.003
$NaNO_3 + NaNO_2$		0.017	0.003
$NaNO_3 + NaNO_2 +$ 烟叶		0.243	0.002

由表 6-23 可知，NaNO₃ 和 NaNO₂ 单独存放及 NaNO₃ 和 NaNO₂ 与烟叶共同存放，在高温条件下均会产生一定量的氮氧化物，以 NO 为主，且随着温度的升高氮氧化物的含量也随之升高。

（三）隔离添加 ¹⁵N 标记的硝酸钠对高温贮藏下烟叶中 TSNAs 含量的影响

将白肋烟与 ¹⁵N 标记的硝酸钠隔离放置于密闭容器内再经 60℃高温处理，检测烟叶中的 TSNAs 含量及 ¹⁵N 丰度值来验证 TSNAs 的形成与高温下气态氮氧化物的关系。

¹⁵N 标记的硝酸钠，示踪剂丰度为 90%，称取 0.8 g 的样品溶解于 5 mL 的去离子水中，完全溶解后，喷洒至 5 cm² 见方的双层纱布块上。另取纱布直接喷洒 5 mL 的去离子水，将浸润 ¹⁵N 标记的硝酸钠溶液及去离子水的纱布块均自然晾干。将载有 ¹⁵N 标记的硝酸钠的纱布块与 20 g 白肋烟隔离放置在玻璃干燥器中（直径 15 cm），纱布置于底层，烟叶样品置于瓷板上，然后在干燥器的盖子上涂抹适量的凡士林并用封口膜密封。将只喷洒去离子水的纱布与 20 g 烟叶隔离放置于玻璃干燥器作为对照。将密闭的玻璃干燥器置于恒温恒湿箱中进行处理，温度设定为 60℃，相对湿度为 60%。

由表 6-24 可知，与对照相比，隔离添加 ¹⁵N 标记 NaNO₃，高温贮藏后，TSNAs 含量也有明显的增加。烟叶中检测的 ¹⁵N 丰度值也显著高于不添加硝酸钠的对照，说明贮藏过程中 ¹⁵N 随着硝酸钠挥发出的气态氮氧化物与烟叶有所接触，氮氧化物与生物碱作用后反应生成了 TSNAs。

表 6-24　隔离添加 ¹⁵N 标记硝酸钠对高温贮藏下烟叶中 TSNAs 含量及 ¹⁵N 丰度的影响

处理		NNN/ （μg·g⁻¹）	NAT/ （μg·g⁻¹）	NAB/ （μg·g⁻¹）	NNK/ （μg·g⁻¹）	TSNAs 总量 / （μg·g⁻¹）	含氮量 /%	¹⁵N 丰度值
空气对照		—	—	—	—	—	—	0.362
烟叶对照	10℃，12 天	0.427	1.760	0.033	0.141	2.360	4.87	0.364
	60℃，12 天	1.606	9.030	0.222	0.313	11.170	4.81	0.363
隔离添加 ¹⁵N 标记硝酸钠（60℃，12 天）	0.8 g	1.929	9.940	0.249	0.448	12.570	4.78	0.464

第五节　降低白肋烟贮藏期间 TSNAs 形成的技术

近年来，烟草学界一直较为关注烟草的减害技术尤其表现在研究如何降低白肋烟中 TSNAs 的含量上，烟草种植、存储等较常规的降低 TSNAs 含量的技术已列入各烟草公司的研究日程，其他技术如生物技术、烟叶的调制技术和对卷烟滤嘴的改变等也已全面展开，部分技术甚至已加以应用。大量研究表明，白肋烟生物碱的含量及组成、硝酸盐含量、栽培及调制措施等都与其 TSNAs 的形成密切相关。前人已经提出了许多通过生化调控技术、栽培技术、调制技术等降低 TSNAs 形成的方法。

白肋烟贮藏时期是 TSNAs 形成和积累的重要时期，在白肋烟的贮藏过程中，可以通过人为控制贮藏条件来减少 TSNAs 的形成，也可以添加亚硝酸盐还原剂、抗氧化剂、吸附剂及一些物理措施等结合起来为降低贮藏过程中 TSNAs 的形成提供新的方法。

一、氧化剂与抗氧化剂处理对高温贮藏烟叶中 TSNAs 形成的影响

（一）氧化剂对高温贮藏白肋烟中 TSNAs 形成的影响

选取 TSNAs 含量较高的白肋烟上部叶，烟叶品种为 TN86，氧化剂使用臭氧，设 2 个处理，每个处理为 20 g 烟叶装在自封袋里，置于 35℃培养箱里贮藏 12 天，用臭氧发生器制备臭氧通入自封袋里处理烟叶，处理 1 为每天臭氧处理 6 h，处理 2 为每天臭氧处理 12 h，以不进行臭氧处理为对照。

由表 6-25 和图 6-31 可知，高温贮藏的白肋烟与低温对照相比其 TSNAs 明显增加，除 NNN 的差异没有达到显著水平外，其余 3 种均达到显著或极显著水平。高温贮藏条件下，4 种 TSNAs 的形成量均随着臭氧处理时数的增加而增加，臭氧处理 6 h/d 的白肋烟与臭氧未处理相比，只有 NAB 的形成量无显著性差异，NAT 形成量有显著差异，NNN 和 NNK 形成量有极显著差异。臭氧处理 12 h/d 的白肋烟与 6 h/d 相比，4 种 TSNAs 均有极显著差异。用臭氧处理过的白肋烟中 TSNAs 总量大幅度增加，并且随着臭氧处理时数的增加而增加。每天处理 6 h 烟叶中 TSNAs 总量是不用臭氧处理的 1.89 倍，每天处理 12 h 烟叶中 TSNAs 总量是不用臭氧处理的 7.83 倍，各处理间差异达极显著水平，表明氧化剂处理可有效促进 TSNAs 的形成。

表 6-25　臭氧处理对高温贮藏白肋烟中 TSNAs 形成的影响

单位：$\mu g \cdot g^{-1}$

处理	NNN	NAT	NAB	NNK
O_3 未处理（低温）	0.4815	1.7839	0.0247	0.0681
O_3 未处理（高温）	2.8358	3.5270	0.0850	0.2825
O_3 处理 6 h/d	7.7060	4.4740	0.1081	0.4554
O_3 处理 12 h/d	41.8069	9.3463	0.9218	0.6318

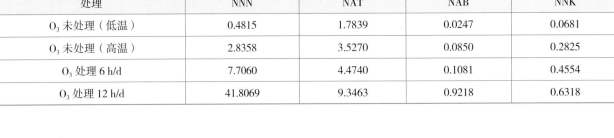

图 6-31　臭氧处理对高温贮藏白肋烟中 TSNAs 形成的影响

（二）抗氧化剂对高温贮藏白肋烟中 TSNAs 形成的影响

抗氧化剂设置 8 个处理，每个处理称 20 g 烟叶，分别喷清水（对照）、3% 维生素 E 溶液、3% 维生素 C 溶液、1% 咖啡酸溶液、绿茶水、姜汁、猕猴桃汁，体积均为 10 mL。其中，绿茶水制备方法为称取 10 g 绿茶，用 50 mL 25℃蒸馏水浸泡半小时后取 10 mL 滤液；姜汁和猕猴桃汁制备方法为先各称取 10 g 生姜、猕猴桃，研磨后过滤，将滤液定容至 10 mL。将各处理的烟叶晾干后转移至玻璃闪烁计数瓶中置于 45℃培养箱贮藏 15 天。

1. 抗氧化剂对高温贮藏白肋烟中 NNN 形成的影响

由图 6-32 可知，抗氧化剂处理的烟叶与喷清水的对照相比，喷施 3% 维生素 C 的烟叶中 NNN 形成量最少，NNN 含量比清水对照低 20.69%，与喷清水对照有显著差异，抑制高温贮藏过程中白肋烟中 NNN

形成的效果最好。此外，绿茶水、1% 咖啡酸也有一定的抑制作用，但与清水对照相比无显著差异，其余抗氧化剂抑制 NNN 形成的效果不明显。

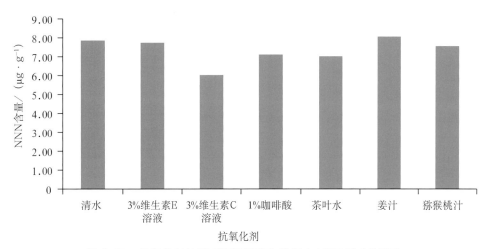

图 6-32　抗氧化剂处理对高温贮藏白肋烟中 NNN 形成的影响

2. 抗氧化剂对高温贮藏白肋烟中 NAT 形成的影响

由图 6-33 可知，与喷清水对照相比，3% 维生素 C 溶液和 1% 咖啡酸抑制 NAT 形成效果较好，NAT 含量分别比喷清水对照低 17.25% 和 14.88%，与喷清水对照有显著差异，其余抗氧化剂抑制 NAT 形成的效果不明显或无效果。

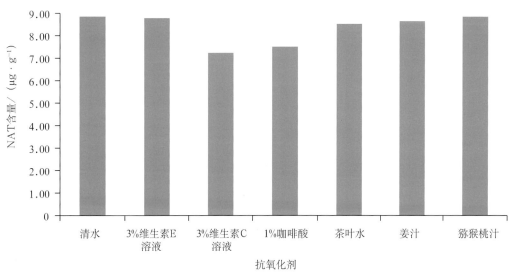

图 6-33　抗氧化剂处理对高温贮藏白肋烟中 NAT 形成的影响

3. 抗氧化剂对高温贮藏白肋烟中 NAB 形成的影响

由图 6-34 可知，3% 维生素 C 溶液对于抑制高温贮藏过程中白肋烟中 NAB 形成的效果最好，比喷清水对照低 24.25%，与喷清水对照有显著差异。其次是 1% 咖啡酸和姜汁，分别比对照低 11.07% 和 7.65%。除 3% 维生素 C 溶液以外其余处理与对照相比无显著差异。

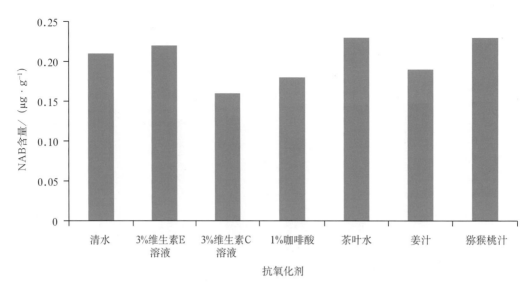

图 6-34　抗氧化剂处理对高温贮藏白肋烟中 NAB 形成的影响

4. 抗氧化剂对高温贮藏白肋烟中 NNK 形成的影响

由图 6-35 可知，除姜汁和猕猴桃汁外，其他抗氧化剂对高温贮藏过程中白肋烟中 NNK 的形成都有抑制作用。其中，3% 维生素 C 溶液和 1% 咖啡酸溶液效果最优，与喷清水对照相比分别低 23.68% 和 22.77%，与喷清水对照均有显著差异。茶叶水效果次之，比喷清水对照低 9.31%。除 3% 维生素 C 溶液和 1% 咖啡酸溶液以外，其余处理与对照相比无显著差异。

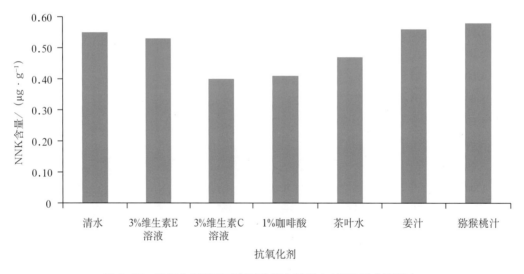

图 6-35　抗氧化剂处理对高温贮藏白肋烟中 NNK 形成的影响

5. 抗氧化剂对高温贮藏白肋烟中 TSNAs 总量形成的影响

由图 6-36 可知，与喷施清水的对照相比，喷施 3% 维生素 C 溶液的白肋烟叶中 TSNAs 总量最低，高温贮藏过程中形成量最少，比喷清水对照中 TSNAs 总量低 19.05%。其次为 1% 咖啡酸，与喷清水对照相比低 10.50%。茶叶水也有一定效果，比喷清水对照少 4.55%，其余处理有微弱抑制 TSNAs 总量的作用或没有作用。6 个处理中只有喷施 3% 维生素 C 溶液、1% 咖啡酸溶液的烟叶中 TSNAs 总量与喷清水对照有显著差异。

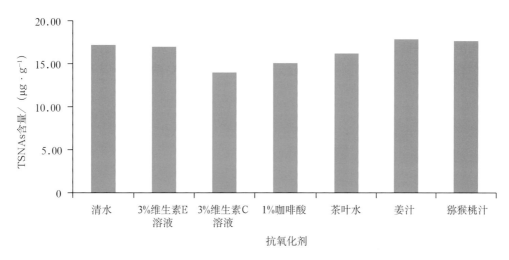

图 6-36　抗氧化剂处理对高温贮藏白肋烟中 TSNAs 总量形成的影响

6. 不同浓度维生素 C 溶液处理对高温贮藏白肋烟中 TSNAs 形成的影响

研究发现 3% 维生素 C 溶液对烟叶中 TSNAs 含量的降低效果最显著，因此使用白肋烟中部叶设置 3 个处理，每个处理称 20 g 烟叶，分别喷 10 mL 清水、1% 维生素 C 溶液、3% 维生素 C 溶液，将各处理的烟叶晾干后转移至玻璃闪烁计数瓶中，置于 45℃ 培养箱贮藏 15 天。

由图 6-37 和图 6-38 可知，用维生素 C 溶液处理过的白肋烟中 4 种 TSNAs 含量均低于喷清水对照，

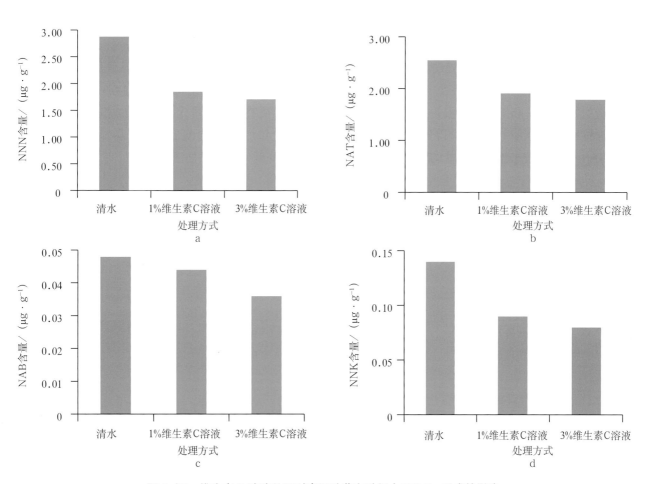

图 6-37　维生素 C 溶液处理对高温贮藏白肋烟中 TSNAs 形成的影响

用1%维生素C溶液处理的烟叶中TSNAs总量与清水对照相比低29.1%，用3%维生素C溶液处理的烟叶中TSNAs总量比清水对照低34.2%。两个不同浓度维生素C溶液处理与喷清水对照相比TSNAs总量均有极显著差异，1%维生素C溶液的抑制效果也较好，与3%维生素C溶液处理之间差异达显著水平，但未达到极显著水平。

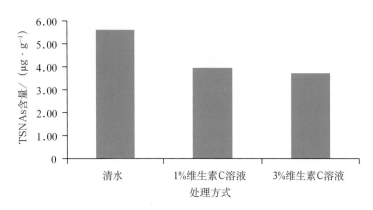

图6-38   维生素C溶液处理对高温贮藏白肋烟中TSNAs总量的影响

二、活性炭对高温贮藏烟叶中TSNAs形成的影响

（一）活性炭对添加硝酸盐烤烟烟叶高温贮藏中TSNAs形成的影响

为探索活性炭对高温贮藏烤烟烟叶中TSNAs含量的影响，按照处理将0.3 g的$NaNO_3$、不同量的活性炭与烤烟隔离置于密闭容器中，在45 ℃恒温恒湿箱中处理12天。

由表6-26可知，经过高温处理后的烤烟中单个TSNAs及TSNAs总量较10 ℃下均有显著升高，添加0.3 g $NaNO_3$的处理在高温处理12天后，烟叶的TSNAs含量均大幅度增加。密闭体系中添加0.3 g $NaNO_3$和1 g活性炭的处理，在45 ℃恒温恒湿箱处理12天后，烟叶TSNAs及TSNAs总量比对照增加幅度降低，其中，TSNAs总量比不加活性炭的烟样降低0.189 μg/g，降低31.9%。添加5 g活性炭的处理，高温贮藏12天后，烟叶TSNAs含量较未添加硝酸盐的对照处理增加幅度进一步降低，比不添加活性炭的处理降低40.4%。

表6-26   活性炭对添加硝酸盐烤烟中TSNAs形成的影响

单位：μg·g⁻¹

处理	NNN	NAT	NAB	NNK	TSNAs 总量
10 ℃对照	0.054	0.070	0.001	0.022	0.148
45 ℃对照	0.092	0.127	0.005	0.039	0.263
$NaNO_3$ 0.3 g	0.209	0.319	0.012	0.053	0.592
$NaNO_3$ 0.3 g+ 活性炭 1 g	0.136	0.218	0.010	0.040	0.403
$NaNO_3$ 0.3 g+ 活性炭 5 g	0.122	0.186	0.009	0.036	0.353

（二）活性炭对添加亚硝酸盐烤烟烟叶高温贮藏中TSNAs形成的影响

由表6-27可知，在添加$NaNO_2$的各处理中，添加0.3 g $NaNO_2$后，TSNAs总量及各成分含量较未添加的对照大幅度增加。添加0.3 g $NaNO_2$和1 g活性炭的处理，TSNAs总量及各成分含量均显著降低，与不添加活性炭处理相比，NAT含量、NNK含量、NAB含量和NAT含量的降幅分别为86.48%、83.57%、

97.73% 和 93.81%。添加 0.3 g NaNO$_2$ 和 5 g 活性炭后，TSNAs 总量及各成分含量的降低幅度更大，甚至低于未添加亚硝酸盐的对照。

表 6-27　活性炭对添加亚硝酸盐烤烟中 TSNAs 形成的影响

单位：$\mu g \cdot g^{-1}$

处理	NNN	NAT	NAB	NNK	TSNAs 总量
10 ℃对照	0.0543	0.0701	0.0009	0.0224	0.1476
45 ℃对照	0.0920	0.1272	0.0049	0.0387	0.2628
NaNO$_2$ 0.3 g	0.4324	1.7857	0.0176	0.3007	2.5364
NaNO$_2$ 0.3 g，活性炭 1 g	0.1458	0.2415	0.0082	0.0494	0.4450
NaNO$_2$ 0.3 g，活性炭 5 g	0.0745	0.1105	0.0004	0.0261	0.2115

三、纳米材料对高温贮藏烟叶中 TSNAs 形成的影响

（一）纳米材料对烟叶中 TSNAs 含量的影响

将 0.1 g、0.2 g、0.3 g、0.5 g 和 1.0 g 的纳米材料分别添加到 5 个等量 20 g 的白肋烟样品中，充分混合均匀后，置于恒温恒湿培养箱中进行处理，温度设定为 50 ℃，相对湿度为 60%，处理 15 天，以不添加纳米材料的白肋烟样品为对照。

由图 6-39 可知，添加不同比例的纳米材料处理的 NNN 含量存在较大差异。纳米材料添加量为 0.5% 和 1.0% 时，NNN 的含量与对照相比降低幅度较小；当添加比例增加到 2.5% 时，白肋烟贮藏过程中 NNN 含量明显下降；当添加比例增大到 5.0% 时，纳米材料的吸附作用增强，NNN 含量最低，较对照降低了 59.9%。

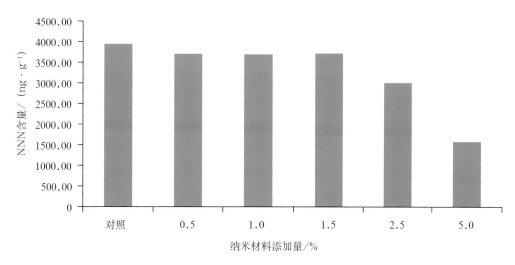

图 6-39　添加纳米材料对白肋烟高温贮藏过程中 NNN 含量的影响

由图 6-40 可知，添加纳米材料比例为 0.5% 时几乎没有吸附作用，NAT 含量与对照相近；添加比例为 1.5% 时，吸附作用较弱，NAT 含量下降了 154.9 ng/g。当浓度为 2.5% 和 5.0% 时，纳米材料的吸附作用逐渐增强，其中，以浓度为 5.0% 时效果最佳，NAT 含量减少了 55.1%。

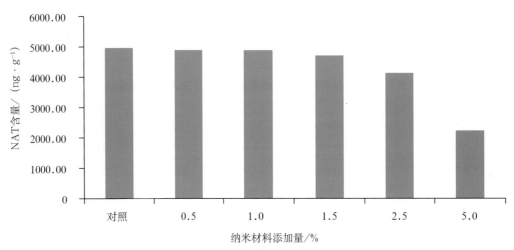

图 6-40　添加纳米材料对白肋烟高温贮藏过程中 NAT 含量的影响

由图 6-41 可知，添加不同比例的纳米材料处理的 NAB 含量存在较大差异，无明显的变化规律。添加比例为 5.0% 时 NAB 含量最低，与对照相比，NAB 含量下降了 49.4%。

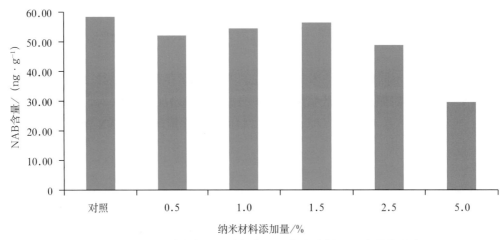

图 6-41　添加纳米材料对白肋烟高温贮藏过程中 NAB 含量的影响

由图 6-42 可知，添加不同比例的纳米材料处理的 NNK 含量存在较大差异，添加比例为 2.5% 和 5.0% 时，纳米材料的吸附作用增强，其中，以浓度为 5.0% 时效果最佳，NNK 含量较对照减少了 56.5%。

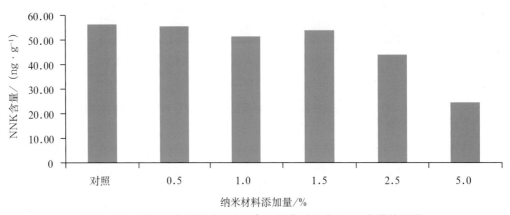

图 6-42　添加纳米材料对白肋烟高温贮藏过程中 NNK 含量的影响

研究结果表明添加纳米材料对白肋烟高温贮藏过程中生成 TSNAs 具有明显的抑制作用（图 6-43），TSNAs 总量随添加纳米材料比例的增加整体呈降低趋势。添加比例为 0.5% 时几乎没有吸附作用，TSNAs 总量与对照相近；当比例为 2.5% 和 5.0% 时，纳米材料的吸附作用增强，其中，以浓度为 5.0% 时效果最佳，TSNAs 总量较对照降低了 57.2%。这说明添加适宜比例的纳米材料对白肋烟贮藏过程中生成 TSNAs 具有明显的抑制作用。

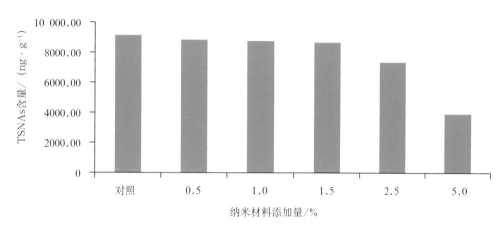

图 6-43　添加纳米材料对白肋烟高温贮藏过程中 TSNAs 总量的影响

（二）纳米材料对氮氧化物的影响

漫反射傅立叶变换红外光谱（DRIFTS）是近年来发展起来的一项原位（in situ）技术，通过对材料上现场反应吸附态的跟踪表征以获得一些很有价值的表面反应信息，进而对反应机制进行剖析。

原位漫反射红外光谱的实验系统一般由漫反射附件、原位池、真空系统、气源、净化与压力装置、加热与温度控制装置、FTIR 光谱仪组成。在红外光谱仪样品室加装一个漫反射装置，将装好样品的原位池置于其中，调整漫反射装置，使样品上的漫反射光与主机的光路匹配，以实现漫反射测量。原位池可在高温、高压、高真空状态下工作。图 6-44 所示为漫反射红外装置的光路图。光谱仪光源发出的红外辐射光束经一椭圆镜会聚在样品表面并在内部进行折射、散射、反射和吸收，当这部分辐射再次穿出样品表面时，即是被样品吸收所衰减了的漫反射光。图 6-45 为红外漫反射原位池结构示意图。

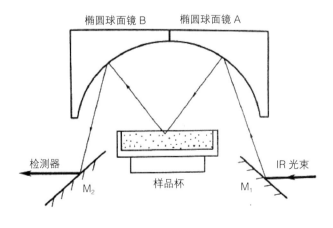

图 6-44　红外漫反射光路

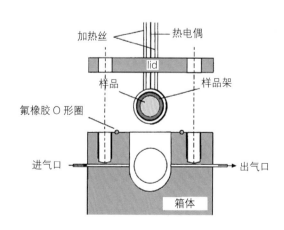

图 6-45　红外漫反射原位池结构

烟叶加热过程中产生的气相物质在纳米材料表面的吸附试验在 VERTEX70 型红外光谱仪（德国 Bruker 公司）上进行，MCT 检测器，漫反射附件为 Harrick Scientific Corp 公司的 DRP–BR3 型漫反射仪、A–2014–2 型温控仪和 HVC–DRP 型原位高温反应池（KBr 窗片），实验中红光测量分辨率采用 4 cm^{-1}，扫描 128 次，吸收单位采用 Kubelka–Munk 进行。将一定量研磨过的烟叶用铝箔纸包裹放入原位池的槽体中，纳米材料放在坩埚中，有光路通过，密封反应池后给池体设定加热温度稳定后采集红外光谱图进行分析归属，如图 6-46 所示。

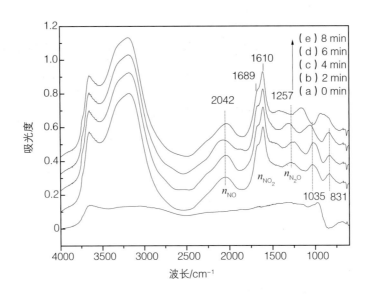

图 6-46　纳米材料表面吸附物种的原位漫反射红外光谱图（DRIFTS）

由图 6-46 可知，对单纯的纳米材料进行红外光谱扫描发现红外光谱无明显的特征吸收峰，对原位池加热后立即对封闭体系中的纳米材料进行红外光谱扫描得到了和之前完全不同的红外光谱，在新的波数处出现了大量明显的红外特征吸收，这是由于体系中的烟叶经加热释放出了气相物质并在纳米材料表面被快速吸附造成的。结合文献将得到的红外光谱中特征峰归属如下：2042 cm^{-1} 附近的宽峰对应于 NO 的红外特征吸收；1689 cm^{-1} 和 1610 cm^{-1} 附近的宽峰对应于 NO_2 的红外特征吸收；1257 cm^{-1} 附近的宽峰对应于 N_2O 的红外特征吸收，随着时间的增加向高波数方向移动强度减弱。因此可以推断烟叶样品在一定的温度下贮藏能释放出氮氧化物：NO、NO_2 和 N_2O，并能被纳米材料所吸附而表现出明显的红外特征吸收。

（三）纳米材料在烟叶贮藏中的应用

选取上海烟草集团北京卷烟厂在用的某产区 X_3F 烟叶原料，在打叶复烤加工流程中入烤机前的工序，采用除麻丝机设备，将配制好的纳米材料料液按施加比例为 4.3‰ 对烟叶原料进行自动加料喷洒。复烤后贮藏 1 年，测定 TSNAs 含量，同时将该烟叶原料应用于上海烟草集团北京卷烟厂某规格在线产品，对其 TSNAs 释放量、危害性指数及感官质量进行评价。

由表 6-28 可知，某产区 X_3F 烟叶原料打叶复烤时添加纳米材料贮藏 1 年后，烟叶中 NNK 含量和 TSNAs 含量分别降低 23.9% 与 14.6%。

表 6-28　纳米材料在烟叶贮藏 1 年后对 TSNAs 含量的影响

单位：μg·g⁻¹

样品名称	NNN	NAT	NAB	NNK	TSNAs 总量
X₃F 对照	0.0764	0.1087	0.0036	0.0309	0.2196
X₃F 加纳米材料	0.0701	0.0912	0.0028	0.0235	0.1876

将该烟叶原料应用于上海烟草集团北京卷烟厂某规格在线产品，对其 NNK 释放量、危害性指数及感官质量进行评价，结果如表 6-29 和表 6-30 所示。

由表 6-29 可知，卷烟烟气中焦油量、烟碱量均无显著变化，而 NNK 含量变化却非常明显，使用了添加纳米材料贮藏烟叶的某规格在线产品卷烟烟气中 NNK 释放量选择性降低了 20.33%，危害性指数由 13.79 下降至 12.48，降低了 9.50%。

表 6-29　成品卷烟 NNK 释放量及危害性指数

样品名称	总粒相物 / (mg·支⁻¹)	实测烟气烟碱量 / (mg·支⁻¹)	实测焦油量 / (mg·支⁻¹)	抽吸口数 / (mg·支⁻¹)	NNK 释放量 / (mg·支⁻¹)	卷烟危害性指数
某规格在线产品对照	12.08	0.73	9.96	6.1	30.26	13.79
某规格在线产品使用贮藏烟叶	12.21	0.76	9.99	6.2	24.20	12.48
选择性降低率 / %	—	—	—	—	20.33	9.50

由表 6-30 可知，使用了添加纳米材料贮藏烟叶的卷烟与对照相比，卷烟感官质量得分没有明显差异，说明添加纳米材料贮藏烟叶的应用并未影响在线产品的风格特征。

表 6-30　应用添加纳米材料贮藏烟叶后卷烟感官评价

单位：分

项目		光泽（5）			香气（32）			协调（6）			杂气（12）			刺激性（20）			余味（25）			
分数段		Ⅰ	Ⅱ	Ⅲ	Ⅰ	Ⅱ	Ⅲ	Ⅰ	Ⅱ	Ⅲ	Ⅰ	Ⅱ	Ⅲ	Ⅰ	Ⅱ	Ⅲ	Ⅰ	Ⅱ	Ⅲ	合计
样品编号	牌号	5	4	3	32	28	24	6	5	4	12	10	8	20	17	15	25	22	20	
1#	在线中南海（10 mg）对照		4.0			27.7			4.9			10.1			17.4			22.1		86.2
2#	中南海（10 mg）使用贮藏烟叶		4.0			28.0			4.9			10.1			17.5			22.2		86.7

四、真空包装对高温贮藏烟叶中 TSNAs 形成的影响

（一）真空包装对白肋烟高温贮藏中 TSNAs 形成的影响

分别称取 50 g 的白肋烟样品两份，一份白肋烟样品进行抽真空包装处理，另一份密封不进行抽真空处理作为对照，将两份样品都放入恒温恒湿培养箱内于 45 ℃下处理 15 天。

由表 6-31 可知，进行真空包装处理后 4 种 TSNAs 的含量较对照明显降低，TSNAs 总量较对照降低了 32.54%，其中，NNN 含量降低了 29.55%，NNK 含量降低了 11.79%，由此可见真空状态可以抑制 TSNAs 的生成。

表 6-31　真空包装对白肋烟高温贮藏过程中 TSNAs 各成分含量的影响

单位：µg·g^{-1}

处理	NNN	NAT	NAB	NNK	TSNAs 总量
对照，45℃	4.4461	5.0630	0.0897	0.0992	9.6980
真空包装，45℃	3.1324	3.2638	0.0584	0.0875	6.5421

（二）贮藏方式对白肋烟高温贮藏中 TSNAs 形成及香气成分的影响

分别将白肋烟样品装入塑料自封袋密封、用报纸包裹存放、抽真空包装处理，另外，将一份样品低温保存作为对照，将 3 种不同贮藏包装方式的样品都存放在自然环境下，贮藏 1 年。

由表 6-32 可知，较贮藏前对照相比，3 种贮藏方式经过 1 年的贮藏时间，TSNAs 的含量均有所增加，自封袋包装 4 种 TSNAs 的含量较对照显著增加，TSNAs 总量较对照增加了 128.72%，其中，NNN 含量增加了 139.02%，NNK 含量增加了 119.85%；报纸包裹存放 TSNAs 含量的增加幅度与自封袋贮藏差异不大；真空包装处理的白肋烟叶中 TSNAs 含量增加幅度最小，TSNAs 总量较对照增加了 23.56%，进行真空包装处理后 4 种 TSNAs 含量的增加幅度较另外 2 种贮藏方式较低，其中，NNN 含量仅增加了 17.67%，NNK 含量增加了 29.65%，由此可见，真空状态与其他贮藏方式相比在一定程度上可抑制 TSNAs 的生成。

表 6-32　贮藏方式对白肋烟贮藏过程中 TSNAs 含量的影响

单位：µg·g^{-1}

贮藏方式	NNN	NAT	NAB	NNK	TSNAs 总量
低温保存	2.6365	2.7219	0.0347	0.0395	5.4326
自封袋	6.3016	5.9840	0.0674	0.0723	12.4253
报纸包裹	5.7815	6.3865	0.0638	0.0688	12.3006
抽真空	3.1023	3.5289	0.0363	0.0449	6.7124

由表 6-33 可知，3 种贮藏方式经过 1 年的贮藏时间，中性香气物质含量差异较大，其中，真空包装处理的烟叶总香气含量最高，达到 636.228 µg/g，自封袋包装的香气物质总量次之，为 564.456 µg/g，而报纸包裹的烟叶香气物质含量最低，为 494.571 µg/g。贮藏方式不同，5 类中性香气物质的含量也各不相同，其中，真空包装烟叶的类胡萝卜素降解物类、类西柏烷类、苯丙氨酸类、新植二烯含量最高，报纸包裹贮藏烟叶中棕色化产物类含量最高，为 25.535 µg/g。

表 6-33　贮藏方式对白肋烟贮藏过程中香气成分的影响

香气物质类型	中性致香成分	中性致香成分含量 /（µg·g^{-1}）		
		报纸包裹	自封袋	真空包装
类胡萝卜素降解物类	二氢猕猴桃内酯	3.791	3.289	4.439
	3- 羟基 -*β*- 二氢大马酮	2.713	3.091	6.066
	氧化异佛尔酮	0.291	0.317	0.516
	异佛尔酮	0.427	0.414	0.747
	巨豆三烯酮 1	2.400	2.744	5.026
	巨豆三烯酮 2	11.376	13.288	24.643
	巨豆三烯酮 3	1.364	2.345	1.963

香气物质类型	中性致香成分	中性致香成分含量 / (μg·g⁻¹)		
		报纸包裹	自封袋	真空包装
类胡萝卜素降解物类	巨豆三烯酮4	13.123	14.574	25.914
	β- 大马酮	13.359	13.463	13.067
	6- 甲基 –5– 庚烯 –2– 酮	1.244	1.203	1.161
	6- 甲基 –5– 庚烯 –2– 醇	0.237	0.246	0.277
	香叶基丙酮	2.005	2.109	2.882
	法尼基丙酮	12.047	11.784	13.215
	芳樟醇	1.717	1.457	1.386
	螺岩兰草酮	0.155	0.556	0.540
	β- 二氢大马酮	10.833	10.152	10.903
	愈创木酚	1.015	0.942	1.001
	小计	78.097	81.974	113.746
类西柏烷类	茄酮	28.449	27.067	32.131
苯丙氨酸类	苯甲醛	1.719	2.098	2.483
	苯甲醇	4.107	3.018	3.344
	苯乙醛	17.477	19.732	19.168
	苯乙醇	6.076	5.157	6.400
	小计	29.379	30.005	31.395
棕色化产物类	糠醛	12.607	8.944	8.743
	糠醇	3.593	1.771	3.130
	2- 乙酰基呋喃	0.150	0.150	0.227
	5- 甲基糠醛	6.316	4.957	5.389
	3，4- 二甲基 –2，5– 呋喃二酮	0.980	0.950	0.918
	2，6- 壬二烯醛	1.572	0.674	1.043
	藏花醛	0.054	0.060	0.093
	β- 环柠檬醛	0.263	0.265	0.213
	小计	25.535	17.771	19.756
新植二烯	新植二烯	333.117	407.639	439.200
总计		494.571	564.456	636.228

五、烟叶异地贮藏对 TSNAs 形成的影响

将白肋烟 TN86 分别放置在云南省弥渡县新街镇（东经 100° 31′，北纬 25° 20′）和河南郑州河南农业大学（东经 113° 40′，北纬 30° 50′）进行贮藏，另将一份存放于低温状态下作为对照，贮藏期为 2014 年 4 月 1 日至 10 月 15 日，记录白肋烟贮藏期间的温度和湿度，设置每隔 1 小时记载 1 次。

（一）贮藏期间两地温湿度变化规律

云南弥渡海拔 1659 m，属中亚热带季风气候区，冬无严寒，夏无酷暑，气候温和，无明显的四季

之分，只有干季、雨季之别。采用温湿度自动记录仪对两地贮藏期间温湿度进行连续测定，结果如图6-47所示，云南弥渡的气温变化幅度与河南郑州相比，总体变化较平稳，最低气温18.4℃，最高气温为28℃，整个贮藏期间平均气温均在23.6℃。

河南郑州平均海拔100 m左右，地处北温带和亚热带气候的过渡带，属半干旱、半湿润大陆性季风气候，四季分明，日照时间长，热量充足，自然降水偏少。贮藏期间河南郑州的平均气温变化较为明显，贮藏实验开始后，气温逐渐升高，尤其是进入夏季后，从6月中旬开始到8月底气温均明显高于云南弥渡约2.2℃，而9月后气温快速下降。

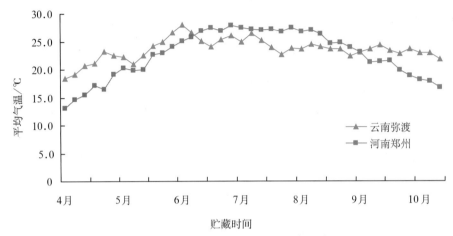

图 6-47　不同地点贮藏期间的平均气温变化

两地由于地势地貌影响，气候特征差异较大，云南弥渡自然降雨偏多，空气相对湿度较高；河南郑州降雨量较少，空气湿度较低（图6-48）。采用温湿度自动记录仪对两地贮藏期间的相对湿度进行连续测定，结果表明云南弥渡平均相对湿度为73.5%，显著高于河南郑州的平均相对湿度61.2%，除6月中旬外，整个白肋烟贮藏期间平均相对湿度高出河南郑州12.3个百分点。

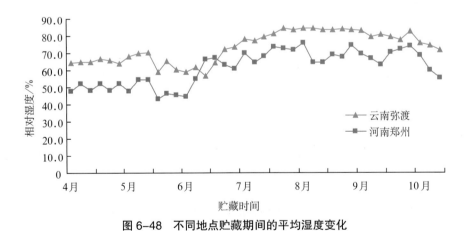

图 6-48　不同地点贮藏期间的平均湿度变化

（二）贮藏期间烟叶中TSNAs含量变化情况

由表6-34可知，经过近半年的贮藏后，河南郑州和云南弥渡两地贮藏的白肋烟中NNN含量、NNK含量、NAT含量与NAB含量均急剧增长，TSNAs总量也明显增加，与对照相比分别增加了2.75倍和5.89倍，这与之前的贮藏实验结果相似。证明了白肋烟中的TSNAs总量及各成分含量均随着贮藏时间的增加而增加，且在外界温度较高即4月中旬至8月中旬时增加幅度最为显著。

表 6-34　不同贮藏地点烟叶中 TSNAs 含量的变化

单位：$\mu g \cdot g^{-1}$

贮藏地	NNN	NAT	NAB	NNK	TSNAs 总量
低温对照	1.1408	1.3586	0.0155	0.0207	2.5356
云南弥渡	4.5684	4.8637	0.1202	0.1181	9.6704
河南郑州	8.7279	8.4786	0.1865	0.3539	17.7469

　　经历过夏季贮藏后，4 种 TSNAs 的形成量均明显增加，不同贮藏地点 TSNAs 的增加量也有明显差异，贮藏在河南郑州的烟样中 TSNAs 总量为 17.7469 μg/g，远远高于云南弥渡，是其 TSNAs 含量的 1.8 倍。4 种 TSNAs 含量的增加幅度也各不相同，与云南弥渡各组分相比，NNK 的含量变化最明显，是其 NNK 含量的 3 倍，NNN 含量增加了近 1 倍，NAT 含量和 NAB 含量分别增加了 74% 和 55%，原因是河南郑州在夏季贮藏过程中，从 6 月中旬开始到 8 月底气温高于云南弥渡，而相对湿度又低于云南弥渡 12.3 个百分点，贮藏环境的温度高和湿度低更有利于 TSNAs 的形成。综上所述，相同来源的烟叶放置到不同地点进行贮藏，TSNAs 的各个组分含量差异非常明显，证明选择适宜的地点进行异地贮藏对抑制 TSNAs 的形成和积累有效果，也初步说明异地贮藏具有一定的可行性。

六、烟叶低温贮藏对 TSNAs 形成的影响

　　选取卷烟配方中常用的白肋烟、马里兰烟烟叶原料作为研究对象，一份正常存放于烟叶原料库房（室温随环境温度改变而变化），一份存放于恒温库房（室温 20℃），贮藏期为 2 年。

　　由表 6-35 和表 6-36 可知，经过 2 年的贮藏期，白肋烟、马里兰烟在 20℃恒温贮藏条件下 TSNAs 含量要明显低于烟叶原料库房中常温贮藏下的含量，其中，4 种 TSNAs 含量仅为烟叶原料库房中常温贮藏条件下的 50% 左右。同时，对烟叶原料进行评吸，低温贮藏后的白肋烟和马里兰烟感官质量得分均高于常温条件下贮藏烟叶，说明烟叶低温贮藏不仅可以显著抑制烟叶中 TSNAs 的生成，还能提升白肋烟、马里兰烟的感官质量。

表 6-35　不同类型烟叶低温贮藏对 TSNAs 形成的影响

单位：$\mu g \cdot g^{-1}$

烟叶类型	产地	等级编码	烟叶原料库房贮藏				20℃恒温贮藏			
			NNN	NAT	NAB	NNK	NNN	NAT	NAB	NNK
白肋烟	湖北宜昌	BB/S	15.2631	7.5621	0.2148	0.5672	7.4211	4.0787	0.1289	0.3006
马里兰烟	湖北五峰	MB/S	12.3458	4.2026	0.1349	0.4026	5.8971	2.4157	0.0812	0.2102

表 6-36　不同类型烟叶低温贮藏后感官评价

单位：分

烟叶类型	存储条件	香气特征	香气质（15）	香气量（15）	杂气（10）	浓度（10）	刺激性（10）	余味（15）	浓劲协调（15）	燃烧性及灰色（10）	合计
白肋烟	室温 20±2℃	较显著	10.3	10.8	7.5	7.8	7.3	10.5	10.3	7.5	72
白肋烟	常温	有	9.0	9.0	7.0	7.0	7.3	10.3	9.8	7.5	66.9
马里兰烟	室温 20±2℃	较显著	9.3	9.0	7.0	7.0	7.0	9.8	9.0	7.5	65.6
马里兰烟	常温	较显著	9.0	8.8	6.8	7.0	7.0	9.5	8.8	7.5	64.4

参考文献

[1] 王瑞新. 烟草化学 [M]. 北京：中国农业出版社，2003.

[2] Bbide S V，Nair J，Maruand G B，et al. Tobacco-specific *N*-nitrosamines（TSNAs）in green mature and processed tobacco leaves from India[J]. Beitrage zur Tabakforschung International，1987，14（1）：107-112.

[3] 史宏志，张建勋. 烟草生物碱 [M]. 北京：中国农业出版社，2004.

[4] Wiernik A，Christakopoulos A，Johansson L，et al. Effect of air-curing on the chemical composition of tobacco[J]. Rec Adv Tob Sci，1995，21：39-80.

[5] Nestor T B，Gentry J，Riddick M，et al. Role of oxides of nitrogen in tobacco-specific nitrosamine formation in flue-cured tobacco [J]. Beiträge Zur Tabakforschung，2003，20（7）：467-475.

[6] 史宏志，Bush L P，黄元炯，等. 我国烟草及其制品中烟草特有亚硝胺含量及与前体物的关系 [J]. 中国烟草学报，2002，8（1）：14-19.

[7] 朱风鹏，赵明月，胡清源，等. TSNAs 的形成、影响因素、分析及清除方法综述 [J]. 烟草科技，2004，7：27-30.

[8] 张颖璞. 烟草 *N*- 亚硝胺概述 [J]. 科技信息，2009，5：340-341.

[9] Shoun H，Tanimoto T. Denitrification by the fungus Fusariunt oxysporum and involvement of cytochrome P-450 in the respiratory nitrite reduction [J]. J Biol Chem，1991，266：11078-11082.

[10] Shoun H，Kim D H，Uchiyama H，et al. Denitrification by fungi [J]. FEMS Microbiol Left，1992，94：277-282.

[11] Bush L P，Li X，Fannin F F. Tobacco specific nitrosamines in air-cured tobacco[C]. International Tobacco Symposium for the 10th Anniversary of the China National Tobacco Cultivation ＆ Physiology ＆ Biochemistry Research Center，Henan Agricultural University，Zhengzhou，China，2007.

[12] Andersen R A，Burton H R，Fleming P D，et al. Effects of air-curing environment on alkaloid-derived nitrosamines in tobaccl[J]. Iarc Scientific Publications，1987，84：451-455.

[13] Almqvist S O，Wiemik A，Mortberg A. Svenska Tobaks AB Stockholm Sweden，unpublished results[Z]. 1995.

[14] Peele D M，Riddick M G，Edwards M E. Formation of tobacco specific nitrosamines in flue-cured tobacco[C]. Coresta，1999.

[15] David M Peele，Marvin G. Riddick [C]// 烟草科学研究合作中心. 农学与植病学组会议论文集，2000.

[16] Adams J D，Lee S J，Vinchkoski N，et al. On the formation of the tobacco-specific carcinogen 4-（methylnitrosamino）-1-（3-pyridyl）-1-butanone during smoking [J]. Cancer Letters. 1983，17（3）：339-346.

[17] Hecht S S，Chen C B，Hirota N，et al. Tobacco specific nitrosamines；Formation from nicotine in vitro and during curing of tobacco and carcinogenicity in Strain-A mice [J]. J Natl Cancer Inst，1978，60：819-824.

[18] Hecht S S，Adams J D，Hoffmann D. Tobacco-specific nitrosamines in tobacco and tobacco smoke；in：Environmental carcinogens[J]. Iarc Scientific Publications，1983（45）：93-101.

[19] Hoffmann D，Hecht S S，Ornaf R M，et al. Nitrosonornicotine：Presence in tobacco，formation and carcinogenicity[J]. Iarc Scientific Publications，1976（14）：307-320.

[20] Fischer S，Spiegelhalder B，Eisenbarth J，et al. Investigations on the origin of tobacco-specific nitrosamines in mainstream smoke of cigarettes[J]. Carcinogenesis，1990，11（5）：723-730.

[21] Fischer S，Spiegelhalder B，Preussmann R. No pyrosynthesis of N′ - nitrosonornicotine（NNN）and 4-（*N*-methylnitrosamino)-1-（3-pyridyl）-1-butanone （NNK）from nicotine[M]// Adlkofer F，Thurau K. Effects of nicotine on biological systems. Boston：Birkhauser Verlag，MA，1991：103-107.

[22] Castonguay A. Pulmonary Carcinogenesis and its prevention by dietary polyphenolic compounds[J]. Annals of the New York

Academy of Sciences，2010，686（1）：177-185.

[23] Renaud J M，Andres S D，Boudoux R，et al. TSNA levels in the mainstream smoke of simplified blend prototypes [C]. CORESTA Smoke Technology Meeting，Xi'an，China，2001.

[24] Moldoveanu S C，Kulshreshtha N P，Wilkins J M. Study of the pyrosynthesis of NNN and NNK in mainstream cigarette smoke [C]. 55th Tobacco Science Research Conference，Program Booklet and Abstracts，2001，55：60.

[25] Haut S A. The effect of ionic nitrate addition on mainstream TSNA delivery [C/OL].（1990-11-19)[2016-12-10]. www.pmdocs.com 2024048764- 8771.

[26] Sandrine d'Andres，Roxane Boudoux，Jean-Marc Renaud，et al.TSNA levels in the mainstream smoke of simplified blend prototypes [J]. Beiträge Zur Tabakforschung，2014，20（5）：331-340.

[27] 赵百东. 烟草史话 [J]. 世界农业，1990（8）：46-48.

[28] 闫敏. 明清时期烟草的传入和传播问题研究综述 [J]. 古今农业，2008（4）：99-104.

[29] 许旭明. 烟草的起源与进化 [J]. 三明农业科技，2007（3）：25-27.

[30] 吴晗. 谈烟草 [N]. 光明日报，1959-10-28.

[31] 罗新民. 贵州烟草史话之晒晾烟 [J]. 贵阳文史，2010，1:34-35.

[32] 曲振明. 卷烟销售史话 [J]. 湖南烟草，2008，1:58-60.

[33] 朱贵明. 论晒黄烟的品质特点及其开发利用 [J]. 中国烟草，1996（4）：34-38.

[34] 任光辉. 民国后期陕西卷烟业研究 [D]. 西安：西北大学，2009.

[35] 周曦. 民国时期重庆地区烟草税收制度研究 [D]. 重庆：西南政法大学，2009.

[36] 张玲. 清代河南烟草的种植与分布 [J]. 赤峰学院学报，2011，3（11）：167-169.

[37] 王莹. 试论贵州烟草业发展历程与趋势（1628—2002）[D]. 重庆：西南大学，2012.

[38] 邓东林. 谈《谈烟草》[J]. 湖南烟草，2010，1:64-65.

[39] 李毅军，王华彬，张联涛，等. 我国晒晾烟的传入及演变 [J]. 中国烟草，1996（4）：45-48.

[40] 曲振明. 烟草商品化生产形成与发展 [J]. 湖南烟草，2006，5:60-61.

[41] 刘武. 中国烟草业政府规制研究 [D]. 沈阳：辽宁大学，2009.

[42] 皇甫秋实. 中国近代卷烟市场研究（1927—1937）[D]. 上海：复旦大学，2012.

[43] 朱尊权. 提高上部烟叶可用性是促"卷烟上水平"的重要措施 [J]. 烟草科技，2010（6）：5-9，31.

[44] 蔡宪杰，刘茂林，谢德平，等. 提高上部烟叶工业可用性技术研究 [J]. 烟草科技，2010（6）：10-17.

[45] 朱尊权. 发展晾晒烟的必要性——在全国晾晒烟基地工作座谈会上的发言 [J]. 烟草科技，1981（1）：1-7.

[46] 王宝华，吴帼英，刘宝法，等. 地方晾晒烟普查鉴定及利用的研究 [J]. 中国烟草学报，1992（2）：45-54.

[47] 张胜利，江文伟，王瑞华，等.1988—1990 年晾晒烟质量鉴定综述 [J]. 烟草科技，1992（5）：40-41.

[48] 云南省烟草科学研究所. 云南晾晒烟栽培学 [M]. 北京：科学出版社，2009.

[49] 訾天镇，杨同升. 晾晒烟栽培与调制 [M]. 上海：上海科学技术出版社出版，1988.

[50] 胡建斌，尹永强，邓明军. 主要晾晒烟调制理论和技术研究进展 [J]. 安徽农业科学，2007，35（35）：11483-11485.

[51] 于川芳，王兵. 部分国产白肋烟与津巴布韦，马拉维及美国白肋烟的分析比较 [J]. 烟草科技，1999（4）：6-8.

[52] 黄学跃，刘敬业，赵丽红，等. 晾晒烟品种资源农艺性状的聚类分析 [J]. 昆明师范高等专科学校学报，2001（4）：40-43.

[53] 杨春元，曾吉凡，吴春，等. 晾晒烟资源烟叶化学成分和吸食品质的初步分析 [J]. 中国种业，2004（8）：29-30.

[54] 李青诚，廖晓玲，李进平，等. 白肋烟香气物质与感官质量及调制条件的关系 [J]. 烟草科技，2005（8）：24-27.

[55] 尹启生，吴鸣，朱大恒，等. 提高白肋烟质量及其可用性的技术研究 [J]. 烟草科技，2002（9）：4-7.

[56] 祝明亮，李天飞，汪安云. 白肋烟内生细菌分离鉴定及降低 N– 亚硝胺含量研究 [J]. 微生物学报，2004，44（4）：422-426.

[57] 刘万峰，王元英. 烟叶中烟草特有亚硝胺（TSNA）的研究进展 [J]. 中国烟草科学，2002，2：11-14.

[58] 杨焕文，崔明午，Bush L P，等. 影响烟草特有亚硝胺积累的因素 [J]. 西南农业大学学报，2000（2）：164-166.

[59] 高林，李进平，杨春雷，等. 晾制期间白肋烟烟叶含氮化合物的变化 [J]. 烟草科技，2006（3）：44-47.

[60] 中国烟草. 国家烟草专卖局关于公布《名晾晒烟名录》的通知(国烟法〔2003〕72 号)[EB/OL].（2004-02-17)[2016-12-10].

http://www.tobacco.gov.cn/html/27/2701/270105/793050_n.html.

[61] 林国平 . 中国烟草白肋烟种质资源图谱 [M]. 武汉：湖北科学技术出版社，2009.

[62] 赵晓丹 . 不同产区白肋烟质量特点及差异分析 [D]. 郑州：河南农业大学，2012.

[63] 湖北省烟草产品质量监督检站 . 2011 年度全省大田生产烟叶质量评价报告 [R].2012.

[64] 湖北省烟草产品质量监督检站 . 2012 年度全省大田生产烟叶质量评价报告 [R].2013.

[65] 湖北省烟草产品质量监督检站 . 2013 年度全省大田生产烟叶质量评价报告 [R].2014.

[66] 曾凡海、李卫、周冀衡，等 . 烟草特有亚硝胺（TSNA）的研究进展 [J]. 中国农学通报，2010，26（10）：82-86.

[67] 汪安云、秦西云 . 打顶留叶数与烤烟品种 TSNA 形成累积的关系 [J]. 中国农学通报，2007，23（8）：161-165.

[68] 史宏志、李进平、Bush L P，等 . 烟碱转化率与卷烟感官评吸品质和烟气 TSNA 含量的关系 [J]. 中国烟草学报，2005，11（2）：9-14.

[69] 汪安云、夏振远、雷丽萍，等 . 不同白肋烟品种烟草中的特有亚硝胺含量分析 [J]. 安徽农业科学，2010，38（31）：17425-17426.

[70] 余义文、夏岩石、李荣华，等 . 不同类型及品种烟草特有亚硝胺含量的分析 [J]. 烟草科技，2013（4）：46-55.

[71] 史宏志、徐发华、杨兴有，等 . 不同产地和品种白肋烟烟草特有亚硝胺与前体物关系 [J]. 中国烟草学报，2012（5）：9-15.

[72] 汪安云、雷丽萍、夏振远，等 . 白肋烟中烟草特有亚硝胺的研究进展 [J]. 安徽农业科学，2010，38（30）：16847-16849.

[73] 张国平、刘圣高、文光红，等 . 不同收晾方式对马里兰烟品质的影响 [J]. 贵州农业科学，2015（1）：31-34.

[74] 张俊杰、林国平、王毅，等 . 白肋烟低 TSNA 含量的品种筛选初探 [J]. 中国烟草学报，2009，15（3）：54-57.

[75] 李进平、王昌军、戴先凯，等 . 白肋烟烟碱的田间积累动态及其与海拔高度的关系 [J]. 中国烟草学报，2001，7（2）：36-39.

[76] 柳昕、景延秋、张豹林，等 . 不同晾制湿度对白肋烟常规化学成分和游离氨基酸含量的影响 [J]. 河南农业科学，2014，43（11）：151-155.

[77] 景延秋、张欣华、李广良，等 . 不同种植密度对白肋烟烟叶常规成分的影响 [J]. 江西农业学报，2011，23（2）：83-84.

[78] 赵晓东、吴鸣、赵明月，等 . 打顶至调制结束白肋烟常规化学成分的变化 [J]. 烟草科技，2004（3）：25-27.

[79] 杨春元、唐茂兴、龙国昌，等 . 海拔高度对白肋烟主要化学成分的影响 [J]. 贵州农业科学，2014（8）：34-37.

[80] 汪开保、王宏伟、吴克松 . 湖北白肋烟等级质量分析报告 [C]. 广州：中国烟草学会第五届理事会第三次会议暨学术年会，2007.

[81] 孙红恋、史宏志、孙军伟，等 . 留叶数对白肋烟叶片物理特性及化学成分含量的影响 [J]. 河南农业大学学报，2013，47（1）：21-25.

[82] 钱祖坤、文光红、赵传良，等 . 马里兰烟新品种五峰 1 号的选育及特征特性 [J]. 安徽农业科学，2012，40（24）：11972-11973.

[83] 蒋予恩、戴培刚、赵传良，等 . 开发马里兰烟，促进低焦油卷烟发展 [J]. 中国烟草科学，2000，21（2）：47-48.

[84] 李梅云、殷端、霍玉昌，等 . 马里兰烟品种比较试验研究初报 [J]. 中国农学通报，2006，22（3）：188-191.

[85] 宋小飞、伍学兵、钱祖坤，等 . 马里兰烟 Md609 品种株系适应性研究 [J]. 安徽农业科学，2012，40（26）：12827-12828.

[86] 高远峰、钱祖坤、文光红，等 . 晾烟房温湿度调节装置对马里兰烟晾制的影响 [J]. 湖北农业科学，2009，48（12）：3146-3148.

[87] 李章海、柴家荣、雷丽萍，等 . 不同晾制阶段白肋烟主要化学成分的变化 [J]. 中国烟草科学，1998，3:36-37.

[88] 王广山、陈江华、尹启生，等 . 白肋烟调制期间主要化学成分变化趋势初探 [J]. 中国烟草科学，2001，22（3）：45-47.

[89] 张国建 . 白肋烟主要化学成分因子及聚类分析 [J]. 浙江农业科学，2012，1（5）：633-635.

[90] 蔡长春、冯吉、程玲，等 . 白肋烟花色与烟叶化学成分的相关性分析 [J]. 湖南农业科学，2013（9）：35-37.

[91] 王国宏 . 晾晒烟生产及分级技术 [C]. 国家烟草质检中心烟叶分级培训与资格考核，2014，6.

[92]　符云鹏. 晾晒烟生产现状与应用研究进展 [C]. 国家烟草质检中心烟叶分级培训与资格考核，2014，6.

[93]　卞建锋，郭仕平，秦艳青，等. 四川省晒烟发展现状与思路 [J]. 四川农业科技，2013（5）：59-60.

[94]　柏峰. 吉林省蛟河市烟草农业发展研究 [D]. 长春：吉林农业大学，2014.

[95]　李毅军，钟永模. 川东北及川西南地区烟草品种资源考察与鉴定研究 [J]. 中国烟草，1996（1）：23-26.

[96]　施显露. 四川省晒烟地方品种鉴定 [J]. 中国烟草，1983（2）：36-38.

[97]　范文华. 贵州省部分名晒烟地方品种 [J]. 贵州农业科学，1985（3）：40-46.

[98]　赵彬，李文龙. 黑龙江省穆棱晒红烟 [J]. 中国烟草科学，2002（2）：40-41.

[99]　王艳，董清山，范书华，等. 黑龙江省晒烟种质资源的收集与利用研究 [J]. 中国烟草科学，2009，30（增刊）：75-76.

[100]　解艳华，宋在龙. 黑龙江省晒烟资源利用现状与发展对策 [J]. 延边大学农学学报，1997（1）：55-58.

[101]　王宝华，吴帼英，王允白. 湖南省地方晾晒烟资源调查报告 [J]. 中国烟草，1989（2）：25-31.

[102]　吕耀奎，高立贞，蔡力钊，等. 江西省晒烟资源调查 [J]. 中国烟草，1990（3）：36-42.

[103]　高立贞，吕耀奎，蔡力创，等. 江西晒烟品种资源调查 [J]. 江西科学，1990（4）：45-50.

[104]　王海梅. 近代山东烟草业研究 [D]. 合肥：安徽大学，2014.

[105]　夏良正，陈汉新. 山东沂水县晒红烟调查报告 [J]. 烟草科技，1984（4）：37-39.

[106]　徐佳宏. 浙江优质特色烟叶的可持续发展研究——以桐乡晒红烟为例 [J]. 农村经济与科技，2012（3）：102-104.

[107]　陈汉新，李建华. 桐乡晒红烟 [J]. 中国烟草，1987（3）：46-48.

[108]　崔昌范，白文三，吴国贺，等. 延边地区烟草农业生产现状与展望 [J]. 延边大学农学学报，2000（4）：307-310.

[109]　王宝华，吴帼英，周建，等. 延边晒红烟资源调查报告 [J]. 中国烟草，1991（1）：23-25.

[110]　李国民，王复文. 湘西晒红烟优质适产开发技术的研究 [J]. 吉首大学学报（自然科学版），1991（2）：47-51.

[111]　田峰，田晓云，吕启松，等. 湘西晒红烟种质资源收集鉴定与创新 [J]. 作物品种资源，1999（3）：12-14.

[112]　周六花，冯晓华，吴秋明，等. 湘西自治州烟区发展优势与产业化对策 [J]. 湖南农业科学，2012（18）：43-45.

[113]　任民，王志德，牟建民，等. 我国烟草种质资源的种类与分布概况 [J]. 中国烟草科学，2009（S1）：8-14.

[114]　闫新甫. 全国烟叶生产和市场变化趋势 [J]. 中国烟草科学，2012，33（5）：104-112.

[115]　严衍禄，赵龙莲，韩东海，等. 近红外光谱分析基础与应用 [M]. 北京：中国轻工业出版社，2005:286-563.

[116]　陆婉珍. 现代近红外光谱分析技术 [M]. 北京：中国石化出版社，2007：193-247.

[117]　刘建学. 实用近红外光谱分析技术 [M]. 北京：科学出版社，2008：158-239.

[118]　Massart D L. Chemometrics：A textbook[J]. Amsterdam：Elsevier Science，1988：5-9.

[119]　Chau F. Chemometrics：From basics to wavelet transform[M]. Hoboken：Wiley-Interscience，2004：5-12.

[120]　Brown S D，Tauler R，Walczak B. Comprehensive chemometrics：Chemical and biochemical data analysis[M]. Amsterdam：Elsevier，2009：459-463.

[121]　Martens H，Naes T. Multivariate calibration[M]. Hoboken：John Wiley & Sons Inc，1992：1-30.

[122]　Næs T，Isaksson T，Fearn T，et al. A user friendly guide to multivariate calibration and classification[M]. Chichester UK：NIR Publications，2002：11-17.

[123]　Zhang J，Bai R，Yi X，et al. Fully automated analysis of four tobacco-specific *N*-nitrosamines inmainstream cigarette smoke using two-dimensional online solid phase extraction combined with liquid chromatography–tandem mass spectrometry[J]. Talanta，2016，146：216-224.

[124]　Hecht S S. Biochemistry，biology，and carcinogenicity of tobacco-specific *N*-nitrosamines[J]. Chem Res Toxicol，1998，11（6）：559-603.

[125]　Hecht S S，Chen，C B，Ohmori T，et al. Comparative carcinogenicity in F344 rats of the tobacco specific nitrosamines，*N'*-nitrosonornicotine and 4-（*N*-methyl-N-nitrosamino）-1-（3-pyridyl）-1-butanone [J]. Cancer Res，1980，40：298-302.

[126]　Rivenson A，Hoffmann D，Prokopczyk B，et al. Induction of lung and exocrine pancreas tumors in F344 rats by tobacco-specific and Areca-derived *N*-nitrosamines[J]. Cancer Res，1988，48：6912-6917.

[127]　Belinsky S A，Foley J F，White C M，et al. Dose-response relationship between O^6-methylguanine formation in Clara cells and induction of pulmonary neoplasia in the rat by 4-（methylnitrosamino）-1-（3-pyridyl）-1-butanone[J]. Cancer

Res，1990，50：3772-3780.

[128] Boorman G A，Hailey R，Grumbein S，et al. Toxicology and carcinogenesis studies of ozone and 4-（N-nitrosomethylamino）-1-（3-pyridyl）-1-butanone in Fischer-344/N rats[J]. Toxicol Pathol，1994，22（5）：545-554.

[129] Hecht S S，Lin D，Castonguay A，et al. Effects of R-deuterium substitution on the tumorigenicity of 4-（methylnitrosamino）-1-（3-pyridyl）-1-butanone in F344 rats[J]. Carcinogenesis，1987，8：291-294.

[130] Chung F L，Kelloff G，Steele V，et al. Chemopreventive efficacy of arylalkyl isothiocyanates and N-acetylcysteine for lung tumorigenesis in Fischer rats[J]. Cancer Res，1996，56：772-778.

[131] Hoffmann D，Rivenson A，Abbi R，et al. Effect of the fat content of the diet on the carcinogenic activity of 4-（methylnitrosamino）-1-（3-pyridyl）-1-butanone in F344 rats[J]. Cancer Res，1993，53：2758-2761.

[132] Hecht S S，Trushin N，Castonguay A，et al. Comparative tumorigenicity and DNA methylation in F344 rats by 4-（methylnitrosamino）-1-（3-pyridyl）-1-butanone and N-nitrosodimethylamine[J]. Cancer Res，1986，46：498-502.

[133] Hoffmann D，Rivenson A，Abbi R，et al. Effect of the fat content of the diet on the carcinogenic activity of 4-（methylnitrosamino）-1-（3-pyridyl）-1-butanone in F344 rats[J]. Cancer Res，1993，53：2758-2761.

[134] Hecht S S，Morse M A，Amin S，et al. Rapid single-dose model for lung tumor induction in A/J mice by 4-（methylnitrosamino）-1-（3-pyridyl）-1-butanone and the effect of diet[J]. Carcinogenesis，1989，10：1901-1904.

[135] Belinsky S A，Devereux T R，Foley J F，et al. Role of the alveolar type II cell in the development and progression of pulmonary tumors induced by 4-（methylnitrosamino）-1-（3-pyridyl）-1-butanone in the A/J mouse[J]. Cancer Res，1992，52：3164-3173.

[136] Oreffo V I C，Lin H W，Padmanabhan R，et al. K-ras and p53 point mutations in 4-（methylnitrosamino）-1-（3-pyridyl）-1-butanone-induced hamster lung tumors[J]. Carcinogenesis，1993，14：451-455.

[137] Castonguay A，Rivenson A，Trushin N，et al. Effects of chronic ethanol consumption on the metabolism and carcinogenicity of N'-nitrosonornicotine in F344 rats[J]. Cancer Res，1984，44（6）：2285-2290.

[138] Hoffmann D，Raineri R，Hecht S S，et al. Effects of N'-nitrosonornicotine and N'-nitrosoanabasine in rats[J]. J Natl Cancer Inst，1975，55：977-981.

[139] Griciute L，Castegnaro M，Bereziat J C，et al. Influence of ethyl alcohol on the carcinogenic activity of N-nitrosonornicotine[J]. Cancer Lett，1986，31：267-275.

[140] Koppang N，Rivenson A，Dahle H K，et al. Carcinogenicity of N'-nitrosonornicotine（NNN）and 4-（methylnitrosamino）-1-（3-pyridyl）- 1-butanone（NNK）in mink（Mustala vison）[J]. Cancer Lett，1997，111：167-171.

[141] 姚庆艳，李天飞，陈章玉，等.烟草中的特有亚硝胺 [M].昆明：云南大学出版社，2002：124.

[142] 张同梅，赖百塘.烟草特有亚硝胺 NNK 与肺癌的关系 [J].中华流行病学杂志，2005，26（2）：140-142.

[143] 毛友安，魏新亮，刘巍.烟草特有亚硝胺的致癌作用及其抑制 [J].环境与健康杂志，2006，23（5）：468-471.

[144] 尚平平，李翔，聂聪，等.卷烟烟气中 4-N-亚硝基甲基氨-1-（3-吡啶基）-1-丁酮的量化健康风险评估[J].癌变·畸变·突变，2012，24（5）：340-344.

[145] 张宏山，张阳，陈家堃，等.烟草中甲基亚硝胺吡啶基丁酮诱发人支气管上皮细胞恶性转化的研究 [J].癌症，2000，19（10）：883-886.

[146] 吕兰海，杨陟华，尤汉虎，等.卷烟烟气及主要有害成分诱发细胞基因突变 [J].环境与健康杂志，2004，21（5）：286-288.

[147] Stephen S Hecht，Shelley Isaacs，Neil Trnshin. Lung tmnor induction in A/J mice by the tobacco smoke carcinogens 4-（methylnitrosamino）-1-（3-pyridyl）-1-butanone and benzo[a]pyrene：a potentially useful model for evaluation of chemopreventive agents[J]. Carcinogenesis，1994，15（12）：2721-2725.

[148] Alan Rodgman，Charles R Green. Toxic chemicals in cigarette mainstream smoke-hazard and hoopla[J]. Beiträge zur Tabakforschung International，2003，20（8）：481-543.

[149] Caldwell W S，Greene J M，Plowchalk D R，et al. The nitrosation of nicotine：A kinetic study[J]. Chem Res Toxicol，1991，4（5）：513-516.

[150] Mirvish S S，Sams J，Hecht S S. Kinetics of nornicotine and anabasine nitrosation in relation to N'-nitrosonornicotine

occurrence in tobacco and to tobacco-induced cancer[J]. J Natl Cancer Inst, 1977, 59（4）: 1211-1213.

[151] Hecht S S, Chen C B, Ornaf R M, et al. Reaction of nicotine and sodium nitrite: Formation of nitrosamines and fragmentation of the pyrrolidine ring[J]. J Org Chem, 1978, 43（1）: 72-76.

[152] Serban C Moldoveanu, Michael Borgerding. Formation of tobacco specific nitrosamines in mainstream cigarette smoke Part 1, FTC smoking[J]. Beiträge zur Tabakforschung International, 2008, 23（1）: 19-31.

[153] Adams J D, Lee S J, Vinchkoski N, et al. On the formation of the tobacco-specific carcinogen 4-（methylnitrosamino）-1-（3-pyridyl）-1-butanone during smoking[J]. Cancer Lett, 1983, 17（3）: 339-346.

[154] Fischer S, Spiegelhalder B, Eisenbarth J, et al. Investigations on the origin of tobacco-specific nitrosamines in mainstream smoke of cigarettes[J]. Carcinogenesis, 1990, 11（5）: 723-730.

[155] 史宏志, Bush L P, 黄元炯. 我国烟草及其制品中烟草特有亚硝胺含量及其前体物的关系 [J]. 中国烟草学报, 2002, 8（1）: 14-19.

[156] Hayes A, Lusso M F G, Lion K, et al. Impact on *N*-Nitrosonornicotine（NNN）of varying nitrogen rates for Burley TN90 isolines with variable genetic potential for nicotine to nornicotine conversion[C]. CORESTA Congress, Sapporo, Japan, 2012.

[157] Bhide A V, Nair J, Maru G B, et al. Tobacco-specific *N*-Nitrosamines [TSNA] in green mature and processed tobacco leaves from India[J]. Beiträge zur Tabakforschung International, 1987, 14（1）: 29-32.

[158] Mirjana V Djordjevic, Jingrun Fan, Lowell P Bush, et al. Effects of storage conditions on levels of tobacco-specific *N*-nitrosamines and *N*-nitrosamino acids in U S moist snuff[J]. Journal of Agricultural and Food Chemistry, 1993, 41（10）: 1790-1794.

[159] 陈秋会, 赵铭钦. 降低烟叶中硝酸盐和亚硝酸盐含量的途径 [J]. 西南农业学报, 2008（2）: 508-512.

[160] 李天飞, 雷丽萍, 柴家荣. 白肋烟的成熟、采收与调制 [J]. 云南农业科技, 1995（3）: 9-10.

[161] 李宗平, 覃光炯, 陈茂胜, 等. 不同调制方法对烟草烟碱转化及 TSNA 的影响 [J]. 中国生态农业学报, 2015（10）: 1268-1276.

[162] Roton de C, Wiernik A, Wahlberg I, et al. Factors influencing the formation of tobacco-specific nitrosamines in French air-cured tobaccos in trials and at the farm level[J]. Beiträge zur Tabakforschung International, 2005, 21（6）: 305-320.

[163] Koga K, Narimatsu C, Fujii S, et al. Suppression of TSNA formation in Burley cured leaves using a bulk curing barn[C]. CORESTA Congress, Kyoto, Japan, 2004.

[164] Wiernik A, Christakopoulos A, Johansson L, et al. Effect of air-curing on the chemical composition of tobacco[J]. Rec Adv Tob Sci, 1995, 21: 39-80.

[165] Saito H, Komatsu H, Ishiwata Y. Heat treatment and TSNA formation in burley tobacco[J]. Tobacco Science Research Conference, 2003.

[166] Morin A, Porter A, Ratavicius A, et al. Evolution of tobacco-specific nitrosamines and microbial populations during flue-curing of tobacco under direct and indirect heating[J]. Beiträge zur Tabakforschung International, 2004, 21（1）: 40-46.

[167] Harold R Burton, G Childs, Roger A Andersen, et al. Changes in chemical composition of burley tobacco during senescence and curing 3 Tobacco-specific nitrosamines[J]. Journal of Agricultural and Food Chemistry, 1989, 3: 1125-1131.

[168] Lion K, Lusso M, Morris W, et al. Tobacco specific nitrosamine（TSNA）levels of the US domestic Burley crop and their relationship with relative humidity conditions during curing[C]. CORESTA Congress, Izmir, Turkey, 2015.

[169] Staaf M, Back S, Wiernik A, et al. Formation of tobacco-specific nitrosamines（TSNA）during air-curing: Conditions and control[J]. Beiträge zur Tabakforschung International, 2005, 21（6）: 321-330.

[170] Ritchey E, Bush L P. The influence of post-harvest storage method on TSNA and grade of Burley tobacco[C]. CORESTA Congress, Kyoto, Japan, 2004.

[171] 黄嘉礽, 童谷余, 徐亚中, 等. 卷烟工艺 [M]. 北京: 北京出版社, 2000.

[172] Verrier Jean-Louis, Anna Wiernik, Mikael Staaf, et al. The influence of post-curing handling of burley and dark air-cured tobacco on TSNA and nitrite levels[C]//CORESTA Congress. Shanghai, China, 2008.

[173] Verrier Jean-Louis，Anna Wiernik，Mikael Staaf，et al. TSNA accumulation during post-cure storage of air-cured tobacco-2009 experiment[C]. CORESTA Congress，Edinburgh，UK，2010.

[174] Rodgers J C，Bailey W A，Hill R A. Effect of maturity and field wilting method on TSNA in dark fire-cured tobacco[C]. Tobacco Workers Conference（TWC），USA，2014.

[175] 左天觉 . 烟草的生产、生理和生物化学 [M]. 朱尊权，等译 . 上海：上海远东出版社，1993.

[176] 李宗平，李进平，王昌军 . 生态及栽培因子对白肋烟烟碱转化的影响 [J]. 中国烟草科学，2010，31（2）：54-58.

[177] 李宗平，覃光炯，陈茂胜，等 . 不同栽培方式对白肋烟烟碱转化率及 TSNA 含量的影响 [J]. 中国烟草科学，2015，36（6）：62-67.

[178] Chamberlain W J，Chortyk O T. Effects of curing and fertilization on nitrosamine formation in bright and burley tobacco[C]. Beiträge zur Tabakforschung International，1992，15（2）：87-92.

[179] Wahlberg I，Long R C，Brandt T P，et al. The development of low TSNA air-cured tobaccos I Effects of tobacco genotype and fertilization on the formation of TSNA[C]. CORESTA Congress，Innsbruck，Austria，1999.

[180] Duncan G A，Calvert J，Smith D，et al. Further studies of fertility levels and barn and chamber curing environments on TSNA formation in Burley tobacco[C]. CORESTA Congress，Kyoto，Japan，2004.

[181] 杨焕文，周平，李永忠，等 . 采收和调制方法对晾制白肋烟中一些重要物质的影响 [J]. 云南农业大学学报，1997（4）：32-37.

[182] Christian de Roton，Christian Girard，Laëtitia Jacquet，et al. Potential changes of TSNA composition in stored tobacco powder：consequences for sample preparation and ground tobacco storage[C]// CORESTA Congress. Kyoto，Japan，2004.

[183] IARC. Agents classified by the IARC monographs，Volume 1-111[EB/OL]. [2016-12-02].http://monographs.iarc.fr/ENG/Classification/.

[184] John R Jalas，Stephen S Hecht，Sharon E Murphy. Cytochrome P450 enzymes as catalysts of metabolism of 4-（methylnitrosamino）-1-（3-pyridyl）-1-butanone，a tobacco specific carcinogen[J]. Chem Res Toxicol，2005，18（2）：95-110.

[185] Stephen S Hecht. Biochemistry，biology，and carcinogenicity of tobacco-specific N-Nitrosamines[J]. Chem Res Toxicol，1998，11（6）：559-603.

[186] 张然 .4-（甲基亚硝胺基）-1-（3- 吡啶基）-1- 丁酮代谢及导致 DNA 损伤的体外实验研究 [D]. 北京：北京工业大学，2013.

[187] Lang H，Wang S，Zhang Q，et al. Simultaneous determination of NNK and its seven metabolites in rabbit blood by hydrophilic interaction liquid chromatography-tandem mass spectrometry[J]. Anal Bioanal Chem，2013，405（6）：2083-2089.

[188] Xingyu Liu，Jie Zhang，Chen Zhang，et al. The inhibition of cytochrome P450 2A13-catalyzed NNK metabolism by NAT，NAB and nicotine[J]. Toxicology Research，2016，5（4）：1115-1121.

[189] Patten C J，Smith T J，Murphy S E，et al. Kinetic analysis of the activation of 4-（methylnitrosamino）-1-（3-pyridyl）-1-butanone by heterologously expressed human P450 enzymes and the effect of P450-specific chemical inhibitors on this activation in human liver microsomes[J]. Arch Biochem Biophys，1996，333（1）：127-138.

[190] Smith T J，Guo Z，Gonzalez F J，et al. Metabolism of 4-（methylnitrosamino）-1-（3-pyridyl）-1-butanone in human lung and liver microsomes and cytochromes P-450 expressed in hepatoma cells[J]. Cancer Res，1992，52（7）：1757-1763.

[191] Smith T J，Guo Z，Guengerich F P，et al. Metabolism of 4-（methylnitrosamino）-1-（3-pyridyl）-1-butanone（NNK）by human cytochrome P450 1A2 and its inhibition by phenethyl isothiocyanate[J]. Carcinogenesis，1996，17（4）：809-813.

[192] Smith T J，Stoner G D，Yang C S. Activation of 4-（methylnitrosamino）-1-（3-pyridyl）-1-butanone（NNK）in human lung microsomes by cytochromes P450，lipoxygenase，and hydroperoxides[J]. Cancer Res，1995，55（23）：5566-5573.

[193] Penman B W，Reece J，Smith T，et al. Characterization of a human cell line expressing high levels of cDNA-derived

CYP2D6[J]. Pharmacogenetics，1993，3（1）：28-39.

[194]　左天觉. 世纪之交的烟草科学技术：回顾与展望 [J]. 世界烟草动态，1999，3：12-14.

[195]　Davis D L，Nielsen M T. 烟草：生产、化学和技术 [M]. 国家烟草专卖局科技教育司，译. 北京：化学工业出版社，2003：143.

[196]　Harvey W S Jr，Arnold H Jr. 烘烤过程中亚硝胺随炕腐病的发展而增加 [C]// 中国烟草学会，中国科技大学烟草与健康研究中心. 第 57 届烟草科学研究会议论文集. 2003：53.

[197]　Anderson P J. Pole rot of tobacco[J]. Conn Agr Expt Sta Bull，1948：517.

[198]　Bai D，Reeleder R，Brandle E. Identification of two RAPD markers tightly linked with the Nicotiana debneyi for resistance to black root rot of tobacco[J]. Theoretical and Applied Genetics，1995，91（8）：1184-1189.

[199]　Colas V L，Ricci P，Vanlerberghe M F，et al. Diversity of virulence in Phytophthora parasitica on tobacco，as reflected by nuclear RFLP[J]. Phytopathology，1998，88：205-212.

[200]　Dixon L F，Darkis F R，Wolf F A，et al. Studies on the fermentation of tobacco[J]. Ind Eng Chim，1936，28：180.

[201]　English C F，Bell E J，Berger A J. Isolation of thermophiles from broadleaf tobacco and effect of pure culture inoculation on cigar aroma and mildness[J]. Appl Microbio，1967，15：117-119.

[202]　Fan J H，Liu M，Huang W. Comparision the microbiology characteristics of green house with vegetable plot of South Xinjiang[J]. Soil Fertility，2003，1：31-33.

[203]　Garner W W. Effect of light on plants：a literature review –1950[M]. USDA，ARS，Crops Research Bull，1962.

[204]　Geiss V L. Control and use of microbes in tobacco product manufacturing[J]. Recent Advance in Tobacco Science，1990，15：182.

[205]　Giacomo M D，Paolino M，Silvestro D，et al. Microbial Community structure and dynamics of dark fire-cured tobacco fermentation[J]. Applied and Environment Microbiology，2007，73（3）：825-837.

[206]　Holdeman Q L，Burkholder W H. The identity of barn rots of flue-cured tobacco in South Carolina[J]. Phytopathology，1956，46：69-72.

[207]　Johnson J. Studies on the fermentation of tobacco[J]. J Agr Res，1934，49：137-160.

[208]　Koiwai A，Matsumoto，Nishida K，et al. Studies on the fermentation of tobacco[J]. Tob Sci，1970，14：103-105.

[209]　Koller J B C. Der tabak in naturwissenschaftlicher[M]. Augsburg：Landwirtschaft licher and technischerbezichung，1858.

[210]　Lucas G B. Diseases of Tobacco[M]. 3rd Ed. Biological Consulting Associates，Raleigh，N C，USA，1975：619.

[211]　Miyake Y，Tagawa H. Studies on industrial use of tobacco stalk：changes in micro-organism and chemical components during the air-tight pile fermentation[C]//CORESTA，1982.

[212]　Mo X H，Qin X Y，Wu J，et al. Complete nucleotide sequence and genome organization of a Chinese isolate of tobacco bushy top virus[J]. Archives of Virology，2003，148（2）：389-397.

[213]　Reid J J，Gribbons M F，Haley D E. The fementation of cigar-leaf tobacco as influenced by the addition of yeast[J]. J Agric Reserch，1944，69：373-381.

[214]　Reid J J，Mckinstry D W，Haley E E. Studies on the fermentation of tobaco：the microflora of cured and fermenting cigar-leaf tobacco[J]. Pennsylvania Agricultural Experiment Station Bulletin，1933，356：1-17.

[215]　Stephen R C. Control measures for tobacco diseases[M]. Tobacco Research Board of Rhodesia and Nyasaland，Interior Rept No 4，1955.

[216]　Tamayo A I，Cancho F G. Microbiology of the fermentation of Spanish tobacco[J]. International Congress of Microbiology，1953，6：48-50.

[217]　Tamayo I A. Effects of some bacteria（mainly Micrococcus）in the process of tobacco fermentation[C]//CORESTA，1978.

[218]　Tso T C. Physiology and biochemistry of tobacco plants[M]. Dowden：Hutchinson and Ross Inc，Stroudsburg，PA，USA，1972.

[219]　Welty R E，Lucas G B，Fletcher J T，et al. Fungi isolated from tobacco leaves and brown-spot lesions before and after flue-curing[J]. Applied Microbiology，1968b，16（9）：1309-1313.

[220]　Welty R E，Lucas G B. Fungi isolated from damaged flue-cured tobacco[J]. Applied Microbiology，1968a，16（6）：

851-854.

[221] Welty R E，Lucas G B. Fungi isolated from flue-cured tobacco at time of sale and after storage[J]. Applied Microbiology，1969，13（3）：360-365.

[222] Wolf F A. Tabacco disease and decays[M]. Durham，NC：Duke Univ Press，1957.

[223] Yi Y H，Rufty R C，Wernsman E A. Identification of RAPD markers linked to the wildfire resistance gene of tobacco using bulked segregant analysis[J]. Tobacco Science，1998，42（3）：52-57.

[224] Zhang J E，Liu W G，Hu G. The relationship between quantity index of soil microorganisms and soil fertility of different land use systems[J]. Soil and Environment，2002，11（2）：140-143.

[225] 陈石根，周润琦 . 酶学 [M]. 上海：复旦大学出版社，2005.

[226] Burton H R，Dye N K，Bush L P. Relationship between TSNA and nitrite from different air-cured tobacco varieties[J]. J Agric Food Chem，1994，42：2007-2010.

[227] Burton H R. Factors influencing accumulation of TSNA during curing of burley tobacco[C]. International Tobacco Symposium for the 10th Anniversary of the China National Tobacco Cultivation & Physiology & Biochemistry Research Center，Henan Agricultural University，Zhengzhou，China，2007.

[228] Bush L P，Cui M W，Shi H Z，et al. Formation of tobacco-specific nitrosamines in air-cured tobacco [J]. Recent Advances in Tobacco Science，2001，27：23-46.

[229] Hecht S S. Biochemistry，biology，and carcinogenicity of tobacco-specific N-Nitrosamines[J]. Chem Res Toxicol，1998，11（6）：559-603.

[230] Shi Hongzhi，Wang Ruiyun，Bush L P，et al. The relationships between TSNAs and their precursors in burley tobacco from different regions and varieties[J]. Journal of Food，Agriculture & Environment，2012，10（2）：132-136.

[231] Hoongsun I，Firooz R，Mohammad H. Formation of nitric oxide during tobacco oxidation[J]. Journal of Agricultural and Food Chemistry，2003，51（25）：7366-7372.

[232] Saito H，Miyazaki M，Miki J. Role of nitrogen oxides in tobacco-specific nitrosamine formation in buuley tobacco [C]. CORESTA Congress，Paris，France，2006.

[233] Shi H Z，Wang R Y，Bush L P，et al. Changes in TSNA contents during tobacco storage and the effect of temperature and nitrate level on TSNA formation[J]. Journal of Agricultural and Food Chemistry，2013，61（47）：11588-11594.

[234] Shi H Z，Di H H，Xie Z F，et al. Nicotine to nornicotine conversion in Chinese burley tobacco and genetic improvement for low conversion hybrids[J]. African Journal of Agricultural Research，2011，6（17）：3980-3987.

[235] Shi H Z，Fannin F F，Burton H R et al. Factors affecting nicotine to nornicotine conversion in burley tobacco[C]. 54th Tobacco Science Research Conference，Nashville，TN，USA，2000.

[236] Shi H，Huang Y，Bush L P. Alkaloid and TSNA contents in Chinese tobacco and cigarettes[C].CORESTA Congress，Lisbon，Portugal，2000.

[237] Shi H Z，Kalengamaliro N，Hempfling W P，et al. Difference in nicotine to nornicotine conversion between lamina and midrib in burley tobacco and its contribution to TSNA formation[C]. 56th Tobacco Science Research Conference，Lexington，KY，USA，2002.

[238] Sun X D，Lin W G，Wang L，et al. Liquid adsorption of tobacco specific N-nitrosamines by zeolite and activated carbon[J]. Microporous and Mesoporous Materials，2014，200：260-268.

[239] Verrier J L，Wiernik A，Staaf M，et al. The influence of post-curing of burley tobacco and dark air-cured tobacco on TSNA and nitrite levels[C]. CORESTA Congress，Shanghai，2008.

[240] 戴亚，唐宏，吕杰超，等 . 复合添加剂降低卷烟烟气中多种致癌物研究 [J]. 烟草科技，2004（3）：11-12，15.

[241] 何佳文，殷发强，周井炎，等 . 硝酸盐对卷烟气相中有害物质的影响 [J]. 烟草科技，1995，4：12-14，30.

[242] 李宗平，李进平，陈茂胜，等 . 晾制温湿度对白肋烟生物碱含量和烟碱转化的影响研究 [J]. 中国烟草学报，2009，15（4）：61-64.

[243] 史宏志，李超，杨兴有，等 . 四川白肋烟亲本改良及低烟碱转化杂交种的增质减害效果 [J]. 中国烟草学报，2010，16（4）：24-29.

[244]　史宏志，李进平，李宗平，等.遗传改良降低白肋烟杂交种烟碱转化率研究 [J].中国农业科学，2007，40（1）：153-160.

[245]　史宏志，刘国顺.白肋烟烟碱转化及烟草特有亚硝胺形成 [J].中国烟草学报，2008，14（增刊）：41-46.

[246]　孙楹淑，王俊，许东亚，等.白肋烟烟叶含水率与高温贮藏过程中 TSNA 形成的关系 [J].中国烟草学报，2016，22（4）：38-43.

[247]　孙楹淑，王俊，周骏，等.硝态氮含量对烟叶高温贮藏过程中 TSNA 形成的影响 [J].中国烟草学报，2015，21（2）：53-57.

[248]　孙楹淑，王瑞云，周骏，等.氧化剂和抗氧化剂处理对高温贮藏白肋烟 TSNAs 形成的影响 [J].烟草科技，2015，4：19-22，31.

[249]　孙楹淑，杨军杰，周骏，等.不同氮素形态对烟草硝态氮含量和 TSNA 形成的影响 [J].中国烟草学报，2015，21（4）：78-84.

[250]　王俊，孙楹淑，周骏，等.贮藏温度和烟叶含水率互作对白肋烟贮藏期间 TSNAs 形成的影响 [J].烟草科技，2016，49（9）：8-14.

[251]　王瑞云，史宏志，周骏，等.烟草贮藏过程中 TSNAs 含量变化及对高温处理的响应 [J].中国烟草学报，2014，20（1）：48-53.